CLAITON MORO FRANCHI
VALTER LUÍS ARLINDO DE CAMARGO

CONTROLADORES LÓGICOS PROGRAMÁVEIS

SISTEMAS DISCRETOS E ANALÓGICOS

3ª edição

érica

saraiva EDUCAÇÃO | érica

Avenida Paulista, n. 901, Edifício CYK, 3º andar
Bela Vista – SP – CEP 01310-100

SAC | Dúvidas referentes a conteúdo editorial, material de apoio e reclamações:
sac.sets@somoseducacao.com.br

Direção executiva Flávia Alves Bravin
Direção editorial Renata Pascual Müller
Gerência editorial Rita de Cássia S. Puoço
Editora de Aquisições Rosana Ap. Alves dos Santos
Editoras Paula Hercy Cardoso Craveiro
Silvia Campos Ferreira
Produtor editorial Daniela Nogueira Secondo

Preparação Gilda Barros Cardoso
Revisão Julia Pinheiro
Projeto gráfico e diagramação Ione Franco
Capa Tiago Dela Rosa
Imagem de capa © iStock/Getty Images Plus/Supersmario
Impressão e acabamento

DADOS INTERNACIONAIS DE CATALOGAÇÃO NA PUBLICAÇÃO (CIP)
ANGÉLICA ILACQUA CRB-8/7057

Franchi, Claiton Moro
Controladores lógicos programáveis: sistemas discretos / Claiton Moro Franchi, Valter Luís Arlindo de Camargo. – 3.ed. – São Paulo : Érica, 2021.
352 p.

Bibliografia
ISBN 978-85-365-3359-9

1. Controladores digitais 2. Controladores programáveis 3. Dispositivos de lógica programável I. Título II. Camargo, Valter Luís Arlindo de

CDD 629.895
20-2097 CDU 681.51

Índice para catálogo sistemático:
1. Controladores digitais programáveis

3ª edição

CO 5402 CL 642542 CAE 728180

FABRICANTES

Produtos: **Zelio Logic, Zelio Soft, Modicon Quantum, Twido Suite**

Fabricante: **Schneider Electric Brasil**

Endereço no Brasil:

Avenida das Nações Unidas, 23.223

04795-907 – São Paulo – SP

Call center: 0800-728-9110

Site: <http://www.schneider-electric.com.br>

Produtos: **MicroWin, S7-200, S7-300**

Fabricante: **Siemens Brasil**

Endereço no Brasil:

Av. Mutinga, 3800

05110-902 – São Paulo – SP

Tel.: (11) 3908-3335

Site: <http://www.siemens.com.br>

Produtos: **Micrologix, SLC 500 e RSLogix500**

Fabricante: **Rockwell Automation Brasil**

Endereço no Brasil:

Rua Comendador Souza, 194

05037-900 – São Paulo – SP

Tel.: (11) 3618-8900

Site: <http://br.rockwellautomation.com>

REQUISITOS DE HARDWARE E SOFTWARE

Hardware

- Pentium ou equivalente com 512 MB de memória RAM.
- HD 5 GB livre ou superior.
- Acesso à internet.

Software

- Windows 7, 10 ou mais recente.
- Step 7 MicroWin V4.0.1.10 da Siemens.
- RSLogix500 V6.00.00, da Allen-Bradley.
- Zelio Soft 2 V 5.3, da Schneider Electric.
- Twido Suite, da Schneider Electric.

DEDICATÓRIA

Aos meus pais, Calixtro (*in memoriam*) e Lurdes, por todo
apoio, educação e confiança depositados em mim.

Com carinho especial à minha esposa Eliane, pela paciência, pelo amor e pelo apoio que recebi durante a elaboração deste trabalho.

CLAITON MORO FRANCHI

À minha esposa Fátima, pelo exemplo de companheirismo, dedicação e apoio incondicional que sempre me proporcionou, mesmo nos momentos mais difíceis.

Às minhas filhas Gabriela e Marcela, que iluminam a minha vida desde que nasceram.

VALTER LUÍS ARLINDO DE CAMARGO

*"O Senhor está perto dos corações atribulados
e salva os espíritos abatidos."*

Sl. 34,19

AGRADECIMENTOS

Ao professor Evandro Cherubini Rolin, do Instituto Federal do Paraná (IFPR), *campus* Curitiba, por todo apoio e incentivo nesta jornada.

À Schneider Electric, pela contribuição, permitindo a reprodução de imagens que proporcionaram um caráter prático à obra.

Aos colegas professores dos cursos de Engenharia de Controle e Automação e Superior de Tecnologia em Automação Industrial da UniCesumar, de Maringá (PR).

Aos demais amigos e colegas não citados, mas que contribuíram de forma direta ou indireta com a realização deste trabalho.

À equipe da Editora Érica, pelo apoio na elaboração e na edição deste livro.

A Deus, por ter-nos dado saúde e condições intelectuais para concluirmos a tarefa.

OS AUTORES

SOBRE OS AUTORES

Claiton Moro Franchi é doutor e mestre em Engenharia Química na área de Controle, Modelagem e Automação de Processos pela Universidade Estadual de Maringá (UEM) e especialista em Automação Industrial pela mesma instituição. É engenheiro eletricista pela Universidade Federal de Santa Maria (UFSM) e técnico em Eletrotécnica pelo Colégio Técnico Industrial de Santa Maria.

Atua como consultor técnico em Automação Industrial e é professor do curso de Engenharia de Controle e Automação da UFSM, onde ministra as disciplinas Informática Industrial e Instrumentação Industrial.

É autor dos livros *Instrumentação Industrial*, *Sistemas de Acionamento Elétrico*, *Acionamentos Elétricos*, *Inversores de Frequência* e *Controle de Processos Industriais: Princípios e Aplicações*, publicados pela Editora Érica.

Valter Luís Arlindo de Camargo é mestre em Engenharia Elétrica pela Universidade Estadual de Londrina (UEL). É especialista em Automação Industrial e em Computação pela Universidade Estadual de Maringá (UEM). É graduado em Engenharia Elétrica pelo Centro Universitário Claretiano (CEUCLAR) e em Processamento de Dados pela UniCesumar.

Foi professor de cursos de Engenharia de Controle e Automação, Engenharia Elétrica e Tecnologia em Automação Industrial. Tem experiência em projetos de automação, desenvolvimento de softwares aplicativos e hardware com base em microcontroladores.

É autor do livro *Elementos de Automação*, publicado pela Editora Érica.

SUMÁRIO

CAPÍTULO 10

LINGUAGEM DE LISTA DE INSTRUÇÕES, 225

CAPÍTULO 11

GRAFCET/SFC, 247

O Programmable Logic Controller (PLC – em português, Controlador Lógico Programável [CLP]) foi desenvolvido a partir de uma demanda existente na indústria automobilística estadunidense.

Suas primeiras aplicações foram na Hydronic Division, da General Motors, em 1968, por conta da grande dificuldade de mudar a lógica de controle de painéis de comando a cada mudança na linha de montagem. Tais mudanças implicavam altos gastos de tempo e dinheiro.

Sob a liderança do engenheiro estadunidense Richard Morley (1932-2017), foi elaborada uma especificação que refletia as necessidades de muitos usuários de circuitos a relés, tanto da indústria automobilística como da indústria manufatureira. Para a aplicação industrial, era necessário um controlador com as seguintes características:

- facilidade de programação e reprogramação, preferivelmente na planta, para ser possível alterar a sequência de operações na linha de montagem;
- possibilidade de manutenção e reparo com blocos de entrada e saída modulares;
- confiabilidade para que possa ser utilizado em um ambiente industrial;
- redução de tamanho em comparação ao sistema tradicional que utilizava relés;
- competitivo, em termos de custo, com relação a painéis de relés e eletrônicos equivalentes;
- possibilidade de entradas em 115 V e saídas com 115 V e com capacidade mínima de 2 A para operar com válvulas solenoides e contatores;
- possibilidade de expansões sem grandes alterações no sistema;
- memória programável com no mínimo 4 kB e possibilidade de expansão;
- estações de operação com interface mais amigável;
- possibilidade de integração dos dados de processo do CLP em bancos de dados gerenciais, para tornar disponíveis informações sobre o chão de fábrica para os departamentos envolvidos com o planejamento da produção.

No final da década de 1960, uma companhia estadunidense chamada Bedford Associated lançou um dispositivo de computação denominado MODICON (Modular Digital Controller), que depois se tornou o nome de uma divisão da companhia destinada ao projeto, à produção e à venda desses computadores de uso específico.

A Figura 1.1 representa a evolução dos sistemas de controle desde o final do século XIX.

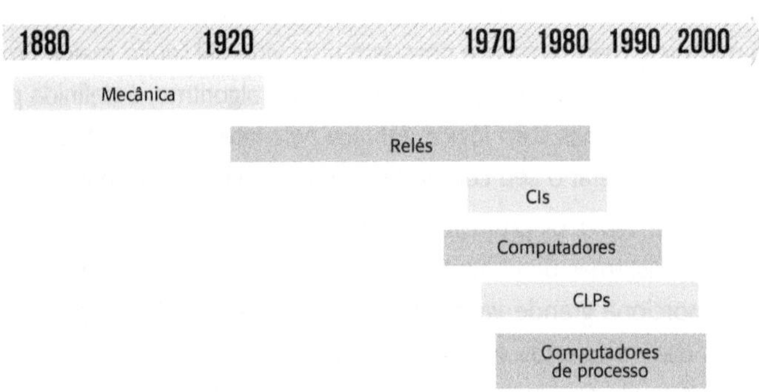

Figura 1.1 Evolução dos sistemas de controle desde o final do século XIX.

1.2 CONTROLADORES LÓGICOS PROGRAMÁVEIS

Podemos considerar o controlador lógico programável (CLP) um computador projetado para trabalhar em ambiente industrial. Os transdutores e os atuadores são conectados a robustos cartões de interface. Comparados a um computador de escritório, os primeiros CLPs tinham um conjunto de instruções reduzido, normalmente apenas condições lógicas, e não possuíam entradas analógicas, podendo manipular somente aplicações de controle digital (discreto).

Os primeiros CLPs lançados eram equipamentos grandes e relativamente caros, considerados competitivos somente para aplicações que contivessem pelo menos 150 relés. Atualmente, com melhorias de projeto e uso cada vez maior de circuitos integrados, pode-se utilizar facilmente um CLP para circuitos equivalentes a 15 relés.

Um CLP é definido pelo International Electrotechnical Commission (IEC) como um sistema eletrônico operando digitalmente, projetado para uso em ambiente industrial, que utiliza uma memória programável para a armazenagem interna de instruções orientadas para o usuário para implementar funções específicas, como lógica, sequencial, temporização, contagem e aritmética, para controlar, a partir de entradas e saídas digitais ou analógicas, vários tipos de máquinas ou processos. O controlador programável e seus periféricos associados são projetados para serem facilmente integráveis em um sistema de controle industrial e usados em todas suas funções previstas.

De acordo com a National Electrical Manufacturers Association (NEMA), é um equipamento eletrônico que funciona digitalmente e utiliza uma memória programável para o armazenamento interno de instruções para implementar funções específicas, como lógica, sequenciamento, registro e controle de tempos, contadores e operações aritméticas para controlar, por meio de módulos de entrada e saída digitais (LIGA/DESLIGA) ou analógicos (1-5 Vcc, 4-20 mA etc.), vários tipos de máquinas ou processos.

Em outras palavras, o CLP pode ser visto como um equipamento eletrônico de processamento, que possui uma interface amigável para o usuário, e que tem como função executar controle de vários tipos e níveis de complexidade.

1.3 CONTROLADORES PROGRAMÁVEIS

Devido ao intuito inicial de substituírem os painéis de relés no controle discreto, foram chamados de Programmable Logic Controllers (PLC – em português, Controladores Lógicos Programáveis [CLP]). Porém, atualmente, os controladores são bem mais complexos, pois as plantas industriais normalmente precisam manipular não somente funções lógicas binárias, como tipo E e OU, mas também controlar malhas analógicas, motivo pelo qual podem ser chamados atualmente apenas de Programmable Controllers (PC – Controladores Programáveis [CP]), já que não são limitados a operações com condições lógicas. No entanto, o nome CLP fixou-se como sinônimo de produto, motivo pelo qual continuaremos a utilizá-lo neste texto.

1.4 UTILIZAÇÃO DOS CLPS

Toda planta industrial necessita de algum tipo de controlador para garantir uma operação segura e economicamente viável, desde o nível mais simples, em que pode ser utilizado para controlar o motor elétrico de um ventilador para regular a temperatura de uma sala, até um grau de complexidade elevado, controlando a planta de um reator nuclear para produção de energia elétrica. Embora existam tamanhos e complexidades diferentes, todos os sistemas de controle podem ser divididos em três partes com funções bem definidas: transdutores (sensores), controladores e atuadores.

- **Sensores/transdutores:** transdutor é um dispositivo que converte uma condição física do elemento sensor em um sinal elétrico para ser utilizado pelo CLP por meio da conexão às entradas do CLP. Um exemplo típico é um botão de pressão momentânea, em que um sinal elétrico é enviado do botão de pressão ao CLP, indicando sua condição atual (pressionado OU liberado).
- **Atuadores:** sua função é converter o sinal elétrico oriundo do CLP em uma condição física, normalmente ligando ou desligando algum elemento. Os atuadores são conectados às saídas do CLP. Um exemplo típico é fazer o controle do acionamento de um motor por meio do CLP. Nesse caso, a saída do CLP vai ligar ou desligar a bobina do contator que o comanda.
- **Controladores:** de acordo com os estados das suas entradas, o controlador utiliza um programa de controle para calcular os estados das suas saídas. Os sinais elétricos das saídas são convertidos no processo a partir dos atuadores. Muitos atuadores geram movimentos, como válvulas, motores, bombas; outros utilizam energia elétrica ou pneumática. O operador pode interagir com o controlador por meio dos parâmetros de controle. Alguns controladores podem mostrar o estado do processo em uma tela ou em um display.

Um sistema de controle típico encontra-se na Figura 1.2.

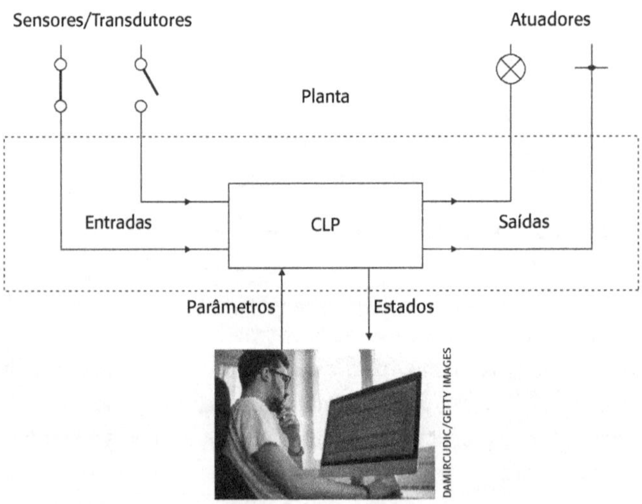

Figura 1.2 Representação dos sistemas de controle.

O controlador monitora o *status* do processo em tempo real de uma planta por meio de um número definido de transdutores, que convertem as grandezas físicas em sinais elétricos, os quais são conectados com as entradas dos CLPs.

As atuais funções de controle existentes em uma planta industrial são normalmente distribuídas entre um número de controladores programáveis, os quais podem ser instalados próximo dos equipamentos a serem controlados. Os diferentes controladores são usualmente conectados via rede local (LAN) a um sistema supervisório central, que gerencia as diversas informações do processo controlado, como alarmes, receitas e relatórios.

O operador desempenha um papel importante na indústria moderna. A maioria das plantas industriais possui um sistema chamado Sistema SCADA (Supervisory Control and Data Acquisition). Esse sistema tem monitores coloridos de alta resolução, nos quais o operador pode selecionar diferentes programas e avaliar a situação do processo produtivo. A Figura 1.3 ilustra essas etapas de supervisão e controle utilizando CLPs.

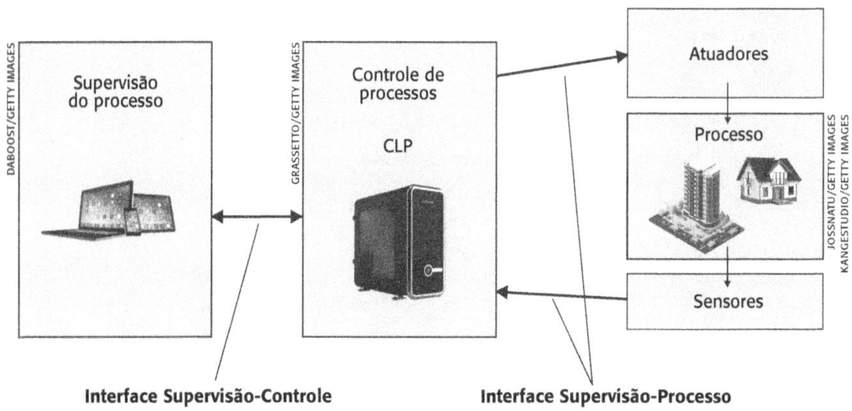

Figura 1.3 Etapas de supervisão e controle utilizando CLPs.

1.5 COMPARAÇÃO DO CLP COM OUTROS SISTEMAS DE CONTROLE

Apesar de abordarmos o controle de processos com CLPs, outros sistemas com relés, sistemas digitais lógicos e computadores podem ser utilizados em aplicações de controle, monitoração e intertravamento de processos industriais.

Uma das grandes vantagens de utilizarmos o CLP deve-se ao fato de possuir características de programação que o tornam mais eficiente do que outros equipamentos industriais, como:

- facilidade e flexibilidade para alterar os programas (o CLP pode ser reprogramado e operar com uma lógica distinta);
- o programa pode ser armazenado em memória para replicação em outro sistema ou ser guardado como sistema reserva (backup);
- no caso de defeito, sinalizadores visuais no CLP informam ao operador a parte do sistema que está defeituosa.

Os CLPs apresentam as seguintes desvantagens em relação aos relés:

- custo mais elevado;
- uso de algum tipo de programação ou álgebra booleana no projeto, técnicas que são desconhecidas de boa parte dos eletricistas;
- sensibilidade à interferência e ruídos elétricos, comuns em instalações industriais;
- necessidade de maior qualificação da equipe de manutenção.

Diversos fabricantes lançaram módulos lógicos de estado sólido que usam linguagem de programação com base na lógica de contatos de relés (diagramas do tipo Ladder), o que dá condições ao projetista de desenvolver sistemas de forma semelhante àqueles que usavam relés eletromecânicos.

1.6 LÓGICA COM RELÉS

Durante um longo tempo, foi largamente utilizada a lógica para intertravamentos com relés. Esses sistemas tiveram grande aceitação por possuírem:

- facilidade de verificação de funcionamento, pois quando um relé atua, é visível sua atuação;
- imunidade a ruídos elétricos e interferências eletromagnéticas;
- simplicidade de entendimento, fiação e manutenção (em sistemas simples).

Entretanto, havia muitos problemas com uso dos relés:

- grande complexidade da fiação e sua verificação em sistemas grandes e complexos;
- pouca flexibilidade para mudanças, pois qualquer modificação na lógica dos relés implicava refazer todos os desenhos esquemáticos, fiação e testes;
- ocupam um grande espaço dentro dos painéis.

A Tabela 1.1 apresenta as características e os benefícios do uso do CLP.

Tabela 1.1 Características e benefícios do controlador lógico programável

Características do sistema com CLP	Benefícios
Uso de componentes de estado sólido	Alta confiabilidade
Memória programável	Simplifica mudanças Flexibiliza o controle
Pequeno tamanho	Necessita de um espaço mínimo para instalação
Microprocessador	Capacidade de comunicação Alto nível de performance Alta qualidade dos produtos Possibilidade de trabalhar com muitas funções simultaneamente
Contadores/temporizadores via software	Facilidade para alterar presets Elimina hardware

(continua)

(continuação)

Características do sistema com CLP	Benefícios
Controle de relés via software	Reduz custo em hardware/cabeamento Redução de espaço
Arquitetura modular	Flexibilidade para instalação Facilmente instalado Redução de custos de hardware Expansibilidade
Variedades de interfaces de I/O	Controle de grande variedade de I/O Elimina controle dedicado
Estações remotas de I/O	Elimina cabeamentos longos
Indicadores de diagnóstico	Reduz tempo de manutenção Sinaliza a operação correta/incorreta do sistema de controle
Interfaces modulares de I/O	Facilita a manutenção Facilita o cabeamento
Variáveis de sistema alocadas na memória de dados	Facilita gerenciamento/manutenção Podem ser colocadas na forma de um relatório de saída

1.7 APLICAÇÕES DOS CONTROLADORES LÓGICOS PROGRAMÁVEIS

Devido às suas características especiais de projeto, o CLP tem um campo de aplicação muito vasto. A constante evolução do hardware e do software é uma necessidade para que o CLP possa atender às demandas dos processos.

É utilizado fundamentalmente nas instalações em que é necessário um processo de manobra, controle e supervisão. Dessa forma, sua aplicação abrange desde processos de fabricação industrial até processos que envolvam transformação de matéria-prima.

Dimensões reduzidas, extrema facilidade de montagem e possibilidade de armazenar os programas tornam o CLP ideal para aplicações em processos industriais, como:

- indústria de plástico;
- indústria petroquímica;
- máquinas de embalagens;
- instalações de ar-condicionado e calefação;
- indústria de açúcar e álcool;
- papel e celulose;
- indústrias alimentícias;
- mineração.

1.8 ARQUITETURA DOS CLPS E PRINCÍPIO DE FUNCIONAMENTO

O CLP é um equipamento de estado sólido, que pode ser programado para executar instruções que controlam dispositivos, máquinas e operações de processos pela implementação de funções específicas, como lógica de controle, sequenciamento, controle de tempo, operações aritméticas, controle estatístico, controle de malha, transmissão de dados etc.

Os CLPs são projetados e construídos para operarem em ambientes severos, portanto, devem resistir a altas temperaturas, ruídos elétricos, poluição atmosférica, ambientes úmidos etc.

Sua capacidade quanto ao número de entradas e saídas, memória, conjunto de instruções, velocidade de processamento, conectividade, flexibilidade, IHM etc. varia conforme o fabricante e modelo.

Os primeiros controladores lógicos programáveis tinham como função primordial somente substituir os relés utilizados na indústria. Seu papel era o de apenas realizar operações sequenciais que eram anteriormente implementadas com relés, como o controle liga/desliga de máquinas e os processos que necessitavam de operações repetitivas. Em um curto tempo, esses controladores tiveram muitas melhorias em relação aos relés, como o uso de menor espaço e energia, indicadores de diagnóstico e, ao contrário dos relés, sua lógica de operação poderia ser mudada sem a necessidade de alteração das conexões físicas dos elementos.

Um controlador lógico programável pode ser dividido em duas partes:

- uma unidade central de processamento;
- sistemas de interface de entrada/saída.

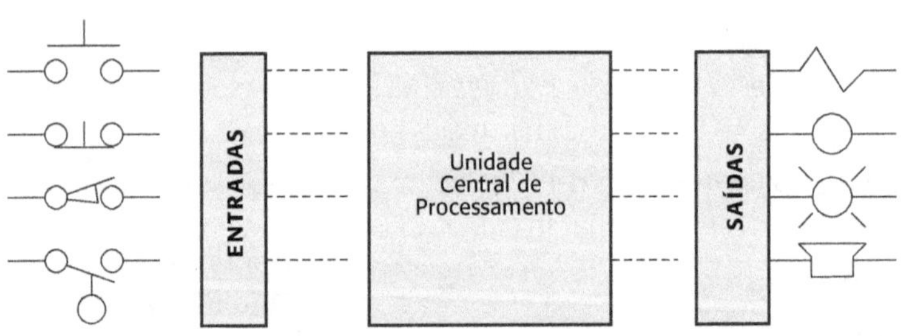

Figura 1.4 Diagrama de blocos de um controlador lógico programável.

A Unidade Central de Processamento (UCP – mais conhecida pela sua sigla originária da língua inglesa CPU – Central Processing Unit) comanda todas as atividades do CLP e é formada pelos três elementos:

- processador;
- sistema de memórias;
- fonte de alimentação.

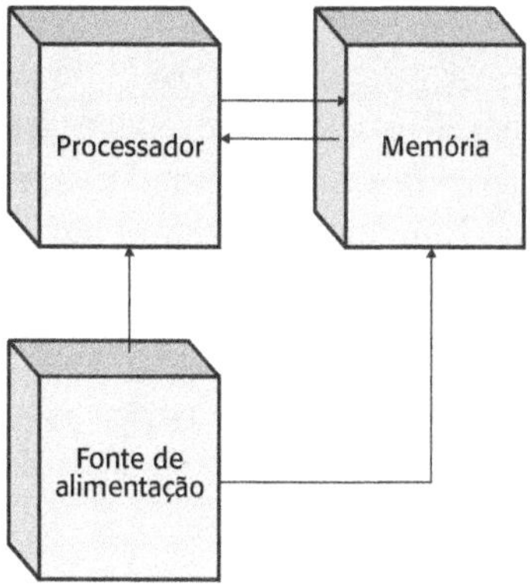

Figura 1.5 Diagrama de bloco dos principais componentes da CPU.

Podemos ter um diagrama de blocos simplificado do CLP (Figura 1.5). Juntamente com a interface de comunicação e as interfaces de entrada e saída, temos o controlador lógico programável, como exibe a Figura 1.6.

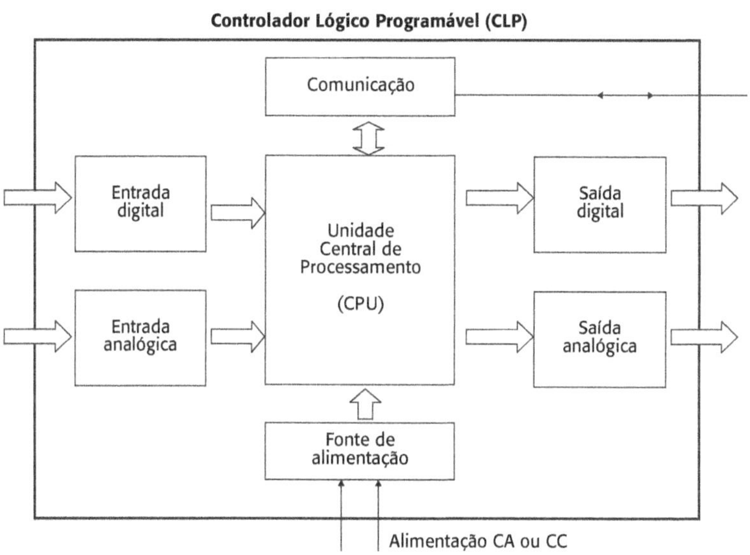

Figura 1.6 Diagrama de blocos do CLP.

De acordo com a Figura 1.6, um CLP pode ser dividido em cinco partes:

1. fonte de alimentação;
2. entradas (analógicas e/ou digitais);
3. saídas (analógicas e/ou digitais);
4. Unidade Central de Processamento (CPU);
5. unidade de comunicação.

A fonte de alimentação é responsável pelo fornecimento da energia necessária para a alimentação da CPU e dos módulos de entrada e de saída, além de fornecer todos os níveis de tensão exigidos para as operações internas do CLP. Convém lembrar que, como geralmente os CLPs são modulares, existem casos em que uma segunda fonte é necessária por conta do aumento de consumo com a expansão dos módulos. Cada fabricante especifica as condições que tornam necessária a segunda fonte. Certos modelos de CLPs são projetados para operar com uma tensão de alimentação de 220 V, outros trabalham com tensão de alimentação contínua de 24 V.

As memórias são divididas em duas partes: instruções do programa executivo que controla as atividades da CPU e instruções do programa de aplicação do usuário, esta última parte expansível.

- **Memória de programa:** responsável pelo armazenamento do programa/aplicativo, desenvolvido pelo usuário para desempenhar determinadas tarefas.
- **Memória de dados:** local utilizado pelo CPU para armazenamento temporário de dados.

1.8.1 TIPOS DE MEMÓRIA

As necessidades para o armazenamento e a recuperação de dados para memória de programa e memória de dados não são as mesmas. Por exemplo, normalmente o conteúdo da memória de dados necessita ser alterado conforme os dados vão sendo coletados.

As memórias podem ser separadas em duas categorias:

- **Memórias voláteis:** perdem seu conteúdo quando sua alimentação elétrica é removida. Essas memórias são facilmente alteradas e é recomendado para a maioria das aplicações que utilizem uma bateria que mantenha sua alimentação, mesmo na ausência de alimentação externa. As baterias são chamadas de "bateria de backup".
- **Memórias não voláteis:** retêm o conteúdo programado, mesmo durante uma completa falta de energia, sem necessidade de uma bateria de backup. Essas memórias podem ser reprogramáveis ou fixas.

A seguir, são apresentadas as descrições dos seis principais tipos de memória e suas características, que afetam a maneira como as instruções programadas são alteradas ou armazenadas em um CLP:

- **Memória ROM (Read Only Memory):** projetada para armazenamento permanente de determinado programa ou dados. Após a gravação do seu conteúdo (normalmente feito na fábrica), este somente pode ser lido e nunca mais alterado. Assim, por natureza, as memórias ROM são imunes a alterações por ruídos elétricos e perda de energia. Utilizada para o sistema operacional e dados fixos usados pela CPU.

  Outra aplicação da memória ROM é em micro CLPs construídos para uma função específica e fixa (função dedicada), em que não há necessidade de alteração de programa.
- **Memória RAM (Random Access Memory):** desenvolvida para que a informação possa ser escrita ou lida em qualquer posição de memória com alta velocidade. Esse tipo de memória é volátil, ou seja, não retém a informação se a fonte de alimentação for desligada. Requer o uso de uma bateria para manter os dados em caso de falta de energia.

  Um grande número de CLPs usa memória RAM para armazenar o programa aplicativo junto com baterias de backup. É uma memória relativamente rápida em comparação com os outros tipos.

Uma grande desvantagem é que a bateria pode eventualmente falhar. Por isso, normalmente os CLPs que utilizam esse sistema possuem um dispositivo que constantemente monitora o estado da bateria e informa ao processador. Memórias RAM suportadas por baterias têm tido excelentes resultados para a maioria das aplicações com CLPs.

- **Memória PROM (Programmable Read Only Memory):** é um tipo especial de memória ROM porque pode ser programada. É muito raro encontrar memória PROM nos controladores. Quando usada, é aplicada para o armazenamento permanente de dados para algum tipo de memória RAM. Embora a PROM seja programável, é por uma única vez. É também conhecida como memória OTP (One Time Programmable). Tem a vantagem da não volatilidade e a desvantagem de necessitar de equipamentos especiais para sua programação. A memória PROM é recomendada para armazenar um programa que tenha sido exaustivamente testado e não necessite de mudanças ou inserção de dados on-line.
- **Memória EPROM (Erasable PROM):** é uma memória PROM que pode ser reprogramada depois de ser inteiramente apagada por uma fonte de luz ultravioleta (UV). O apagamento completo do conteúdo do chip necessita que a janela do chip seja exposta a uma fonte de luz ultravioleta por aproximadamente 20 minutos. A Figura 1.7 mostra uma memória EPROM.

Figura 1.7 Janela para apagamento da memória EPROM por ultravioleta.

A memória EPROM pode ser considerada um dispositivo de armazenamento semipermanente, porque armazena um programa até que ele necessite ser alterado. A memória EPROM fornece um excelente meio de armazenamento para programas que não necessitem de volatilidade, entretanto, ela não permite mudanças no programa e entradas de dados on-line.

Muitos fabricantes usam controladores com memórias EPROM para prover armazenamento permanente de programas em equipamentos que não necessitem de alterações ou entrada de dados pelo usuário.

- **Memória EEPROM (Electrically Erasable PROM):** é não volátil e oferece a mesma flexibilidade de programação que a RAM.

  A maioria dos controladores de médio e pequeno porte usa EEPROM como a única memória do sistema. Ela fornece armazenamento permanente para o programa e pode ser facilmente alterada com o uso de um dispositivo de programação (por exemplo, PC) ou uma unidade de programação manual. Ambas as características ajudam a reduzir o tempo para a alteração de programas.

  Uma das desvantagens da EEPROM é que um byte de memória só pode ser escrito depois que o conteúdo anterior tiver sido apagado, causando atraso. Esse período de atraso é considerável quando mudanças on-line de programação forem feitas. Outra desvantagem da EEPROM é a limitação do número de vezes que pode ser executada a operação de escrever/apagar um único byte de memória (de 10.000 a 100.000 vezes). No entanto, essas desvantagens podem ser desprezadas se compararmos com as notáveis vantagens que ela oferece.

- **Memória FLASH:** é um dos tipos mais recentes de memória. É utilizada pelas placas-mãe de computadores pessoais para armazenar o programa BIOS. Sua principal vantagem é a facilidade de atualização de firmware dos equipamentos por meio de softwares externos. Diversos fabricantes de CLPs já utilizam esse tipo de memória nos seus CLPs. A Siemens, por exemplo, utiliza em seu modelo S7-300.

1.9 ESTRUTURA DE MEMÓRIA E CAPACIDADE

A seguir, serão apresentadas definições básicas de estruturas memória que devem ser levadas em consideração para o completo entendimento das interfaces de entrada e saída de dados.

1.9.1 DEFINIÇÕES IMPORTANTES

- **Bit:** menor unidade de informação, pode ter apenas dois estados: ativo (1) ou inativo (0). Pode ser utilizado para armazenar variáveis lógicas (binárias) e também pode, combinado com outros bits, formar outros tipos de dados mais complexos.
- **Nibble ou quarteto:** agrupamento de quatro bits, utilizado principalmente para armazenamento de códigos BCD.
- **Byte ou octeto:** agrupamento de oito bits. Pode armazenar um caractere do tipo ASCII ou um número entre 0 e 255, dois números BCD ou oito indicadores de um bit.
- **Word ou palavra:** uma palavra corresponde a certa quantidade de bits, que pode variar de um processador para outro. No entanto, é comum considerar uma palavra como a composição de 16 bits.
- **Double word ou palavra dupla:** é a composição de duas palavras, ou seja, para os processadores de 16 bits corresponde a um agrupamento de 32 bits.

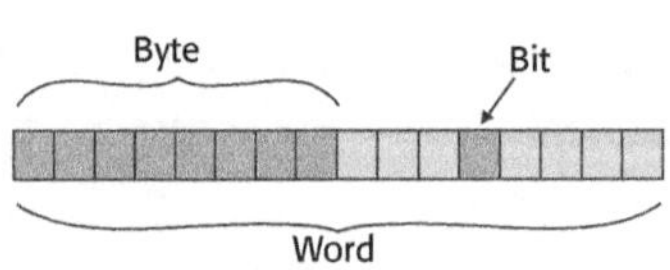

Figura 1.8 Unidades básicas de memória de um CLP: bits, bytes e words.

A capacidade de armazenamento de uma unidade de memória é determinada pelo número de palavras (words) que ela pode armazenar.

O IEC aprovou, em janeiro de 1999, uma norma internacional (IEC 60027-2) para a designação de nomes e símbolos para prefixos de múltiplos de binários utilizados nos campos de processamento e transmissão de dados. Outra norma também foi publicada pela IEEE (IEE 541) em 2005. Os prefixos são apresentados nas Tabelas 1.2 e 1.3.

Tabela 1.2 Múltiplos SI

Múltiplo (SI)
Kilo: $(10^3)^1$
Mega: $(10^3)^2$
Giga: $(10^3)^3$
Tera: $(10^3)^4$

Tabela 1.3 Múltiplos IEC 60027-2

Fator	Nome	Símbolo	Referência
2^{10}	Kibi	Ki	Kilobinary: $(2^{10})^1$
2^{20}	Mebi	Mi	Megabinary: $(2^{10})^2$
2^{30}	Gibi	Gi	Gigabinary: $(2^{10})^3$
2^{40}	Tebi	Ti	Terabinary: $(2^{10})^4$

Portanto, deve ser observado que:

1 Kibibit	1 Kibit	$= 2^{10}$ bit	= 1024 bits
1 Kilobit	1 Kbit	$= 10^3$ bit	= 1000 bits
1 Mebibyte	1 MiB	$= 2^{20}$ B	= 1.048.576 B
1 Megabyte	1 MB	$= 10^6$ B	= 1.000.000 B

Sugere-se que a primeira sílaba do nome do múltiplo do binário seja pronunciada da mesma maneira que o prefixo correspondente no SI, e a segunda sílaba seja pronunciada como "bi".

Como se observa, o nome do novo prefixo reteve as duas primeiras letras do seu correspondente no SI. De forma similar, o símbolo de cada novo prefixo é derivado do seu correspondente no sistema SI, adicionando a letra "i" para lembrar a palavra "binário". Por questão de consistência com outros prefixos, o símbolo Ki é utilizado em vez de ki.

Embora essa nova nomenclatura já esteja oficializada, a maioria dos fabricantes ainda não a emprega. Esses fabricantes ainda relevam o tamanho da memória de aplicação, considerando que **k** (quilo) representa 1.024 palavras. Assim, a memória de 1 k representa 1.024 palavras, 2 k representa 2.048 palavras, 4 k representa 4.096 e assim por diante.

- **Unidade Central de Processamento (UCP):** também conhecida como CPU, é a unidade responsável pela execução do programa aplicativo e pelo gerenciamento do processo. Ela recebe os sinais digitais e analógicos dos sensores do campo conectados aos módulos de entrada e os comandos via comunicação em rede (quando for o caso). Em seguida, executa as operações lógicas, as operações aritméticas e avançadas, como as de controle de malha programadas na memória do usuário, e atualiza os cartões de saída.
- **Entradas e saídas:** são módulos responsáveis pelo interfaceamento da CPU com o mundo exterior, adaptando os níveis de tensão e corrente e realizando a conversão dos sinais no formato adequado. Cada entrada ou saída de sinal é denominada ponto. Esses módulos também são conhecidos, no jargão técnico, como módulos de I/O, referindo-se à abreviação na língua inglesa (I/O = Input/Output).

  Para especificar um CLP, é necessário saber quantos pontos de entrada e saída serão utilizados. Além disso, essas entradas e saídas podem ser digitais ou analógicas. Existe uma grande variedade de tipos de módulos de entrada e saída, como: módulo de entrada de corrente contínua para tensões de 24 V, módulo de entrada de corrente alternada para tensões de 220 V, módulo de entrada analógica de tensão e de corrente, módulo de saída analógica de tensão ou de corrente etc.
- **Dispositivos de programação e de leitura:** são os diversos dispositivos de Interface Homem-Máquina (IHM) conectados aos CLPs. Também podem servir para monitorar o andamento do

programa, as variáveis internas e os dispositivos de campo. Podem ser portáveis ou não. Também são empregados para a introdução do programa de aplicação na memória do CLPs. A maioria dos fabricantes fornece ou vende pacotes de software para que a programação e a edição sejam feitas em um microcomputador. O programa, depois de editado, é transferido para o CLP diretamente ou por meio de uma rede de comunicação.

- **Sistema de comunicação:** é por meio da interface de comunicação que são introduzidos os programas aplicativos no CLP. Também é através dela que é possível monitorar todas as operações que estão sendo realizadas em determinado instante e transferir dados de forma bidirecional com um sistema SCADA. Além disso, o sistema de comunicação pode se comunicar com outros CLP interligados em rede, a partir de um CLP mestre ou com um modem ou, ainda, via internet. Esses CLPs em rede, junto com outros dispositivos, podem fazer parte de uma rede de chão de fábrica denominada Fieldbus.

Como citado anteriormente, a CPU compreende todos os elementos necessários que formam a inteligência do sistema, o processador mais a memória e a fonte de alimentação. A Figura 1.9 mostra a interação das interfaces de entrada e saída de dados, em que estão conectados os botões e os sensores, e as saídas (contatores, eletroválvulas) juntamente com a unidade CPU, na qual está armazenado o programa a ser utilizado para realizar determinada função.

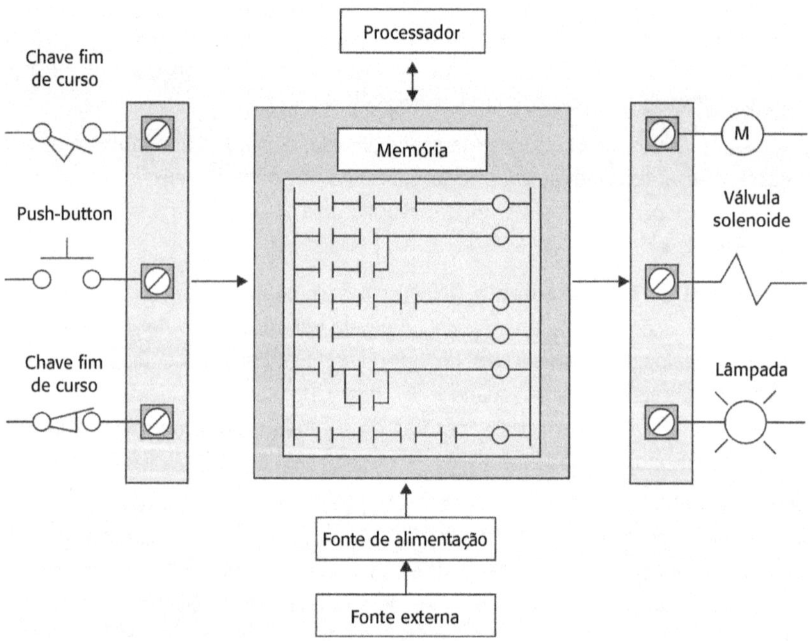

Figura 1.9 Interação das interfaces de entrada e saída de dados.

Basicamente, a operação de um CLP é efetuada da seguinte maneira: as entradas/saídas (E/S) são conectadas fisicamente com elementos de campo e atuadores para as saídas (sinalizadores, relés) para controle de processos industriais. Esses elementos de campo podem ser discretos ou analógicos, ou ainda de entrada ou de saída, como: chaves fim de curso, transdutores de pressão, botões de impulso, partidas de motor, solenoides etc.

As interfaces de entrada/saída fornecem a conexão entre a CPU e os provedores de informação (entradas) e os elementos a serem controlados (saídas).

1.10 MODOS DE OPERAÇÃO DE UM CLP

De modo geral, um CLP pode estar nos modos de operação de **programação** ou **execução**.

Atenção!

Em modo de execução, o CLP pode assumir também o estado de falha (fault), que indica falha de operação ou de execução do programa.

1.10.1 MODO DE PROGRAMAÇÃO

No modo de programação (Prog), o CLP não executa nenhum programa, isto é, fica aguardando para ser configurado ou receber novos programas ou até receber modificações de programas já instalados. Esse tipo de programação é chamado off-line (fora de operação).

A operação de transferência de programas do microcomputador (ou terminal de programação) para o CLP denomina-se download.

Um dos erros mais comuns, cometidos pelos iniciantes na área, é confundir os termos download e upload. Para aqueles que estão acostumados com a internet, existe o senso comum de que download é transferir algum programa de um servidor de arquivos para o computador – o que está correto. No entanto, quando se trabalha com o CLP, o termo download é em relação ao CLP, ou seja, ele é que vai fazer o download do programa. Assim, o servidor de arquivos é o microcomputador. Da mesma forma, a operação para fazer a coleta de um programa armazenado no CLP para o PC é chamada upload.

1.10.2 MODO DE EXECUÇÃO

No modo de execução (Run), o CLP passa a executar o programa do usuário. Os CLPs de maior porte podem sofrer alterações de programa mesmo durante a execução. Esse tipo de programação é chamado on-line (em operação).

O funcionamento do CLP é embasado em um sistema microprocessado, no qual há uma estrutura de software que realiza continuamente ciclos de leitura, chamados scan. O scan é constituído de três processos:

1. efetuar a leitura dos dados por meio dos dispositivos via interface de entrada;
2. executar o programa de controle armazenado na memória;
3. escrever ou atualizar os dispositivos de saída via interface de saída.

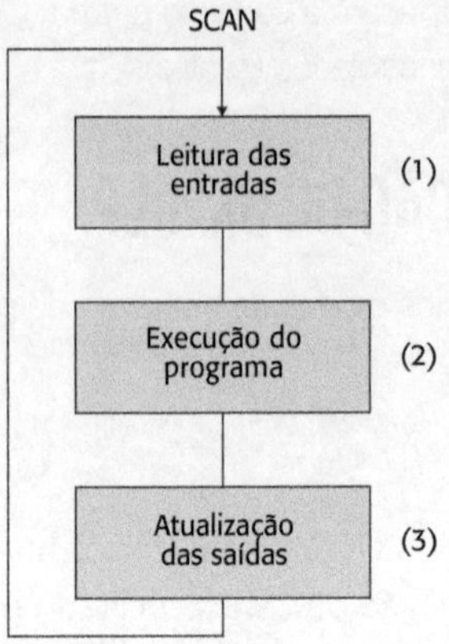

Figura 1.10 Processos ocorridos no ciclo de scan de um CLP.

No momento que é energizado, e estando o CLP no modo de execução, é realizada uma rotina de inicialização, que realiza as seguintes operações:

- limpeza da memória de imagem, para operandos não retentivos;
- teste de memória RAM;
- teste de executabilidade do programa.

Em seguida, a CPU inicia uma leitura sequencial das instruções em laço fechado (loop), em que o primeiro passo a ser executado é a leitura dos pontos de entrada.

Nesse processo de leitura dos pontos de entrada, a CPU endereça o sistema de E/S, coleta os estados atuais dos dispositivos que estão conectados e armazena as informações em forma de bits "1" ou "0". Uma entrada energizada equivale ao valor binário "1" e a entrada desenergizada equivale ao valor binário "0". Essas informações são armazenadas em uma região da memória chamada Tabela Imagem das Entradas (TIE).

No processo de execução da lógica programada, a TIE é utilizada para obter os estados dos dispositivos. Os resultados das lógicas programadas que atuam em determinadas saídas são armazenados em uma área de memória que se chama Tabela Imagem das Saídas (TIS). As lógicas que possuem saídas internas (memórias internas) são armazenadas na área correspondente.

No momento da execução da lógica programada, sendo necessária a referência a uma saída qualquer, dentro do mesmo ciclo de varredura, essa tabela é consultada. É importante verificar que durante esse processo não é feita nenhuma referência a pontos externos de entrada ou saída. A CPU trabalha somente com informações obtidas da memória.

Na etapa de atualização de saídas, a CPU executa uma varredura na tabela TIS e atualiza as saídas externas por meio do endereçamento do sistema de E/S para atualizar o estado dos dispositivos de saída de acordo com o programa. Também é feita atualização de valores de outros operandos, como resultados aritméticos, contagens, temporizadores, entre outros.

Ao final da atualização da tabela imagem, é feita a transferência dos valores da tabela imagem das saídas para os cartões de saída, encerrando o ciclo de varredura. A partir daí, é iniciado um novo scan e a operação continua enquanto se mantém o controlador no modo de execução.

Para verificação de erros, é estipulado um tempo de processamento, ficando a cargo de um circuito chamado Watch Dog Timer (WDT) supervisioná-lo. Se esse tempo máximo for ultrapassado, a execução do programa pela CPU será interrompida, sendo assumido um estado de falha (fault).

Chama-se tempo de varredura (scan time) o tempo gasto para a execução de um ciclo completo. Esse valor muda conforme o controlador e depende de muitos fatores (tamanho da palavra, clock, arquitetura do processador etc.).

A Figura 1.11 apresenta um fluxograma da operação do controlador lógico programável.

Figura 1.11 Fluxograma de funcionamento do CLP.

1.11 TIPOS DE CLP

De acordo com a disposição dos elementos constituintes dos controladores lógicos programáveis, podemos classificá-los em compactos ou modulares.

1.11.1 CLPS COMPACTOS

Possuem incorporados em uma única unidade a fonte de alimentação, a CPU e os módulos de E/S, ficando o usuário com acesso somente aos conectores do sistema E/S. Esse tipo de estrutura normalmente é empregado para CLPs de pequeno porte. Atualmente, suportam grande variedade de módulos especiais (normalmente vendidos como opcionais), como:

- entradas e saídas analógicas;
- contadores rápidos;
- módulos de comunicação;
- Interfaces Homem-Máquina (IHM);
- expansões de I/O.

A Figura 1.12 mostra o CLP compacto Zelio Logic, da Schneider Electric.

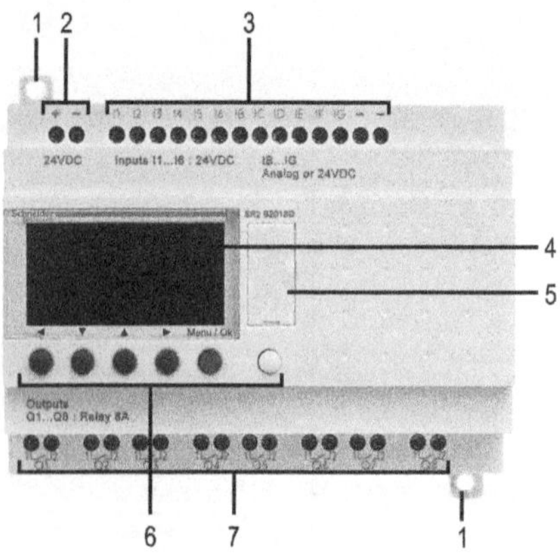

1. Dois terminais de fixação.
2. Dois terminais para fonte de alimentação.
3. Terminais para conexão das entradas.
4. Display LCD com 4 linhas e 18 caracteres.
5. Slot para cartão de memória ou conexão com PC ou interface de comunicação com modem.
6. Seis botões para programação e entrada de parâmetros.
7. Terminais para conexão das saídas.

Figura 1.12 CLP compacto Zelio Logic, da Schneider Electric.

1.11.2 CLPS MODULARES

Esses CLPs são compostos por uma estrutura modular, em que cada módulo executa determinada função. Podemos ter processador e memória em um único módulo com fonte separada ou, então, as três partes juntas em um único gabinete. O sistema de entrada/saída é decomposto em módulos de acordo com suas características. Eles são colocados em posições predefinidas (racks), formando uma configuração de médio e grande portes. Dessa forma, temos os seguintes elementos colocados para formar o CLP:

- rack;
- fonte de alimentação;
- CPU;
- módulos de E/S.

Os CLPs modulares vão desde os denominados MicroCLPs, que suportam uma pequena quantidade de E/S, até os CLPs de grande porte, que tratam até milhares de pontos de E/S. A Figura 1.13 mostra a arquitetura de um CLP modular, e a Figura 1.14 apresenta um exemplo de CLP modular, no caso, modelo Modicon Quantum, fabricado pela Schneider Electric.

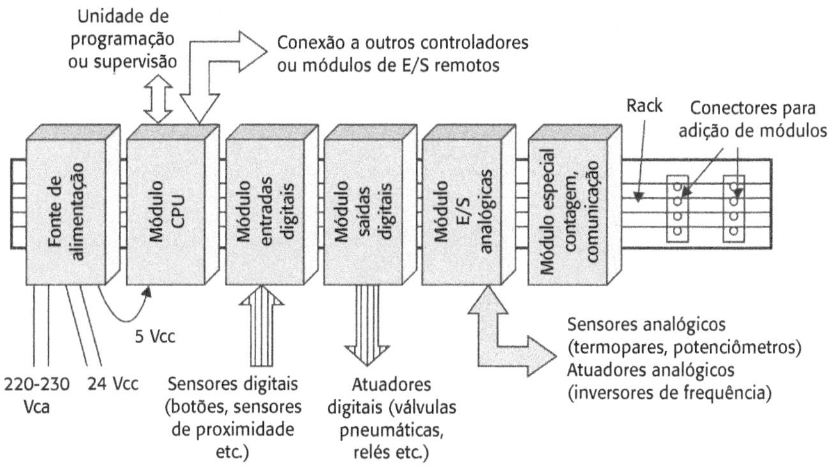

Figura 1.13 Arquitetura de um CLP modular.

Figura 1.14 CLP Modular Modicon Quantum, da Schneider Electric.
Crédito: Gentilmente cedido pela Schneider Electric.

ATIVIDADES DE FIXAÇÃO

1. Quando surgiu o CLP?
2. Que problema o CLP pretendia resolver inicialmente?
3. Defina sensores, controladores e atuadores.
4. Cite as vantagens e as desvantagens do CLP com relação a outros sistemas de controle.
5. Quais são os componentes essenciais da arquitetura de um CLP?
6. O que é CPU? Quais são seus componentes e sua função?
7. Qual é a diferença entre as memórias EEPROM e EPROM?
8. O que significa dizer que uma memória é volátil?
9. Cite dois exemplos de memória não volátil.
10. O que é ciclo de varredura?
11. O que é tempo de varredura?
12. Quais são os modos de operação de um CLP?
13. O que faz a operação de download?
14. O que faz a operação de upload?
15. Qual é a finalidade das tabelas de imagens nos CLPs?
16. O que é Watch Dog Timer e qual é a sua função?
17. Qual é a diferença entre os CLPs compacto e modular?

INTERFACES DE ENTRADAS E SAÍDAS

2

2.1 INTRODUÇÃO

Uma das principais vantagens de se utilizar um CLP é a possibilidade de alterar uma lógica sem alterar as conexões físicas das entradas e das saídas. Assim, a lógica de acionamento das saídas pode ser alterada de acordo com as exigências do processo, sem a necessidade de alteração das conexões elétricas.

Essa facilidade de alteração é possível porque, nas ligações do CLP, não há conexão física entre os dispositivos de entrada e os de saída, como em um painel elétrico convencional. A única conexão é por meio do programa que pode ser facilmente alterado. A Figura 2.1 mostra as conexões em um CLP.

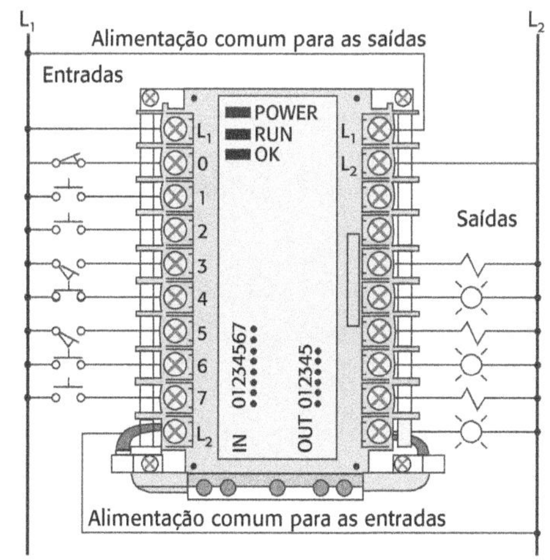

Figura 2.1 Diagrama de conexões do CLP, mostrando que não há conexões físicas entre entradas e saídas.

Para ilustrar os benefícios da conexão via software, utilizaremos o exemplo de controlar o acionamento de uma válvula solenoide a partir de duas chaves de fim de curso (CFC_1 e CFC_2) em série.

Consideremos, agora, que a lógica necessite ser alterada para a colocação das chaves em paralelo e a adição de uma terceira chave conectada em série.

Para proceder à alteração em um CLP, o tempo necessário seria menor do que um minuto. Em muitos casos, é possível realizá-la sem desligar o sistema. A mesma alteração em um circuito com conexão elétrica deve levar de 30 a 60 minutos, ocasionando uma perda de produção no caso de um processo. A Figura 2.2 apresenta essa possibilidade.

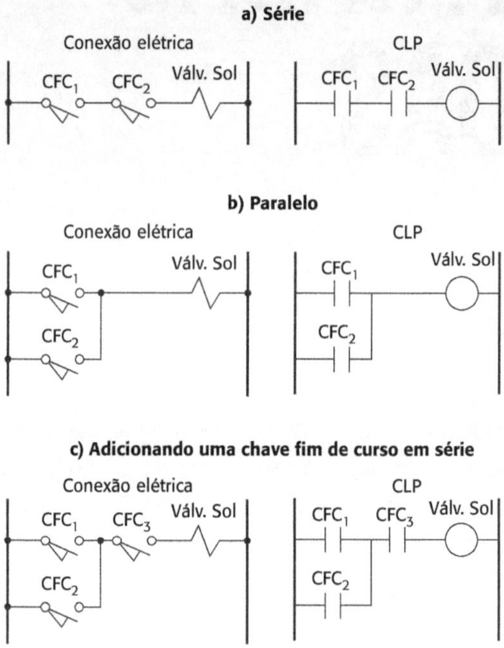

Figura 2.2 Comparação entre as conexões convencionais e por meio do CLP.

2.2 CARACTERÍSTICAS DAS ENTRADAS E SAÍDAS

Para que as CPUs dos CLPs possam realizar suas funções de controle, elas precisam receber informações externas. Para realizar essa tarefa, existem módulos de entrada, ou seja, módulos que servirão de interface entre os sinais provenientes do processo a ser controlado e a CPU.

Esses módulos têm a função de tornar compatíveis os níveis de sinais de tensão e corrente, que são provenientes dos sensores de campo, com o nível de sinal com o qual a CPU pode receber suas informações.

2.3 MÓDULOS DE ENTRADA

Os módulos de entrada fazem a interface entre os elementos de sinais de entrada e o CLP. Como exemplos de elementos que fornecem sinais de entrada, temos: microchaves, botões, chaves fim de curso, contato de relés, sensores de proximidade etc.

Esses módulos são constituídos de cartões eletrônicos, com capacidade para receber certo número de sinais de entrada. Pode ser encontrada uma variedade muito grande de tipos de cartão para atender as mais variadas aplicações nos ambientes industriais. Esses cartões podem ser divididos em cartão de entradas digitais (ou discretas) e analógicas.

2.3.1 ENTRADA DISCRETA (DIGITAL)

Para esse tipo de cartão, os valores de entradas podem assumir unicamente dois valores ou níveis bem definidos. Assim, uma entrada digital pode ter os seguintes valores: 0 ou 1, ligado ou desligado, verdadeiro ou falso, acionado ou "desacionado", ativado ou desativado. Os dispositivos de entrada digital, também chamados de entradas discretas, funcionam essencialmente como chaves, enviando o nível lógico 0 (OFF) quando abertas e nível lógico 1 (ON) quando fechadas.

Uma chave de impulso normalmente aberta (NA) é usada no exemplo da Figura 2.3. Esse tipo de chave tem a característica de só funcionar enquanto o usuário a estiver pressionando. Também é conhecida como botão de pressão ou botão de contato momentâneo. Um dos lados da chave é conectado à primeira entrada do CLP, o outro lado é conectado a uma fonte interna de 24 Vcc do cartão de entrada.

Quando a chave está aberta, não tem nenhuma tensão aplicada à entrada do CLP. Esta é a condição desligada da entrada (OFF), ou seja, entrada aberta = nível lógico 0. Quando a chave é pressionada, 24 Vcc são aplicados à entrada do CLP. Esta é a condição ligada da entrada (ON), ou seja, entrada ligada = nível lógico 1. Muitos CLPs necessitam de uma fonte externa separada para alimentar as entradas.

Em um cartão de entradas digitais podem ser conectados diversos elementos discretos, como: botões, chaves, pressostatos, fotocélulas, sensores, teclado, chaves fim de curso, entre outros, como mostra a Figura 2.4.

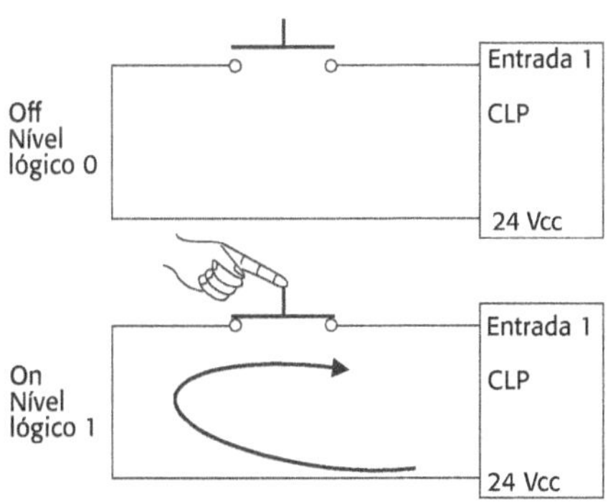

Figura 2.3 Chave de impulso conectada a uma entrada digital.

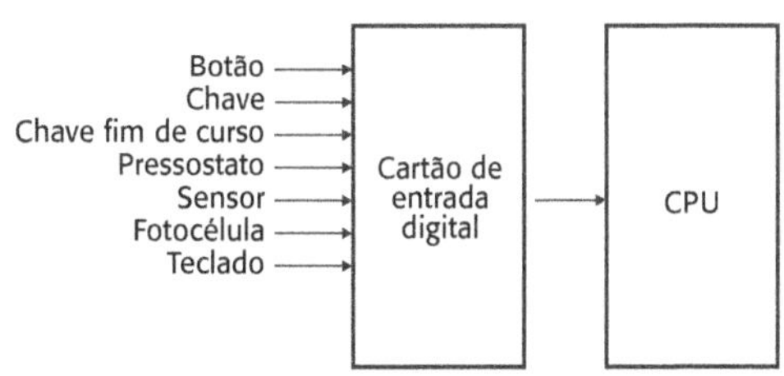

Figura 2.4 Exemplos de entradas digitais.

2.3.2 ENTRADAS CONTÍNUAS (ANALÓGICAS)

As interfaces de entrada analógica permitem que o CLP manipule grandezas analógicas, que são normalmente enviadas por sensores eletrônicos.

As grandezas analógicas tratadas por esses módulos são normalmente tensão e corrente elétrica. No caso de tensão, as faixas de utilização são 0 a 10 Vcc, 0 a 5 Vcc, 1 a 5 Vcc, –5 a +5 Vcc, –10 a +10 Vcc (e as interfaces que permitem entradas positivas e negativas são chamadas de entradas diferenciais); no caso de corrente, as faixas utilizadas são 0 mA a 20 mA e 4 mA a 20 mA.

Um sinal analógico é a representação de uma grandeza contínua, que pode assumir, em determinado instante, qualquer valor entre dois limites definidos.

Como exemplo, pode-se citar o transmissor de nível da Figura 2.5, que monitora a altura da coluna de líquido de um tanque. O valor do transmissor pode ser qualquer um entre 0% e 100% do nível, sendo tal informação enviada a um cartão de entrada analógico de um CLP.

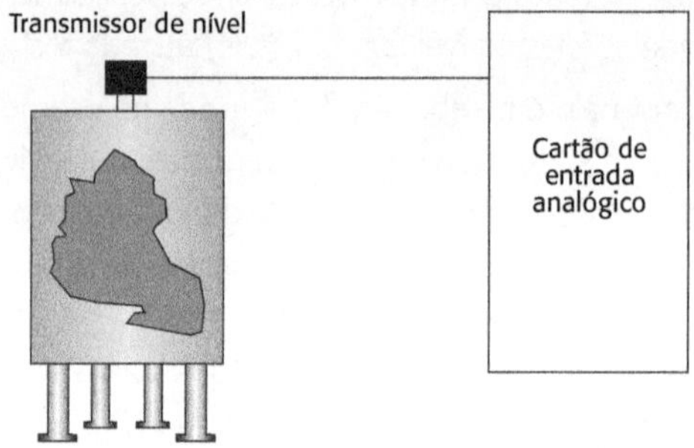

Figura 2.5 Exemplo de um transmissor de nível conectado a uma entrada analógica de um CLP.

Outros exemplos de dispositivos utilizados como entradas analógicas são sensores de pressão, vazão, temperatura e densidade, entre outros. Os transmissores dos diversos tipos também são conectados aos módulos de entrada analógica. A Figura 2.6 apresenta alguns dos tipos mais comuns de sensores que fornecem valores analógicos para o CLP.

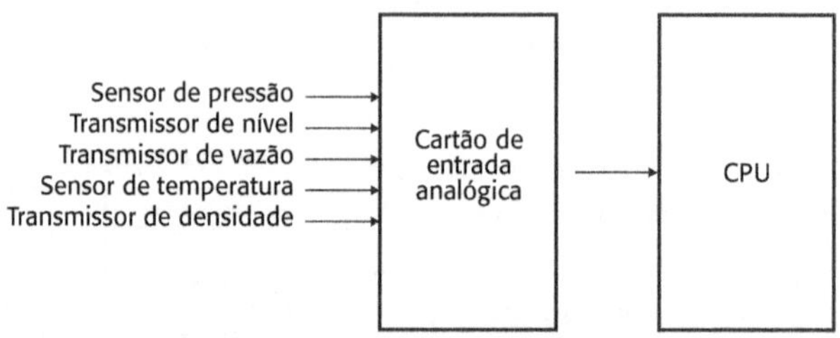

Figura 2.6 Exemplos de entradas analógicas.

Outra questão importante que deve ser analisada nas entradas analógicas é a sua resolução, que normalmente é medida em bits. Uma entrada analógica com maior número de bits permite melhor representação da grandeza analógica.

Por exemplo, uma placa de entrada analógica de 0 a 10 Vcc com uma resolução de 8 bits permite uma resolução de 39,1 mV. Para determinar esse valor, deve-se fazer a seguinte equação:

- Resolução (8 bits): faixa de entrada analógica: $\frac{10\ V - 0\ V}{2^8} = 39{,}1\ mV$
- Resolução (12 bits): $\frac{10\ V - 0\ V}{2^{12}} = 2{,}4\ mV$

2.4 INTERFACES DE ENTRADA DE DADOS

A unidade de entrada fornece a interface entre o sistema e o mundo externo, que pode ser feita por canais de entrada, para permitir a leitura de sinais como sensores, botões, entre outros.

Os canais de entrada fornecem isolação e condicionamento de sinais para que sensores e atuadores possam ser conectados diretamente, sem um circuito de interface.

A Figura 2.7 mostra um diagrama de blocos para uma interface típica de entrada CA/CC. Os circuitos de entrada variam de acordo com o fabricante, mas, em geral, as interfaces CA/CC operam da mesma forma que o diagrama. Um circuito de entrada CA/CC tem duas partes principais:

- parte de força;
- parte lógica.

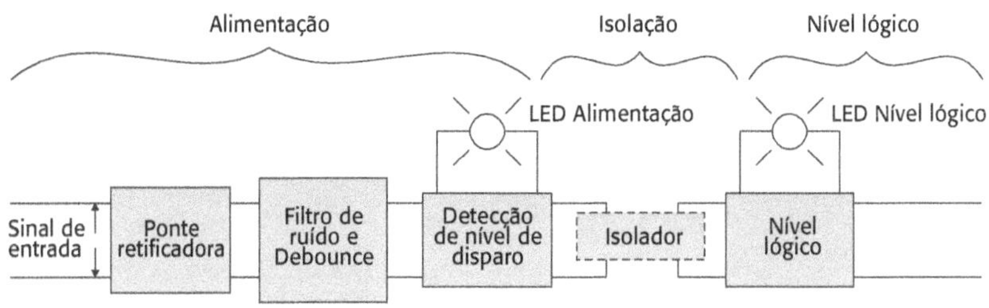

Figura 2.7 Diagrama de blocos para uma interface típica AC/DC.

Uma isolação elétrica geralmente é feita por meio de optoacopladores. A Figura 2.8 mostra o princípio de um optoisolador. Quando um pulso digital passa através do LED, um pulso de infravermelho é produzido. Esse pulso é detectado por um fototransistor, que gera um pulso de tensão no circuito. O espaço entre o LED e o fototransistor garante a isolação elétrica.

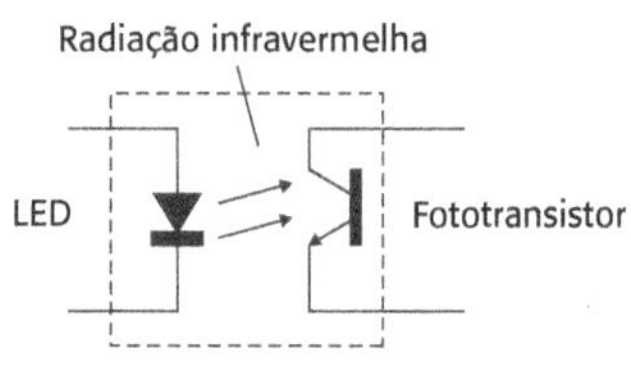

Figura 2.8 Isolação elétrica por meio de optoacopladores.

A seção de força de uma interface CA/CC converte o sinal CA de entrada em um sinal CC que possa ser lido no CLP. Durante esse processo, o retificador em ponte converte o sinal CA de entrada em um sinal com nível CC, e a seguir passa esse sinal por um filtro contra debouncing e ruído elétrico da entrada de força.

Um módulo de entrada em CC faz a interface com um dispositivo de entrada, fornecendo um sinal adequado para o CLP operar corretamente. A diferença entre uma interface CC e uma CA/CC é que a interface CC não contém o circuito retificador em ponte, pois não há necessidade de conversão do sinal. A tensão de entrada em CC pode variar entre 5 e 30 Vcc.

A Figura 2.9 apresenta as conexões de um cartão de entrada em CC e um cartão de entrada em CA.

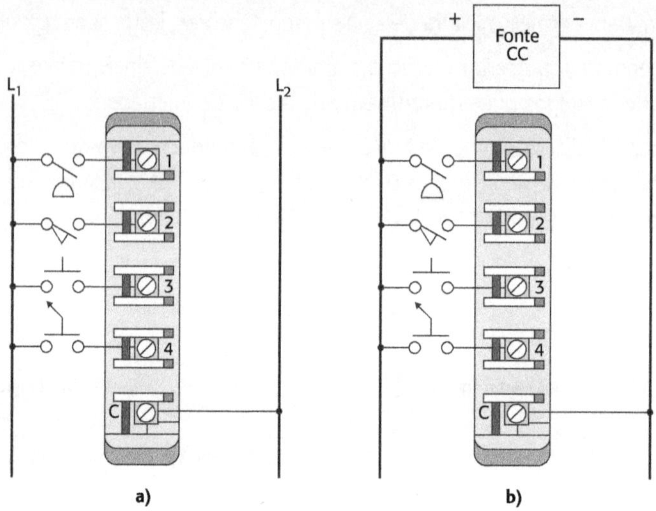

Figura 2.9 Cartões de entrada digital: a) alimentação em CA; b) alimentação em CC.

As entradas digitais de um CLP podem ser do tipo fonte (sourcing), também chamadas de entradas PNP, ou do tipo dreno (sinking), também conhecidas como entradas NPN. Essa informação é fundamental para selecionar o tipo de saída do sensor que fará a interface com a entrada do CLP e para realizar a conexão física corretamente.

Na saída de um sensor PNP ou fonte, o nível da sua saída lógica vai comutar entre o fornecimento de uma tensão equivalente à da alimentação das saídas e um circuito aberto. Neste caso, a saída transistorizada PNP tem o emissor conectado a Vcc e o coletor aberto (Figura 2.10).

Se a saída é conectada a uma carga que tem um dos seus lados aterrado, quando o transistor estiver saturado (estiver conduzindo plenamente), ele fará com que a tensão sobre a carga seja igual à tensão da alimentação ou aproximadamente nula quando o transistor estiver cortado (não conduzindo). De forma resumida, pode-se dizer que a saída PNP exibe uma lógica positiva (o dispositivo manda um **sinal positivo** para indicar que está ativado).

Para sensores do tipo fonte (PNP), o circuito de entrada do CLP é conectado com o terminal comum do sensor, como mostra a Figura 2.11. Quando o transistor PNP no sensor estiver desligado, nenhuma corrente flui entre o sensor e o CLP e a entrada do CLP fica em nível baixo (OFF).

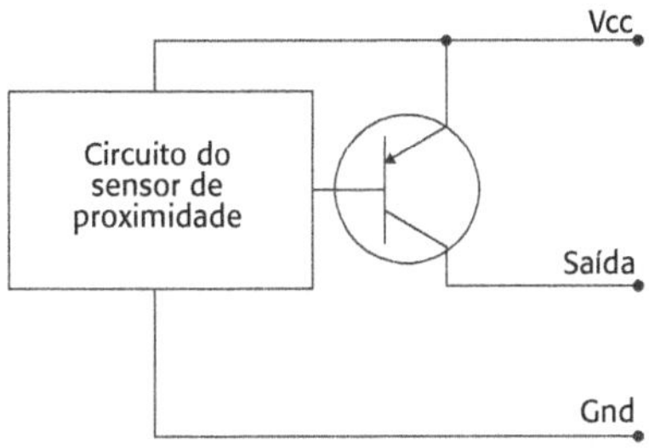

Figura 2.10 Sensor com saída PNP.

Quando o circuito do sensor detecta um objeto, comuta o circuito do transistor PNP, acionando-o. A corrente circula da fonte de tensão Vcc através do transistor PNP e do optoisolador da entrada IN_0 do CLP e sai pelo terminal comum para retornar ao lado negativo da fonte de energia. Nesse caso, a entrada do CLP fica em nível alto (ON).

Para esse tipo de conexão, o valor da tensão Vcc deve ser suficiente para satisfazer o mínimo de tensão necessária para a entrada do CLP.

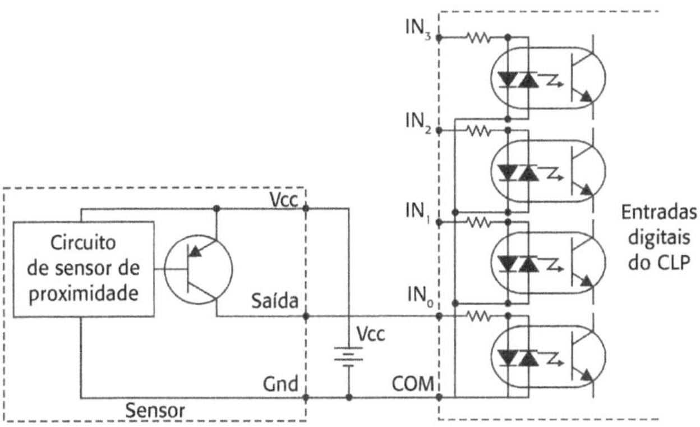

Figura 2.11 Sensor PNP conectado a uma entrada do tipo dreno.

No caso de um sensor NPN, quando o sensor de proximidade detectar algum objeto, enviará um sinal para o transistor NPN comutar, que envia um sinal Gnd (negativo) para a entrada do CLP, como mostra a Figura 2.12. Resumidamente, pode-se dizer que a saída NPN exibe uma lógica negativa (o dispositivo manda um **sinal negativo** para indicar que está ativado).

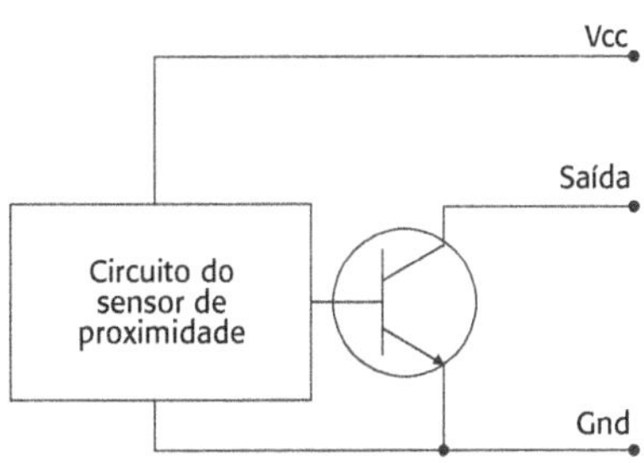

Figura 2.12 Sensor com saída NPN.

Ao utilizar um sensor dreno NPN, devemos conectá-lo a uma entrada do tipo fonte. Com essa conexão, temos a seguinte operação: quando o transistor NPN estiver desligado no sensor, nenhuma corrente flui entre o CLP e o sensor. Entretanto, quando o sensor detecta algum objeto, o transistor NPN comuta para ligado, a corrente flui do lado positivo da fonte de tensão Vcc para o terminal comum do CLP, através do optoisolador, e para fora do terminal de entrada do CLP IN_0 e através do transistor NPN para a terra. Isso faz com que a entrada do CLP seja acionada. A Figura 2.13 apresenta essa conexão.

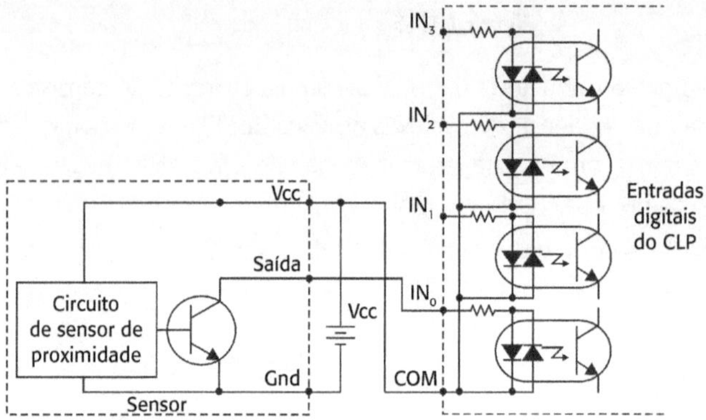

Figura 2.13 Sensor NPN conectado a uma entrada do tipo fonte.

2.4.1 REGRA GERAL

Os sensores com saídas fonte (PNP) devem ser conectados a entradas dreno no CLP, e sensores com saídas dreno (NPN) devem ser conectados a entradas fonte no CLP. Caso isso não seja obedecido, o elemento de entrada não funcionará.

2.5 MÓDULOS DE SAÍDA

Os módulos de saída são elementos responsáveis por fazer a interface entre o CLP e os elementos atuadores.

São constituídos de cartões eletrônicos com capacidade de enviar sinais para os atuadores, resultantes do processamento da lógica de controle.

Os cartões de saída são basicamente de dois tipos: digitais ou analógicos.

2.5.1 SAÍDAS DIGITAIS

Uma saída digital pode estar na condição ligada ou desligada. Válvulas solenoides, contatores, alarmes, relés, sirenes e lâmpadas são exemplos de atuadores conectados em saídas digitais, como indica a Figura 2.14.

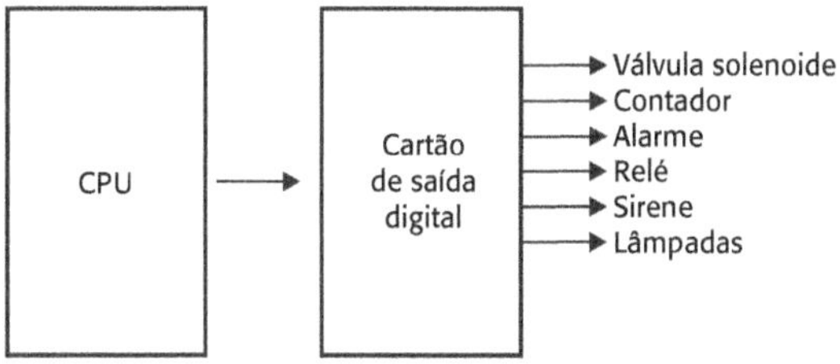

Figura 2.14 Exemplos de saídas digitais.

A Figura 2.15 mostra uma lâmpada que pode ser ligada ou desligada por meio da sua conexão.

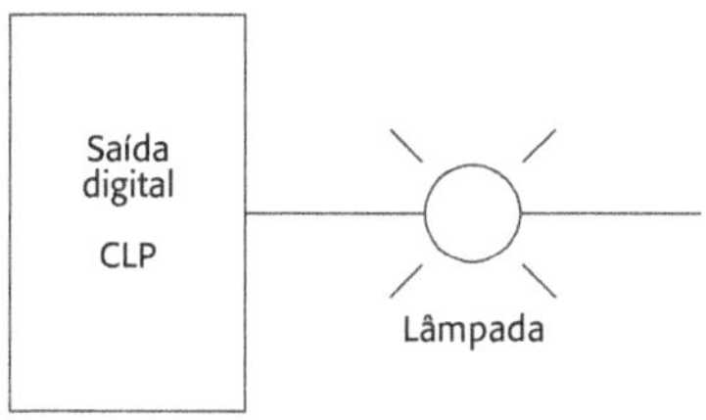

Figura 2.15 Conexão de uma lâmpada a uma saída digital de um CLP.

As saídas digitais podem ser construídas de três formas básicas:

- **Saída digital a relé:** aciona cargas alimentadas por tensão tanto contínua quanto alternada. Uma importante vantagem dessa configuração de saída é o fato de se ter uma saída praticamente imune a qualquer tipo de transiente da rede. Entretanto, esse tipo de saída possui uma pequena vida útil dos contatos se comparado com os outros tipos, e permite um número total de acionamentos aproximado de 150.000 a 300.000.

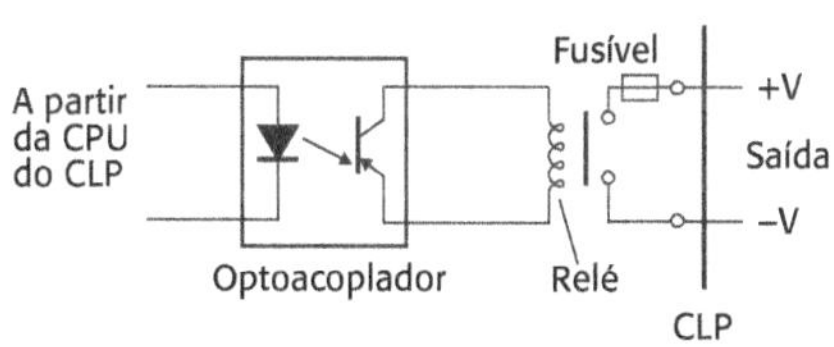

Figura 2.16 Saída digital a relé.

- **Saída a transistor:** para esse tipo de módulo, o elemento que efetua o acionamento pode ser um transistor típico ou um transistor de efeito de campo (FET), o que promove comutações com alta velocidade.

  O módulo com saída a transistor é recomendado quando são utilizadas fontes de corrente contínua. Essa saída tem capacidade de 10×10^6 acionamentos ao longo de sua vida útil e pode suportar uma corrente de aproximadamente 1,0 A. Para a saída a transistor, optoisoladores são usados para isolar a carga a ser acionada do cartão do CLP.

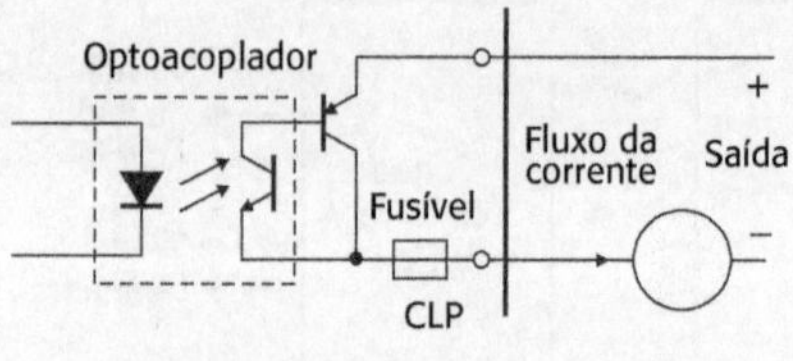

Figura 2.17 Saída digital a transistor.

- **Saída a TRIAC:** tem maior vida útil do que a saída a relé. Nesse tipo de saída o elemento acionador é um dispositivo de estado sólido (TRIAC), sendo recomendado seu uso para corrente alternada. Tem uma vida útil de 10 • 10^6 e pode suportar uma corrente de até, aproximadamente, 1,0 A acionamentos. A Figura 2.18 mostra uma saída a TRIAC.

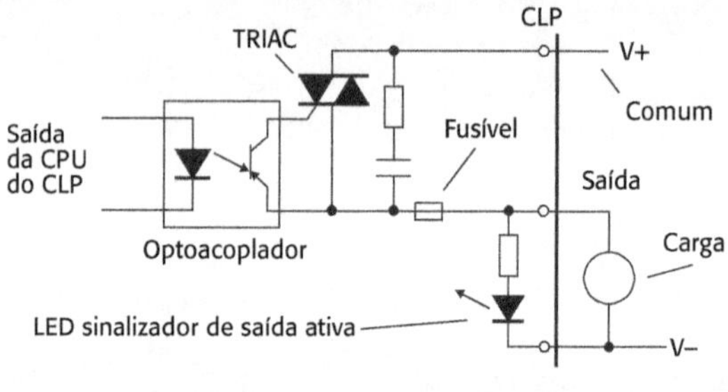

Figura 2.18 Saída digital a TRIAC.

2.5.2 SAÍDAS ANALÓGICAS

Os módulos ou as interfaces de saída analógica convertem valores numéricos em sinais de saída em tensão ou corrente. No caso de tensão, normalmente de 0 a 10 Vcc ou 0 a 5 Vcc, e no caso de corrente, de 0 a 20 mA ou 4 a 20 mA. Por exemplo: se o cartão de saída analógica enviar 0 Vcc, esse valor vai corresponder a 0%, e se o cartão enviar 10 Vcc, vai corresponder a 100%, se utilizarmos uma saída em tensão.

A função dessas saídas é bastante diferente das saídas digitais, em que somente era possível colocar um elemento em dois estados: ligado ou desligado, aberto ou fechado etc. No caso de uma saída analógica, podemos acionar um elemento dentro de uma faixa de valores que corresponde de 0% a 100%. Por exemplo, com uma saída analógica, podemos ligar um motor com 40% da sua rotação nominal, uma válvula proporcional pode ser aberta 25%.

As saídas analógicas são utilizadas para controlar dispositivos atuadores como válvulas proporcionais, motores, inversores de frequência, resistências elétricas, entre outros. A Figura 2.19 indica alguns atuadores analógicos típicos.

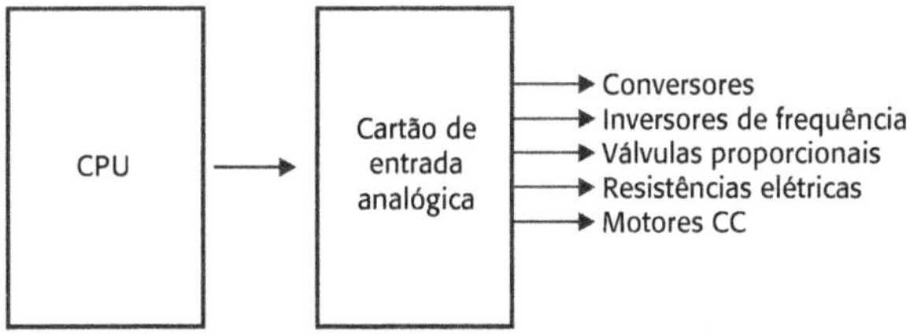

Figura 2.19 Atuadores analógicos típicos.

Um exemplo de saída analógica é um transdutor de corrente para pressão mostrado na Figura 2.20. Esse dispositivo recebe uma corrente do CLP (por exemplo, 4 a 20 mA) e a converte em uma pressão proporcional ao valor da corrente recebida (por exemplo, 3 a 15 psi). Esta é uma forma típica de controle de abertura de válvulas pneumáticas proporcionais em uma malha de processo.

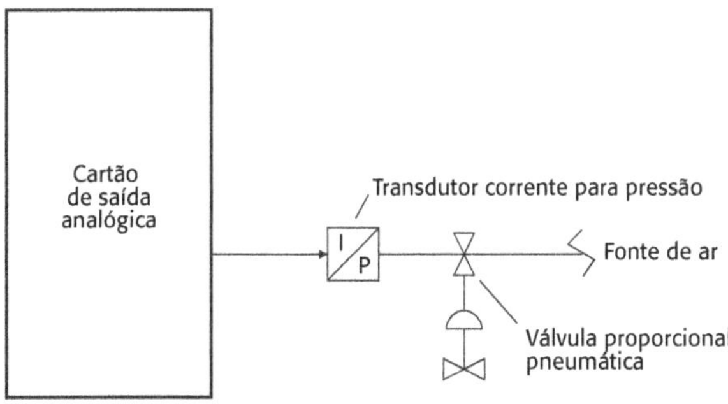

Figura 2.20 Conversor de corrente em pressão.

Atenção!

Existem, ainda, módulos de saídas especiais para aplicações como:

- PWM para controle de motores CC;
- controle de servomotores;
- controle de motores de passo.

ATIVIDADES DE FIXAÇÃO

1. Por que é mais fácil alterar a lógica de funcionamento de um processo que utiliza um CLP?
2. O que é módulo de entrada digital?
3. Conceitue módulo de entrada analógica.
4. Caracterize a resolução de uma entrada analógica.
5. Utilizando um diagrama de blocos, descreva as partes constituintes de uma entrada de dados de um CLP.
6. Qual é a função de um módulo de saída digital?
7. O que são entradas dos tipos NPN e PNP?
8. Represente o diagrama de ligação a três fios para os sensores NPN e PNP.
9. Caracterize um módulo de saída analógico. Cite aplicações.
10. Caracterize os três tipos de saída digital empregados nos CLPs.

SENSORES E ATUADORES

3

3.1 INTRODUÇÃO

A indústria trabalha continuamente para desenvolver produtos com mais velocidade e menor custo. Pela automação de processos, é possível alcançar esses objetivos mantendo altos níveis de qualidade e confiabilidade. O uso de sensores e chaves para detecção de posição é fundamental para monitorar, regular e controlar a automação das máquinas envolvidas nos processos de fabricação.

Os sensores geralmente são aplicados para contagem, verificação de posição e seleção entre dimensões diferentes de peças, entre outras aplicações. Assim, é fundamental a escolha correta de um sensor para que a automação de um processo industrial possa funcionar corretamente. Os sensores para indicação de posição comumente utilizados são chaves fim de curso, indutivos, capacitivos, ópticos e ultrassônicos, descritos a seguir.

3.2 CHAVES

As chaves são componentes eletromecânicos usados para ligar, desligar ou direcionar a corrente elétrica, por meio de um acionamento mecânico manual ou automático. A chave de duas posições é um componente binário de circuito simples e fundamental, com uma entrada e uma saída.

A entrada da chave é uma força mecânica e a saída uma tensão elétrica. A Figura 3.1 mostra o princípio básico de aplicação de uma chave.

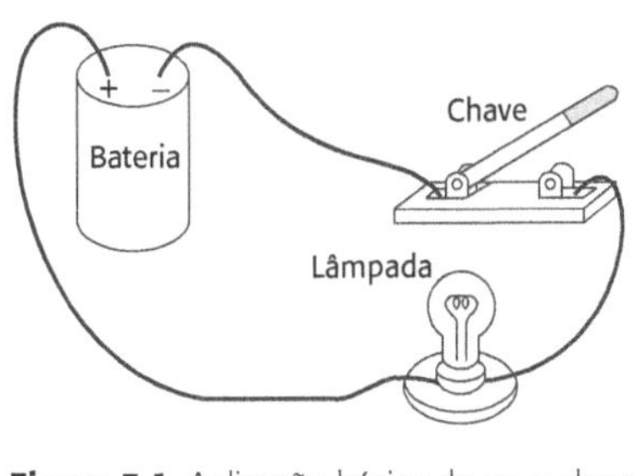

Figura 3.1 Aplicação básica de uma chave.

Assim, é preciso que uma chave tenha as seguintes características:

- alta velocidade de comutação;
- alta confiabilidade;
- baixa perda na comutação;
- baixo custo.

Existem dois principais usos para as chaves. Primeiro, são usadas para o operador como entrada para enviar instruções ao circuito de controle. Outra finalidade é instalá-las em partes móveis de uma máquina para fornecer um retorno (feedback) automático para o sistema de controle.

Há muitos tipos diferentes de chave. A seguir, serão apresentadas as mais utilizadas na indústria.

3.2.1 CHAVE BOTOEIRA

A chave mais comumente utilizada na indústria é a botoeira. Existem dois tipos de chaves botoeira: de impulso e de trava.

A botoeira de impulso (push-button) é ativada quando o botão é pressionado e desativada quando o botão é solto, sendo a desativação feita por uma mola interna. Já o botão de trava é ativado quando pressionado, e mantém-se ativado quando é liberado. Para desativá-lo, é necessário pressioná-lo uma segunda vez.

Dentro das chaves há dois tipos de contatos, sendo normalmente aberto e normalmente fechado, conforme explicado a seguir:

- **Contato normalmente aberto (NA):** sua posição original é aberta, ou seja, permanece aberto até que seja aplicada uma força externa. Também é denominado, na maioria das aplicações industriais, contato NO (do inglês, *normally open*).

  Contatos de alta capacidade de corrente de comutação são chamados de contatos de carga, de força ou principais. São destinados à aplicação em ramais de motores ou de carga, em que existem altas intensidades de corrente elétrica.

  Os contatos destinados aos próprios comandos denominam-se auxiliares. Eles suportam baixas intensidades de corrente e não podem ser aplicados em circuitos de carga. Sua marcação é feita por dois dígitos. O primeiro representa o número sequencial do contato e o segundo, o código de função, que no caso dos contatos auxiliares NA são 3 e 4.

- **Contato normalmente fechado (NF):** sua posição original é fechada, ou seja, permanece fechado até que seja aplicada uma força externa. Também é denominado, na maioria das aplicações industriais, contato NC (do inglês *normally closed*). No caso dos contatos NF, a marcação é feita por dois dígitos. O primeiro representa o número sequencial do contato e o segundo, o código de função, que no caso dos contatos auxiliares NF são 1 e 2.

Quadro 3.1 Contatos normalmente aberto (NA) e normalmente fechado (NF) sem retenção

Chave de impulso	Desacionado	Acionado
NA	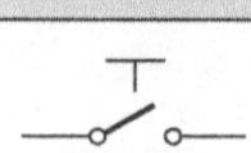	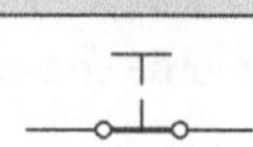
NF	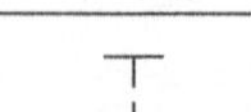	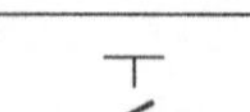

- **Chave com retenção (ou trava):** é a mais simples utilizada, também denominada chave toggle. Possui uma haste ou alavanca que se move por um pequeno arco, fazendo os contatos de um circuito abrirem ou fecharem em um tempo bastante curto. O fato de o contato abrir ou fechar rapidamente extingue o arco voltaico. O acionamento da chave liga/desliga é retentivo, ou seja, a chave é ligada por um movimento mecânico e os contatos permanecem na posição alterada até que a chave seja acionada no sentido contrário. Uma vez acionada, o retorno dessa chave à situação anterior somente acontece com um novo acionamento, como é mostrado na Figura 3.2.

Figura 3.2 Contatos normalmente aberto (NA) e normalmente fechado (NF) com retenção.

- **Chaves de contatos múltiplos com ou sem retenção:** possuem vários contatos NA e/ou NF agregados. A Figura 3.3 exibe a representação de dois conjuntos de contatos, junto com alguns modelos de botões utilizados em acionamentos elétricos, em que a linha tracejada representa um acoplamento mecânico entre os contatos, ou seja, os contatos são acionados simultaneamente.

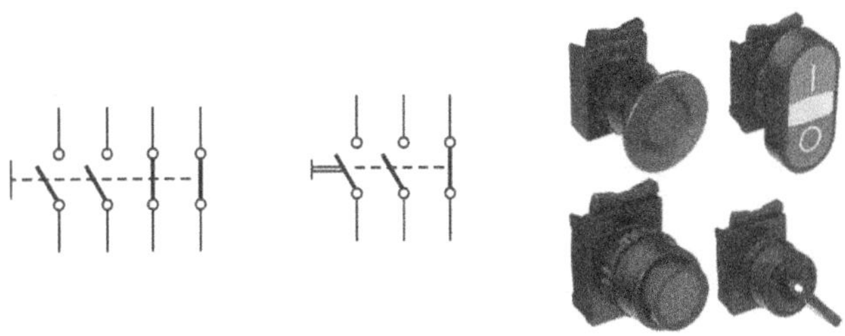

Figura 3.3 Chave impulso (2 NA + 2 NF) e chave trava (2 NA + 1 NF).

A chave do tipo botoeira é usada em controle de motores, nos quais ela serve para partir, parar, inverter e acelerar a rotação. É empregada tipicamente em acionamento de campainha e segurança de motores. Está disponível em várias cores, identificações, formatos, tamanhos e especificações elétricas.

3.2.2 CHAVES FIM DE CURSO

As chaves fim de curso são dispositivos auxiliares de comando e de acionamento que atuam em um circuito com função bastante diversificada, como:

- comando de contatores;
- comando de circuitos de sinalização para indicar a posição de um determinado elemento móvel.

Essas chaves são basicamente constituídas por uma alavanca ou haste, com ou sem roldanas na extremidade, que transmite o movimento aos contatos que se abrem ou fecham de acordo com sua função, que pode ser:

- **Controle:** sinaliza os pontos de início ou de parada de determinado processo.
- **Segurança:** desliga equipamentos quando há abertura de porta ou equipamento e alarme.

A Figura 3.4 representa a chave fim de curso e suas principais partes.

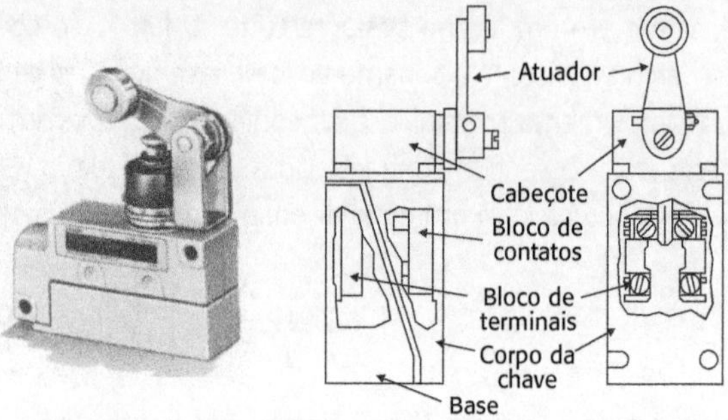

Figura 3.4 Chave fim de curso e suas principais partes.
Fonte: Hackworth (2020).

As chaves fim de curso possuem os seguintes componentes:

- **Atuador:** é a parte da chave que entra em contato com os objetos a serem detectados.
- **Cabeçote:** a cabeça aloja o mecanismo que converte o movimento do atuador em movimento nos contatos. Quando o atuador é movido, o mecanismo opera comutando os contatos.
- **Bloco de contatos:** aloja os contatos elétricos da chave fim de curso. Geralmente, contém dois ou quatro pares de contatos. Existem diferentes tipos de arranjos de contatos disponíveis, sendo os mais comuns:
    - **Bloco terminal:** contém os parafusos de fixação. É o local em que as conexões elétricas entre a chave e os circuitos são feitas.
    - **Corpo de chave:** aloja os blocos de contato da chave fim de curso.
    - **Base:** aloja o bloco de terminais da chave fim de curso.

Apesar de haver grande variedade de chaves elétricas, a terminologia utilizada para descrevê-las é padronizada. Se uma chave possui somente um polo, ela é chamada de chave de único polo (single pole switch). Se ela possui dois polos, chama-se chave de duplo polo (double pole switch). A chave pode ter também três, quatro ou mais polos, sendo chamada de triplo polo e multipolo (triple and multiple pole switches).

Se cada contato, alternadamente, abre e fecha somente um circuito, a chave é denominada único terminal (single throw). Quando o contato é de dupla ação, ou seja, abre um circuito enquanto fecha outro, a chave é chamada de duplo terminal (double throw). A Figura 3.5 apresenta as configurações da chave fim de curso.

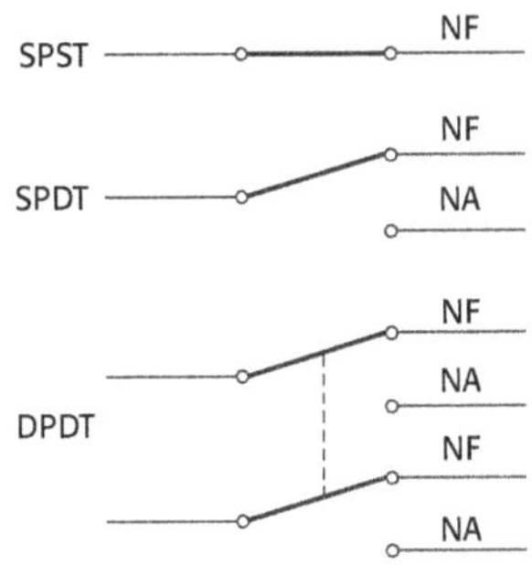

Figura 3.5 Configurações dos contatos das chaves fim de curso.

- **SPDT (Single Pole Double Throw):** um conjunto de contatos NA e NF. Nessa configuração, quando um contato é aberto, o outro se fecha.
- **SPST (Single Pole Single Throw):** relé com um único contato que pode ser normalmente aberto ou normalmente fechado.
- **DPDT relay (Double Pole Double Throw):** relé com dois conjuntos de contatos NA e NF que operam simultaneamente por uma simples ação.

3.2.2.1 VANTAGENS E DESVANTAGENS DAS CHAVES FIM DE CURSO

Entre as principais vantagens das chaves fim de curso, destacam-se:

- operação visível e simples;
- encapsulamento durável;
- alta robustez para diferentes condições ambientais encontradas na indústria;
- alto poder de repetição;
- ideais para chaveamento de cargas de grande capacidade (5 A em 24 Vcc ou 10 A a 120 Vca) quando sensores de proximidade típicos podem operar em correntes menores que 1 A;
- imunes à interferência eletromagnética;
- não possuem corrente de fuga;
- mínima queda de tensão.

Entre as suas desvantagens estão:

- vida útil menor dos contatos em comparação com a tecnologia de estado sólido;
- nem todas as aplicações industriais podem utilizar sensores de contato.

3.2.2.2 APLICAÇÕES TÍPICAS

A seguir, serão apresentadas algumas aplicações típicas de chaves de fim de curso.

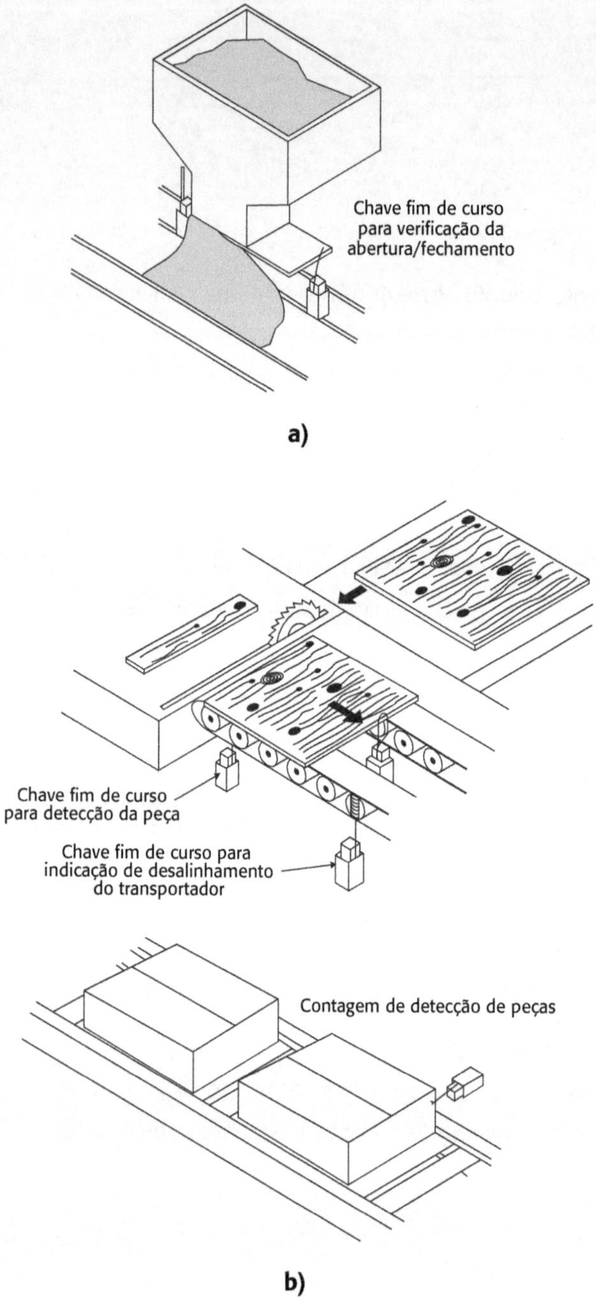

Figura 3.6 Aplicações das chaves fim de curso.

A seguir, há uma breve descrição das chaves e dos sensores de proximidade mais utilizados no controle de processos industriais.

3.2.3 CRITÉRIOS DE SELEÇÃO

Na seleção da chave para uma aplicação, é preciso levar em conta muitos fatores, como:

- o número de polos e terminais;
- a tensão a ser chaveada e o tipo de corrente (CA ou CC);
- o valor da corrente a ser chaveada e a corrente a ser percorrida após o chaveamento;
- a frequência de atuações;
- as condições dos ambientes como vibração, temperatura, umidade, agressividade do ambiente;
- o tamanho físico;
- a velocidade de atuação;
- os opcionais, como lâmpada piloto embutida, chave de trava, entre outros.

3.2.4 CHAVES AUTOMÁTICAS

As chaves descritas até o momento têm atuação manual. Elas funcionam quando um operador pressiona a chave, fazendo com que seus contatos mudem de estado.

Em muitos pontos de um processo industrial não é possível a colocação de um operador, devido aos fatores técnico, econômico e de periculosidade. Para resolver esse problema, existem chaves automáticas, cuja operação é determinada pela posição de algum dispositivo ou pelo valor de alguma grandeza física.

Dessa forma, podem ser construídos arranjos com sistemas mais complexos, com chaves ligadas de um modo intertravado, tal que a operação final de uma ou mais chaves dependa da posição das outras chaves individuais. As principais chaves automáticas utilizadas na indústria são pressostato, termostato, chave de vazão, chave de nível e chave fim de curso.

3.3 RELÉS

O relé é definido como uma chave comandada por uma bobina. É considerado uma chave porque ele liga/desliga um circuito elétrico, permitindo a passagem da corrente elétrica como resultado do fechamento de contato ou impedindo a passagem da corrente elétrica durante o estado de contato aberto.

Ao contrário das chaves vistas anteriormente, o relé não necessita da intervenção humana direta para atuar.

Uma de suas principais aplicações é para o aumento da capacidade dos contatos ou para multiplicar as funções de chaveamento de um dispositivo pela adição de contatos ao circuito. Dessa forma, um relé pode requerer uma corrente da bobina de 0,005 A em 24 Vcc e controlar de um a milhares de watts de potência.

Os relés têm como função controlar a corrente elétrica por meio de contatos, que podem ser abertos ou fechados. Os contatos apresentam altíssima resistência quando abertos e baixíssima resistência quando fechados. Geralmente, apresentam múltiplos contatos, sendo cada um isolado eletricamente de todos os outros. Os contatos atuam em uma sequência definida. A bobina de atuação usualmente é isolada completamente do circuito controlado. Ela pode ser movida por energia elétrica, que tem características totalmente diferentes do circuito controlado.

Para o acionamento de circuitos de elevada potência por meio de um circuito de baixa potência, utiliza-se um relé comumente chamado contator. Um exemplo típico dessa aplicação é o acionamento de motores elétricos.

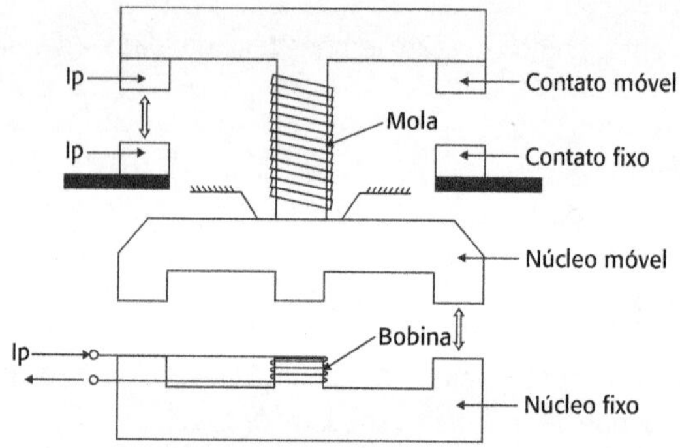

Figura 3.7 Partes constituintes de um contator.

Assim, é possível distinguir as quatro principais partes de um contator:

- **Bobina:** representa a entrada de controle do contator que, ao ser ligada a uma fonte de tensão, circula na mesma corrente elétrica que cria um campo magnético que envolve o núcleo de ferro.

  As bobinas são partes dos contatores, que devem ser escolhidas de acordo com a tensão e o tipo de energia de alimentação (CC ou CA) dos circuitos de controle dos comandos elétricos. Há grande variedade de bobinas com diversas tensões (24 V a 660 V), tanto para corrente contínua quanto para alternada.

  O consumo de energia das bobinas é relativamente baixo. Ocorre um pico de corrente no momento da energização (aproximadamente dez vezes a corrente de retenção), sendo o consumo da bobina estimado em 6,5 VA e 25 VA, dependendo do tipo de contator. A bobina possui um cos de aproximadamente 0,3.

- **Núcleo de ferro:** atraído para dentro da bobina pelo campo magnético, está acoplado ao contato e, consequentemente, o movimento do núcleo aciona o contato.
- **Contato:** é acionado pelo núcleo de ferro e está acoplado a uma mola que tende a levá-lo à posição de repouso, porém, quando a bobina é energizada, a força do campo magnético é maior do que a da mola, fazendo com que o núcleo fixo atraia o núcleo móvel.
- **Mola:** elemento responsável por levar de volta o contato à posição de repouso assim que a bobina é desconectada da fonte, quando cessa o campo magnético Man, a mola torna-se mais forte do que o núcleo.

A Figura 3.8 mostra a simbologia de um contator utilizada em diagramas multifilares. Observe que contém símbolo de atuação eletromecânica (tracejado), linha de acoplamento direto e contatos de força.

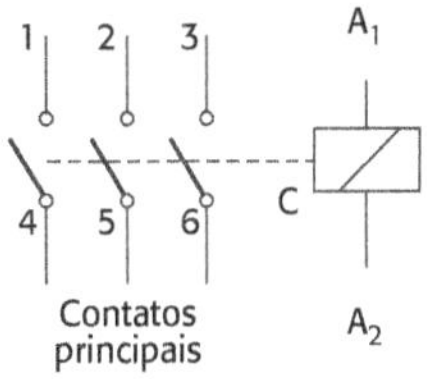

Figura 3.8 Simbologia do contator.

A denominação dos terminais da bobina é sempre A_1/A_2 e a dos contatos depende da sua finalidade. Nesse caso, temos a numeração 1, 2, 3, 4, 5 e 6 para os contatos de força.

Cada contator geralmente é equipado com três, quatro ou cinco contatos, sejam eles de força, auxiliares ou mistos. Os terminais pertencentes ao mesmo elemento de contato devem ser marcados com o número de sequência igual e todos os contatos de mesma função devem ter um número diferente de sequência (Figura 3.9).

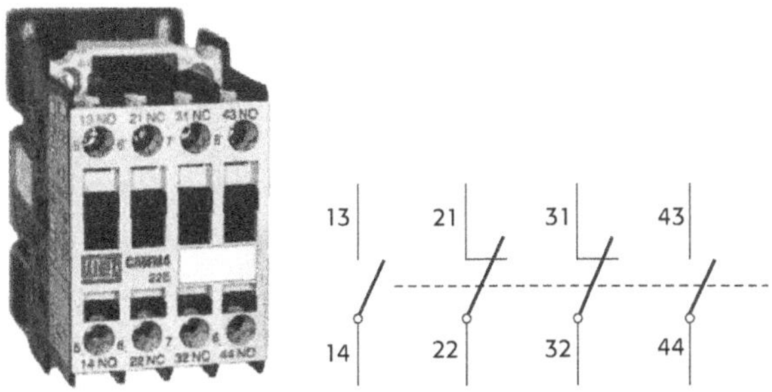

Figura 3.9 Contator e sua representação de contatos.
Fonte: Franchi (2014).

Além disso, é possível acrescentar blocos de contatos auxiliares para aumentar o número de contatos auxiliares disponíveis.

3.3.1 APLICAÇÕES

Como descrito anteriormente, a função de um relé é abrir ou fechar um contato elétrico ou um conjunto de contatos, em consequência da mudança de alguma condição elétrica. Tais fechamentos e aberturas são usados em circuitos associados para selecionar outros.

Existem algumas centenas de relés diferentes, com distintas aplicações. Os relés possuem as seguintes características:

- operação remota;
- operação lógica;
- controle de alta tensão por meio de baixa tensão;
- isolação entre circuito de controle e de chaveamento.

Eles têm as seguintes aplicações:

- ligar e desligar correntes ou tensões em ambientes agressivos, como processos industriais em que a temperatura pode ser extremamente alta ou baixa e nociva à saúde humana;

- operar simultaneamente vários circuitos ou equipamentos em altas velocidades de comutação;
- ligar e desligar equipamentos em sistemas lógicos de intertravamento, pela operação de um equipamento quando algum evento tiver ocorrido;
- proteger equipamentos de sobrecarga ou subcarga quando tensão, corrente, temperatura, pressão, vazão, nível ou qualquer outra variável do processo varie além dos limites máximos e mínimos estabelecidos, sendo a interligação com os relés feita por meio de chaves automáticas.

3.3.2 SELEÇÃO DE RELÉS

Para a seleção de relés, diversos fatores precisam ser levados em consideração, como custo, tamanho, velocidade e energia requerida.

Além disso, devem ser verificados alguns parâmetros mais restritivos, como limitações, desmontagem, contatos selados ou abertos, proteção contra geração de faíscas e contra condições ambientais desfavoráveis.

Para que os relés sejam aplicados corretamente, suas funções devem ser claramente entendidas e especificadas para que, ao ser escolhido, possa satisfazer a necessidade requerida pelo circuito.

Para a seleção dos relés devem ser definidos os seguintes aspectos:

- a carga a ser controlada;
- o tipo de sinal de controle disponível;
- a quantidade de contatos necessários;
- as condições do ambiente em que o relé será instalado;
- o espaço disponível no painel para o relé.

3.4 SENSORES DE PROXIMIDADE

Os sensores de proximidade podem ser digitais ou analógicos e verificam a presença de objetivos quando há a aproximação da face do sensor. Existem quatro tipos principais de sensores de proximidade, sendo: indutivos, capacitivos, ultrassônicos e ópticos. Para a correta especificação e aplicação, é fundamental entender como eles operam e para qual aplicação são indicados.

3.4.1 CLASSIFICAÇÃO DOS SENSORES COM RELAÇÃO AO TIPO DE SAÍDA

Fundamentalmente, as saídas dos sensores são classificadas em duas categorias: discretos (também chamados de digitais) e analógicos (também conhecidos como proporcionais).

Sensores digitais fornecem um simples sinal lógico de saída (zero ou um). Por exemplo, o termostato que controla o ar-condicionado de uma casa é um sensor digital. Quando a temperatura dentro de um quarto está abaixo do setpoint (valor desejado de temperatura) do termostato, sua saída é zero; quando está acima, o termostato comuta e fornece um valor lógico 1 em sua saída.

Assim, o sensor digital não fornece informações sobre o valor corrente que está sendo medido; somente aciona sua saída se o sinal de entrada estiver acima ou abaixo do setpoint. Por exemplo, se o termostato tem seu setpoint em 70 °C e a temperatura estiver abaixo disso, como 69 °C, 30 °C ou –60 °C, o sensor continua enviando um sinal 0. A Figura 3.10a exibe um exemplo de sinal digital de saída de um sensor de proximidade.

Os sensores analógicos fornecem um sinal analógico de saída que pode ser tensão, corrente, resistência, entre outros. Quando sensores são usados com CLP, geralmente são conectados a entradas analógicas desse controlador. Um exemplo de sensor analógico é aquele que mede o nível do fluido de combustível no tanque de um automóvel, que é um potenciômetro operado por uma boia. Quando o nível aumenta, há variação da resistência de saída do potenciômetro, sendo o instrumento indicador de nível um ohmímetro calibrado para a escala do nível do tanque. A Figura 3.10b indica a saída analógica de um potenciômetro utilizado para a medição de deslocamento.

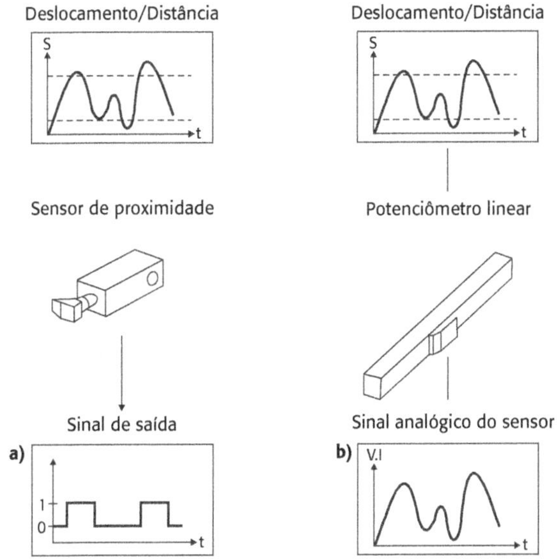

Figura 3.10 Sinal digital de saída de um sensor e sinal analógico de saída de um potenciômetro linear.

3.4.1.1 SENSORES DE PROXIMIDADE INDUTIVOS

Como todos os sensores de proximidade, os indutivos estão disponíveis em vários tamanhos e formatos, como mostra a Figura 3.11. Sensores indutivos atuam com base no princípio da variação da indutância de uma bobina, quando um elemento metálico ou condutivo passa nas suas proximidades. Devido ao seu princípio de operação, os sensores de proximidade indutivos são usados somente em objetos metálicos.

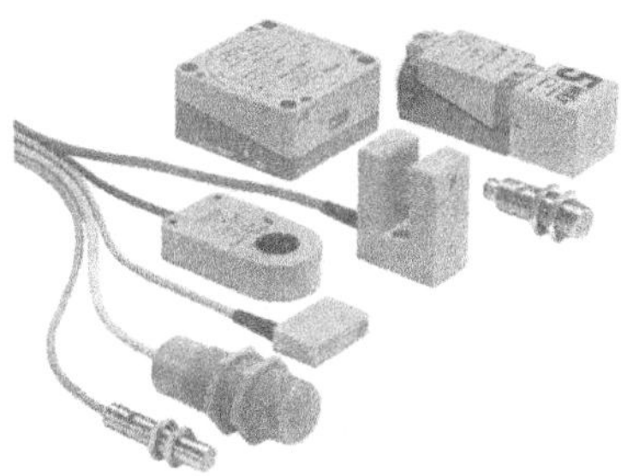

Figura 3.11 Diversas formas dos sensores indutivos.
Fonte: Hackworth (2020).

Para entender como os sensores indutivos funcionam, considere o diagrama de blocos em corte mostrado na Figura 3.12. Montada dentro do sensor, em sua face esquerda, está uma bobina que é parte do circuito sintonizado de um oscilador. Quando o oscilador está em operação, há um campo magnético alternado, denominado campo do sensor, produzido pela bobina.

Esse campo magnético irradia através da face do sensor, que é não metálica. O circuito do oscilador é ajustado de maneira que, quando elementos não metálicos (como o ar) estiverem nas proximidades, o circuito continua a oscilar e a saída do dispositivo fica em nível baixo.

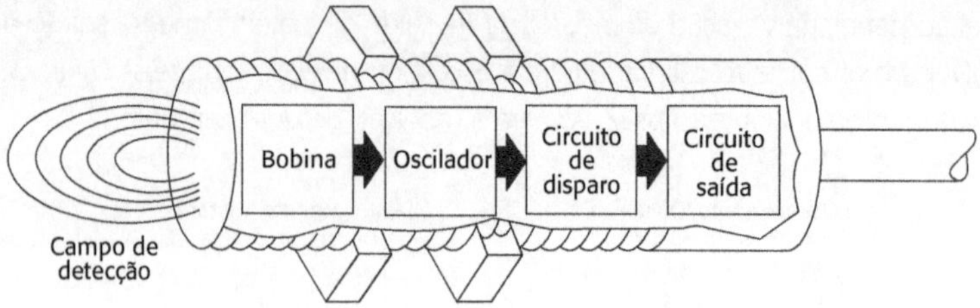

Figura 3.12 Sensor indutivo em corte que indica as suas principais partes.

Componentes básicos do sensor indutivo

A seguir, são apresentados os principais componentes do sensor indutivo:

- **Bobinas:** a bobina e a montagem em núcleo de ferrite geram um campo eletromagnético a partir da energia do oscilador.
- **Oscilador:** fornece a energia necessária para a geração do campo magnético nas bobinas.
- **Circuito de disparo:** detecta mudanças na amplitude de oscilação. As mudanças ocorrem quando um alvo de metal se aproxima do campo magnético irradiado pelo sensor.
- **Circuito de saída:** quando uma mudança suficiente no campo magnético é detectada, a saída em estado sólido fornece um sinal a uma interface para um CLP ou uma máquina. O sinal indica a presença ou a ausência de um alvo de metal na distância do sensor.

Quando um objeto metálico (aço, ferro, alumínio etc.) chega próximo à face do sensor (Figura 3.13), o campo magnético alternado induz a circulação de correntes parasitas no material. Para o oscilador, essas correntes acarretam perda de energia. À medida que o alvo se aproxima, as correntes aumentam, fazendo com que a amplitude de saída do oscilador seja reduzida.

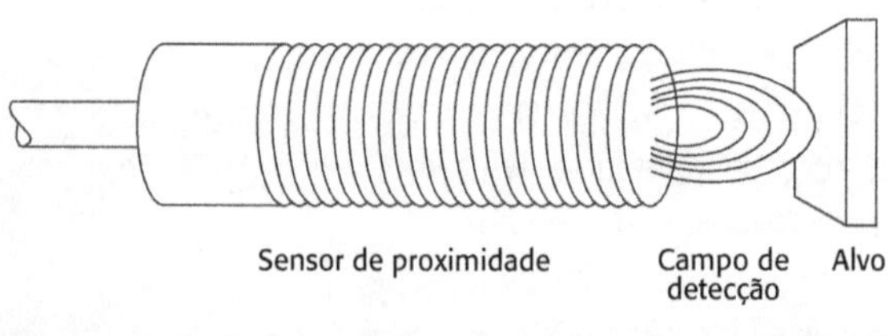

Figura 3.13 Detecção de um objeto por meio de um sensor de proximidade.

Até um ponto em que a amplitude do oscilador não seja menor que o valor limiar do circuito de disparo, a saída do sensor permanece em nível baixo. Entretanto, conforme o objeto se move, as correntes parasitas fazem com que o oscilador pare.

A Figura 3.14 demonstra o comportamento do oscilador de acordo com a aproximação do objeto.

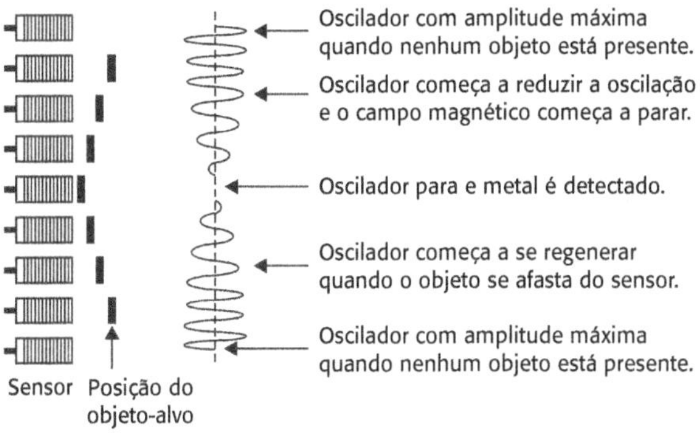

Figura 3.14 Comportamento do oscilador do sensor indutivo de acordo com a aproximação do objeto.

Quando isso acontece, o circuito de disparo sente a perda da oscilação de saída e causa um chaveamento da saída, fazendo com que a saída do sensor fique em nível alto, como indica a Figura 3.15.

Figura 3.15 Sinais presentes no oscilador do sensor indutivo.

A distância sensora de um sensor de proximidade é a máxima distância que um alvo pode atingir da face do sensor a fim de este detectá-lo. Um parâmetro que afeta a distância sensora é o tamanho (diâmetro da bobina do sensor). Pequenos diâmetros (aproximadamente 1/4") têm distâncias sensoras típicas de 1 mm, enquanto sensores com grandes diâmetros (aproximadamente 3") têm distâncias sensoras na ordem de 50 mm ou mais.

Características do sensor em relação ao alvo

É fundamental compreender que os catálogos dos fabricantes sempre descrevem a distância sensora nominal, considerando um objeto-alvo padrão de aço, denominado alvo padrão. Distância sensora é a distância máxima de operação para a qual o sensor é projetado. A Figura 3.16 mostra a distância sensora para um sensor indutivo.

O alvo padrão é uma plaqueta quadrada de aço doce, com 1 mm de espessura e comprimentos dos lados iguais ao diâmetro da face ativa. A Figura 3.17 exibe as características do alvo padrão.

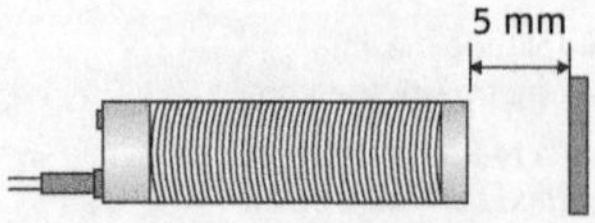

Figura 3.16 Representação da distância sensora de um sensor indutivo.

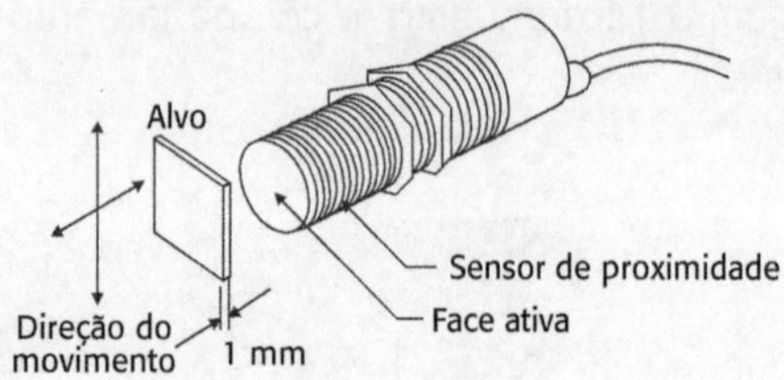

Figura 3.17 Alvo padrão para sensores de proximidade indutivos.

Outros pontos importantes que devem ser observados para determinar o alcance do sensor são o tamanho e a forma do alvo. Dessa maneira, alvos planos são preferíveis, pois os arredondados podem diminuir o alcance. Os alvos menores que a face ativa tipicamente reduzem o alcance, e os maiores que ela podem aumentar o alcance, como películas, folhas e filmes metálicos.

É preciso considerar, ainda, que metais distintos têm valores diferentes de resistividade (que limita as correntes parasitas); assim, o tipo de metal afeta a distância sensora. De acordo com o tipo de material a ser utilizado, é necessário um fator de correção da distância sensora, como para o aço doce (1,0), aço inoxidável (0,9), alumínio (0,45), bronze (0,50) e cobre (0,40). A Figura 3.18 apresenta os fatores de correção para esses materiais.

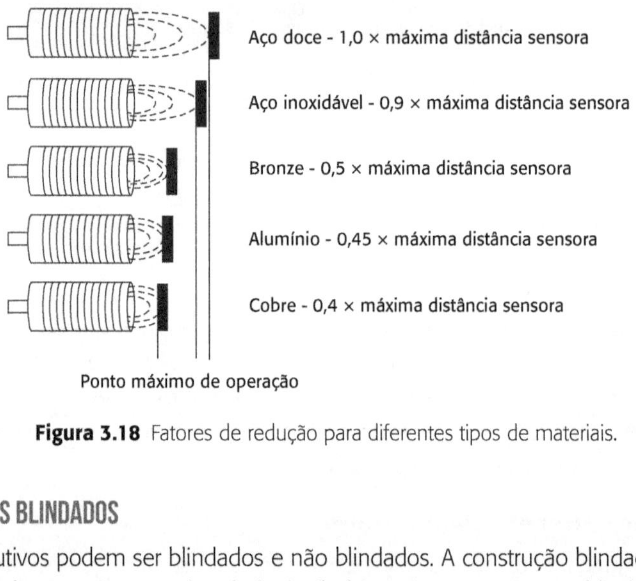

Figura 3.18 Fatores de redução para diferentes tipos de materiais.

3.4.1.2 SENSORES BLINDADOS

Os sensores indutivos podem ser blindados e não blindados. A construção blindada inclui uma faixa metálica que envolve o conjunto núcleo de ferrite/bobina. Já os sensores não blindados não possuem essa faixa.

Para os sensores blindados, há um campo magnético mais direcionado, o que contribui para o aumento da precisão, da direcionalidade e da distância de operação do sensor. A Figura 3.19 compara os dois sensores.

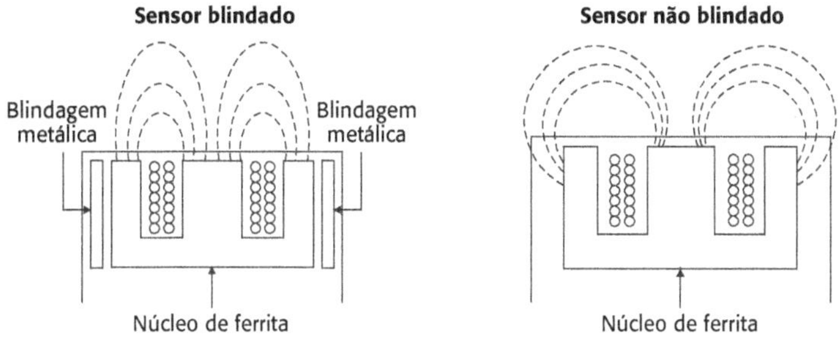

Figura 3.19 Comparação entre sensores blindados e não blindados.

O alcance dos sensores indutivos é em função de seu diâmetro e varia entre sensores blindados e não blindados. A Figura 3.20 ilustra esse comportamento.

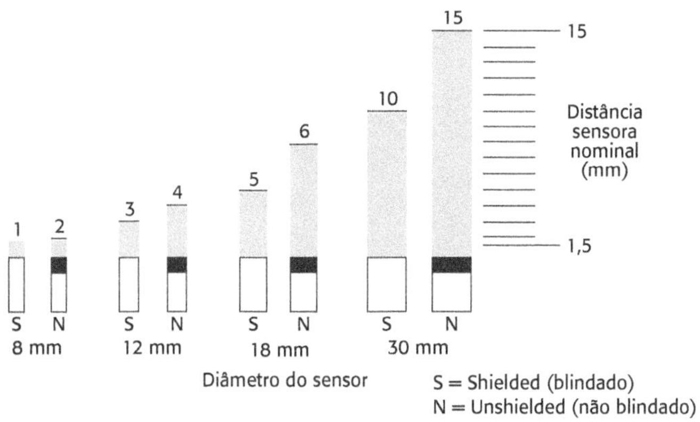

Figura 3.20 Comparativo entre a distância sensora de sensores blindados e não blindados de diferentes diâmetros.

Formas de conexão dos sensores

Os sensores de proximidade indutivos estão disponíveis em CC ou CA. A maioria dos sensores requer três cabos de conexão: terra, alimentação e saída. Existem outras variações que requerem dois e quatro cabos. A maior parte dos sensores está disponível com um LED integrado ao seu corpo, que indica se ele está acionado. Um dos primeiros passos que um projetista deve seguir quando utilizar qualquer sensor de proximidade é consultar o catálogo do fabricante para determinar a melhor escolha para a aplicação.

Aplicação dos sensores de proximidade indutivos

Devido ao fato de as peças das máquinas serem geralmente construídas em algum tipo de metal, existe um número enorme de possibilidades de aplicação para sensores indutivos. Eles são relativamente baratos, extremamente confiáveis, operam em uma grande variedade de tensões e podem ser conectados diretamente ao CLP sem componentes externos adicionais. Na maioria dos casos, sensores de proximidade indutivos são excelentes substitutos para as chaves mecânicas (chaves fim de curso).

Vantagens e desvantagens dos sensores de proximidade indutivos

Entre as principais vantagens dos sensores de proximidade indutivos estão o fato de:

- não serem afetados por poeira ou ambientes que contenham sujeira;
- não serem prejudicados pela umidade;
- não possuírem partes móveis nem contatos mecânicos;
- não serem dependentes da cor do objeto-alvo.

Já as suas desvantagens são:

- detectam apenas objetos metálicos;
- a distância sensora é menor do que em outras tecnologias de sensores de proximidade;
- podem ser afetados por fortes campos eletromagnéticos.

Na Figura 3.21 encontram-se algumas aplicações típicas para os sensores de proximidade indutivos.

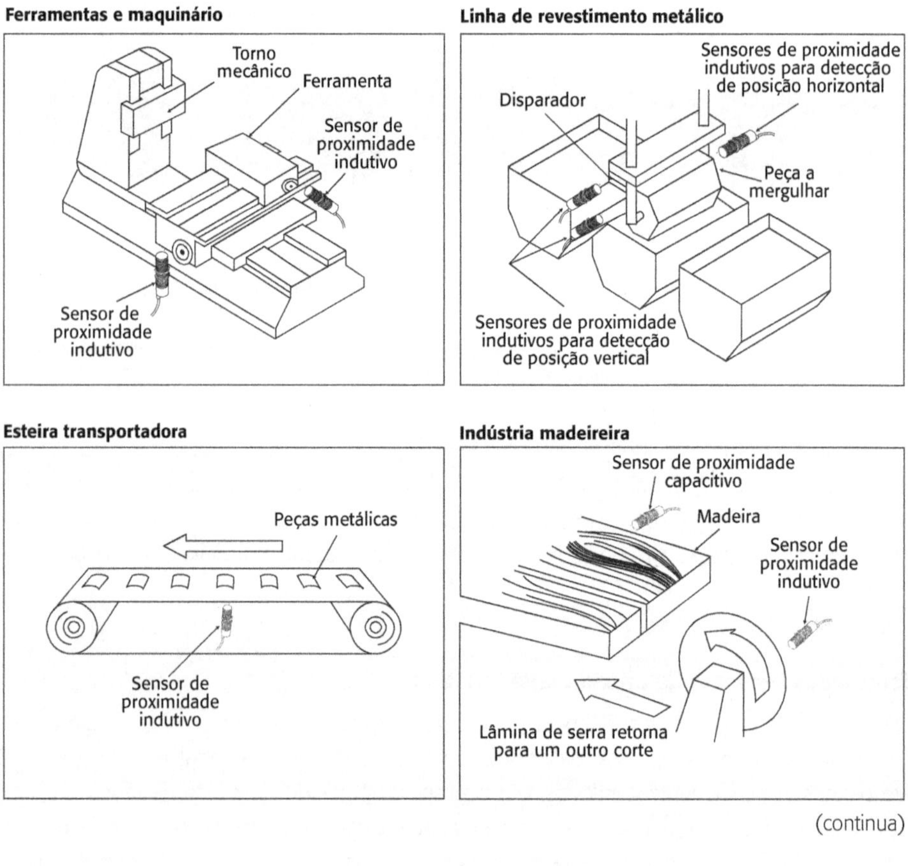

(continua)

(continuação)

Indústria de petróleo – posição de registro | **Detecção de posição de trilho em pátio de ferrovia**

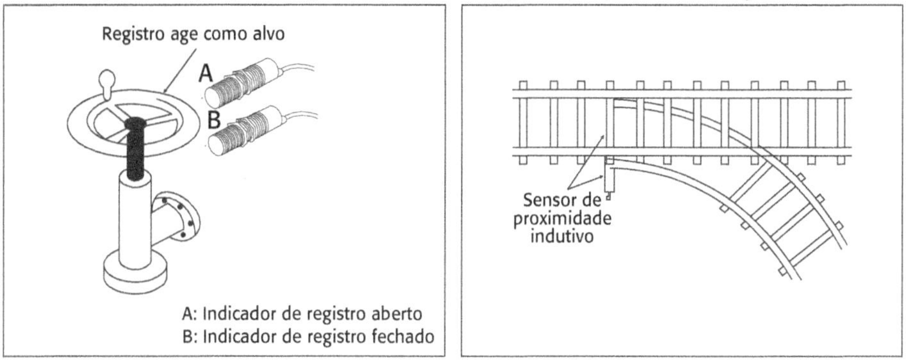

Figura 3.22 Aplicações de sensores de proximidade indutivos.

3.4.1.3 SENSORES CAPACITIVOS

Sensores de proximidade capacitivos estão disponíveis em formas e tamanhos similares aos indutivos (Figura 3.23). Devido ao princípio de funcionamento desses sensores, suas aplicações são um pouco diferentes.

Para entender como os sensores de proximidade capacitivos funcionam, vamos considerar o diagrama em corte da Figura 3.24.

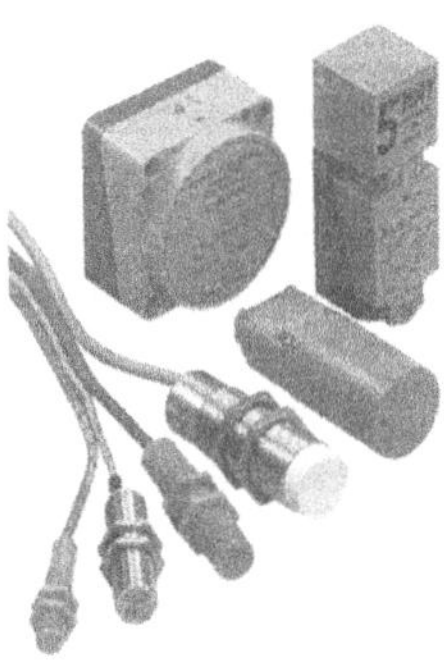

Figura 3.23 Formas construtivas dos sensores capacitivos.
Fonte: Hackworth (2020).

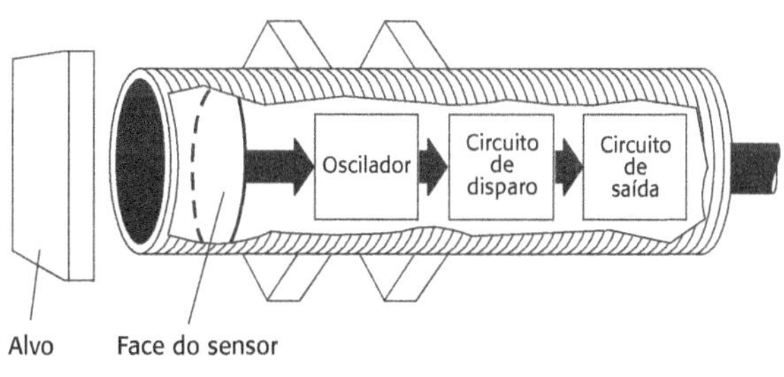

Figura 3.24 Diagrama em corte do sensor capacitivo de proximidade.

Na Figura 3.25 estão os elementos que compõem o sensor capacitivo, mostrados em detalhes.

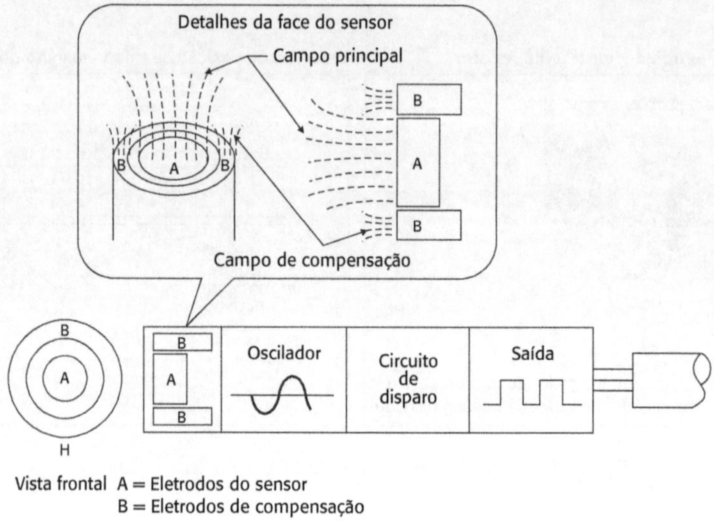

Figura 3.25 Detalhes do sensor capacitivo.

O princípio de funcionamento desse sensor consiste em um oscilador interno que não oscila até que um material seja movido nas proximidades da face do sensor. O alvo varia a capacitância de um capacitor na face do sensor, que é parte de um circuito de um oscilador. Existem dois tipos de sensor capacitivo, mas há uma diferença na maneira como o capacitor do sensor é formado.

Existem duas placas do capacitor dispostas lado a lado na face do sensor; para esse tipo de sensor, o alvo externo age com o dielétrico. À medida que o alvo se aproxima do sensor, ocorre uma mudança no dielétrico, aumentando a capacitância interna do capacitor do oscilador, causando aumento da sua amplitude, o que faz com que a saída do sensor comute para "1". A Figura 3.26 exibe o comportamento do oscilador com a aproximação do objeto.

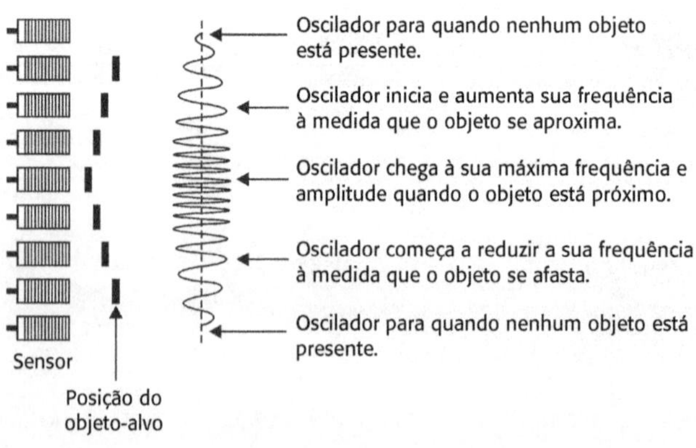

Figura 3.26 Comportamento do oscilador do sensor capacitivo com a aproximação do objeto.

Na forma de onda apresentada na Figura 3.27, quando o alvo se aproxima da face do sensor, a amplitude do oscilador aumenta, o que faz com que a saída do sensor mude para ligado.

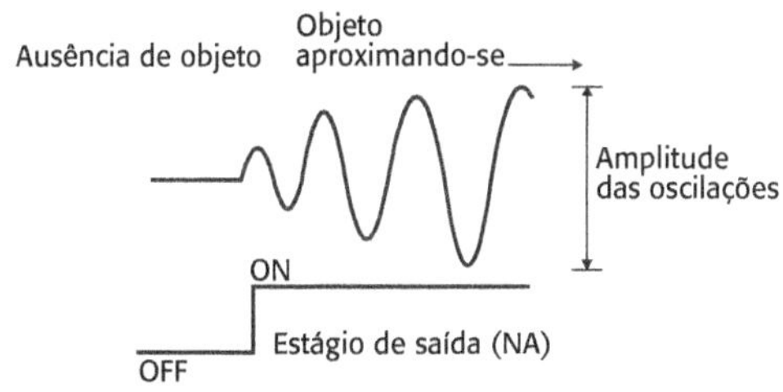

Figura 3.27 Sinais no sensor de proximidade capacitivo.

A superfície sensível do sensor capacitivo é constituída por dois eletrodos de metal concêntricos. Quando um objeto se aproxima de sua superfície, atinge o campo eletrostático dos eletrodos, a capacitância do circuito oscilador aumenta e obtém-se a oscilação.

A capacitância do circuito é determinada pelo **tamanho do alvo, sua constante dielétrica** e a **distância até a ponta**. Quanto maiores forem o tamanho e a constante dielétrica de um alvo, mais estes aumentarão a capacitância. Quanto menor for a distância entre a ponta de compensação e o alvo, maior será a capacitância.

Quadro 3.1 Lista parcial de constantes dielétricas (K) para alguns materiais típicos encontrados na indústria

Acetona	19,5	Farinha	1,5-1,7
Açúcar	3,0	Freon R22 e 502 (líquido)	6,11
Água	80	Gasolina	2,2
Álcool	25,8	Glicerina	47
Amônia	15-25	Leite em pó	3,5-4
Anilina	6,9	Madeira seca	2-7
Ar	1,000264	Madeira úmida	10-30
Areia	3-5	Mármore	8,0-8,5
Baquelite	3,6	Mica	5,7-6,7
Benzeno	2,3	Nitrobenzina	36
Borracha	2,5-35	Náilon	4-5
Calcário de concha	1,2	Óleo de soja	2,9-3,5
Celuloide	3,0	Poliestireno	3,0
Cereal	3-5	Porcelana	4,4-7
Cimento em pó	4,0	Resina acrílica	2,7-4,5
Cinza queimada	1,5-1,7	Resina de clorido polivinil	2,8-3,1
Cloro líquido	2,0	Óleo de transformador	2,2
Dióxido de carbono	1,000985	Óleo de turpentina	2,2
Ebonite	2,7-2,9	Papel	1,6-2,6
Etanol	24	Papel saturado de óleo	4,0
Etilenoglicol	38,7	Parafina	1,9-2,5

(continua)

(continuação)

Resina de melanina	4,7-10,2	Teflon	2,0
Resina de poliéster	2,8-8,1	Tetraclorido de carbono	2,2
Resina de ureia	5-8	Tolueno	2,3
Resina epóxi	2,5-6	Vaselina	2,2-2,9
Sal	6,0	Verniz de silicone	2,8-3,3
Shellac	2,5-4,7	Vidro	3,7-10
Soluções aquosas	50-80	Viro de quartzo	3,7
Sulfa	3,4		

Fator de redução

De acordo com o tamanho do objeto-alvo, os fatores de correção para detectores de proximidade capacitivos são determinados segundo a constante dielétrica do material do alvo. Dessa forma, deve-se multiplicar a distância sensora informada por um fator de redução, que varia segundo o tipo do material do alvo. O Quadro 3.2 ilustra os fatores de redução para os diversos tipos de material.

Quadro 3.2 Fatores de redução para diversos tipos de material

Material	Fator de redução
Todos os metais	1,0
Água	1,0
Vidro	0,3-0,5
Plástico	0,3-0,6
Madeira (dependente da umidade)	0,2-0,7
Óleo	0,1-0,3

Materiais com grande constante dielétrica podem ser detectados por barreiras que possuam materiais com pequenas constantes dielétricas. Um exemplo é a detecção de álcool ou flúor. O álcool possui uma constante dielétrica maior (25,8) do que as paredes do reservatório de vidro (3,7), enquanto o flúor tem uma constante dielétrica menor (1,5). A Figura 3.28 exibe essa possibilidade de uso do sensor capacitivo.

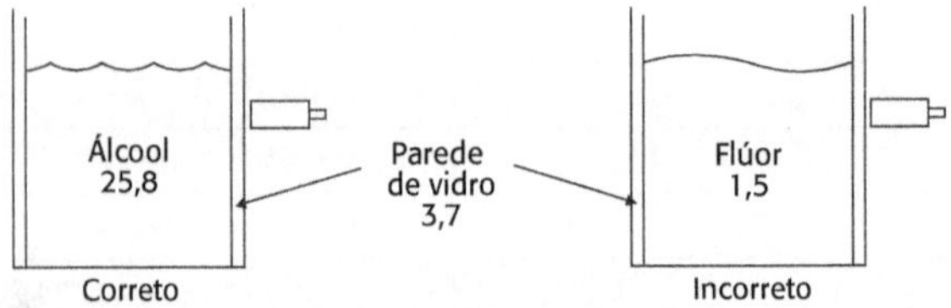

Figura 3.28 Aplicação do sensor capacitivo para detecção por meio de barreiras.

Atenção!

Antes de colocar o sensor em determinada aplicação, deve-se fazer um teste *in loco*. A lista de constantes dielétricas é fornecida para auxiliar a possibilidade de uma aplicação. Os valores podem variar de acordo com o tamanho e a densidade do material a ser detectado.

Sensores blindados

Os detectores de proximidade capacitivos, assim como os indutivos, também podem ser blindados e não blindados. Os blindados são mais indicados para a detecção de materiais de constantes dielétricas baixas (difíceis de detectar), devido à concentração de seu campo eletrostático altamente concentrado. No entanto, os sensores blindados são mais suscetíveis à comutação falsa em razão do acúmulo de sujeira ou umidade na face ativa do detector.

Os detectores não blindados são mais indicados para a detecção de materiais de constantes dielétricas altas (fáceis de detectar), pois seu campo eletrostático é menos concentrado do que o campo da versão blindada, sendo recomendados em aplicações para detecção do nível de líquido por meio de um suporte plástico. A Figura 3.29 compara sensores capacitivos blindados e não blindados.

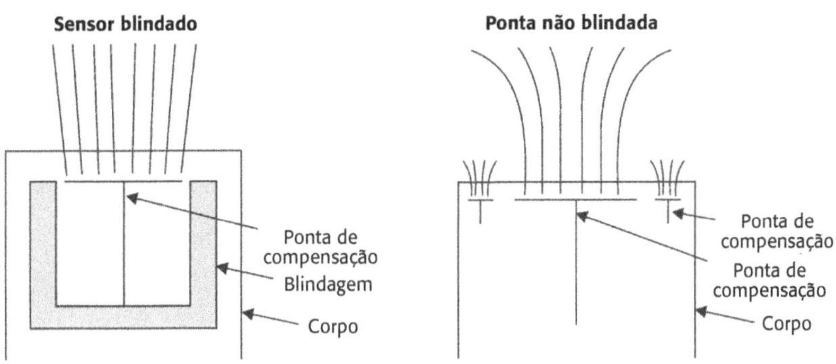

Figura 3.29 Comparativo entre sensores blindados e não blindados.

Sensores de proximidade capacitivos do tipo dielétrico podem ser usados para detectar materiais metálicos ou não metálicos. Um material com alta densidade é detectado mais facilmente. Materiais com baixa densidade (espumas, papéis etc.) não causam mudança detectável no dielétrico e, consequentemente, não disparam o sensor.

Sensores do tipo indutivo necessitam que o material a ser detectado seja condutor elétrico. São ideais para metais e líquidos condutivos. Uma importante aplicação é a medição de nível em reservatórios feitos com materiais plásticos e derivados. Esses sensores têm a característica única de "enxergar" através do reservatório e verificar a presença do líquido internamente, sendo ideais para medição de níveis de líquidos.

Sensores de proximidade capacitivos podem ser utilizados em materiais metálicos, assim como os indutivos, entretanto, seu custo é mais elevado, sendo inviáveis para essa aplicação.

Assim como acontece com os sensores de proximidade indutivos, os capacitivos são fornecidos com um LED embutido para indicar o estado do sensor. Como os sensores são utilizados para materiais com grande variação de densidade, os fabricantes geralmente fornecem um parafuso de ajuste de sensibilidade na parte traseira do sensor. Assim, quando ele for instalado, a sensibilidade deve ser ajustada para o melhor desempenho em uma dada aplicação.

Vantagens e desvantagens dos sensores capacitivos

Entre as vantagens dos sensores capacitivos, podemos destacar:

- detectam metais e não metais, líquidos e sólidos;
- podem detectar "através" de certos materiais com densidade menor do que o objeto a ser detectado;
- são dispositivos de estado sólido que têm longa vida útil.

Já entre as suas desvantagens estão:

- pequena distância sensora (uma polegada ou menos) que varia de acordo com o material a ser detectado;
- muito sensível a fatores ambientais (umidade), que podem afetar a distância sensora.

Aplicação dos sensores capacitivos

Na Figura 3.30 temos algumas aplicações típicas para os sensores de proximidade capacitivos.

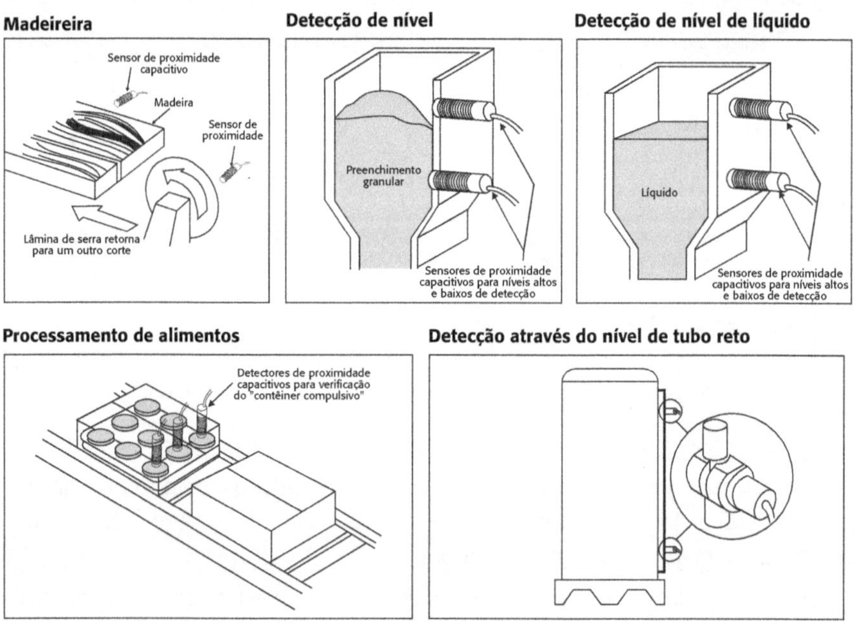

Figura 3.30 Aplicações de sensores de proximidade capacitivos.

3.4.1.4 SENSORES DE PROXIMIDADE ÓPTICOS

Os sensores de proximidade ópticos são extremamente utilizados para detectar objetos em longas distâncias (ao contrário dos sensores indutivos ou capacitivos) e no vácuo, e podem detectar qualquer tipo de material, sejam metálicos, condutivos ou porosos. Desde que os receptores e os transmissores ópticos utilizem feixes focados (lentes), eles podem operar próximos a outros sensores ópticos sem interferência.

O princípio de funcionamento baseia-se em dois circuitos eletrônicos, sendo um emissor do feixe de luz e outro receptor dele. O emissor envia um feixe de luz de forma pulsada através de um LED, de modo a evitar que o receptor o confunda com a luz ambiente. O receptor possui um fototransistor sensível à luz e um circuito que reconhece somente a luz vinda do emissor.

Para as aplicações em sensores ópticos, os LEDs infravermelhos são os mais utilizados, pois geram mais luz e menos calor do que qualquer outro tipo de LED. Em algumas aplicações, um feixe de luz visível é desejável para facilitar a instalação ou confirmar o funcionamento do detector, sendo a luz vermelha visível a mais eficiente. Os LEDs são largamente utilizados em sensores ópticos, pois são componentes resistentes e confiáveis. Operam em uma larga faixa de temperatura e são muito resistentes a danos decorrentes de vibração e choques mecânicos.

Para a detecção do feixe de luz, o fototransistor ou (fotodiodo) é o componente eletrônico utilizado, sendo robusto e em estado sólido, e causa uma mudança na corrente conduzida, dependendo da quantidade de luz detectada. Os detectores são mais sensíveis a certos comprimentos de onda de luz. A resposta espectral de um detector determina sua sensibilidade para diferentes comprimentos de onda. A fim de aumentar a eficiência do sensor, o LED e o detector são geralmente "casados" espectralmente. O detector e o circuito a que está associado são denominados receptores.

A Figura 3.31 mostra que o espectro do LED infravermelho e sua união com um receptor têm muito mais eficiência do que um LED visível (vermelho).

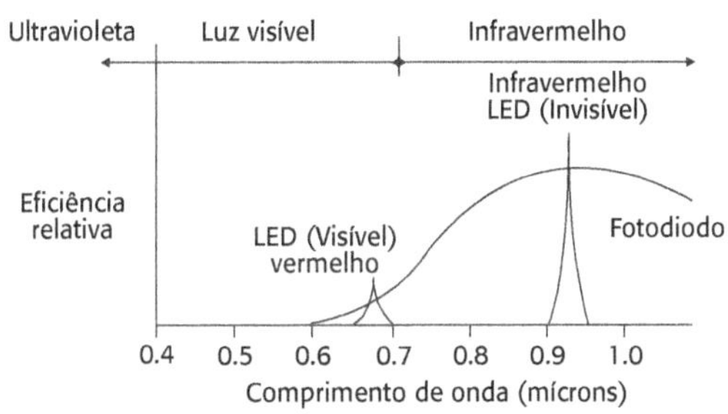

Figura 3.31 Comparativo entre eficiências dos LEDs infravermelho e visível.

Modulação do LED

Para que o alcance de um detector fotoelétrico seja aumentado, é preciso ampliar a corrente que circula nele. Todavia, com o aumento da corrente há um acréscimo de calor que pode danificar o LED. Assim, nos emissores, faz-se uma comutação em uma frequência elevada na ordem de 5 kHz, para evitar o aquecimento excessivo do LED. A Figura 3.32 projeta o sinal de modulação para o LED do sensor de proximidade óptico.

Figura 3.32 Modulação do LED utilizada no sensor de proximidade óptico.

Os LEDs geralmente emitem luz e os fotodetectores são sensíveis à luz em uma grande área. Lentes são usadas para os fotodetectores e LEDs com a finalidade de estreitar e dar forma a essa área. À medida que a área é estreitada, o alcance aumenta. Como resultado, as lentes ampliam a distância sensora dos sensores fotoelétricos.

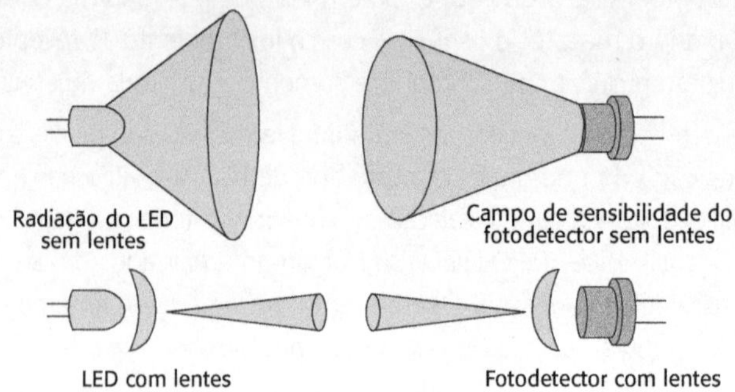

Figura 3.33 Uso das lentes no LED e fotodetector.

Os sensores ópticos mais utilizados na indústria são barreira, difuso-refletido e retrorreflexivo, apresentados a seguir.

Sensor barreira (feixe direto)

O sensor óptico do tipo barreira consiste em duas unidades separadas, cada uma montada em lados opostos do objeto a ser detectado (Figura 3.34).

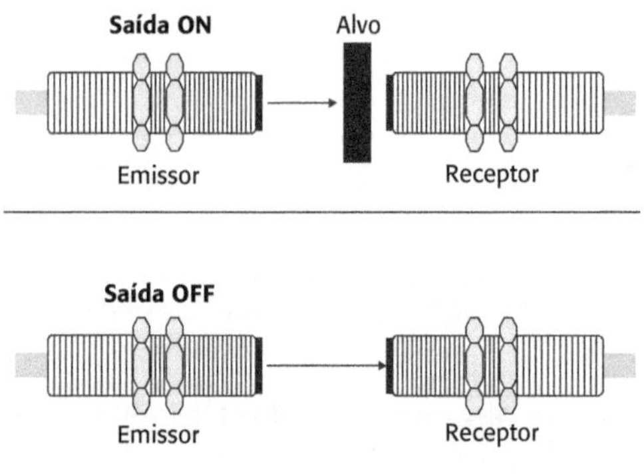

Figura 3.34 Sensor de barreira óptico.

Como se vê na Figura 3.34, uma unidade é o emissor, que é a fonte luminosa que produz um feixe de luz focado. Considerando que, quando o receptor não recebe sinal do sensor comuta a sua saída, se um objeto passar entre o emissor e o receptor, o feixe de luz é bloqueado e o receptor comuta a sua saída.

Sensores ópticos do tipo barreira têm uma boa resposta quando o objeto a ser detectado não é transparente. Esses sensores podem operar a longas distâncias, sendo uma boa opção para ambientes empoeirados ou sujos. Uma de suas desvantagens é a necessidade de uma instalação elétrica tanto no emissor quanto no receptor.

Vantagens e desvantagens do sensor óptico barreira

As vantagens do sensor óptico barreira incluem:

- pode detectar pequenos objetos a longas distâncias;
- os objetos podem ser opacos ou pouco translúcidos;
- devido à sua habilidade de detectar através de ambientes sujos, com pó, óleo, entre outros, esse sensor fornece grande confiabilidade e necessita de pouca manutenção.

Entre suas desvantagens, destacam-se:

- mais caro por conta da exigência de emissor e receptor em separado;
- necessita de duas conexões elétricas separadas;
- o alinhamento do feixe de luz emissor-receptor torna-se muito importante;
- não detecta objetos completamente transparentes.

3.4.1.5 SENSOR DIFUSO-REFLETIDO

O sensor difuso-refletido aparece na Figura 3.35 e tem o emissor e o receptor de luz alocados na mesma unidade. Assim, a luz do emissor do objeto-alvo reflete no próprio objeto a ser detectado, sendo espalhada pela superfície do alvo em todos os ângulos possíveis. Uma parte é refletida e captada pelo receptor, o que ocasiona a comutação da saída do sensor. Quando não existe objeto presente, nenhuma luz é refletida para o receptor e a saída do sensor não é comutada.

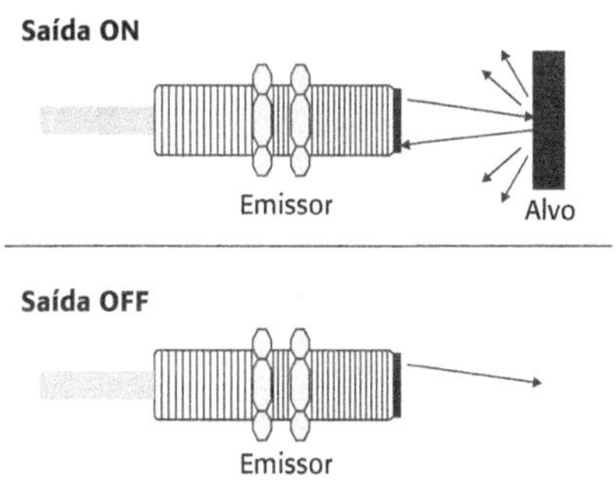

Figura 3.35 Sensor de proximidade óptico difuso-refletido.

Os sensores difuso-refletidos ópticos são mais convenientes em muitas aplicações em razão de o emissor e o receptor estarem alocados no mesmo sensor, o que facilita o cabeamento.

Esse tipo de sensor não gera bons resultados com alvos transparentes ou que tenham baixa refletividade (superfícies rugosas ou escuras). Assim, o sensor tem maior alcance para objetos com superfícies claras em comparação com as escuras.

Vantagens e desvantagens do sensor difuso-refletido

As vantagens do sensor difuso-refletido são:

- não é necessário um refletor (fita refletora) ou espelho;

- dependendo do ajuste, diferentes objetos podem ser detectados;
- os objetos podem ser translúcidos, transparentes ou opacos e mesmo assim uma porcentagem da luz é refletida.

Entre as desvantagens, destacam-se:

- para menores distâncias, é requerida menor reflexão das superfícies dos materiais;
- para maiores distâncias, maiores taxas de reflexão são necessárias.

Sensor de proximidade retrorreflexivo

O retrorreflexivo é o sensor óptico mais sofisticado de todos. Nesse tipo de sensor, o emissor e o receptor estão localizados em uma unidade.

Como exibe a Figura 3.36, o sensor opera similarmente ao sensor de barreira, no qual um objeto passa em frente a ele e bloqueia o feixe de luz enviado. Nesse caso, a luz que está sendo bloqueada é a mesma que retorna de um refletor. Dessa forma, esse sensor não necessita de cabeamento adicional, pois o emissor e o receptor estão alocados no mesmo sensor.

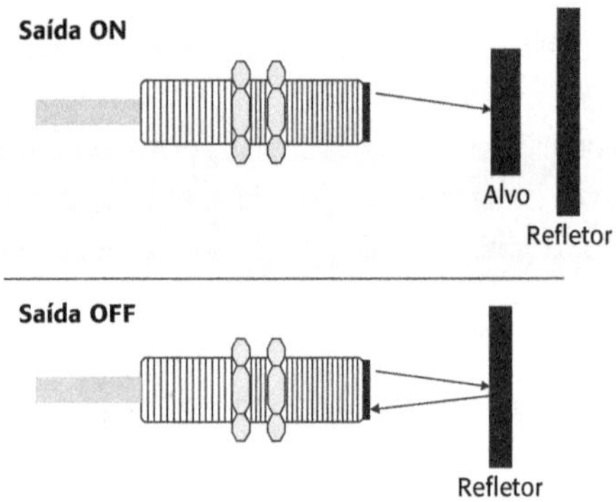

Figura 3.36 Sensor de proximidade retrorreflexivo.

Nessa configuração, o objeto reflexivo pode ser um espelho prismático ou fitas refletoras. Elas não precisam ser alinhadas perfeitamente perpendiculares ao detector, sendo permitido um desalinhamento de até 15°, sem reduzir a margem de detecção do sensor.

Os detectores por feixe retrorreflexivo são mais fáceis de instalar que os de feixe transmitido. Somente a unidade emissora/receptora deve ser instalada e conectada.

Esses sensores são indicados para detectar objetos opacos, translúcidos e até transparentes. Mesmo em aplicações com alvos brilhantes ou altamente reflexivos eles devem ser detectados, pois as reflexões do próprio alvo podem ser indicadas como se fossem do refletor. Em algumas aplicações há a possibilidade de orientar o detector e o refletor (ou fita refletora) de maneira que o alvo brilhante reflita a luz longe do receptor, por exemplo, montando o sensor a 45° da face refletiva do objeto.

Vantagens e desvantagens do sensor retrorreflexivo

Entre as vantagens do sensor retrorreflexivo estão:

- maior facilidade de instalação que o do tipo barreira, pois tem corpo único e é de fácil alinhamento;

- mais barato que o feixe transmitido, porque a fiação é mais simples (corpo único);
- possibilidade de detecção de objetos transparentes, para os quais sempre há uma atenuação, permitindo ajustes no potenciômetro de sensibilidade do sensor de forma a detectar esse objeto;
- os objetos podem ser opacos, translúcidos e até transparentes.

Já as suas desvantagens são:

- uma possível falha no emissor é avaliada como detecção de um objeto;
- o espelho prismático ou fitas refletoras podem se sujar, provocando falhas no funcionamento;
- possui alcance mais curto que o feixe transmitido;
- pode não detectar objetos brilhantes (usar a polarização);
- possui menor margem de detecção que o sensor de feixe transmitido.

3.4.1.6 SENSOR DE PROXIMIDADE ULTRASSÔNICO

O sensor de proximidade ultrassônico opera de acordo com o mesmo princípio do sonar, como revela a Figura 3.37, em que um sinal de ultrassom é enviado da face do sensor. Se um alvo é colocado na frente do sensor e está dentro de sua escala, o sinal é refletido pelo alvo e retorna ao sensor.

O retorno desse sinal chama-se eco e, quando acontece, o sensor detecta se um alvo está presente pela medida do tempo de atraso entre o sinal transmitido e o eco. O sensor pode calcular a distância entre o sensor e o alvo pela medição do tempo transcorrido entre a emissão do sinal e o retorno do eco.

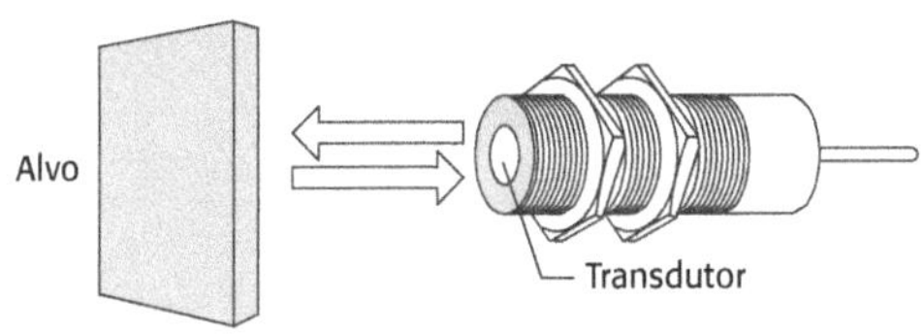

Figura 3.37 Sensor de proximidade ultrassônico.

Como qualquer sensor de proximidade, o ultrassônico tem limitações, sendo capaz de medir somente um alvo se ele estiver dentro de sua escala de medição.

Construção do sensor ultrassônico

Existem quatro componentes básicos que constituem um sensor de proximidade ultrassônico:

- transdutor/receptor;
- comparador;
- circuito detector;
- saída em estado sólido.

Componentes básicos

Os componentes básicos de um sensor ultrassônico são:

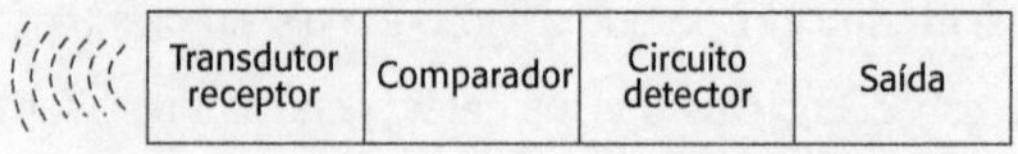

Figura 3.38 Componentes do sensor ultrassônico.

- **Transdutor/receptor:** o transdutor envia pulsos de ondas sonoras a partir da face do sensor. O receptor recebe as ondas que retornam em forma de eco do objeto a ser detectado.
- **Circuito detector e comparador:** quando o sensor recebe o eco refletido, é feita uma comparação e, de acordo com a diferença de tempo, envia um sinal para a saída.
- **Saída em estado sólido:** gera um sinal elétrico para ser interpretado por uma interface digital, como um CLP. O sinal de um sensor digital indica a presença ou ausência de um objeto. Se o sensor for analógico, ele indica a distância do objeto nas proximidades do sensor.

A frequência do sensor é geralmente entre 25 e 500 kHz. Unidades de sensores ultrassônicos para aplicações médicas operam a 5 MHz ou mais. A frequência do sensor é inversamente proporcional à distância sensora. Enquanto um sensor com uma frequência de 50 kHz pode trabalhar até dez metros ou mais, um com 200 kHz é limitado a distâncias de aproximadamente um metro.

A escala de medição é uma área com formato de funil, que sai diretamente da face do sensor (Figura 3.39). As ondas sonoras saem da face do sensor em uma dispersão em forma de cone e têm como fronteira o ângulo do feixe das ondas do sensor.

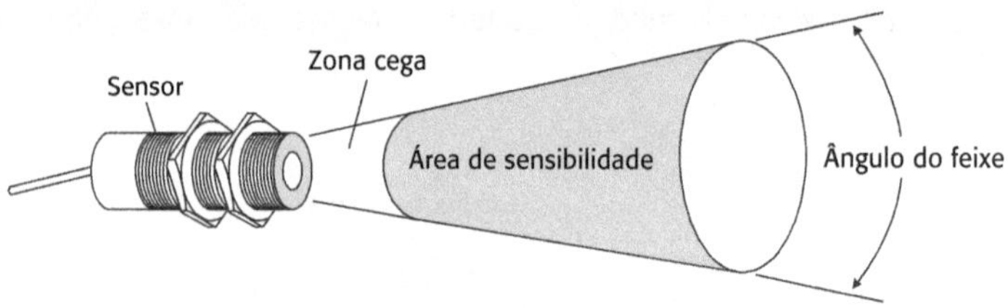

Figura 3.39 Área útil da escala de medição do sensor de proximidade.

O alcance de sensibilidade de um sensor ultrassônico é a área entre os limites mínimos e máximos de sensibilidade do sensor, como define a Figura 3.40.

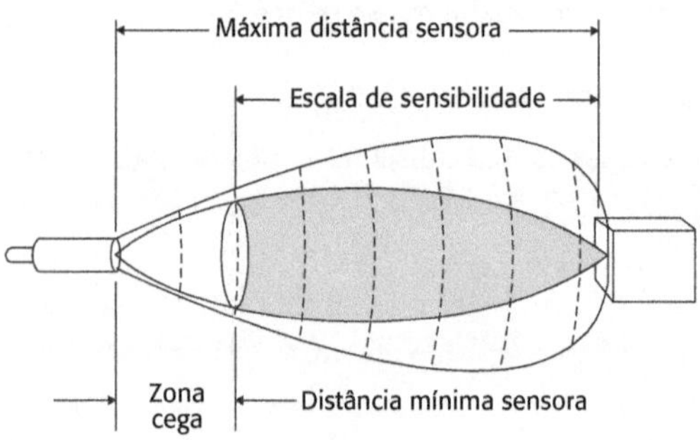

Figura 3.40 Limites máximos e mínimos de sensibilidade do sensor ultrassônico.

Os sensores ultrassônicos têm uma pequena área próxima ao sensor que não é usada, também chamada de "zona cega". O outro lado da zona cega é a máxima distância sensora em que um objeto pode ser detectado.

O tamanho e o material do alvo determinam a máxima distância em que um sensor é capaz de detectar um objeto. Materiais que absorvem o som, como espuma, algodão, borracha etc., são mais difíceis de detectar do que aqueles acusticamente reflexivos, como metal, plástico ou vidro. Quando os materiais que têm menor reflexão acústica são detectados, há uma redução da máxima distância sensora, como mostra a Figura 3.41.

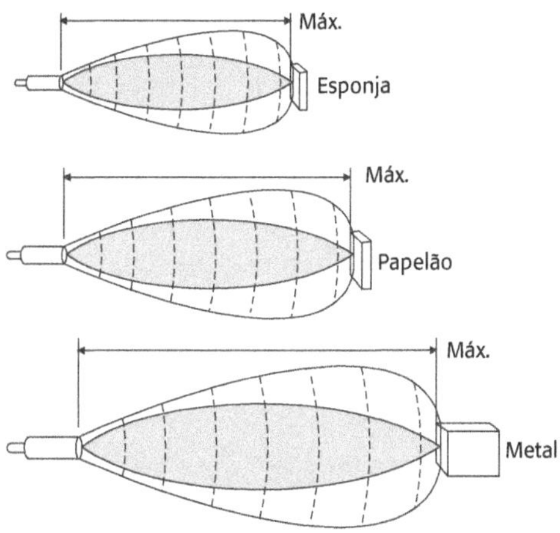

Figura 3.41 Redução da distância sensora de acordo com o material do objeto.

Sensores de proximidade ultrassônicos são largamente utilizados para detectar alvos que estão além das pequenas distâncias sensoras possíveis dos sensores capacitivos e indutivos. Isso é possível devido ao fato de os sensores de proximidade ultrassônicos possuírem uma escala de medição de 6 metros ou mais.

Além disso, têm um ótimo desempenho para detectar materiais densos como metais e líquidos. Não são recomendados para materiais com características como absorver som, por exemplo, borrachas e tecido. Também têm fraco desempenho com líquidos turbulentos ou espumas.

Considerações sobre o ambiente em que estão instalados os sensores ultrassônicos

Quando forem instalados os sensores ultrassônicos, devem ser levados em consideração os seguintes aspectos relativos ao ambiente:

- **Ruído:** sensores ultrassônicos possuem circuito de supressão de ruídos, o que garante a confiabilidade em ambientes com ruídos.
- **Pressão atmosférica:** pressões atmosféricas normais têm um pequeno efeito na precisão da medida, entretanto, sensores ultrassônicos não foram desenvolvidos para uso em locais com altas ou baixas pressões atmosféricas, pois, quando extremas, podem danificar o transdutor ou a face do sensor.

- **Temperatura do ar:** a velocidade do som no ar depende da temperatura. Um aumento na temperatura causa redução na velocidade do ar e, por consequência, amplia a distância sensora.
- **Turbulência do ar:** correntes de ar, turbulência e camadas de diferentes densidades causam refração da onda sonora. O eco pode ser enfraquecido ou ter sua direção alterada. Dessa forma, o alcance do sensor, a precisão e a estabilidade podem ser deteriorados.
- **Proteção do sensor:** nas aplicações em que o sensor esteja em um ambiente úmido, ele deve ser montado de maneira que a água ou outros fluidos não permaneçam na face sensora. É fundamental que cuidados sejam tomados para que sólidos e líquidos não fiquem acumulados no sensor, o qual também é vulnerável a atmosferas alcalinas e ácidas.

Como as ondas sonoras devem passar pelo ar, a precisão desses sensores está sujeita ao tempo de propagação do som no ar. Devido ao seu grande alcance, o projetista do sistema deve tomar cuidado ao utilizar mais do que um sensor ultrassônico em um sistema, pela possibilidade de cruzamento entre sensores.

Uma das maiores finalidades do sensor é a medição de nível (Figura 3.42). Observe que sensores ultrassônicos não têm boa performance em superfícies turbulentas. Para sanar esse problema, um tubo pode ser usado para reduzir a turbulência na superfície do líquido.

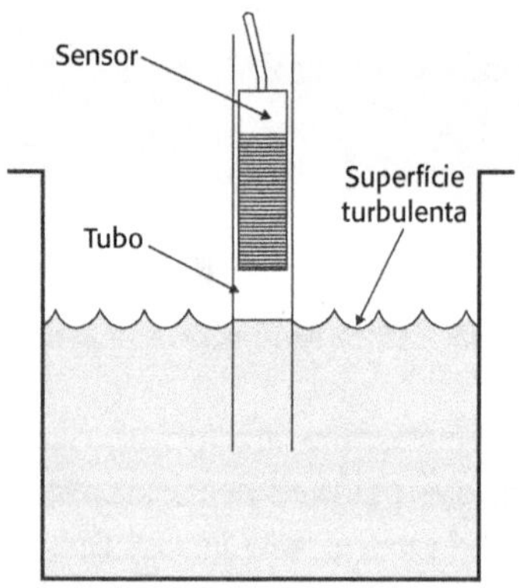

Figura 3.42 Medição de nível com superfície turbulenta.

Vantagens e desvantagens dos sensores de proximidade ultrassônicos

As principais vantagens desse tipo de sensor são:

- podem detectar objetos a distâncias de até 15 metros;
- têm resposta que independe da cor da superfície ou da reflexibilidade óptica do objeto.

Suas desvantagens incluem:

- devem ser colocados perpendicularmente ao objeto a ser detectado, para que a distância sensora seja a especificada;
- têm mínima distância sensora;
- mudanças no ambiente como temperatura, pressão, umidade e turbulência no ar podem afetar a performance do sensor;

- objetos com pouca densidade, como espumas e roupas, tendem a absorver energia e podem causar dificuldades para detecção a longas distâncias.

Aplicações

A seguir, serão apresentadas aplicações típicas de sensores ultrassônicos.

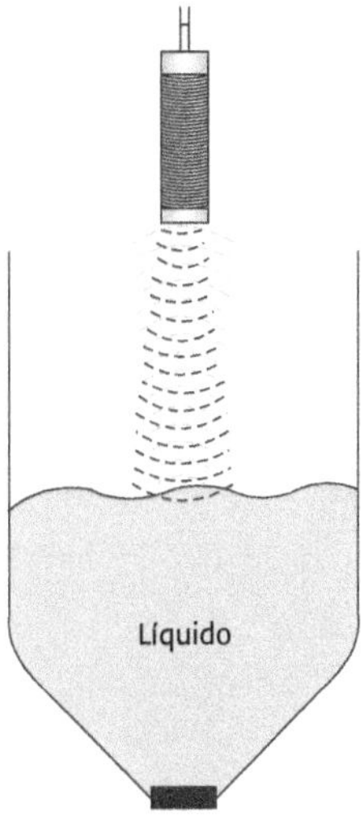

Figura 3.43 Medição de nível de líquidos em tanques.

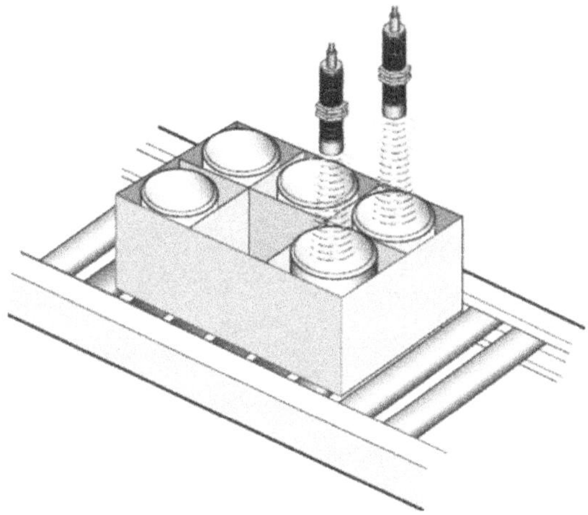

Figura 3.44 Verificação da presença de objetos em uma caixa.

ATIVIDADES DE FIXAÇÃO

1. Descreva os tipos de chave mais utilizados na indústria.
2. Qual é a finalidade de uma chave fim de curso? Descreva sua configuração de contatos.
3. Quais são os critérios para a seleção de uma chave fim de curso?
4. Diferencie as chaves automáticas das convencionais.
5. Defina relé.
6. Cite as principais aplicações dos relés.
7. Quais são os critérios que devem ser levados em consideração para a seleção dos relés?
8. O que diferencia um sensor digital de um analógico? Cite um exemplo.
9. Descreva os principais elementos constituintes de um sensor indutivo.
10. O que é alvo padrão? E fator de redução?
11. Qual é a vantagem de usar sensores blindados?

12. Cite as vantagens e as desvantagens de um sensor indutivo.
13. Qual é o princípio geral de funcionamento dos sensores ópticos?
14. Quais características fazem dos LEDs os melhores componentes eletrônicos para uso nos emissores dos sensores ópticos?
15. Qual é a finalidade de usar lentes ópticas nas unidades emissoras e receptoras do sensor fotoelétrico?
16. Por que se faz a modulação do sinal no LED emissor?
17. Qual é o princípio de funcionamento do sensor do tipo barreira?
18. Enumere as vantagens e as desvantagens do sensor do tipo barreira.
19. Qual é o princípio de funcionamento do sensor retrorreflexivo?
20. Quais são as vantagens e as desvantagens do sensor retrorreflexivo?
21. Qual é o princípio de funcionamento do sensor difuso-refletido?
22. Cite as vantagens e desvantagens do sensor difuso-refletido.
23. Descreva o princípio de funcionamento de um sensor ultrassônico.
24. Que fatores ambientais devem ser considerados para a instalação de um sensor ultrassônico?
25. Cite as vantagens e as desvantagens de um sensor ultrassônico.

4 LINGUAGENS DE PROGRAMAÇÃO

4.1 DEFINIÇÕES BÁSICAS

Imagine que um gerente deseja passar instruções a um operador de determinado processo. Se ambos falam português, as instruções típicas poderiam ser: ligue o motor, desligue o motor, some dois valores, subtraia dois valores, acenda a lâmpada, apague a lâmpada, ligue a sirene e assim por diante. Portanto, para que haja uma efetiva comunicação, é necessário utilizar uma linguagem que ambos entendam. Os efeitos seriam os mesmos se as instruções fossem dadas em japonês, desde que ambos entendessem japonês.

Genericamente, linguagem é um meio de transmissão de informações entre dois ou mais elementos com capacidade de se comunicarem. Esses elementos não ficam restritos aos seres humanos, nem mesmo é exclusividade dos seres vivos, já que máquinas podem ser construídas com tal capacidade.

Na área da computação, define-se instrução como um comando que permite a um sistema com capacidade computacional realizar determinada operação.

Linguagem de programação é um conjunto padronizado de instruções que o sistema computacional é capaz de reconhecer.

Programar significa fornecer uma série de instruções a um sistema com capacidade computacional, de maneira que este seja capaz de comportar-se deterministicamente, executando de forma automática as decisões de controle em função do estado atual e das entradas e das saídas do sistema em um dado instante.

O **programador** é responsável por prever as situações possíveis do sistema, planejar uma estratégia de controle e codificar as instruções em uma linguagem de programação padronizada para posteriormente serem passadas ao sistema computacional.

4.1.1 NORMA IEC 61131-3

Na década de 2010, houve um enorme avanço nas técnicas e nas linguagens de programação. Vários métodos de modelagem foram desenvolvidos e poderosas linguagens criadas, visando atender aos mais diversos setores.

Atualmente, a programação dos controladores lógicos programáveis é mais simples e flexível do que antes, principalmente porque foram desenvolvidas ou aperfeiçoadas várias linguagens proprietárias, incluindo variações da linguagem Ladder e da linguagem de Lista de Instruções. A inexistência de normas em relação às linguagens de programação dos CLPs fez surgir inúmeras variantes destas ao longo do tempo, todas diferentes entre si. Do ponto de vista das empresas usuárias, é claramente um desperdício de dinheiro e de recursos humanos, já que as habilidades desenvolvidas por seus funcionários na utilização de determinado tipo de CLP não podem ser reaproveitadas quando da sua substituição por outro tipo ou fabricante.

Assim, quando a empresa necessita trocar o CLP antigo em razão do aumento de demanda ou mesmo para incorporar novos recursos, investimentos devem ser feitos em aquisição e desenvolvimento de softwares, hardwares e em treinamento do pessoal envolvido na implantação e manutenção dos novos sistemas, incluindo técnicos, projetistas de sistemas e até mesmo os gerentes da planta.

Felizmente, a comunidade industrial internacional reconheceu que era necessário estabelecer um padrão aberto para os CLPs, visando à uniformização de procedimentos dos diversos fabricantes. Para tanto, foi criado um grupo de trabalho no IEC para estabelecer normas a todo o ciclo de desenvolvimento dos CLPs, incluindo o projeto de hardware, instalação, testes, documentação, programação e comunicação.

No início da década de 1990, o IEC publicou várias partes da norma IEC 1131, que cobre o ciclo de vida completo dos CLPs. Essa norma é considerada, por alguns autores, um marco histórico para os CLPs. Em 1993, essa norma foi revisada e recebeu o número IEC 61131, cuja terceira parte (IEC 61131-3) trata das linguagens de programação. Com o objetivo de simplificar sua análise, é usual dividir a parte três da norma em três seções:

- generalidades;
- elementos comuns;
- linguagens de programação.

4.2 ELEMENTOS COMUNS

Veja a seguir, de forma resumida, os principais elementos da norma IEC 61131-3.

4.2.1 COMENTÁRIOS

É recomendado comentar as linhas do programa sempre que sua interpretação não for óbvia ou trivial. A norma IEC 61131-3 define que um comentário é iniciado pela sequência de caracteres (* e terminado pela sequência *). Exemplo:

```
(* isto é um comentário *)
```

Importante destacar que um comentário pode ser colocado em uma linha sem instruções.

4.2.2 UNIDADES ORGANIZACIONAIS DE PROGRAMAS

O programa de um CLP é dividido em unidades individuais, chamadas de Unidades Organizacionais de Programas (POU – em inglês, Program Organization Units), que podem ser dos seguintes tipos:

- programas;
- blocos de funções (ou blocos funcionais);
- funções.

4.2.3 ENTRADAS, SAÍDAS E MEMÓRIA

Os elementos mais importantes de um CLP são as entradas, as saídas e a memória interna. Somente por meio de suas entradas o CLP recebe informações do mundo externo. De forma similar, ele só pode controlar algum dispositivo se este estiver conectado em uma de suas saídas.

São as variáveis que permitem acessar diretamente as posições de memória dos CLPs; posições estas que são identificadas por três regiões lógicas. A primeira letra identifica se a variável está mapeando uma entrada, uma saída ou uma posição interna de memória, conforme mostra o Quadro 4.1.

Quadro 4.1 Mapeamento das posições de memória de um CLP

Primeira letra	Inglês	Português
I	Inputs	Entradas
Q	Outputs	Saídas
M	Memory	Memória

A segunda letra identifica o tipo do dado, como apresenta o Quadro 4.2.

Quadro 4.2 Identificação do tipo de dado

Segunda letra	Tipo do dado
X	Bit
B	Byte (8 bits)
W	Word (16 bits)
D	Double Word (32 bits)
L	Long Word (64 bits)

Em se tratando de variável booleana, a letra X é opcional, ou seja, é possível representar a entrada discreta 1, como IX1 ou I1.

Os demais dígitos representam a posição de memória e estabelecem uma hierarquia, que depende do CLP utilizado e da filosofia do fabricante. O número de níveis hierárquicos não é definido pela norma. Alguns fabricantes utilizam números separados por pontos para definição de um endereço. Por exemplo, a variável IW2.1.33 poderia representar Rack 2, Módulo 1, canal 33.

Outros exemplos:

- `I0.1     (* memória de entrada, tipo binária, palavra 0, bit 1 *)`
- `IX10.0   (* bit 0 da palavra 10 da área de entradas *)`
- `IW5      (* a quinta palavra da área de entradas *)`
- `QW3      (* a terceira palavra da área de saídas *)`
- `MB5      (* o quinto byte da área de memória interna *)`
- `MW11     (* a décima primeira palavra da área de memória interna *)`

A norma IEC 61131-3 não especifica a faixa de valores, que pode começar com 0 ou 1, dependendo do fabricante. Também não faz nenhuma referência a como devem ser atribuídos os bits individualmente dentro de um byte ou word. É comum utilizar, por exemplo, M5.3 para designar o bit 3 da word 5, mas não é obrigatório que seja assim. Outra questão é que a numeração da posição dos bits pode começar da direita para a esquerda ou o inverso, sendo a primeira forma a mais comum. Uma das primeiras tarefas do programador é consultar o manual do CLP a ser utilizado para descobrir como são organizados esses itens.

4.2.4 ACESSO DIRETO A VARIÁVEIS

De acordo com a norma IEC 61131-3, somente as entradas, as saídas e a memória interna do controlador podem ser acessadas diretamente pelo programa de controle. Endereçar diretamente significa escrever ou ler diretamente na entrada, na saída ou na memória sem utilizar um identificador simbólico. A localização das suas posições físicas ou lógicas no sistema de controle é definida pelo respectivo fabricante do controlador.

O endereçamento direto é reconhecido pela utilização do símbolo "%" precedendo sua designação. Exemplos:

- `%I12     (* Bit 12 de entrada *)`
- `%IW5     (* Palavra 5 da área de entradas *)`
- `%QB8     (* Byte 8 da área de saídas *)`
- `%MW27    (* Palavra 27 da área de memória interna *)`

O uso de endereçamento direto de variáveis é permitido somente em programas, configurações e recursos. As Unidades Organizacionais do tipo função e bloco de funções devem operar exclusivamente com variáveis simbólicas (que serão discutidas posteriormente neste capítulo), visando mantê-las o mais independentes possível do controlador utilizado, possibilitando que essas unidades possam ser portadas para outros controladores.

4.2.5 TIPO DE DADO

Em um programa de controle deve ser possível especificar valores para temporizadores, contadores, variáveis discretas, variáveis analógicas etc. Os tipos básicos podem ser vistos no Quadro 4.3.

Quadro 4.3 Tipos de dado especificados pela norma IEC 61131-3

Palavra-chave	Tipo de dado	Faixa de valores
BOOL	Boolean	0 ou 1
SINT	Short Integer	0 a 255
INT	Integer	–32.768 a +32.767
DINT	Double Integer	–2.147.483.648 a +2.147.483.647
UINT	Unsigned Integer	0 a 65.535
REAL	Floating point	+/–2.9E-39 a +/–3.4E+38
TIME	Tempo de duração	Depende da implementação
STRING	String	Depende da implementação
BYTE	8 bits	Faixa de valores não declarada
WORD	16 bits	Faixa de valores não declarada

A partir desses tipos de dado, temos os exemplos apresentados no Quadro 4.4.

Quadro 4.4 Exemplos de dados empregados

Tipo do dado	Exemplos	
Inteiros	12, –8, 123, 751	
Número de ponto flutuante	12.5, –8.0, 0.1234	
Número binário	2#1101_0011	(211 decimal)
Número octal	8#323	(211 decimal)
Número hexadecimal	16#D3 ou 16#d3	(211 decimal)
Número booleano	0, 1	

4.2.6 STRINGS

Normalmente, são utilizadas para troca de mensagens de texto com o operador ou outros sistemas, para relatar alarmes e informar a necessidade de intervenção do operador de forma geral.

String é uma sequência de caracteres entre aspas simples.

Quadro 4.5 Exemplos de strings

Exemplos	Descrição
'a'	String de 1 caractere
'Perigo!'	String de 7 caracteres
''	String vazia

4.2.7 TEMPOS E DATAS

Esses dados são utilizados para especificar tempo e podem conter valores, como 2 minutos e 15 segundos.

A especificação de um tempo de duração consiste em uma parte introdutória, a palavra-chave T# ou t#, acompanhada de uma sequência que pode indicar dias, horas, minutos, segundos e milissegundos. As abreviações utilizadas são:

- **d:** dia;
- **h:** hora;
- **m:** minuto;
- **s:** segundo;
- **ms:** milissegundos.

O Quadro 4.6 descreve exemplos.

Quadro 4.6 Exemplos de strings de tempos e de datas

Descrição	Exemplos
Tempo de duração	T#18ms, t#3m4s, t#3.5s t#6h_20m_8s TIME#18ms
Data	D#1994-07-21 DATE#1994-07-21
Hora do dia	TOD#13:18:42.55 TIME_OF_DAY#13:18:42.55
Data e hora	DT#1994-07-21-13:18:42.55 DATE_AND_TIME#1994-07-21-13:18:42.55

4.2.7.1 OUTROS TIPOS

Além desses tipos predefinidos, o usuário pode definir seus próprios tipos de dados. Os tipos derivados devem ser declarados entre as palavras-chave TYPE e END_TYPE.

```
TYPE     (* Tipo derivado simples *)
         PRESSAO: REAL := 1.0;
END_TYPE

TYPE     (* Tipo derivado estruturado *)
PRESSAO SENSOR:
         STRUCT
                  INPUT:   PRESSAO := 1.0;
                  STATUS:  BOOL:= 0;
                  CALIBRACAO:       DATE := DT#2007-05-10;
                  LIMITE_SUP:       REAL := 10.0;
                  NUM_ALARMES:      INT := 0;
         END_STRUCT
END_TYPE
```

```
TYPE     (* Tipo derivado enumerativo *)
         ESTADO_ATUAL:
         (INICIALIZANDO, EXECUTANDO, REPOUSO, FALHA):= REPOUSO;
END_TYPE

TYPE     (*Tipo derivado de atribuição de faixa de valores *)
         TENSAO_MOTOR: INT(0..12);
END_TYPE

TYPE (* tipo derivado do tipo matriz *)
         HIST_PRESSAO_CALDEIRA: ARRAY[1..100] OF PRESSAO;
END_TYPE
```

4.2.8 ENDEREÇAMENTO SIMBÓLICO

Um identificador simbólico consiste nos itens descritos a seguir:

- letras maiúsculas ou minúsculas, dígitos de 0 a 9 e o símbolo sublinhado "_";
- o identificador deve começar com uma letra ou sublinhado;
- não é possível utilizar dois ou mais caracteres sublinhados consecutivos;
- não são permitidos espaços em branco;
- as letras maiúsculas ou minúsculas têm o mesmo significado, ou seja, os identificadores MOTOR_LIGADO, Motor_Ligado e motor_ligado representam o mesmo objeto.

A seguir, veja exemplos de identificadores **inválidos**:

- **1SENSOR:** o identificador não começa com letra nem sublinhado;
- **Botão_1:** as letras não podem conter nenhum tipo de acento;
- **Ent 2:** espaços em branco não são permitidos.

Além do mais, os identificadores não podem ter os mesmos nomes das palavras-chave previstas na norma.

4.2.9 DECLARAÇÃO DE VARIÁVEIS

Todas as variáveis a serem utilizadas pelas Unidades Organizacionais devem ser definidas no início destas. No caso das linguagens de programação textuais (Lista de Instruções ou Texto Estruturado), a declaração de variáveis é feita de forma semelhante a feita na linguagem Pascal. Todas as variáveis devem ser declaradas entre a palavra-chave VAR, que indica o início da declaração de variáveis, e a palavra-chave END_VAR, que indica o final do bloco de declaração de variáveis. Exemplo:

```
VAR
        Temp       :     INT;     (*Temperatura *)
        Aut_man    :     BOOL;    (* Automático ou Manual*)
        Finalizado:      BOOL;    (* Terminou *)
END_VAR
```

A declaração inicia-se com o nome simbólico da variável seguido do símbolo dois-pontos (:) e o seu tipo de dado e o símbolo ponto e vírgula (;) para indicar o final da declaração.

A norma IEC 61131-3 especifica diferentes tipos de variáveis de acesso. Cada tipo tem uma palavra-chave associada.

4.2.9.1 VARIÁVEIS INTERNAS

Frequentemente, é necessário armazenar resultados intermediários que não necessitam ser conhecidos externamente. São utilizadas as variáveis locais, as quais são declaradas entre as palavras-chave VAR e END_VAR. Exemplo:

```
VAR
        temp      : INT;   (* resultado intermediário *)
END_VAR
```

4.2.9.2 VARIÁVEIS DE ENTRADA

São alimentadas externamente por uma Unidade Organizacional, como um bloco funcional. Devem ser declaradas entre as palavras-chave VAR_INPUT e END_VAR, conforme o exemplo a seguir:

```
VAR_INPUT
        Entrada  : INT;   (* Valor de Entrada *)
END_VAR
```

4.2.9.3 VARIÁVEIS DE SAÍDA

São as variáveis de saída de uma Unidade Organizacional e fornecem valores que serão transferidos para um dispositivo externo. São utilizadas por programas e blocos de funções. Um exemplo de declaração é feito a seguir:

```
VAR_OUTPUT
        Resultado        : INT;   (* Valor de retorno *)
END_VAR
```

4.2.9.4 VARIÁVEIS DE ENTRADA E DE SAÍDA

O valor de uma variável de entrada e de saída pode tanto receber quanto enviar um valor a outras Unidades Organizacionais.

```
VAR_IN_OUT
            Valor    : INT;
END_VAR
```

As variáveis anteriormente especificadas são locais e só podem ser utilizadas dentro da unidade em que foram declaradas. Elas são desconhecidas por todas as outras Unidades Organizacionais, portanto, também são inacessíveis a partir destas. No caso dessas variáveis, elas podem existir repetidamente em diferentes unidades organizacionais; por exemplo, a variável **temp** pode ser declarada em diversos blocos funcionais distintos. Essas variáveis locais são totalmente descorrelacionadas e diferentes umas das outras.

Uma variável também pode ser declarada para ser visível globalmente. A declaração é feita de maneira semelhante, agora utilizando as palavras-chave VAR_GLOBAL e VAR_EXTERNAL. Exemplo:

```
VAR_GLOBAL
        Temperatura:      REAL;
END_VAR
```

As variáveis externas são declaradas dentro das Unidades Organizacionais e permitem o acesso a variáveis globais declaradas em outras Unidades. Exemplo:

```
VAR_EXTERNAL
        Temperatura:      REAL;
END_VAR
```

4.2.10 INICIALIZAÇÃO

Frequentemente, é necessário que uma variável contenha um valor inicial. Cada variável é inicializada com um valor correspondente ao seu tipo, conforme mostra o Quadro 4.7, exceto quando especificado de outra maneira no programa.

Quadro 4.7 Inicialização das variáveis

Tipo do dado	Valor inicial
BOOL, SINT, INT, DINT, UINT, BYTE, WORD	0
REAL	0.0
TIME	T#0s
DATE	0001-01-01
STRING	" (string vazia)

Durante a declaração da variável, é possível fazer com que ela inicialize com um valor diferente do padrão. Por exemplo, deseja-se declarar uma variável global, do tipo inteira, com o nome de dezena.

```
VAR_GLOBAL
        Dezena   : INT :=10; (*variável inicializada com o*)
        (*valor inteiro igual a 10*)
```

Conforme o exemplo, o valor da inicialização é sempre inserido entre o tipo do dado – neste caso, INT – e o símbolo de ponto e vírgula, indicador de término de sentença. O valor a ser inicializado deve ser precedido pelos símbolos ":=".

Embora o valor da variável tenha sido definido no início do programa, ele pode ser alterado durante a execução.

4.2.11 ATRIBUTOS DE VARIÁVEIS

O atributo **AT** serve para alocar uma variável em determinado endereço.

```
VAR
        BTN_DESL AT %I12.3          :       BOOL;
        Temperatura AT %IW3         :       WORD;
        HIST_VAZAO AT %IW10         :       ARRAY[1..8] OF SINT;
END_VAR
```

Declarações como esta são a melhor maneira de definir as entradas e saídas do CLP. Se a conexão do BTN_DESL, por exemplo, precisar ser colocada em outra posição, basta alterar o endereço na declaração da variável e nenhuma alteração é necessária no corpo do programa.

Em **RETAIN**, o valor dessa variável será mantido em caso de falta de energia.

```
VAR_OUT RETAIN
        VELOCIDADES_PADRAO          :       ARRAY[1..4] OF REAL;
END_VAR
```

Em **CONSTANT**, a variável não pode ser modificada.

```
VAR CONSTANT
        DUZIA : SINT := 12;
END_VAR
```

4.3 LINGUAGENS DE PROGRAMAÇÃO

Visando atender aos diversos segmentos da indústria, incluindo seus usuários, e uniformizar as várias metodologias de programação dos controladores industriais, a norma IEC 61131-3 definiu sintática e semanticamente cinco linguagens de programação:

- Diagrama de Blocos de Funções (FBD – Function Block Diagram);
- Linguagem Ladder (LD – Ladder Diagram);
- Sequenciamento Gráfico de Funções (SFC – System Function Chart);
- Lista de Instruções (IL – Instruction List);
- Texto Estruturado (ST – Structured Text).

Três destas são gráficas e duas são textuais, conforme demonstrado no Quadro 4.8.

Quadro 4.8 Descrição das linguagens segundo a norma IEC 61131-3

Linguagem	Tipo
Texto Estruturado (ST)	**Textuais**
Lista de Instruções (IL)	
Diagrama de Blocos de Funções (FDB)	**Gráficas**
Linguagem Ladder	
Sequenciamento Gráfico de Funções (SFC)	

4.3.1 LINGUAGEM LADDER

A Ladder (Ladder Diagram – LD) é uma linguagem gráfica baseada na lógica de relés e contatos elétricos para a realização de circuitos de comandos de acionamentos. Por ser a primeira linguagem utilizada pelos fabricantes, é a mais difundida e encontrada em quase todos os CLPs da atual geração.

Bobinas e contatos são símbolos utilizados nessa linguagem. Os símbolos de contatos programados em uma linha representam as condições que serão avaliadas de acordo com a lógica. Como resultado, determinam o controle de uma saída, que normalmente é representado pelo símbolo de uma bobina.

Recebeu vários nomes desde sua criação, entre eles diagrama escada, diagrama de contatos e linguagem de contatos. Neste livro consideramos linguagem Ladder pelos seguintes motivos:

- por ser o nome mais conhecido no meio industrial;
- pela tradução literal, a expressão mais próxima seria "diagrama do tipo escada". No entanto, poderia gerar confusão, já que a pronúncia é a mesma da palavra SCADA, a qual é comumente adotada no meio industrial para referir-se aos sistemas supervisórios;
- "diagrama de contatos" somente esclarece que é um tipo de diagrama e não é suficiente para caracterizar que este seja implementado em CLP, uma vez que um diagrama de contatos também pode ser implementado utilizando elementos físicos discretos, como relés, contatores, temporizadores e outros, montados em painéis elétricos. Essa linguagem será tratada com detalhes no Capítulo 5.

4.3.2 LISTA DE INSTRUÇÕES

Inspirada na linguagem assembly e puramente sequencial, a Lista de Instruções (Instruction List – IL) é caracterizada por instruções que possuem um operador e, dependendo do tipo de operação, podem incluir um ou mais operandos, separados por vírgulas. É indicada para pequenos CLPs ou para controle de processos simples. A linguagem de Lista de Instruções será abordada com mais profundidade no Capítulo 10.

4.3.3 TEXTO ESTRUTURADO

O Texto Estruturado (Structured Text – ST) é uma linguagem textual de alto nível e muito poderosa, inspirada na linguagem Pascal, que contém todos os elementos essenciais de uma linguagem de programação moderna, incluindo as instruções condicionais (IF-THEN-ELSE e CASE OF) e instruções de iterações (FOR, WHILE e REPEAT). Como seu nome sugere, encoraja o desenvolvimento de programação estruturada, sendo excelente para a definição de blocos funcionais complexos, os quais podem ser utilizados em qualquer outra linguagem IEC.

Das linguagens textuais é a mais potente, portanto, a mais recomendada para aplicações complexas que envolvam a descrição de comportamento sequencial.

4.3.4 DIAGRAMA DE BLOCOS DE FUNÇÕES

O Diagrama de Blocos de Funções (Function Block Diagram – FBD) é uma das linguagens gráficas de programação, muito popular na Europa, cujos elementos são expressos por blocos interligados, semelhantes aos utilizados em eletrônica digital. Essa linguagem permite um desenvolvimento hierárquico e modular do software, uma vez que podem ser construídos blocos de funções mais complexos a partir de outros menores e mais simples. Normalmente, os blocos são construídos utilizando a linguagem de texto estruturado.

Por ser poderosa e versátil, tem recebido uma atenção especial por parte dos fabricantes. Seu uso é indicado para processos químicos em geral e em processamento descentralizado ou distribuído. Por conta de sua importância, foi criada uma norma para atender especificamente a esses elementos (IEC 61499), visando incluir instruções mais poderosas e tornar mais clara sua programação.

4.3.5 SEQUENCIAMENTO GRÁFICO DE FUNÇÕES

O Sequenciamento Gráfico de Funções (Sequential Function Chart – SFC) é uma linguagem gráfica que permite a descrição de ações sequenciais, paralelas e alternativas existentes em uma aplicação de controle. Como é descendente direto do Grafcet, o SFC fornece os meios para estruturar uma unidade de organização de um programa em um conjunto de etapas separadas por transições. A cada etapa está associado um conjunto de ações. A cada transição está associada uma receptividade que terá de ser satisfeita para que a transposição da transição ocorra e, assim, o sistema evolua para a etapa seguinte.

Atualmente, o SFC vem recebendo várias implementações nos CLPs de grande porte, afirmando-se como linguagem ideal para processos sequenciais. O estudo mais detalhado dessa linguagem será apresentado no Capítulo 11.

4.3.6 APLICAÇÃO DE LINGUAGENS DE PROGRAMAÇÃO AOS CLPS

Um item fundamental para utilização de um controlador lógico programável é a seleção da linguagem a ser utilizada, a qual depende de diversos fatores, entre eles:

- disponibilidade da linguagem no CLP;
- grau de conhecimento do programador;
- solução a ser implementada;
- nível da descrição do problema;
- estrutura do sistema de controle.

A Figura 4.1 apresenta a mesma lógica de programa representada pelas quatro linguagens (IL, ST, FBD e Ladder).

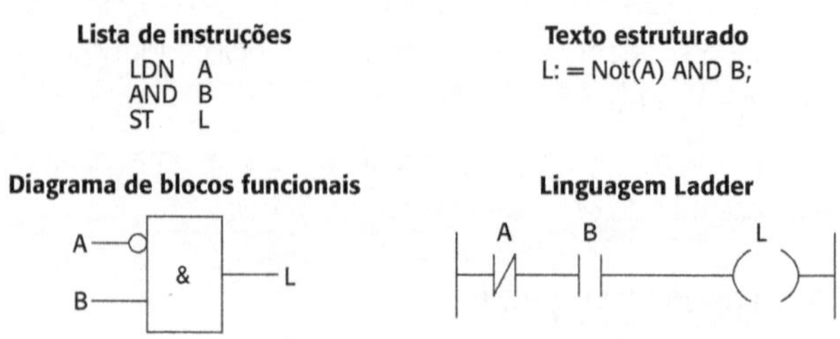

Figura 4.1 Implementação da equação lógica $L = \overline{A} \cdot B$ em quatro linguagens diferentes.

ATIVIDADES DE FIXAÇÃO

1. Defina instrução e linguagem de programação.
2. O que é a norma IEC 61131-3?
3. O que são Unidades Organizacionais de Programas?
4. Como pode ser feito o acesso direto a variáveis?
5. Descreva os tipos de dados possíveis de implementar pela norma IEC 6113-3.
6. Conceitue variáveis internas, de entrada e de saída.
7. Defina linguagem de Lista de Instruções.
8. Caracterize a linguagem de Diagrama de Blocos de Funções.
9. Descreva a linguagem SFC.
10. O que é linguagem Ladder? Caracterize-a.
11. Cite as características da linguagem de texto estruturado.

LINGUAGEM LADDER

5

A linguagem Ladder foi a primeira que surgiu para a programação dos controladores lógicos programáveis. Para que obtivesse aceitação imediata no mercado, seus projetistas consideraram que ela deveria evitar uma mudança de paradigma muito brusca. Considerando que, na época, os técnicos e os engenheiros eletricistas eram normalmente os encarregados da manutenção no chão de fábrica, a linguagem Ladder deveria ser algo familiar para esses profissionais.

Assim, ela foi desenvolvida com os mesmos conceitos dos diagramas de comandos elétricos que utilizam bobinas e contatos.

Uma boa compreensão do método de programação em linguagem Ladder, incluindo blocos funcionais, é extremamente benéfica, mesmo quando se utilize um CLP com outros recursos da linguagem IEC 61131-3, porque os diagramas Ladder são fáceis de usar e de implementar e constituem uma linguagem de programação de CLPs poderosa.

Suas vantagens são:

- possibilidade de uma rápida adaptação do pessoal técnico (semelhança com diagramas elétricos convencionais com lógica a relés);
- possibilidade de aproveitamento do raciocínio lógico na elaboração de um comando feito com relés;
- fácil recomposição do diagrama original a partir do programa de aplicação;
- fácil visualização dos estados das variáveis sobre o diagrama Ladder, permitindo uma rápida depuração e manutenção do software;
- documentação fácil e clara;
- símbolos padronizados e mundialmente aceitos pelos fabricantes e usuários;
- técnica de programação mais difundida e aceita industrialmente.

Suas desvantagens são:

- sua utilização em programas extensos ou com lógicas mais complexas é bastante difícil;

- programadores não familiarizados com a operação de relés tendem a ter dificuldades com essa linguagem;
- edição mais lenta.

5.1 LÓGICA DE CONTATOS

A programação em diagrama de contatos permite a implementação de funções binárias simples até aquelas mais complexas. Pelo conjunto de ações esquematizadas no diagrama de contatos pode-se esboçar o programa a ser desenvolvido em linguagem Ladder.

Uma chave pode estar em duas situações: aberta ou fechada.

5.1.1 CHAVE ABERTA

Dizer que uma chave está aberta (ou contato aberto) é o mesmo que dizer que ela não permite a passagem da corrente elétrica. A Figura 5.1 ilustra essa condição.

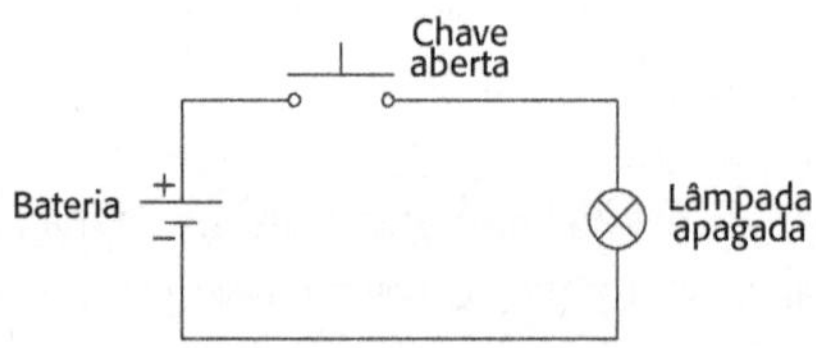

Figura 5.1 Circuito com a chave aberta.

5.1.2 CHAVE FECHADA

Quando uma chave está fechada (ou contato fechado), ela permite a passagem da corrente elétrica. A Figura 5.2 mostra essa situação.

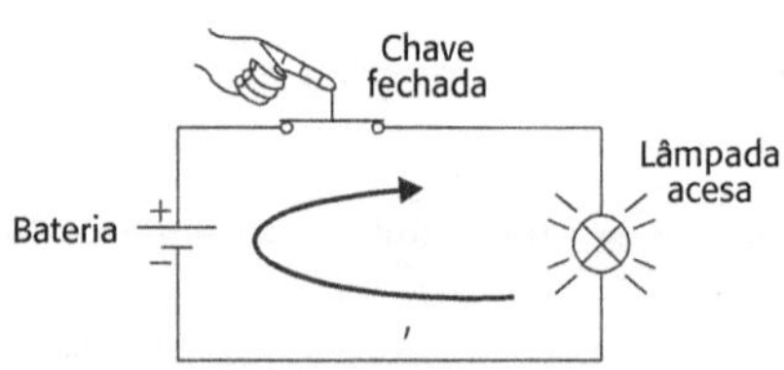

Figura 5.2 Circuito com a chave fechada.

Nos próximos itens será utilizado o verbo comutar em diversos tempos, portanto, é necessário esclarecer o significado deste termo. Neste texto, "comutar" significa passar de um estado para outro. Por exemplo, se uma lâmpada estava desligada e passou para ligada, ela "comutou" de desligada.

5.2 SÍMBOLOS BÁSICOS

Os símbolos mais utilizados para representação da lógica com contatos e relés são mostrados nos Quadros 5.1 e 5.2, que ilustram os contatos elétricos. Normalmente, Abertos (NA) e Normalmente Fechados (NF), respectivamente.

Quadro 5.1 Algumas representações de contatos elétricos Normalmente Abertos (NA)

Contato Normalmente Aberto (NA)		
No estado de repouso não conduz. Só deixa passar corrente se o contato for comutado (fechado).		
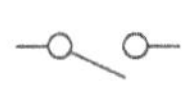		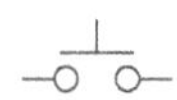

Quadro 5.2 Algumas representações de contatos elétricos Normalmente Fechados (NF)

Contato Normalmente Fechado (NF).		
Conduz no estado de repouso e interrompe a condução se for comutado (aberto).		

A indústria caminha em direção à adoção da norma IEC 61131-3, que também será a linguagem de referência deste livro. Entretanto, alguns grandes fabricantes como Siemens, Allen-Bradley e Schneider Electric ainda não aderiram plenamente à norma, portanto, serão mostrados exemplos utilizando as linguagens específicas desses fabricantes. Uma vez que a norma IEC 61131-3 é voluntária, os fabricantes têm liberdade de implementação. Dessa maneira, os símbolos gráficos de representação mudam conforme o fabricante.

À medida que os exemplos forem ilustrados, será mostrada a forma de implementação em algumas marcas. É preciso salientar que os autores não estão recomendando nem demonstrando preferência por marca ou modelo. Existem no mercado muitos outros bons CLPs que podem oferecer recursos similares. Os modelos utilizados ou citados foram escolhidos apenas por questão de disponibilidade para teste dos exemplos e exercícios.

O Quadro 5.3 mostra alguns símbolos de contatos NA e NF utilizados em diagramas Ladder.

Quadro 5.3 Símbolos Ladder para contatos, utilizados por alguns fabricantes de CLPs

Fabricante	**Contato Normalmente Fechado (NF)**	**Contato Normalmente Aberto (NA)**
IEC 61131-3	–|/|–	–| |–
Allen-Bradley	–]/[–	–] [–
Siemens S7	–|/|–	–| |–
GE Fanuc	–|/|–	–| |–

5.2.1 RELÉS

O relé é um comutador elétrico que pode ser operado magnética ou eletromagneticamente. Os relés eletromagnéticos são os mais comuns, especialmente nas aplicações que requerem o controle de um circuito elétrico.

Os relés podem ter diversas configurações quanto aos seus contatos: podem ter contatos NA, NF ou ambos, neste caso com um contato comum ou central (C).

Os contatos NA (normalmente abertos) estão abertos enquanto a bobina não está energizada e fecham-se quando a bobina recebe corrente. Os contatos NF (normalmente fechados) estão fechados enquanto a bobina não está energizada e abrem-se quando a bobina recebe corrente. O contato central ou C é o comum, ou seja, quando o contato NA fecha, ele vai estabelecer sua condução com o contato C. O contato NF, no repouso, fica em contato com o comum e quando a bobina é energizada, ele abre seu contato. A Figura 5.3 mostra um diagrama esquemático dessa situação.

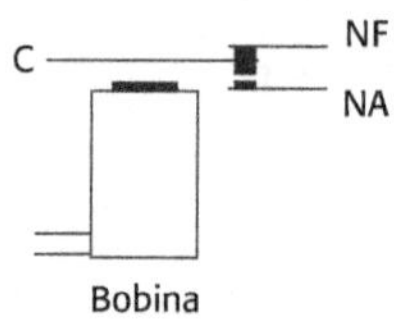

Figura 5.3 Relé com um contato NF, um contato NA e um comum (C).

A Figura 5.4 apresenta um relé em estado normal (repouso). Nesta situação, não passa corrente elétrica pela bobina e, portanto, seus contatos permanecem na condição normal.

A Figura 5.5 exibe o mesmo relé da Figura 5.4, porém, agora, ele está na condição de energizado.

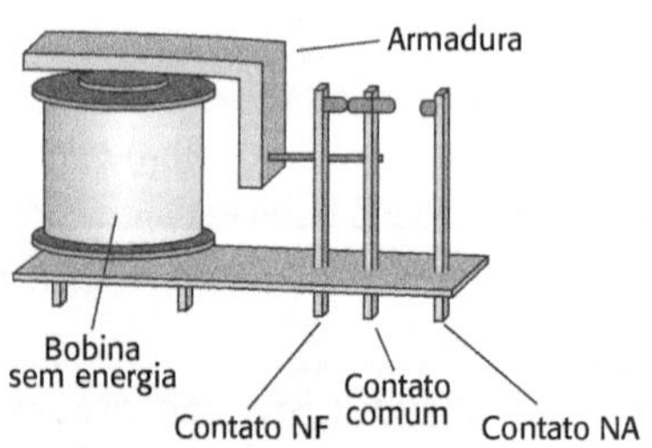

Figura 5.4 Bobina do relé sem energia, então os contatos permanecem em repouso.

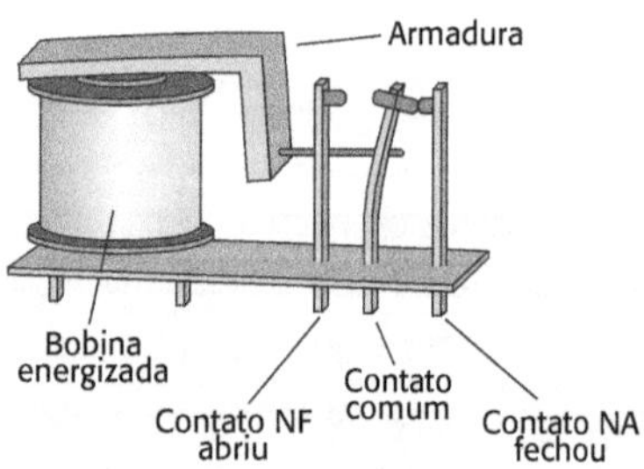

Figura 5.5 A bobina do relé está energizada, então os contatos comutam da sua posição de repouso.

O funcionamento do relé é o seguinte: quando circula uma corrente elétrica pela bobina, ela cria um campo magnético que atrai uma peça ferromagnética, chamada de armadura, que empurrará um contato ou uma série deles, fechando ou abrindo circuitos. Ao cessar a corrente da bobina, o campo magnético também cessa, fazendo com que os contatos voltem para a posição original. A Figura 5.6, ao lado, mostra o símbolo de uma bobina, tal qual aparece normalmente nos diagramas elétricos.

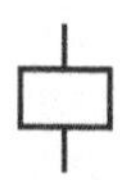

Figura 5.6 Símbolo elétrico de bobina.

No Quadro 5.4 estão os símbolos para bobinas utilizadas em diagrama Ladder, segundo a notação de alguns fabricantes.

Quadro 5.4 Representação de bobinas em Ladder por alguns fabricantes de CLPs

Fabricante	Bobina	Bobina negada
IEC 61131-3	—( )—	—(/)—
Allen-Bradley	—{ }—	Não disponível
GE Fanuc	—( )—|	—(/)—|
Modicon Quantum	—○—	—⊘—
Siemens S7	—( )—	Não disponível

Uma bobina negada funciona de maneira contrária a uma bobina normal, ou seja, fica energizada se não houver um fluxo de energia virtual chegando até ela.

Atenção!

Os autores desaconselham o uso de bobinas negadas pelas seguintes razões: na maioria dos sistemas, a posição de segurança é uma em que a saída do CLP está sem energia; geralmente, contatos (chamados de permissivos) são colocados em série com a bobina para que múltiplas condições sejam satisfeitas antes que a saída possa ser energizada. Utilizando bobinas negadas, a saída já inicia ligada e algumas condições devem ser satisfeitas para que a saída seja desligada, o que é exatamente o oposto do conceito de segurança normalmente utilizado.

5.3 DIAGRAMA DE CONTATOS EM LADDER

A função principal de um programa em linguagem Ladder é controlar o acionamento de saídas, dependendo da combinação lógica dos contatos de entrada.

O diagrama de contatos Ladder é uma técnica adotada para descrever uma função lógica utilizando contatos e relés. Sua notação é bastante simples. Um diagrama de contatos é composto de duas barras verticais que representam os polos positivo e negativo de uma bateria.

A linha vertical à esquerda representa o polo positivo e a outra linha paralela, à direita, representa o polo negativo.

A ideia por trás da linguagem Ladder é representar graficamente um fluxo de "eletricidade virtual" entre duas barras verticais energizadas. Essa "eletricidade virtual" flui sempre do polo positivo em direção ao negativo, ou seja, sempre da barra da esquerda para a da direita.

O nome Ladder (que significa escada, em inglês) foi dado porque o diagrama final se parece com uma escada cujos trilhos laterais são as linhas de alimentação e cada lógica associada a uma bobina é chamada de degrau (em inglês, rung).

Um degrau é composto de um conjunto de condições de entrada (representado por contatos NA e NF) e uma instrução de saída no final da linha (representada pelo símbolo de uma bobina). A Figura 5.7 mostra um degrau típico.

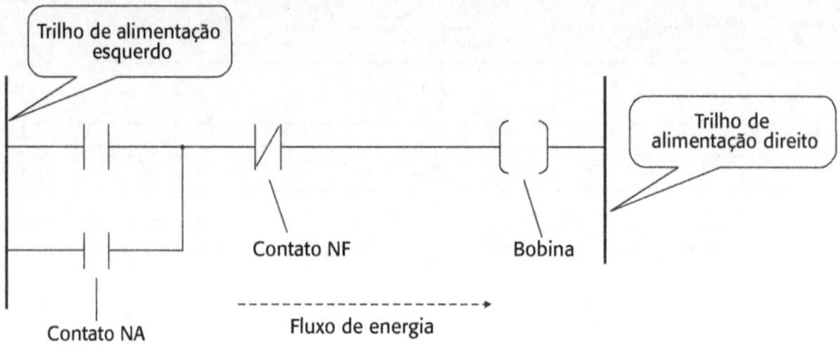

Figura 5.7 Estrutura típica de um degrau em linguagem Ladder.

O conjunto dos contatos que compõem um degrau pode ser conhecido como condição de entrada ou lógica de controle.

As instruções de saída, como bobinas e blocos funcionais (contadores, temporizadores e outros com funções especiais), devem ser os últimos elementos à direita. A Figura 5.8 mostra essa estrutura.

Atenção!
Os "blocos funcionais" (também chamados de "blocos de função") serão vistos posteriormente no decorrer do texto.

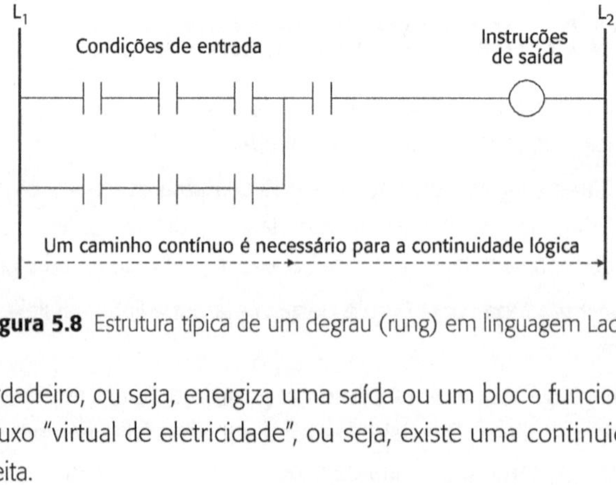

Figura 5.8 Estrutura típica de um degrau (rung) em linguagem Ladder.

Um degrau é verdadeiro, ou seja, energiza uma saída ou um bloco funcional, quando os contatos permitem um fluxo "virtual de eletricidade", ou seja, existe uma continuidade entre a barra da esquerda e a da direita.

A continuidade ocorre quando há uma combinação de contatos fechados que permite fluir uma corrente virtual até a bobina, que deve ser o último elemento da linha (ou degrau). A Figura 5.10 ilustra vários possíveis caminhos de continuidade para o diagrama da Figura 5.9.

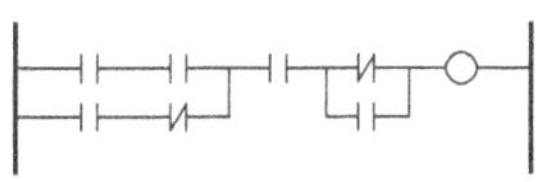

Figura 5.9 Exemplo de um degrau em Ladder.

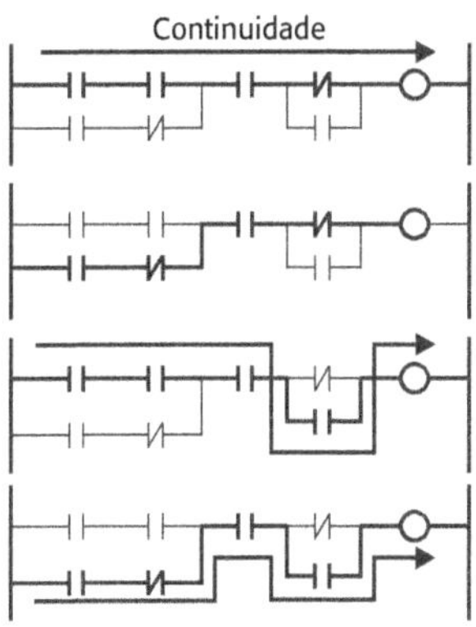

Figura 5.10 Possíveis caminhos de continuidade para o diagrama da Figura 5.9.

5.3.1 FLUXO REVERSO

Quando relés eletromecânicos são utilizados para implementar uma lógica Ladder, o fluxo de energia pode ocorrer em qualquer sentido através dos contatos.

Por exemplo, considere o diagrama Ladder da Figura 5.11.

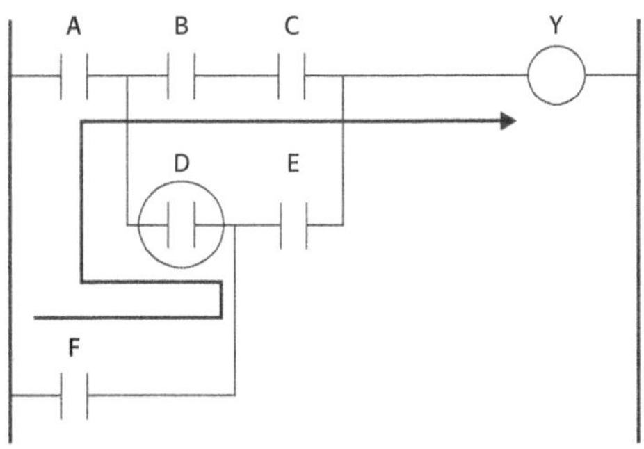

Figura 5.11 Fluxo reverso no contato D.

Se o diagrama fosse implementado com relés eletromecânicos e os contatos B, C, D e F estivessem fechados, a energia fluiria e alcançaria a bobina Y porque quando um conjunto de contatos se fecha, ele fornece um fluxo de potência, ou continuidade, no circuito em que é utilizado.

No entanto, uma regra seguida por quase todos os fabricantes de CLPs é que o fluxo reverso (da direita para a esquerda) **não é** permitido, ou seja, de maneira diferente do que acontece nos circuitos elétricos reais, o fluxo de "corrente elétrica" virtual, em uma lógica Ladder, flui somente no sentido da barra da esquerda para a direita.

Se a lógica a ser implementada necessita de fluxo reverso, o programador deve refazer o circuito de maneira que todo o fluxo só ocorra no sentido para a direita. A Figura 5.12 mostra o diagrama anterior redesenhado para utilização em um CLP.

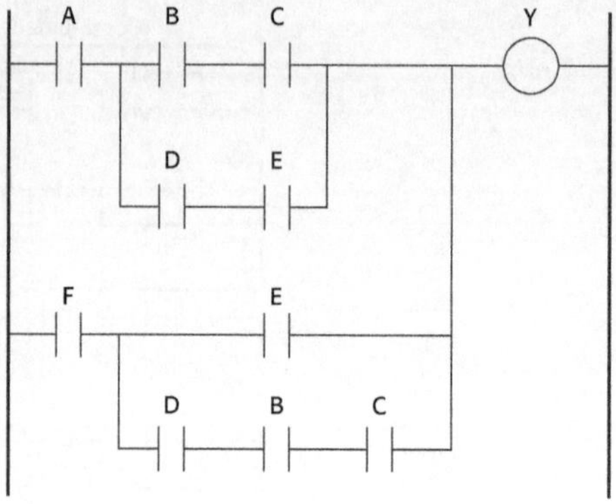

Figura 5.12 Circuito equivalente ao da Figura 5.11, redesenhado para evitar o fluxo reverso.

5.3.2 REPETIÇÃO DE CONTATOS

Observando a Figura 5.12, verifica-se que alguns contatos foram repetidos no diagrama. Isso é válido?

Enquanto nos relés eletromecânicos somente uma quantidade fixa e limitada está disponível, nos programas em Ladder uma bobina pode ter quantos contatos normalmente abertos ou fechados desejar. Isso significa que um mesmo contato pode ser repetido várias vezes. Cada conjunto de bobinas disponíveis e seus respectivos contatos no CLP são identificados por um endereço de referência único. Por exemplo, a bobina M_1 possui contatos normalmente abertos e normalmente fechados com o mesmo endereço (M_1) que a bobina (Figura 5.13).

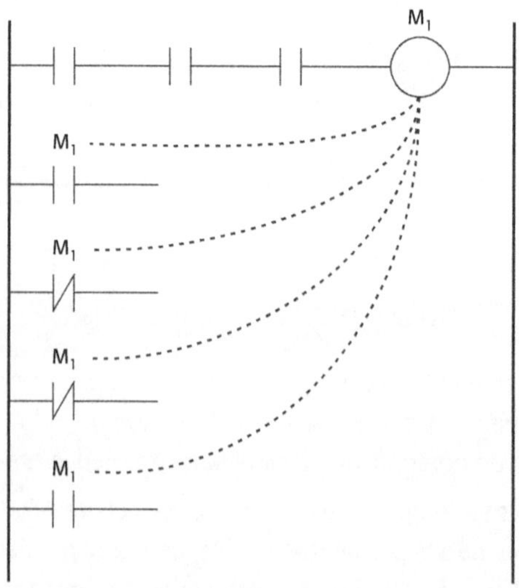

Figura 5.13 Ilustração da possibilidade de repetição de contatos de uma bobina.

Um controlador programável também permite o uso de múltiplos contatos de um dispositivo de entrada. A Figura 5.14 ilustra um exemplo em que uma chave fim de curso (S_1) é ligada na entrada I_2 de um CLP.

Observe que no programa de controle do CLP é possível repetir o contato I_2 na forma de contato normalmente aberto ou normalmente fechado, tantas vezes quanto for necessário.

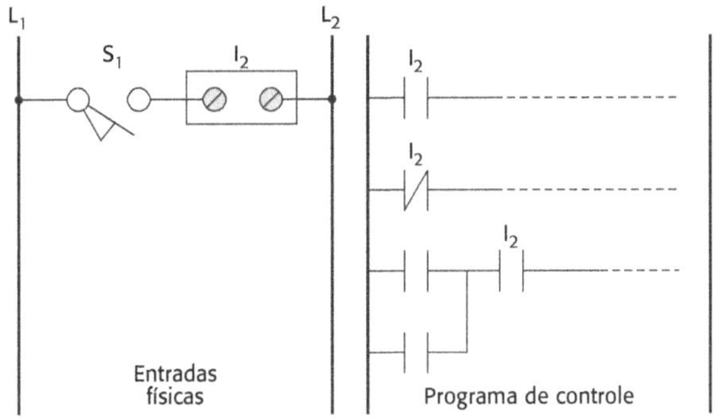

Figura 5.14 Ilustração da possibilidade de repetição de contatos de um dispositivo de entrada.

5.3.3 REPETIÇÃO DE UMA MESMA BOBINA

Embora alguns modelos de CLP permitam que uma mesma saída (bobina) seja repetida, é desaconselhável fazê-lo porque a repetição de uma saída em degraus diferentes tornará muito confusa a lógica do programa e, por consequência, dificultará o entendimento de quem assumir a manutenção desse programa. Recomenda-se, portanto, que uma bobina (saída) não seja repetida.

5.3.4 RELÉS INTERNOS

Esses elementos são muito importantes e largamente utilizados na programação. Um CLP de pequeno porte pode ter uma centena ou mais de relés internos, alguns dos quais podem ser retentivos.

Atenção!

Também são chamados de bobinas auxiliares, relés auxiliares, memória interna etc. Diferentes fabricantes usam distintos termos para se referirem aos relés internos. Por exemplo, a Mitsubishi chama-os de relés auxiliares; a Siemens utiliza para o S7-200 o termo memória interna; a Schneider utiliza para o Zelio Logic o termo relés auxiliares; a Toshiba usa o termo relé interno; e a Allen-Bradley, binary bit storage.

Relés internos nos CLPs são elementos utilizados para armazenamento temporário de dados (bits). Seu efeito é comparável com o dos contatores auxiliares. O nome relé interno foi dado em função dessa característica. Para efeitos de programação, suas bobinas podem ser energizadas e desativadas e seus contatos utilizados para ligar ou desligar outras saídas. Para reforçar esse conceito, vamos utilizar um exemplo mostrado na Figura 5.15.

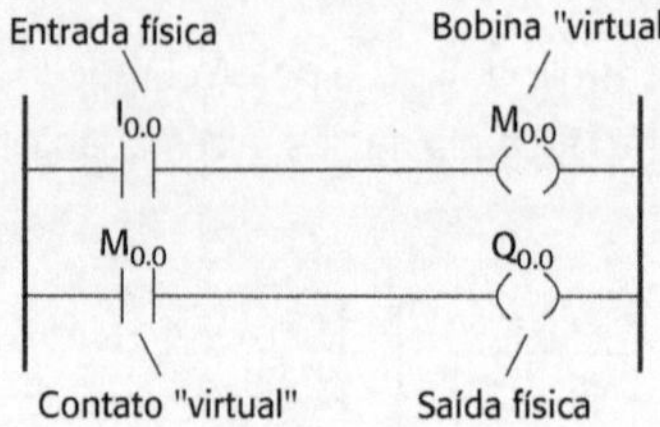

Figura 5.15 Exemplo de utilização de um relé auxiliar para ligar uma saída física.

Ao ser fechado o contato de entrada ($I_{0.0}$), a bobina do relé interno ($M_{0.0}$) é energizada. No entanto, um relé interno não está associado a nenhuma saída física; é somente uma posição de memória. Supondo que seja desejado utilizá-lo para ligar uma saída física, pode-se fazer uso de um de seus contatos para ligar a bobina $Q_{0.0}$ que é associada ao módulo de saída.

O conteúdo dessa memória é imediatamente disponibilizado no mesmo ciclo de varredura e é volátil, ou seja, seu conteúdo é perdido se a energia elétrica do sistema é interrompida. Alguns fabricantes possibilitam implementar as memórias auxiliares como retentivas.

Para distinguir os relés internos dos relés externos, são dados endereços diferentes para cada um dos tipos. Por exemplo, a Mitsubishi nomeia seus endereços como M_{100}, M_{101} etc. A Siemens (S7-200) endereça-os como $M_{0.0}$, $M_{0.01}$ etc. A Schneider Electric utiliza para o Zelio Logic os endereços M_1, M_2 etc. A Toshiba utiliza os endereços R_{000}, R_{001} etc. A Allen-Bradley (RSLogix500) endereça como B3:0/0, B3:0/1 etc.

5.3.5 ENDEREÇAMENTO

A cada instrução de entrada ou saída é associado um endereço, que indica a localização na memória do CLP em que o estado dessa instrução será armazenado. A cada elemento no diagrama Ladder é associado um operando, identificado por letras e números; entradas, saídas e relés internos são identificados por seus endereços, cuja notação depende do fabricante do CLP. Cada fabricante tem uma forma de endereçamento da memória própria, e que normalmente difere do endereçamento utilizado em outros CLPs. Por exemplo, para codificar as entradas e saídas, é comum utilizar a letra I (Input) para as entradas e a letra Q (Quit) ou O (Output) para as saídas, mas alguns utilizam as letras X e Y para codificar as entradas e saídas respectivamente.

A capacidade de memória e a filosofia de endereçamento dos CLPs variam de acordo com o modelo e o fabricante. Porém, qualquer CLP deve ter uma área de sua tabela de dados que represente uma imagem virtual das entradas ligadas aos cartões de entrada, e uma área da tabela de dados que represente uma imagem virtual das saídas ligadas aos cartões de saída. Como geralmente os CLPs são moduladores (ou seja, a sua configuração pode ser expandida dentro de certos limites), essas áreas também podem variar de acordo com a filosofia de projeto do fabricante. Elas são normalmente designadas como imagem das entradas e imagem das saídas.

Quaisquer que sejam o modelo e o sistema de numeração empregados no endereçamento, a filosofia dos diversos CLPs é parecida.

Normalmente, os CLPs utilizam palavras (words) de 16 bits chamadas de registradores ou registros, bytes (agrupamento de 8 bits) e variáveis binárias de um bit. A Figura 5.16 ilustra essa estrutura. As variáveis binárias são utilizadas para representar os pontos de entrada e saída (contatos) e os relés internos.

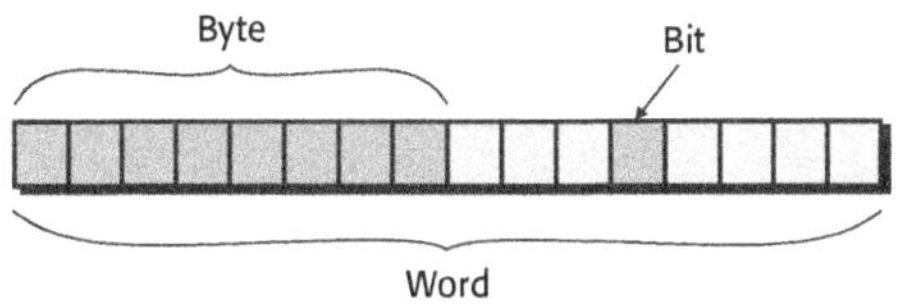

Figura 5.16 Unidades básicas de memória de um CLP: bits, bytes e words.

A seguir, é descrito o método de endereçamento utilizado por alguns CLPs.

5.3.5.1 SIEMENS (S7-200)

As entradas são representadas pela letra "I", os relés internos pela letra "M" e as saídas pela letra "Q". Cada entrada ou saída ocupa um bit. Devemos, então, no endereçamento, especificar o bit e em que byte está (Figura 5.17).

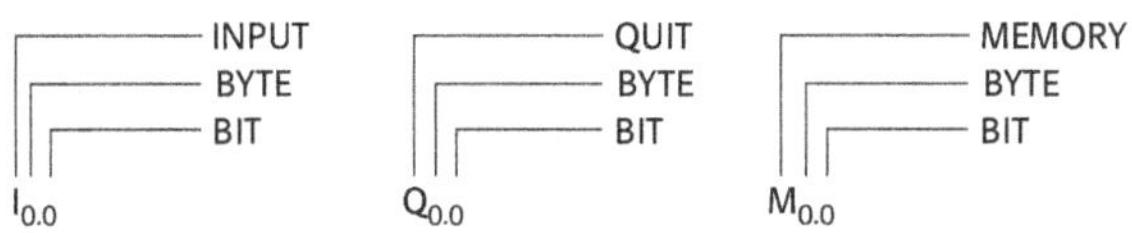

Figura 5.17 Endereçamento para o S7-200 (Siemens) para entradas, saídas e relés internos, respectivamente.

A Figura 5.18 apresenta um trecho de programa no S7-MicroWin do endereçamento utilizado pelos controladores S7-200 Siemens.

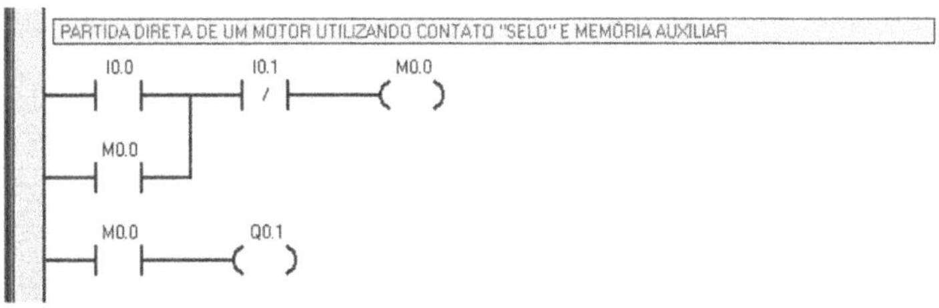

Figura 5.18 Exemplo de endereçamento utilizado pelos CLPs S7-200 Siemens.

5.3.5.2 ALLEN-BRADLEY (RSLOGIX500)

As entradas são representadas pela letra "I" (Input), os relés internos por "B3" (Binary) e as saídas pela letra "O" (Output).

As entradas e as saídas estão alocadas em áreas de memória divididas em palavras (words). Cada entrada ou saída ocupa um bit. Devemos, então, no endereçamento, especificar o bit e em que palavra está (Figura 5.19).

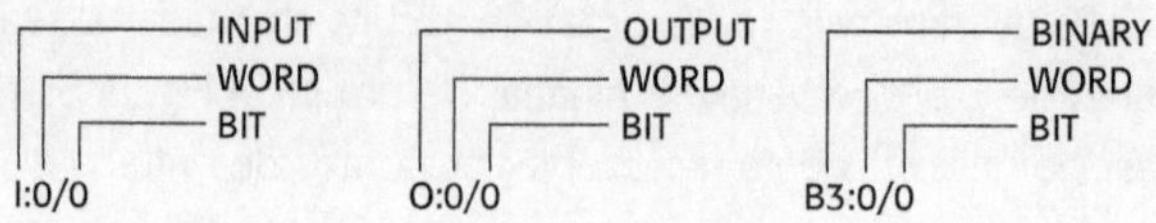

Figura 5.19 Endereçamento para o RSLogix500 (Allen-Bradley).

Na Figura 5.20 encontra-se um trecho de programa descrevendo o endereçamento utilizado pelos controladores Allen-Bradley (RSLogix500).

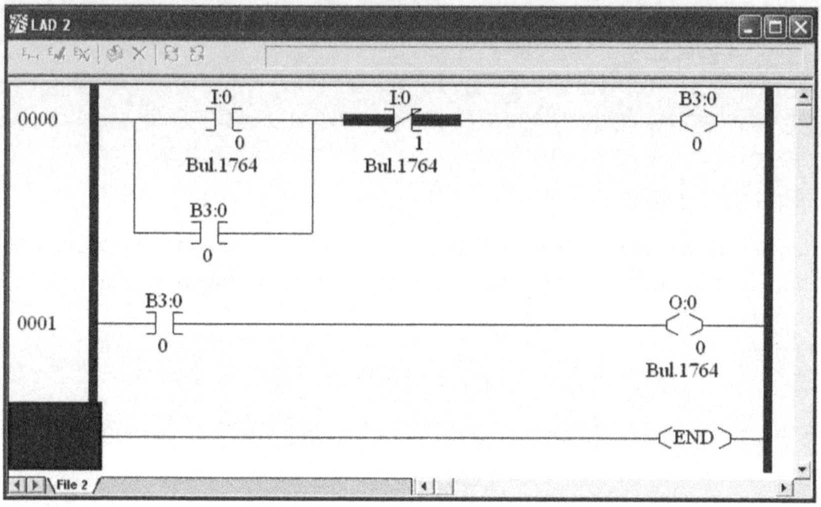

Figura 5.20 Exemplo de endereçamento utilizado pelos CLPs Micrologix 1500 (Allen-Bradley).

5.3.5.3 SCHNEIDER ELECTRIC (ZELIO LOGIC)

As entradas são representadas pela letra "I", os relés internos pela letra "M" e as saídas pela letra "Q".

Por se tratar de um controlador simples, sua estrutura de endereçamento também é simples:

- **Entradas:** I_1, I_2, I_3, ...
- **Saídas:** Q_1, Q_2, Q_3, ...
- **Relés auxiliares:** M_1, M_2, M_3, ...

A Figura 5.21 mostra um trecho de programa no Zelio Soft 2 do endereçamento utilizado pelos controladores Zelio Logic (Schneider Electric).

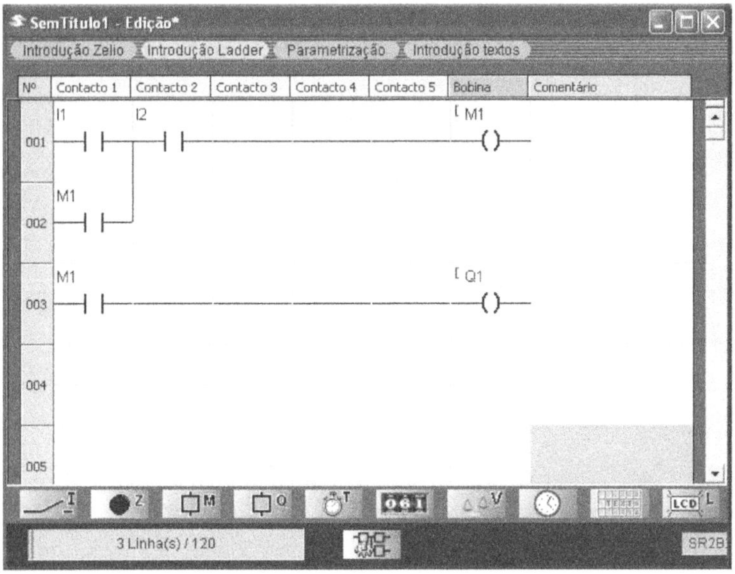

Figura 5.21 Exemplo de endereçamento utilizado pelo controlador Zelio Logic (Schneider Electric).

5.3.6 CONVERSÃO DE DIAGRAMAS ELÉTRICOS EM DIAGRAMA LADDER

Normalmente, é muito fácil passar um diagrama elétrico para um diagrama Ladder. Basta transformar as colunas em linhas, como mostram as Figuras 5.22 e 5.23, para o caso de uma simples partida direta.

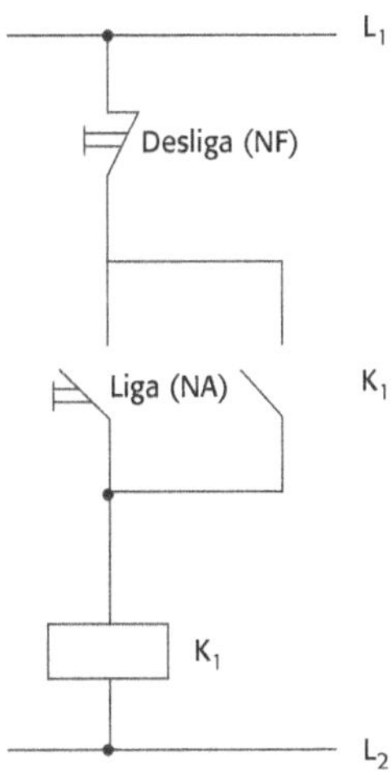

Figura 5.22 Diagrama elétrico de uma partida direta.

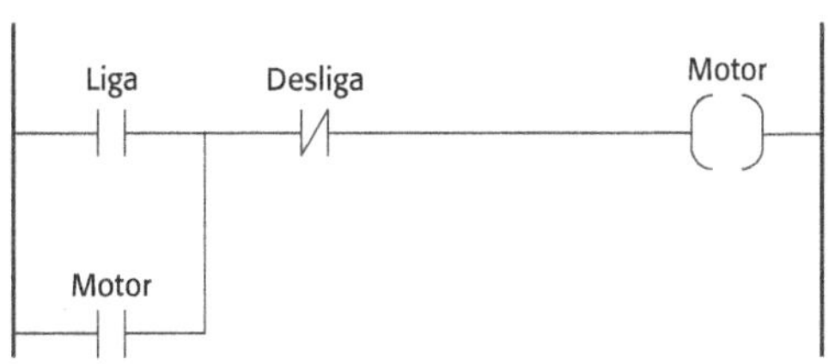

Figura 5.23 Diagrama elétrico em Ladder de uma partida direta.

No entanto, alguns casos merecem atenção especial. A seguir, são ilustrados os mais comuns.

Atenção!

Existe uma diferença entre a representação no diagrama elétrico em Ladder e na linguagem Ladder para os contatos NF, como será mostrado no final do capítulo.

5.3.7 CONTATOS NA VERTICAL

Existem circuitos de comandos de contatores para os quais não é possível converter diretamente um diagrama de contatos de relés eletromecânicos em um diagrama em Ladder do CLP. Este é o caso de uma ponte entre dois circuitos.

EXEMPLO 1

No diagrama da Figura 5.24, observa-se que o contato D faz uma ponte entre o circuito de comando de K_1 e o circuito de comando de K_2. Isso geraria um contato vertical, que não é possível de ser implementado em programação Ladder. Para contornar essa situação, já que os contatos internos do CLP podem ser repetidos quantas vezes for necessário, vamos utilizar esse recurso para reescrever o diagrama.

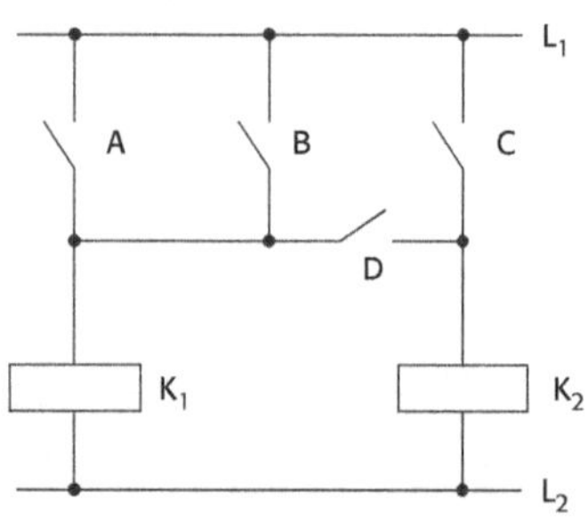

Figura 5.24 Exemplo de circuito que utiliza contato em ponte (contato D).

Vamos verificar inicialmente quais contatos ligam K_1. Observa-se que A e B ligam diretamente e os contatos C e D, se estiverem fechados.

Para K_2, observa-se que C o liga diretamente e mais as combinações dos contatos A e D, se fechados simultaneamente, ou os contatos B e D, se fechados simultaneamente. Uma possível solução para o problema é apresentada na Figura 5.25.

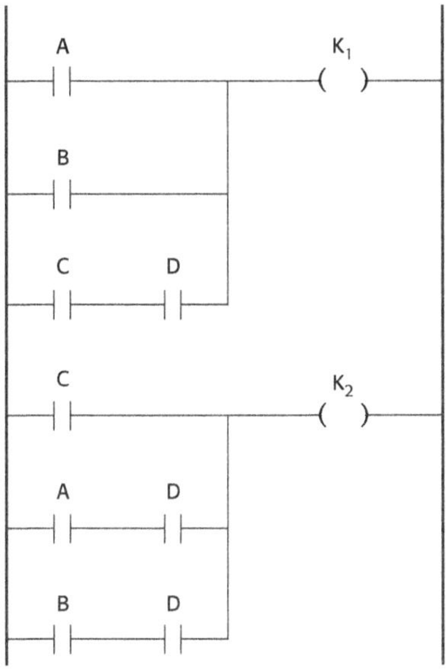

Figura 5.25 Possível solução para o problema apresentado na Figura 5.24.

EXEMPLO 2

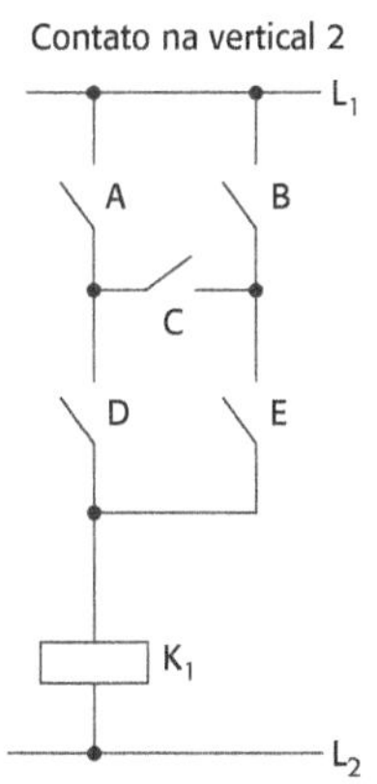

Figura 5.26 Diagrama elétrico com um contato que ficaria na vertical ao ser convertido em Ladder (contato C).

As Figuras 5.27 e 5.28 apresentam duas soluções possíveis para esse problema.

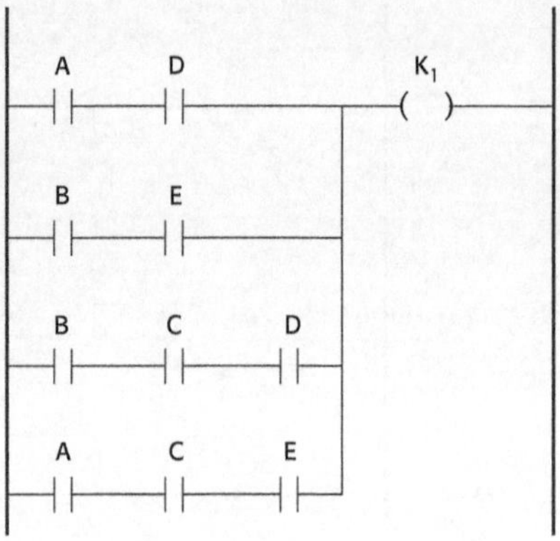

Figura 5.27 Uma possível solução para o problema mostrado no diagrama da Figura 5.26.

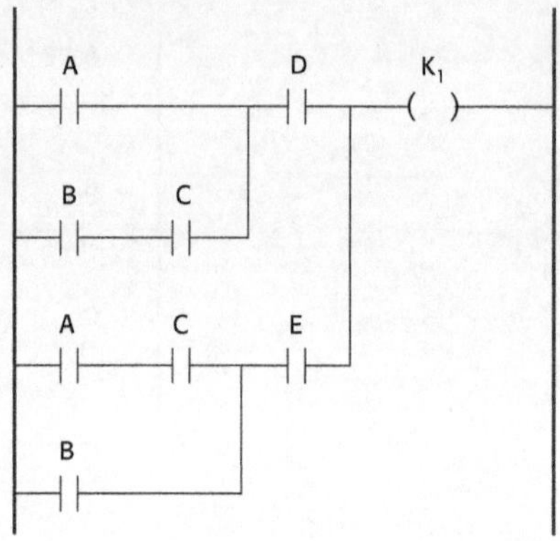

Figura 5.28 Outra possível solução para o problema apresentado no diagrama da Figura 5.26.

5.3.8 AVALIAÇÃO DE LEITURA DOS DEGRAUS DO DIAGRAMA LADDER

A avaliação da leitura é um importante conceito a ser considerado, já que define a ordem em que o processador executa um diagrama de contatos. Programas compostos de vários degraus são executados da esquerda para a direita e de cima para baixo (exceto quando houver instruções de desvio), uma lógica após a outra, e repetidos ciclicamente. As Figuras 5.29 e 5.30 ilustram a ordem em que são feitas as avaliações dos degraus.

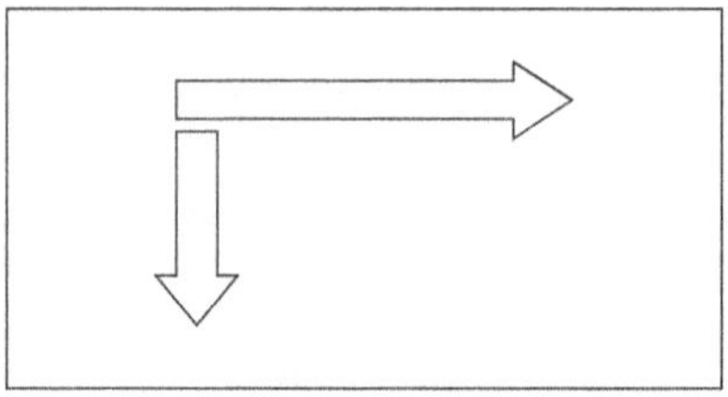

Figura 5.29 Um programa em Ladder é executado da esquerda para a direita e de cima para baixo.

O processador começa a avaliar o programa Ladder depois de ter lido todos os estados de todas as entradas e armazenado essas informações na tabela de entradas. A avaliação começa na primeira linha do programa Ladder e depois vai executando uma linha de cada vez. À medida que o programa é avaliado, ele examina o endereço de referência de cada instrução programada de maneira a resolver a continuidade lógica de cada linha.

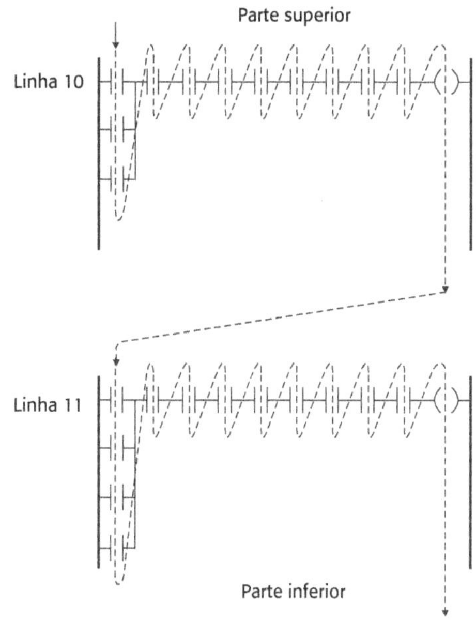

Figura 5.30 A avaliação também é feita da esquerda para a direita e de cima para baixo, dentro de um degrau.

5.4 CIRCUITOS DE AUTORRETENÇÃO

Há situações em que é necessário manter uma saída energizada, mesmo quando a entrada venha a ser desligada. Para tanto, algumas técnicas são utilizadas. Veremos a seguir algumas delas.

5.4.1 CONTATOS "SELO"

Veja o seguinte problema: pretende-se controlar o funcionamento de um motor por meio de dois botões de pressão A e B. Quando A for pressionado, o motor deve ser ligado e assim permanecer até que B seja pressionado, quando então deve desligar.

Neste exemplo, o contato do botão só permanece fechado enquanto o operador o estiver pressionando, no entanto, deseja-se que o motor continue ligado após o botão ser solto. O circuito utilizado para essa finalidade é chamado de "selo" ou trava (latch). Os "selos" são combinações entre elementos destinados a manter uma saída ligada, quando se utilizam botoeiras de pressão (ou de contato momentâneo).

Um exemplo de circuito selo é mostrado na Figura 5.31. Quando o botão A é pressionado, vai fechar o contato A e a bobina Q_1 vai ser energizada. Esta vai fazer com que seus contatos associados também sejam comutados. Um contato NA da bobina de saída forma uma porta lógica OU com o contato da entrada A associada ao botão liga. Então, mesmo que a entrada A venha a se abrir, a bobina de saída vai ser mantida energizada pelo seu contato auxiliar. Agora, a única maneira de desativar a bobina é pela comutação do contato B, ou seja, pelo acionamento do botão desliga.

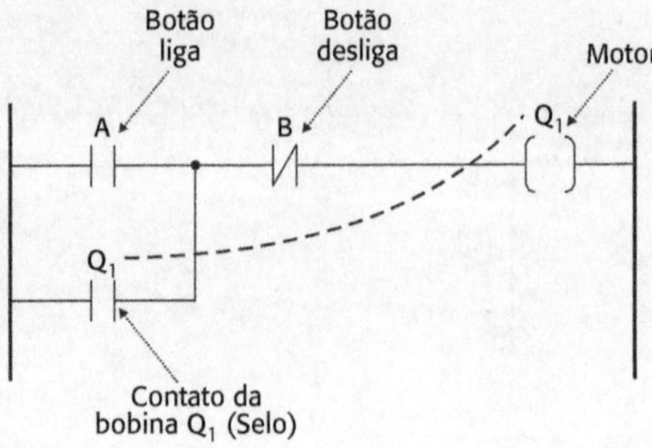

Figura 5.31 Partida direta de um motor utilizando contato selo.

5.4.2 INSTRUÇÕES SET E RESET

Outra maneira de fazer a autorretenção de uma bobina é pela instrução set.

A instrução set liga uma saída e a mantém ligada mesmo que o contato da entrada deixe de conduzir. Para desligar a saída é utilizada a instrução reset. A Figura 5.32 mostra um exemplo da utilização dessas instruções na partida direta de um motor equivalente ao da Figura 5.31.

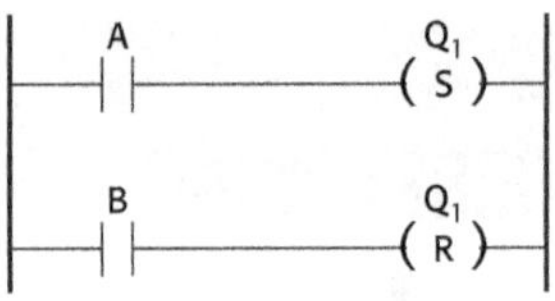

Figura 5.32 Partida direta de um motor (ligado à saída Q_1), utilizando bobinas set (S) e reset (R).

Agora, a entrada B é normalmente aberta, diferente do que era anteriormente utilizando um contato selo.

Os CLPs da Allen-Bradley (RSLogix500) não seguem esse padrão, eles denominam latch e unlatch as instruções equivalentes a set e reset, respectivamente.

Nesse ponto, é necessário prestar atenção para não confundir os termos "bobina com autorretenção" e "bobina retentiva". As bobinas retentivas são utilizadas para salvar o estado de variáveis que precisam ser recuperadas após o retorno da falha de alimentação. Por exemplo, após o retorno da energia elétrica, um programa no CLP precisa saber as operações que estavam ocorrendo quando a alimentação foi interrompida para poder reiniciar o sistema a partir de um certo ponto.

As bobinas com autorretenção são ativadas e desativadas pelas instruções set e reset, respectivamente. As bobinas retentivas, por sua vez, são aquelas capazes de se "lembrar" do estado em que se encontravam quando ocorreu uma queda de energia elétrica.

Uma bobina de autorretenção pode ou não ser retentiva. O Quadro 5.5 mostra os diversos tipos, mencionados de acordo com a norma IEC 61131-3.

Quadro 5.5 Símbolos IEC 61131-3 para as bobinas set e reset

Bobina set A bobina é ativada e só pode ser desativada pela instrução reset.	--------(S)------
Bobina reset A bobina é desativada e permanece nesse estado até ser ativada novamente pela instrução set.	--------(R)------
Bobina retentiva (com memória). O estado atual é mantido em caso de falha de alimentação do CLP.	--------(M)------
Bobina set retentiva (com memória).	------(SM)------
Bobina reset retentiva (com memória).	------(RM)------

Exemplo de uso: um alarme contra incêndio possui três entradas, uma em cada andar de um prédio. Se qualquer um deles for acionado, o alarme deve ser disparado e assim permanecer enquanto não for pressionado outro botão, localizado na central, que o faça silenciar. A solução para tal problema é exibida na Figura 5.33.

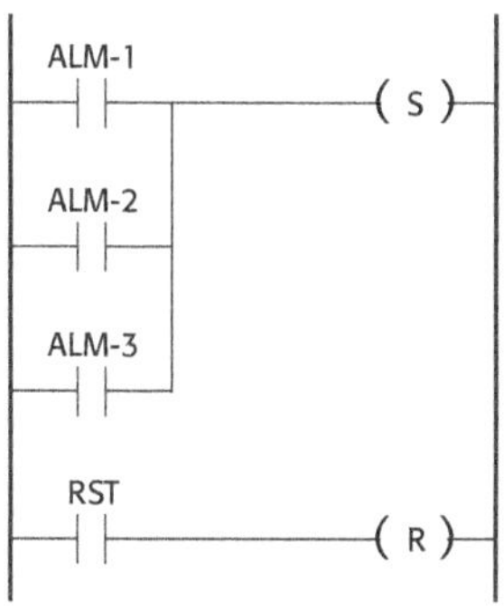

Figura 5.33 Alarme de incêndio com três sensores (ALM-1, ALM-2 e ALM-3) e um botão para silenciar o alarme (RST).

5.4.3 DETECÇÃO DE EVENTOS

Ações impulsionais ou eventos são conceitos importantes. Existem situações em que é necessário registrar não o estado da entrada, mas o instante em que essa entrada comuta.

Um evento pode ser definido como uma variável lógica, que indica que ele ocorreu (=1) ou não ocorreu (=0).

Por exemplo, o comportamento de um portão eletrônico é comandado por um único botão que tem a função de abrir, fechar, parar, reverter etc. Para realizar a ação necessária devemos saber duas coisas: em que estado está atualmente (fechado, fechando, abrindo, aberto) e se o botão foi pressionado ou não. Dependendo da combinação dessas duas informações, será tomada a ação necessária.

Para detecção de eventos, normalmente é utilizada uma técnica conhecida como detecção de borda, ou seja, detectar o instante em que houve a transição de um estado para outro. Assim, se o estado inicial era desligado e passou para ligado, a detecção desse evento é chamada de "detecção de borda de subida". No caso contrário, ou seja, a transição do estado ligado para o desligado, a detecção desse evento é chamada de "detecção de borda de descida". A Figura 5.34 ilustra esses eventos.

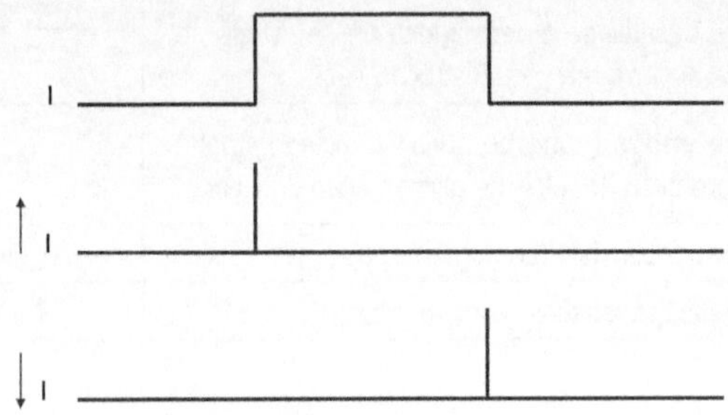

Figura 5.34 Ações impulsionais.

De forma resumida, podemos dizer que:

- Borda de subida: marca o instante exato em que o nível lógico do sinal mudou de 0 para 1.
- Borda de descida: marca o instante exato em que o nível lógico do sinal mudou de 1 para 0.

Observe que o evento é uma ação impulsional, ou seja, só está disponível por um único ciclo de varredura.

Existem duas formas de detectar um evento, sendo por meio de contatos que identificam impulsos colocados em série com o contato a fim de perceber o evento ou pela colocação de uma bobina que detecta impulso na saída.

O circuito da Figura 5.35 ilustra o primeiro caso. Ele funciona da seguinte maneira: ao ser fechado o contato A, o contato P conduz por um único ciclo de varredura e, por consequência, a bobina L também é energizada por um único ciclo de varredura (mesmo que o contato A permaneça fechado).

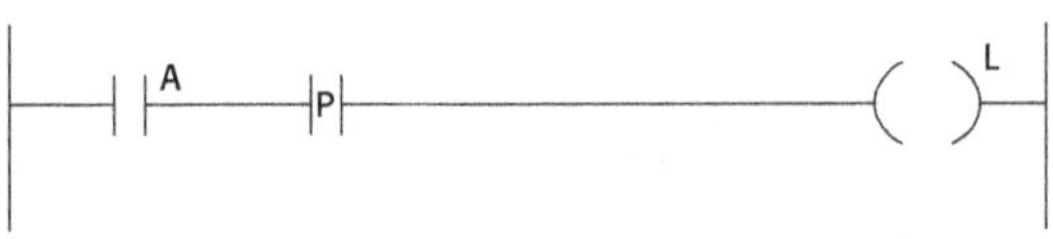

Figura 5.35 Contato detector de transição positiva (borda de subida).

A Figura 5.36 mostra outra maneira de fazer o mesmo, só que agora utilizando bobina de detecção de impulso. A bobina L (do tipo detectora de impulso positivo) só fica energizada por um ciclo de varredura após o contato A ter sido fechado.

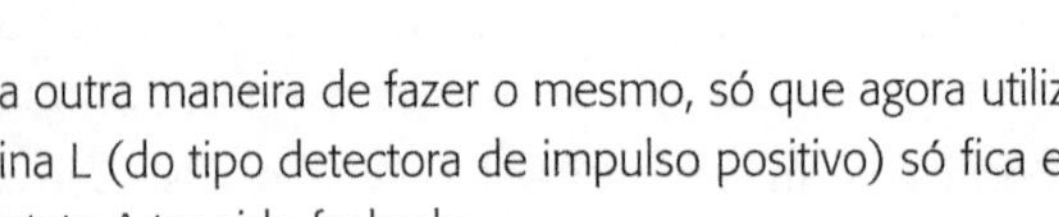

Figura 5.36 Bobina detectora de transição positiva (borda de subida).

Alguns CLPs possuem uma instrução própria para essa finalidade. No Quadro 5.6 podem ser visualizadas as representações de alguns fabricantes.

Quadro 5.6 Detecção de impulsos em alguns CLPs

	Contato detector de borda de subida	Contato detector de borda de descida	Bobina detectora de borda de subida	Bobina detectora de borda de descida
NORMA IEC 61131-3	—| P |—	—| N |—	—(P)—	—(N)—
SIEMENS	—| P |—	—| N |—	—(P)—	—(N)—
GE FANUC (SÉRIE 90)	—| ↑ |—	—| ↓ |—	—(↑)—|	—(↓)—|
MODICON CONCEPT	—| P |—	—| N |—	—(P)—	—(N)—

Os CLPs da OMRON possuem duas bobinas para detecção de eventos:

- **DIFU:** bobina de detecção de borda de subida;
- **DIFD:** bobina de detecção de borda de descida.

A Figura 5.37 ilustra a utilização nesses controladores. Quando o contato A for fechado, a bobina AU fica energizada por um único ciclo de varredura.

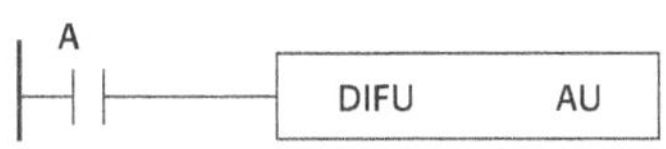

Figura 5.37 Detecção de borda de subida nos CLPs da OMRON.

5.4.4 ALLEN-BRADLEY

Os controladores Allen-Bradley serão detalhados em separado, uma vez que sua simbologia é muito diferente dos demais fabricantes.

5.4.4.1 ONS – BORDA DE SUBIDA

A instrução chamada ONS (ONE SHOT), dos controladores da Allen-Bradley (RSLogix500), tem sua saída igual a 1 somente durante um ciclo de varredura, quando detecta a condição de fechamento do contato A. Para o circuito mostrado na Figura 5.38, deve ser fornecido um endereço de memória interna para armazenamento temporário do bit. Assim o bit B3:1.5 só terá valor 1 por um único ciclo de varredura depois que o contato A for fechado.

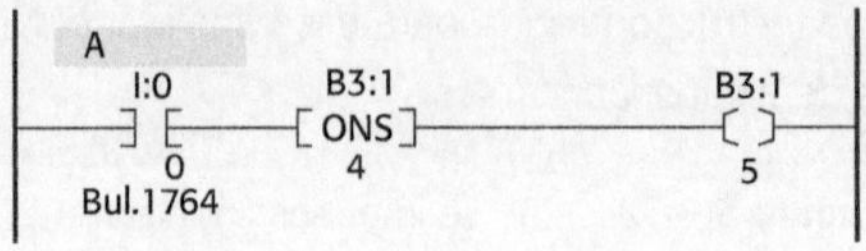

Figura 5.38 Exemplo de detecção de borda de subida nos CLPs da Allen-Bradley.

Os CLPs da Allen-Bradley possuem ainda duas funções para detecção de bordas:

- **OSR (One Shot Rising):** detecção de borda de subida;
- **OSF (One Shot Falling):** detecção de borda de descida.

O funcionamento de OSR é o seguinte: ao ser detectado o fechamento do contato A, na transição de desligado para ligado, o bit de saída (Output bit) só vai ter o valor 1 no primeiro ciclo de varredura, enquanto o bit de armazenamento (Storage bit) permanecerá em 1 enquanto o contato A estiver fechado. Quando o contato A for aberto, tanto o bit de saída quanto o bit de armazenamento são postos com o valor 0. Um exemplo de utilização de cada um está na Figura 5.39.

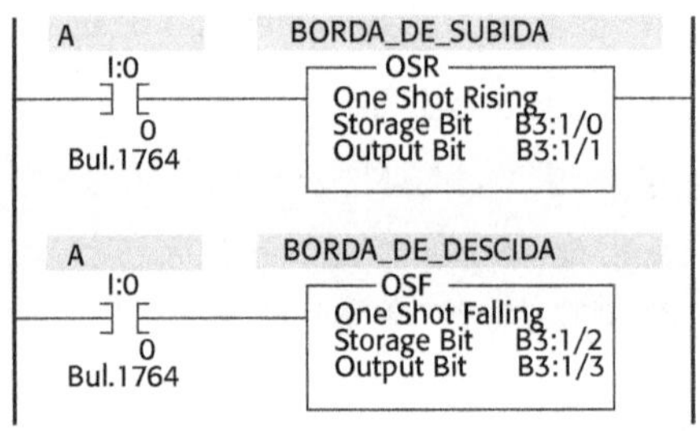

Figura 5.39 Detecção de borda de subida e de descida respectivamente.

Caso o CLP não possua uma instrução específica para a detecção de borda de subida, pode-se implementar o circuito da Figura 5.40.

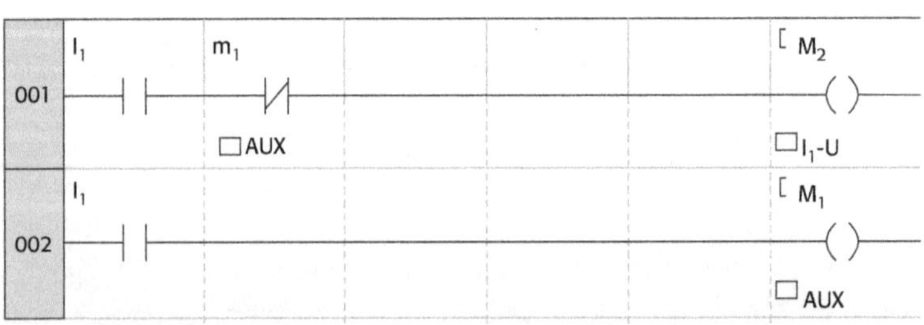

Figura 5.40 Circuito genérico para detecção da borda de subida.

Seu funcionamento é o seguinte: inicialmente tanto M_1 quanto M_2 estão desativadas. Ao pressionar o contato I_1, no primeiro ciclo de varredura são ativadas M_1 e M_2. No segundo ciclo de varredura, o contato normalmente fechado M_1 não dá mais condição para o acionamento de M_2, ou seja, a bobina auxiliar M_2 só ficou acionada por um único ciclo de varredura quando o contato I_1 foi pressionado.

Vejamos, agora, uma aplicação prática, no seguinte problema: deseja-se ligar e desligar um circuito utilizando apenas um botão normalmente aberto. Uma solução possível é mostrada na Figura 5.41. A lógica é comentada na própria figura.

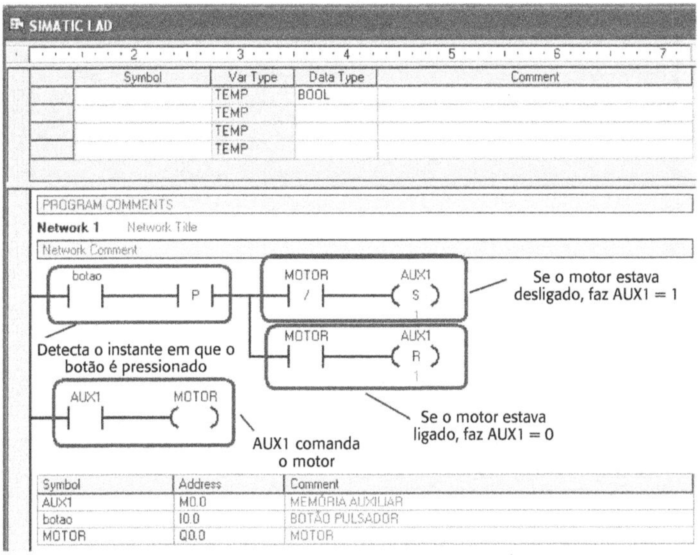

Figura 5.41 Solução para o problema proposto implementado no software Step7-MicroWin (Siemens).

Para esclarecer as diferenças entre os diversos fabricantes, a Figura 5.42 ilustra a solução do mesmo problema implementado anteriormente, porém no CLP da Allen-Bradley (RSLogix500).

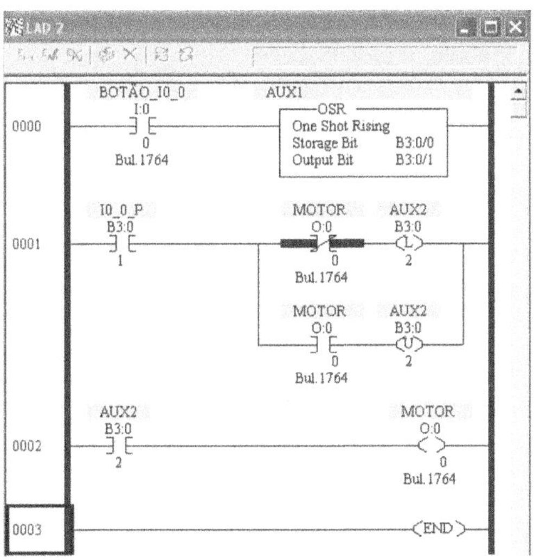

Figura 5.42 Implementação da função ligar e desligar um motor utilizando apenas um botão de pressão no CLP Micrologix da Allen-Bradley.

A mesma solução para o problema anterior no Zelio Soft 2 (Schneider Electric) é muito simples. Basta ligar o contato do botão em uma bobina do tipo telerruptor que o funcionamento é obtido (Figura 5.43).

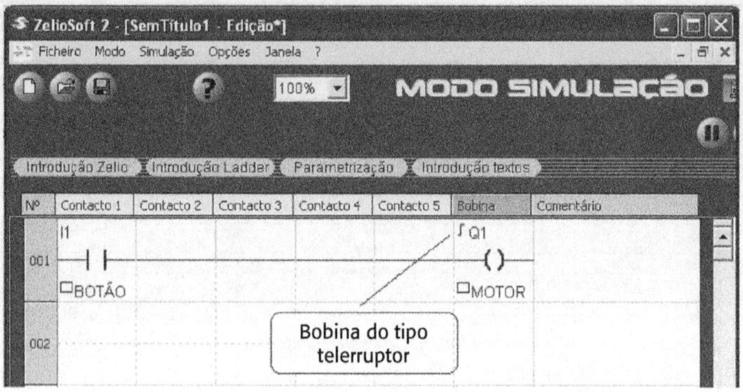

Figura 5.43 Implementação da função de ligar e desligar um motor utilizando apenas um botão de pressão no Zelio Logic.

Este exemplo deixa claro que uma determinada solução pode ser diferente, dependendo da tecnologia utilizada. No entanto, saber a lógica necessária para solucionar o problema é a tarefa mais importante de um projeto.

Este livro enfoca o desenvolvimento do raciocínio lógico necessário para elaborar programas em CLP.

5.5 LEITURA DAS ENTRADAS

Como mencionado anteriormente, o programa de um CLP é executado de forma cíclica. Antes da execução do programa principal, são lidos os estados das entradas e alterados os conteúdos dos endereços correspondentes na Tabela de Imagem das Entradas (TIE) da seguinte forma: se a entrada está energizada (recebendo alimentação), armazena o valor 1; caso contrário, armazena o valor 0. As Figuras 5.44 e 5.45 apresentam essa situação.

Quando se inicia a execução do programa principal, se o bit correspondente ao endereço na TIE está em 0, os contatos permanecem na condição original, ou seja, da mesma forma como são desenhados no diagrama. O contato NA continua aberto e o contato NF continua fechado. Se o bit estiver em 1, os contatos comutam da sua condição original.

O entendimento correto destes conceitos é de extrema importância. Um exemplo será utilizado para ilustrar esse funcionamento. A Figura 5.46 mostra um CLP genérico com uma chave de contato momentâneo (push-button) PB_1 ligada à sua entrada I_1 e duas lâmpadas, LP_1 e LP_2, ligadas às suas saídas Q_1 e Q_2, respectivamente.

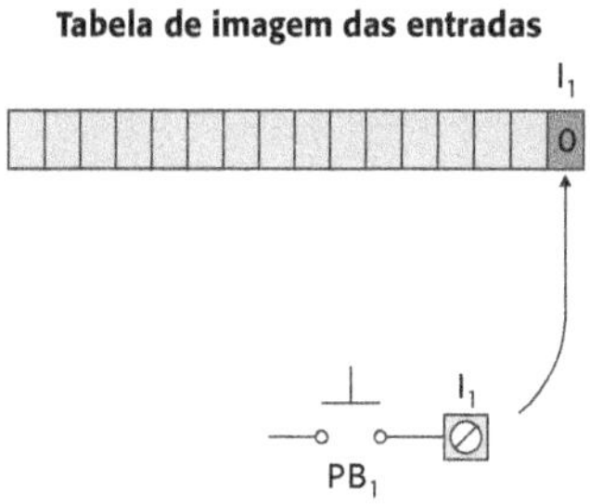

Figura 5.44 Se a entrada não está recebendo energia (chave aberta), é armazenado o valor 0 no endereço correspondente da TIE.

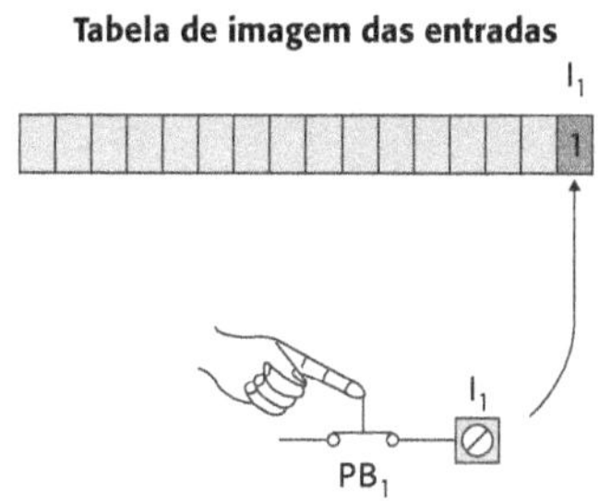

Figura 5.45 Se a entrada está recebendo energia (chave fechada), é armazenado o valor 1 no endereço correspondente da TIE.

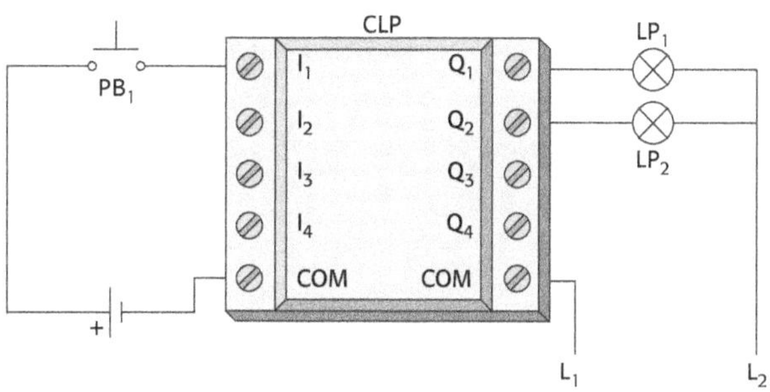

Figura 5.46 Exemplo com um CLP genérico.

Em seguida o programa em linguagem Ladder, mostrado na Figura 5.47, é transferido para o CLP.

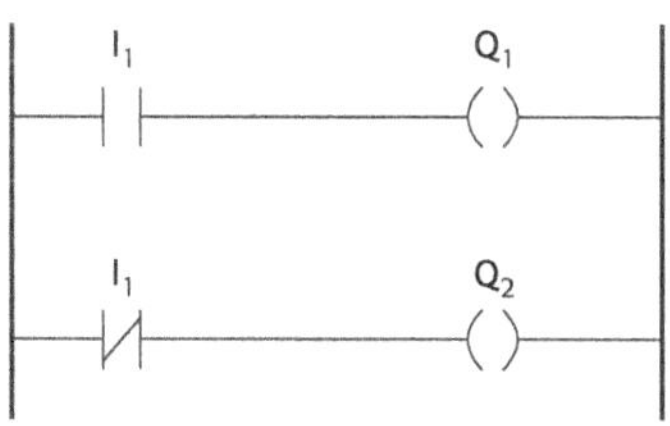

Figura 5.47 Programa exemplo que foi transferido para o CLP.

5.5.1 PRINCÍPIO DE FUNCIONAMENTO

Ao passar o CLP para o modo de execução (run mode), o sistema funciona da seguinte maneira:

- **Situação 1:** PB_1 aberto

  Com **PB_1 aberto**, o bit correspondente ao endereço de I_1 na TIE (Tabela de Imagens de Entrada) fica com o **valor 0**, portanto, os contatos funcionam da mesma forma como são desenhados no diagrama, ou seja, os contatos NA continuam abertos, impedindo a passagem de fluxo, e os NF continuam fechados, permitindo a passagem. Isso vai fazer com que a lâmpada LP_1 fique apagada, enquanto a lâmpada LP_2 fica acesa, conforme a Figura 5.48.

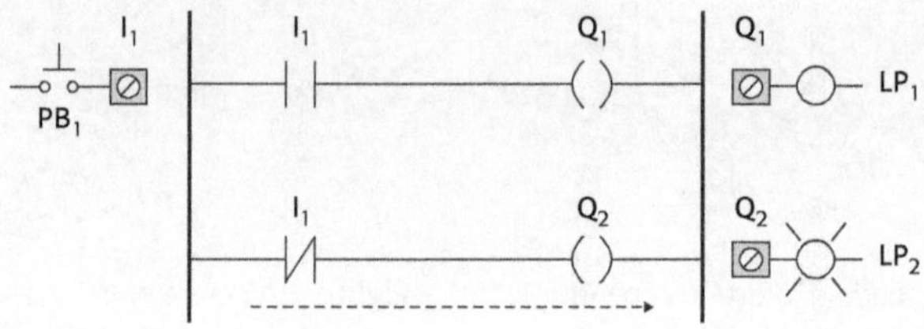

Figura 5.48 Quando a chave PB_1 está aberta, os contatos internos permanecem na sua condição original.

- **Situação 2:** PB_1 fechado

Com **PB_1 fechado**, o bit correspondente ao endereço de I_1 na TIE fica com o **valor 1**, portanto, os contatos comutam, ou seja, apresentarão **comportamento contrário** de como são desenhados no diagrama. Isso equivale a dizer que os contatos NA vão ser fechados e os NF ficarão abertos. Como resultado, a lâmpada LP_1 vai acender, enquanto a lâmpada LP_2 apagará, como exibe a Figura 5.49.

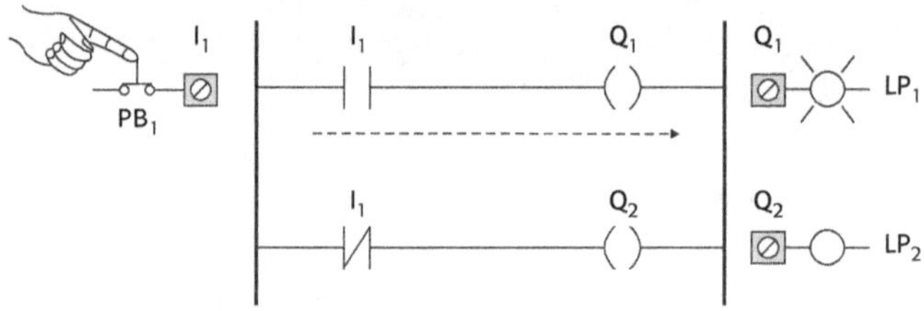

Figura 5.49 Quando PB_1 é pressionado, os contatos internos comutam da sua condição original.

5.5.2 UTILIZAÇÃO DE CHAVES EXTERNAS DO TIPO NF

Uma atenção especial é necessária quando se utilizam elementos de entrada com contatos do tipo NF.

É preciso lembrar que, no programa do CLP, um contato NF só permanece assim se sua entrada não estiver energizada. Como as chaves externas do tipo NF alimentam continuamente a entrada do CLP, seu contato equivalente interno estará sempre comutado da sua posição original. Assim, para que o contato interno tenha comportamento equivalente a um contato NF, é preciso programá-lo como um contato NA. A Figura 5.50 indica essa situação.

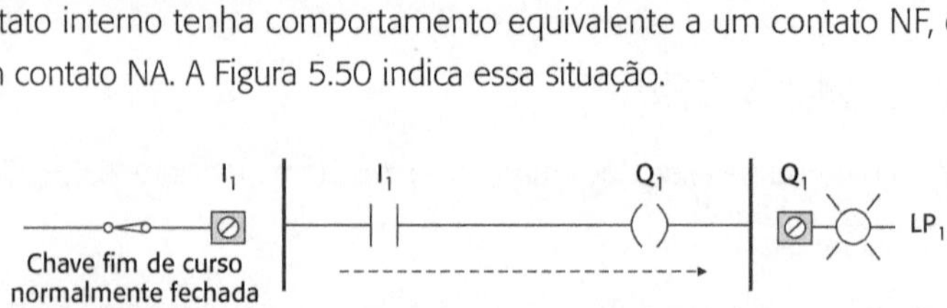

Figura 5.50 Programa em Ladder de comportamento equivalente a um circuito elétrico do tipo NF.

Como a chave fim de curso fornece energia à entrada do CLP, o contato interno do tipo NA vai comutar, fornecendo continuidade para o circuito de maneira a ligar a saída. Quando a chave fim de curso for aberta, deixará de alimentar a entrada do CLP e o contato interno vai voltar para a sua posição de repouso, NA, fazendo com que a lâmpada se apague.

Por exemplo: deseja-se controlar o acionamento de um motor (partida direta) utilizando uma botoeira NA para ligá-lo e uma botoeira NF para desligá-lo. Para isso, implemente em linguagem Ladder.

Solução: o diagrama de conexões externas encontra-se na Figura 5.51.

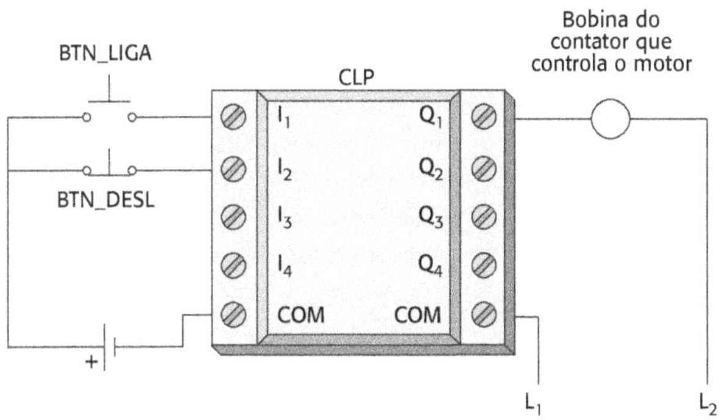

Figura 5.51 Ligação física do exemplo.

Duas soluções podem ser vistas na Figura 5.52. A solução (a) utiliza um contato selo para a retenção da bobina Q_1. Observe que o contato I_2 é do tipo NA e está em série com a bobina. Como a entrada I_2 está sendo energizada, seu contato ficará fechado, permitindo a continuidade do circuito. Ao pressionar o BTN_LIGA, a bobina Q_1 será ligada. Quando o BTN_DESL for pressionado, o contato I_2 vai para o estado de repouso (NA), interrompendo a continuidade do circuito e desligando a bobina Q_1.

Na solução (b) o contato I_2 é do tipo NF. Como a entrada I_2 está sendo alimentada continuamente pelo BTN_DESL, esse contato se abre e permite que a bobina Q_1 seja ligada quando o BTN_LIGA for pressionado.

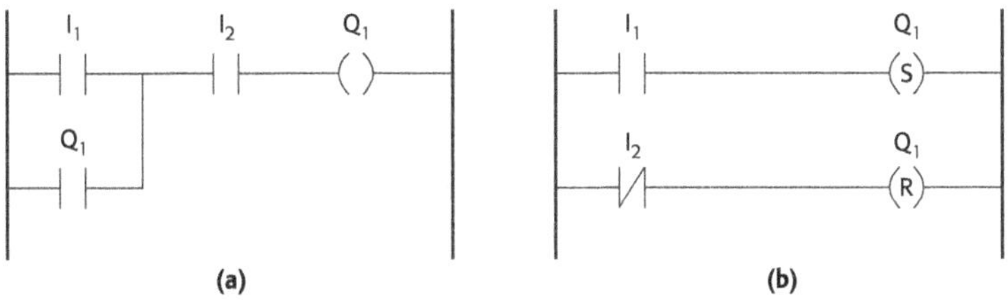

Figura 5.52 (a) Utilização de contato selo. (b) Utilização de bobinas de autorretenção.

Atenção!

Na conexão de dispositivos de segurança a um CLP existe uma regra que deve ser lembrada: use sempre um dispositivo externo NF porque, caso o cabo elétrico de conexão seja rompido, o sistema para. Nunca se deve utilizar um normalmente aberto, pois se houver um rompimento de conexão, não será detectado e o sistema não pode mais ser desligado.

ATIVIDADES DE FIXAÇÃO

1. Cite as vantagens e as desvantagens da utilização da linguagem Ladder em CLPs.
2. O que é relé? Qual é a sua aplicação?
3. Em um CLP é possível a repetição de contatos? De que forma?
4. É aconselhável a repetição de uma bobina?
5. O uso de bobina negada é aconselhável? Justifique.
6. O que é relé interno?
7. Qual é a diferença entre bobina retentiva e autorretenção?
8. Como é feita a avaliação de leitura dos degraus do diagrama Ladder?
9. Descreva o funcionamento das bobinas set e reset.
10. O que é contato selo? Exemplifique.
11. Conceitue borda de subida e borda de descida.
12. O que é detecção de eventos? Cite um exemplo.

6 CIRCUITOS COMBINACIONAIS

Vamos supor que seja necessário determinar a função lógica interna de um sistema desconhecido, conforme mostra a Figura 6.1.

Figura 6.1 Sistema binário com duas entradas (A e B) e uma saída (L).

A ideia é injetar sinais lógicos nas entradas A e B de todas as combinações possíveis e, para cada uma dessas combinações, registrar o resultado obtido na saída L. A Tabela 6.1 apresenta um exemplo de resultado que poderia ser obtido.

Tabela 6.1 Exemplo de uma tabela de um sistema com duas entradas

A	B	L
0	0	0
0	1	1
1	0	0
1	1	1

Observe que a listagem das combinações de entrada obedece à sequência da contagem binária, o que torna fácil sua construção.

6.1 TABELA VERDADE

A tabela construída anteriormente é chamada de tabela verdade ou tabela de combinações. Montar uma tabela verdade é escrever as combinações possíveis dos estados lógicos de todas as variáveis da função, incluindo o estado lógico resultante de cada combinação. O número de combinações possíveis de "n" variáveis de entrada é igual a 2^n.

Por exemplo, com n = 2 temos quatro combinações (2^2), com três variáveis de entrada temos oito combinações (2^3) e com quatro entradas temos 16 combinações no total (2^4). A Tabela 6.2 mostra as combinações possíveis para uma tabela com três variáveis de entrada.

Tabela 6.2 Sequência de uma tabela verdade para três entradas (A, B e C) e uma saída (L)

Decimal	A	B	C	L
0	0	0	0	1
1	0	0	1	0
2	0	1	0	0
3	0	1	1	1
4	1	0	0	0
5	1	0	1	1
6	1	1	0	0
7	1	1	1	1

Atenção!
Os valores de saída da Tabela 6.2 são arbitrários.

A álgebra de Boole (ou booleana) ajuda, exatamente, a determinar a função lógica do circuito, observando os valores das entradas e da saída de uma tabela verdade.

Os sistemas que podem ser modelados (determinar a equação lógica interna) utilizando tabelas verdade são aqueles que possuem comportamento invariante no tempo, ou seja, a saída só depende da combinação dos sinais presentes nas entradas, independentemente do tempo em que isso aconteça. Portanto, pode-se definir um sistema combinacional como aquele em que as saídas dependem somente da combinação das entradas em um dado instante.

Já em um sistema sequencial, as saídas dependem tanto da combinação das entradas naquele instante como também do estado em que se encontram.

Este capítulo trata dos métodos para modelagem de sistemas combinacionais; já o Capítulo 8 deste livro abordará os métodos para modelagem de sistemas sequenciais.

6.2 FLUXOGRAMA PARA O DESENVOLVIMENTO DE PROJETOS COMBINACIONAIS

A primeira etapa no desenvolvimento do projeto de um sistema combinacional consiste na análise do problema, buscando identificar as variáveis de entrada e de saída, bem como um modelo que solucionará o problema. Em seguida, constrói-se a tabela verdade, simulando todas as possibilidades para as variáveis de entrada e obtendo os respectivos valores na saída. Na sequência, obtêm-se as expressões lógicas simplificadas por um dos métodos a serem estudados neste capítulo e, por último, desenha-se o diagrama esquemático equivalente à função lógica obtida. A sequência é mostrada na Figura 6.2.

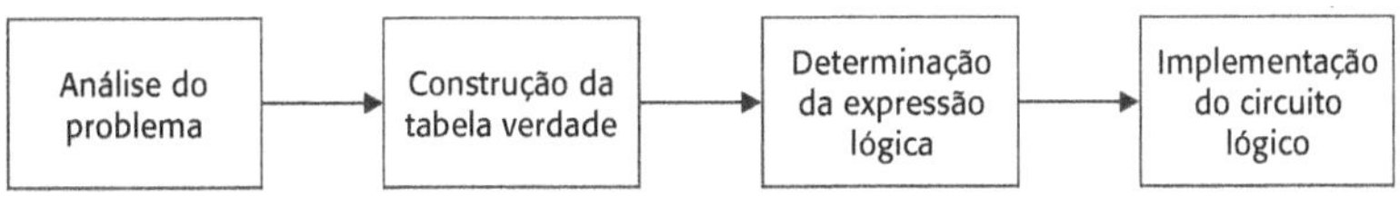

Figura 6.2 Sequência de desenvolvimento de um projeto combinacional.

6.2.1 ÁLGEBRA BOOLEANA

No caso das chaves, apresentado anteriormente, podemos ver que só existem duas possibilidades para o circuito: ou a chave está fechada ou está aberta. Quando somente duas situações são possíveis, trata-se de um sistema chamado binário, ou seja, de duas possibilidades.

Quem primeiro estudou esse assunto foi o matemático britânico George Boole (1815-1864), que desenvolveu uma teoria para tratar os sistemas binários. O conjunto de seu trabalho é citado nos textos como álgebra booleana. Mais tarde, em 1938, o matemático e engenheiro eletrônico estadunidense Claude E. Shannon (1916-2001) desenvolveu a aplicação da álgebra booleana no projeto de circuitos de comutação telefônica.

6.2.2 ESTADOS LÓGICOS

A álgebra booleana é definida como um conjunto de dois elementos, sendo verdadeiro e falso, ou seja, uma variável representa se uma proposição lógica é falsa ou verdadeira. Por exemplo, uma chave que pode estar aberta ou fechada, como apresenta a Figura 6.3.

Figura 6.3 Variável lógica associada a uma chave.

Uma proposição lógica, relativa a essa chave, é "a chave está fechada". Essa proposição é representada pelo símbolo A. Então, quando a chave está fechada, a variável A é verdadeira, e quando a chave está aberta, a variável A é falsa.

Como visto, a variável booleana (também chamada binária) possui dois valores, que, no caso da representação do estado de uma chave, são fechado e aberto.

Simbolicamente, costuma-se representar a variável booleana por 1 e 0. Portanto, em relação à Figura 6.3, tem-se A = 1 ou A = 0.

Cabe lembrar que os símbolos 1 e 0 não têm um significado numérico. No caso, apenas lógico. No campo dos sistemas digitais, esses dois valores são dois níveis de tensão prefixados aos quais associamos os símbolos 1 e 0. Por exemplo, +5 V = 1 e 0 V = 0.

Uma denominação muito comum de 0 e 1 são os termos baixo/alto ou nível lógico baixo/nível lógico alto, respectivamente.

Os dois estados lógicos de um sistema binário são correlacionados de várias maneiras, como nos exemplos apresentados no Quadro 6.1.

Quadro 6.1 Exemplos de estados lógicos correlacionados

Um dos estados		Complemento
1	➡	0
Ligado	➡	Desligado
H (HIGH)	➡	L (LOW)
Alto	➡	Baixo
Verdadeiro	➡	Falso
Ativado	➡	Desativado
Sim	➡	Não
Fechado	➡	Aberto
Energizado	➡	Sem energia

A álgebra booleana usa três operações básicas: NÃO, E e OU. A operação NÃO é a negação ou o complemento, indicada por uma barra sobre a variável, e as operações E e OU são representadas pelos símbolos de multiplicação (".") e adição ("+"), respectivamente. Note que, na verdade, não se trata de uma multiplicação nem de uma adição, mas apenas um símbolo para indicar as operações lógicas E e OU.

6.2.3 FUNÇÕES LÓGICAS

Porta lógica é um circuito que contém um ou mais terminais de entrada de sinais (em que são colocadas as variáveis booleanas), que executa uma operação booleana entre as variáveis presentes nas suas entradas e transfere o resultado para a saída. Tais dispositivos obedecem às leis da álgebra de Boole.

Vamos fazer a equivalência das portas lógicas com os símbolos utilizados normalmente em esquemas eletrônicos (blocos de funções), com o circuito de chaves e com o diagrama de contatos a relés.

6.3 FUNÇÃO INVERSORA (NOT)

A seguir, serão apresentados conceitos básicos relativos à função inversora.

6.3.1 REPRESENTAÇÃO DA PORTA INVERSORA NO DIAGRAMA ELÉTRICO

A operação inversora, ou de negação, atua sobre uma única variável de entrada. O nível lógico de saída é sempre oposto ao nível lógico de entrada; ele inverte (complementa) o sinal de entrada.

A Figura 6.4 apresenta o circuito elétrico equivalente de uma porta inversora e seu diagrama de contatos. A lâmpada acende se a chave A estiver aberta e apaga se ela estiver fechada.

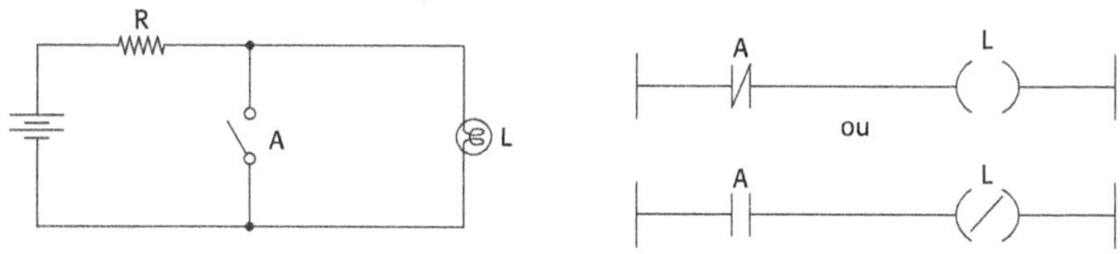

Figura 6.4 Circuito equivalente de uma função inversora.

A Figura 6.5 apresenta os símbolos lógicos para a porta inversora em diagrama de blocos de funções, também conhecidos por sua abreviação do idioma inglês FBD (Function Block Diagram).

Figura 6.5 Símbolos da função lógica inversora em FBD.

A Tabela 6.3 apresenta a tabela verdade para a operação de inversão.

Tabela 6.3 Tabela verdade da operação lógica inversora

A	L
0	1
1	0

Em que $L = \overline{A}$ é lido das seguintes maneiras: L é igual a A barrado ou L é igual ao complemento de A ou L é igual ao inverso de A.

6.3.1.1 TEOREMA BOOLEANO

Se uma variável lógica é invertida duas vezes, ela retorna ao seu valor original. Algebricamente:

$$\overline{\overline{X}} = X$$

EXEMPLO 1

Uma lâmpada vermelha deve ser acesa sempre que um motor estiver desligado.

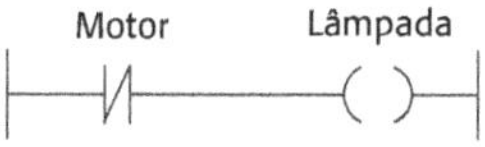

Figura 6.6 Se o motor estiver desligado, ligará a lâmpada.

EXEMPLO 2

Em um tanque, se o nível ficar abaixo do sensor de mínimo, deve-se ligar a bomba.

Solução

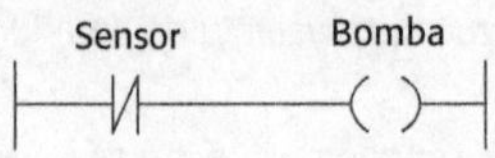

Figura 6.7 Se o sensor de nível não detectar o líquido, ligará a bomba.

6.4 FUNÇÃO E (AND)

A seguir, serão apresentados conceitos básicos relativos à função E.

6.4.1 REPRESENTAÇÃO DA PORTA E NO DIAGRAMA ELÉTRICO

A Figura 6.8 mostra um circuito com duas chaves (A e B). A lâmpada (L) só acende se as chaves A e B estiverem fechadas.

Assumindo que "chave fechada" corresponda a nível 1 e "lâmpada acesa" corresponda também a nível 1, em uma operação E (AND), o resultado será 1 somente se todas as entradas forem iguais a 1; nos outros casos, o resultado será 0.

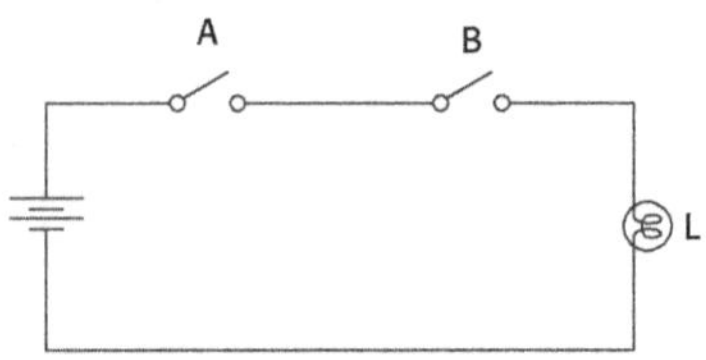

Figura 6.8 Circuito equivalente da operação E com chaves.

Com base nas observações anteriores, pode-se construir uma tabela verdade conforme a Tabela 6.4. Simbolicamente, podemos representar esta situação por $L = A \bullet B$, que é lida da seguinte maneira: L é igual a A E B (o ponto simboliza a operação lógica E).

Tabela 6.4 Tabela verdade da função lógica E

A	B	L
0	0	0
1	0	0
0	1	0
1	1	1

6.4.2 REPRESENTAÇÃO DA PORTA E EM LINGUAGEM LADDER

Podemos representar a função lógica E (AND) em linguagem Ladder, como mostra a Figura 6.9.

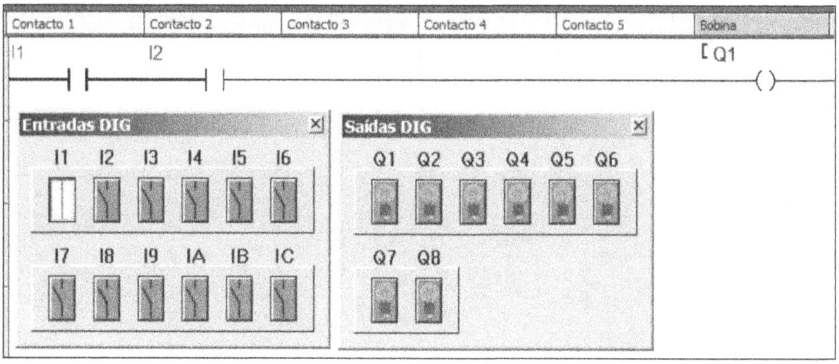

Figura 6.9 Se somente I_1 estiver pressionado, a saída Q_1 permanece desativada (software Zelio Soft 2).

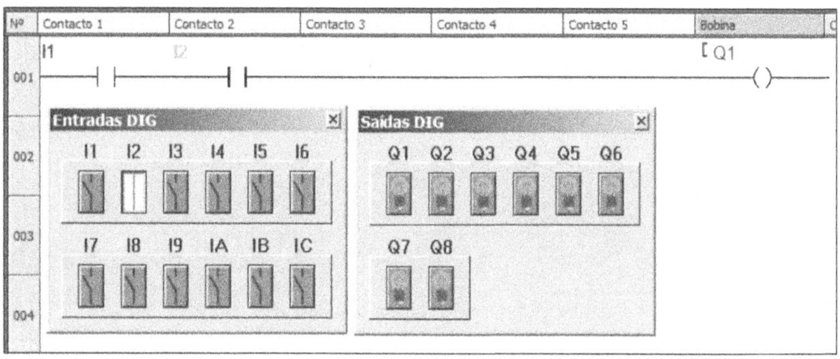

Figura 6.10 Se somente I_2 estiver pressionado, a saída permanece desativada.

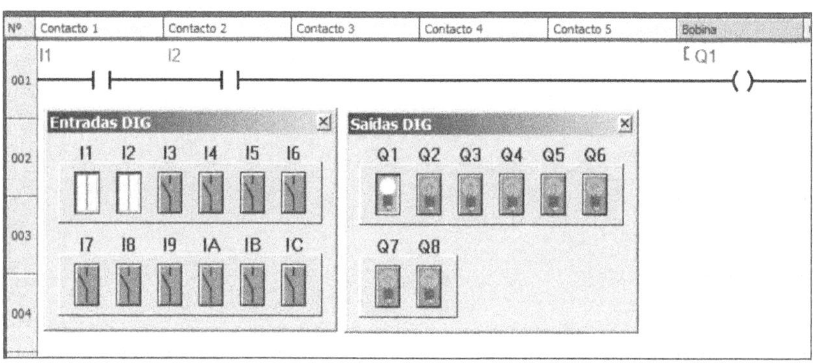

Figura 6.11 Somente se I_1 e I_2 estiverem pressionadas simultaneamente, a saída é ativada.

De modo resumido, a função lógica E (AND) é representada em um diagrama Ladder pelos contatos de entrada dispostos em ligação série, ou seja, $L = A \bullet B$, conforme mostrado nas Figuras 6.9 a 6.11.

6.4.3 REPRESENTAÇÃO DA PORTA E (AND) NO DIAGRAMA DE BLOCOS DE FUNÇÕES

Outra forma de representar o sistema é utilizando blocos de função. Os símbolos correspondentes estão representados no Quadro 6.2.

Quadro 6.2 Símbolos para a porta lógica E (AND) convencional, IEC e Ladder, respectivamente

Portas lógicas E (AND)		
Convencional	Bloco (IEC 60617-12)	Ladder
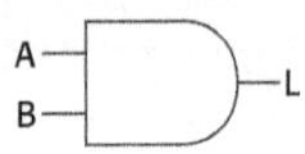	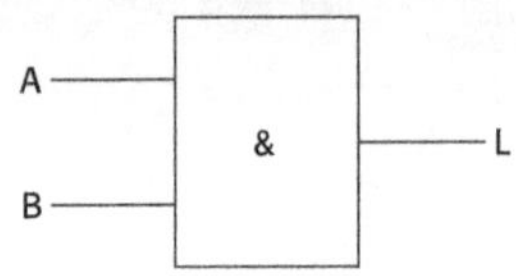	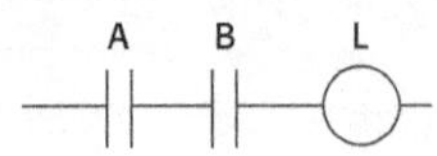

O exemplo anterior é apresentado na Figura 6.13 utilizando o software Zelio Soft 2. A porta E mostrada só possui duas entradas (I_1 e I_2, embora possa ter até quatro entradas). Observe ainda que a simbologia utilizada pelo Zelio Soft, da Schneider Electric, é um misto da simbologia convencional e IEC.

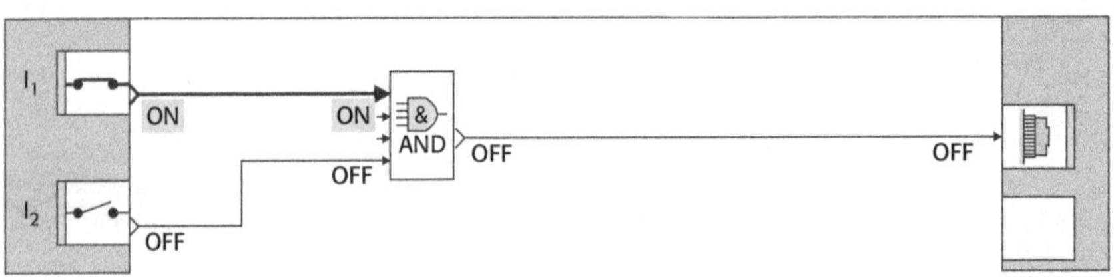

Figura 6.12 Se somente I_1 estiver pressionado, a saída permanece desligada.

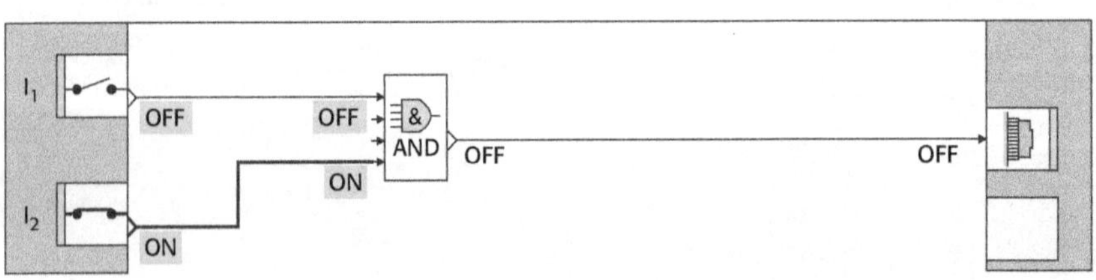

Figura 6.13 Se somente I_2 estiver pressionado, a saída também permanece desligada.

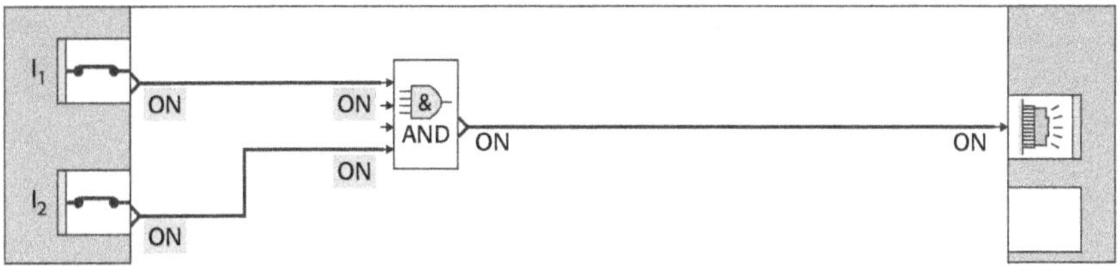

Figura 6.14 A saída somente é ligada se ambos I_1 e I_2 estiverem pressionados.

6.4.4 FUNÇÕES ALGÉBRICAS UTILIZANDO A FUNÇÃO LÓGICA E (AND)

Utilizando a porta lógica E, podem ser desenvolvidas funções algébricas. As principais serão mostradas a seguir.

Propriedade comutativa da multiplicação

$$AB = BA$$

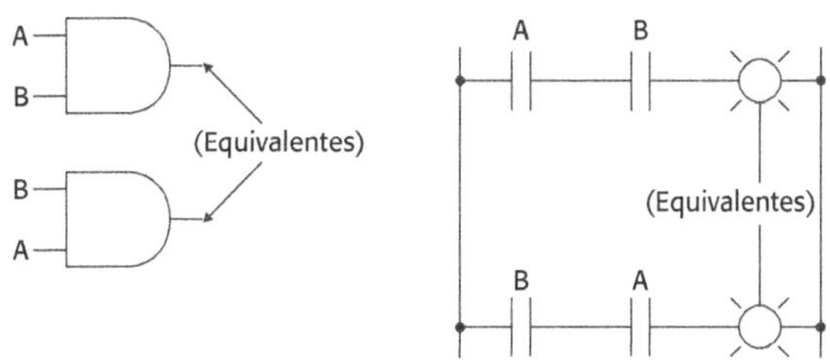

Figura 6.15 Propriedade comutativa da função lógica E.

$$0A = 0$$

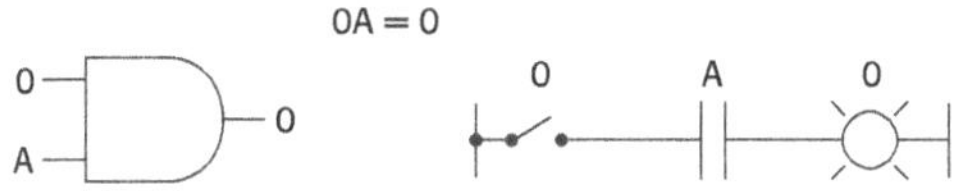

Figura 6.16 Teorema 0 • A = 0.

$$1A = A$$

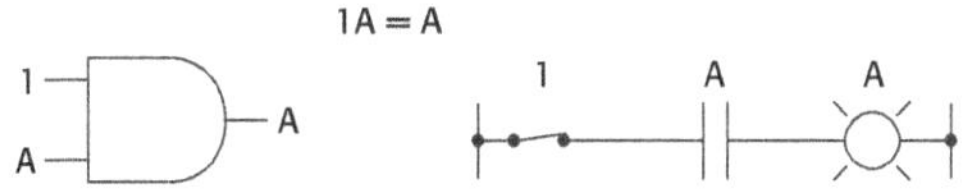

Figura 6.17 Teorema 1 • A = A.

$$AA = A$$

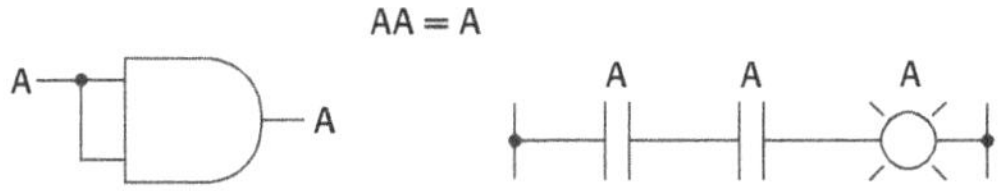

Figura 6.18 Teorema A • A = A.

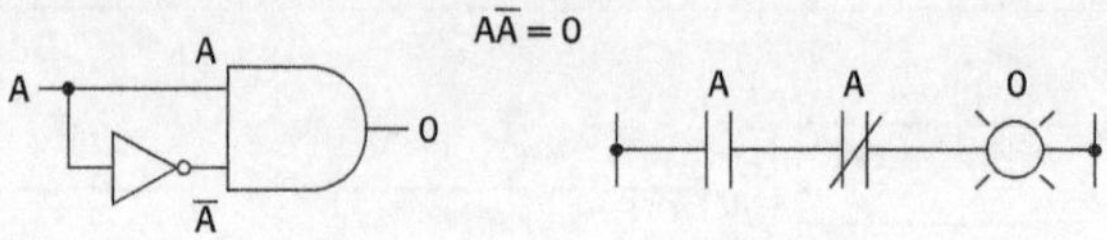

Figura 6.19 Teorema $A \cdot \overline{A} = 0$.

Resumidamente,

$$X \cdot 0 = 0 \cdot X = 0$$
$$X \cdot 1 = 1 \cdot X = X$$
$$X \cdot X \cdot ... \cdot X = X$$
$$X \cdot \overline{X} = \overline{X} \cdot X = 0$$

EXEMPLO 1

Por questões de segurança, uma prensa só pode ser ligada se o operário pressionar simultaneamente dois botões separados 50 cm um do outro (obrigatoriamente terá de utilizar ambas as mãos, evitando que uma delas possa ser prensada acidentalmente).

Solução

Chamemos de A e B, respectivamente, os dois botões que devem ser pressionados, e de Q_1 a saída que liga a prensa. Uma solução simplificada implementada em Ladder, pode ser vista na Figura 6.20.

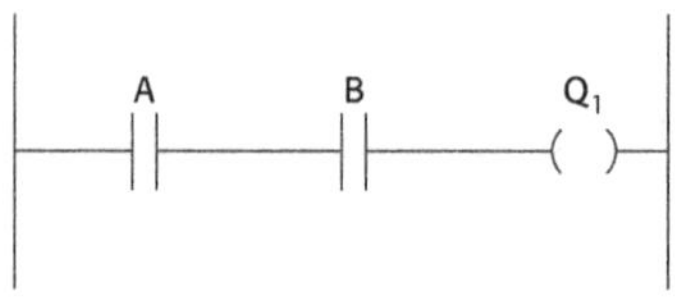

Figura 6.20 A e B devem ser pressionados simultaneamente para ligar Q_1.

EXEMPLO 2

Uma lâmpada (L) deve ser ligada quando uma chave A estiver fechada e uma chave B estiver aberta. Faça o diagrama em Ladder e em blocos funcionais para resolver tal problema.

Solução

Observa-se que a lâmpada só vai acender se as duas condições simultâneas forem satisfeitas, A = 1 E B = 0, o que caracteriza uma função E. A equação lógica que resolve o problema é $L = A \cdot \overline{B}$ cujas implementações são mostradas nas Figuras 6.21 e 6.22.

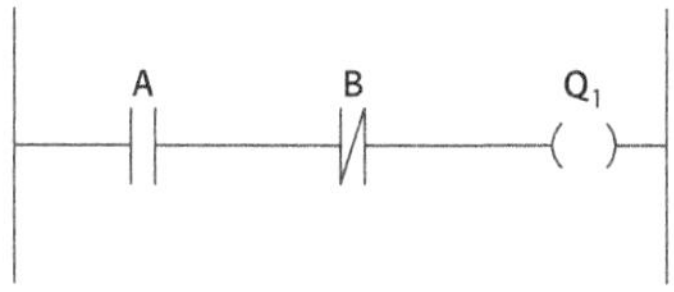

Figura 6.21 Implementação em Ladder do exemplo 2.

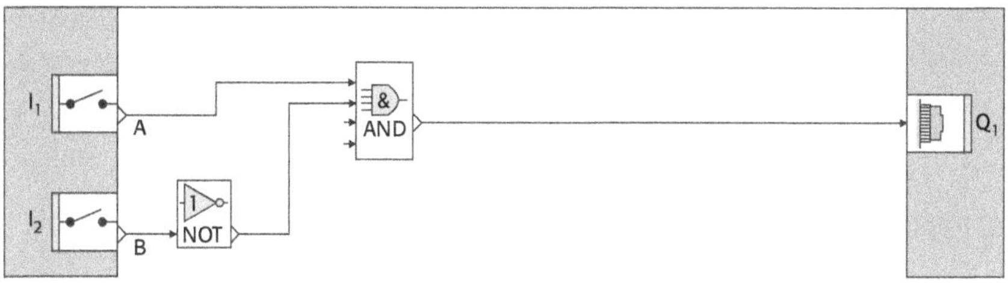

Figura 6.22 Implementação em diagrama de blocos do exemplo 2.

6.5 FUNÇÃO OU (OR)

A seguir, serão apresentados conceitos básicos relativos à função OU (OR).

6.5.1 REPRESENTAÇÃO DA PORTA OU NO DIAGRAMA ELÉTRICO

A Figura 6.23 mostra o circuito elétrico equivalente de uma porta OU utilizando chaves.

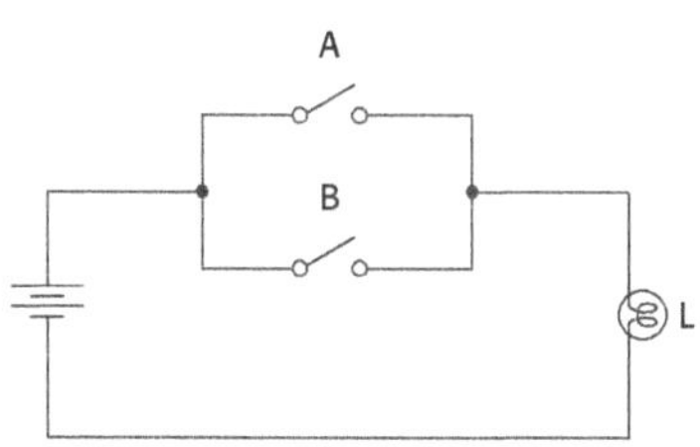

Figura 6.23 Função OU utilizando chaves.

Analisando o diagrama da Figura 6.23, podemos concluir que basta que qualquer uma das chaves (A ou B) seja pressionada para que a lâmpada L seja acesa ou também se ambas estiverem fechadas simultaneamente.

Então, em uma operação OU (OR) o resultado será 1 se qualquer uma das entradas for igual a 1. O resultado somente será 0 se nenhuma chave estiver fechada.

Com base nas observações anteriores, pode-se construir a tabela verdade da função OU, conforme a Tabela 6.5.

Tabela 6.5 Tabela verdade da função lógica OU

A	B	L
0	0	0
1	0	1
0	1	1
1	1	1

Podemos observar que, exceto para o caso de A = B = 1, a operação OU é semelhante a uma adição aritmética comum. No caso A = B = 1, a soma lógica é 1, já que os valores possíveis na álgebra booleana são 0 ou 1. Em que L = A + B deve ser lida do seguinte modo: L é igual a A OU B; o sinal "+" simboliza a operação lógica OU.

6.5.2 REPRESENTAÇÃO DA PORTA OU EM LINGUAGEM LADDER

Podemos representar a função lógica OU em linguagem Ladder, conforme a Figura 6.24.

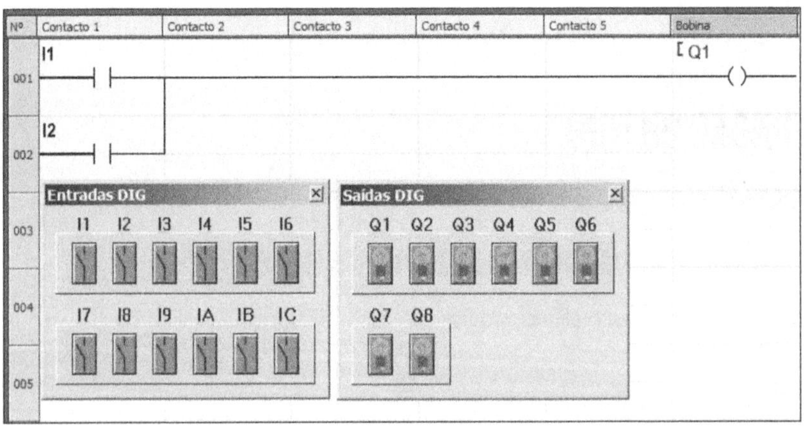

Figura 6.24 Função OU – nenhum contato pressionado; a saída permanece desativada.

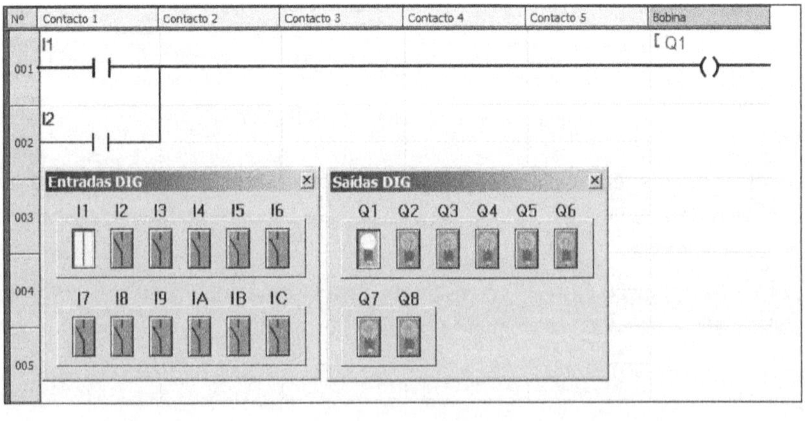

Figura 6.25 Função OU – se I_1 está pressionado, a saída fica ativa.

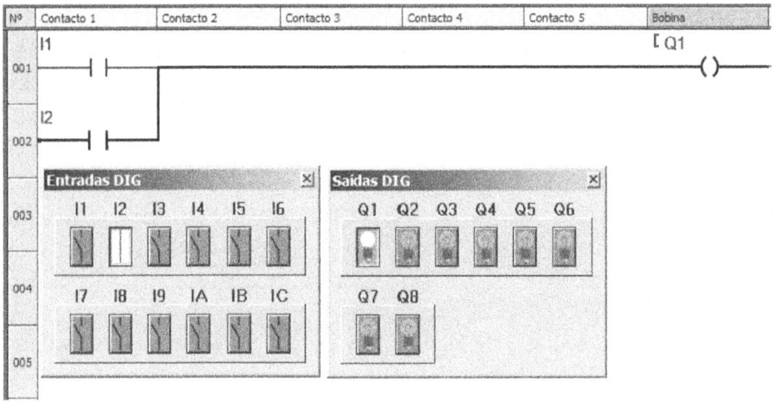

Figura 6.26 Função OU – se I_2 está pressionado, a saída também fica ativa.

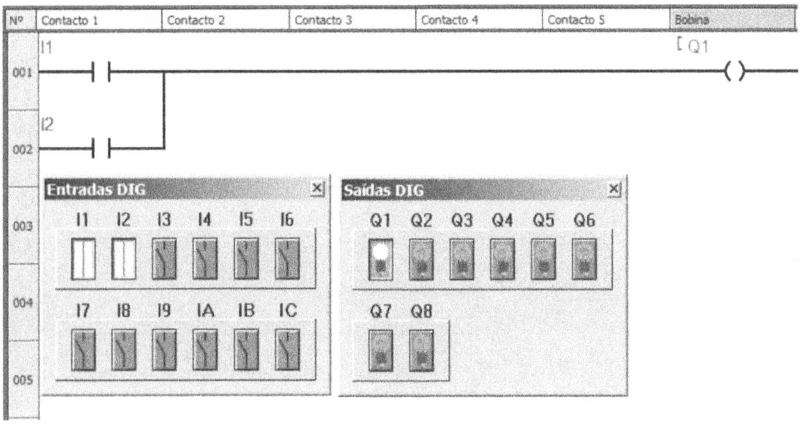

Figura 6.27 Função OU – se I_1 e I_2 estão pressionados, a saída também fica ativa.

Resumindo, contatos ligados em paralelo formam uma função "OU". Sua equação é $L = A + B + C + \ldots$.

6.5.3 REPRESENTAÇÃO DA PORTA OU EM DIAGRAMA DE BLOCOS DE FUNÇÕES

Outra forma de representar o sistema é utilizar blocos de função. Os símbolos correspondentes convencional, IEC 60617-12 e em linguagem Ladder estão representados no Quadro 6.3.

Quadro 6.3 Símbolos da porta lógica OU convencional, IEC e Ladder, respectivamente

Portas lógicas OU (OR)		
Convencional	Bloco (IEC 60617-12)	Ladder
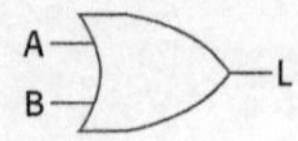	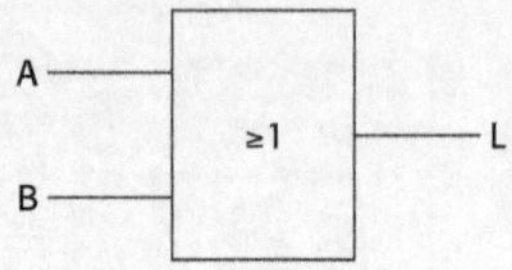	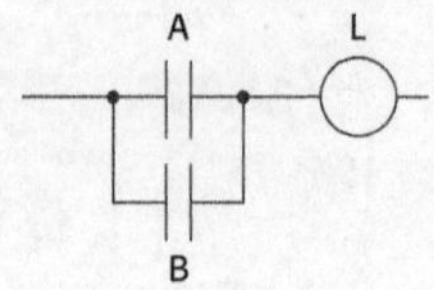

O exemplo anterior é apresentado na Figura 6.28 a 6.31, utilizando o software Zelio Soft 2. A porta OU mostrada só possui duas entradas (I_1 e I_2), embora possa ter até quatro entradas.

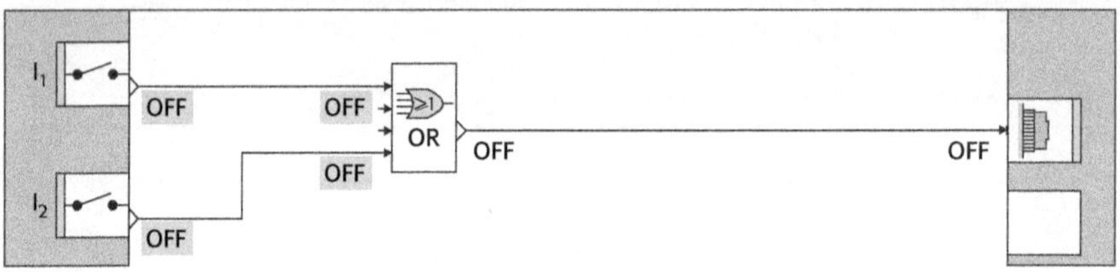

Figura 6.28 Função OU em FBD – se nenhuma entrada está pressionada, a saída fica desativada.

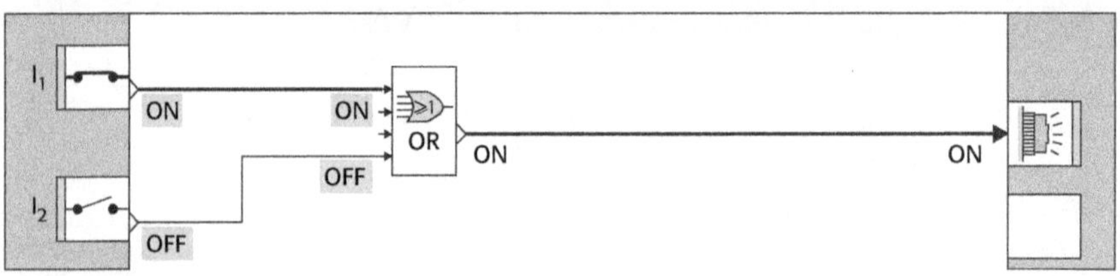

Figura 6.29 Função OU em FBD – se somente I_1 está pressionado, a saída fica ativa.

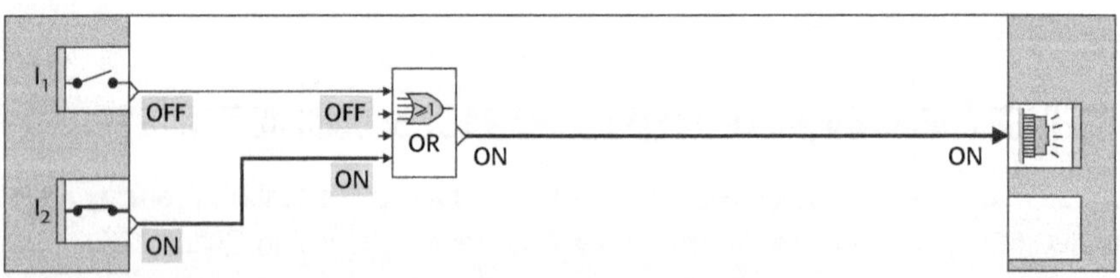

Figura 6.30 Função OU em FBD – se somente I_2 está pressionado, a saída também fica ativa.

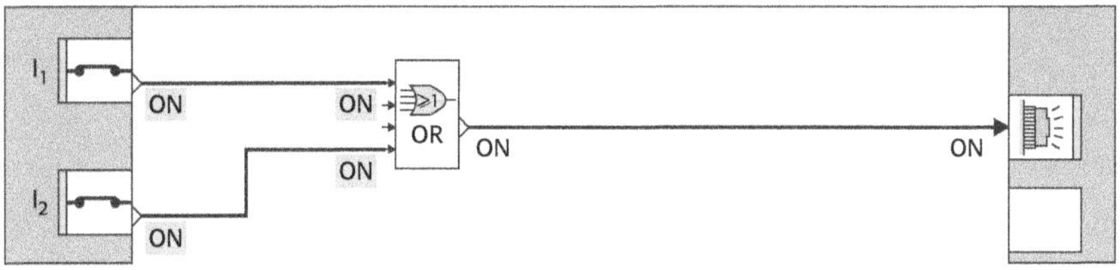

Figura 6.31 Função OU em FBD – se I_1 e I_2 estão pressionados, a saída também fica ativa.

6.5.4 ÁLGEBRA BOOLEANA ENVOLVENDO FUNÇÕES OU (OR)

As Figuras 6.32 a 6.36 ilustram a álgebra booleana envolvendo funções OU.

Propriedade comutativa da adição

$$A + B = B + A$$

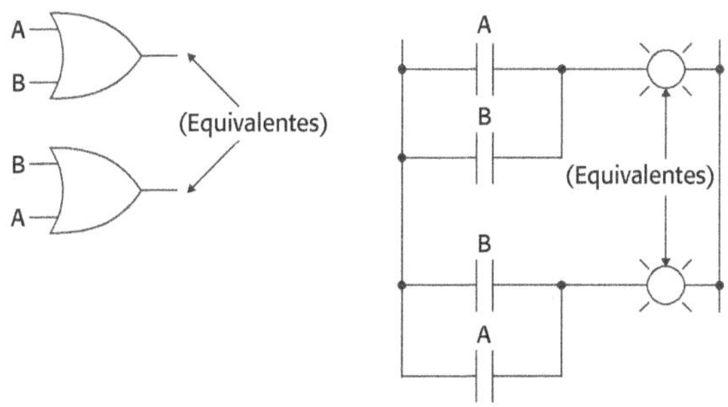

Figura 6.32 Propriedade comutativa da função OU.

Na Figura 6.33 observa-se a existência de uma chave que está sempre em nível 0 em paralelo com o contato A. Se ela está em nível 0, significa que nunca vai ser ligada. Assim, ela não influi no comportamento do circuito. Conclui-se, portanto, que X + 0 = X.

$$A + 0 = A$$

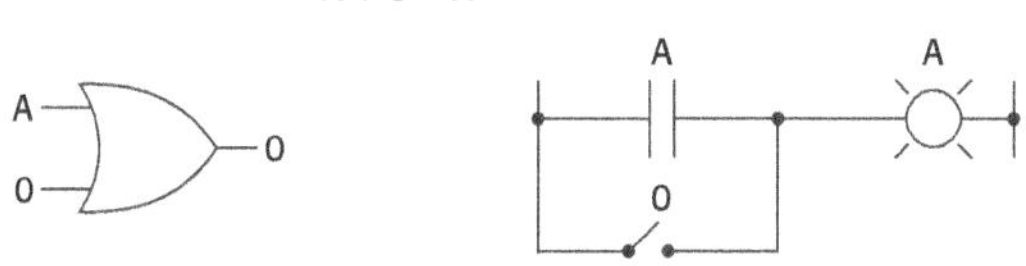

Figura 6.33 Função A + 0 = A.

Por outro lado, se uma chave em paralelo com o contato A está sempre em nível 1, significa que ela está sempre ligada (como mostra a Figura 6.34). Esteja o contato A ligado ou não, a saída será sempre ligada. Assim, o contato A não tem influência no comportamento do circuito. Portanto, X + 1 = 1.

$A + 1 = 1$

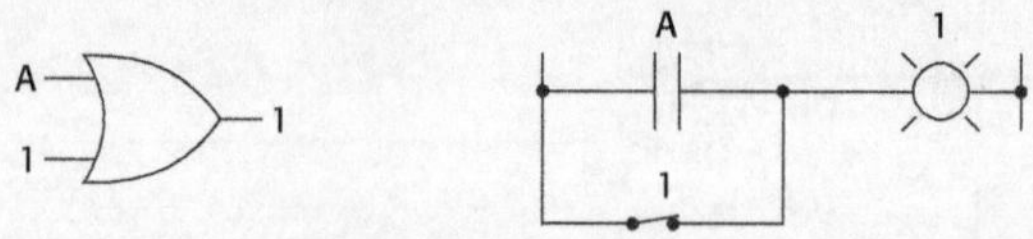

Figura 6.34 Função A + 1 = 1.

Uma outra propriedade, ilustrada na Figura 6.35, diz que se um mesmo contato A é colocado em paralelo, quando pressionar uma chave todas são pressionadas. Quando A se abrir, todos os contatos A se abrirão simultaneamente. Assim, não importa quantos contatos iguais estejam em paralelo, pois o efeito é o mesmo que se obtém caso fosse apenas um. Portanto, $X + X + ... + X = X$.

$A + A = A$

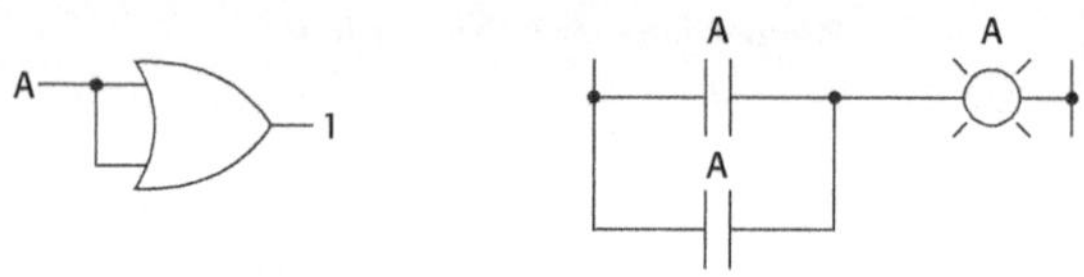

Figura 6.35 Função A + A = A.

A propriedade exibida na Figura 6.36 mostra que, quando o contato A estiver aberto (nível 0) o contato A barrado fica em 1, acendendo a lâmpada. Caso contrário, se o contato A estiver fechado (nível 1), também acende a lâmpada. Ou seja, não importa se o contato A está ou não pressionado, a saída fica sempre ligada.

$A + \overline{A} = 1$

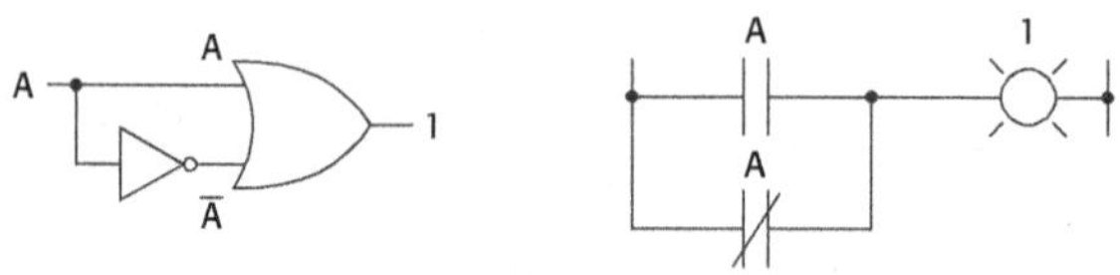

Figura 6.36 Teorema $A + \overline{A} = 1$.

Resumindo,

$X + 0 = X$

$X + 1 = 1$

$X + X = X$

$X + X = 1$

EXEMPLO 1

Um galpão dispõe de três chaves para disparar um alarme contra incêndios. Caso qualquer uma delas seja pressionada, deve-se ligar o alarme.

Solução

Utilizando três chaves, chamadas de A, B e C, do tipo NA, e uma saída Q_1 que liga o alarme, obtém-se a solução mostrada na Figura 6.37.

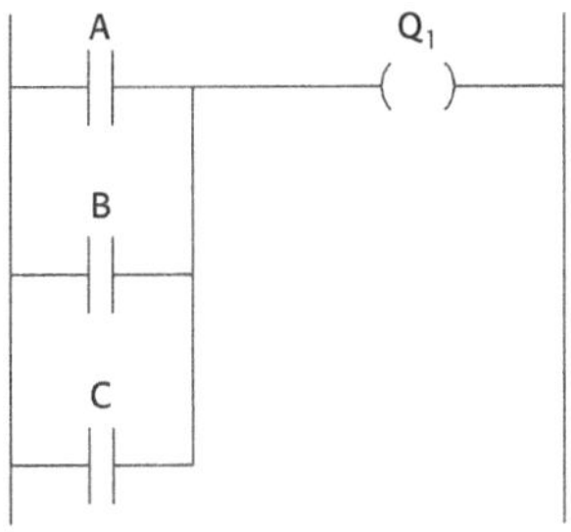

Figura 6.37 Solução do exemplo 1 em diagrama Ladder.

EXEMPLO 2

Uma bomba deve ser ligada se o sensor de nível baixo não estiver acionado, ou manualmente por um botão liga.

Solução

Considerando o sensor A, a chave liga B e a saída Q_1, a equação lógica equivalente da solução é $Q_1 = \overline{A} + B$, cujas implementações são mostradas nas Figuras 6.38 e 6.39.

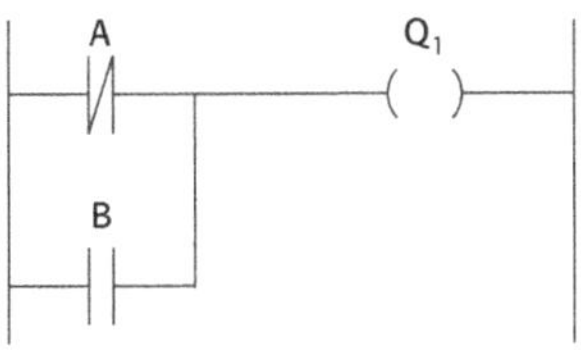

Figura 6.38 Solução do exemplo 2 em diagrama Ladder.

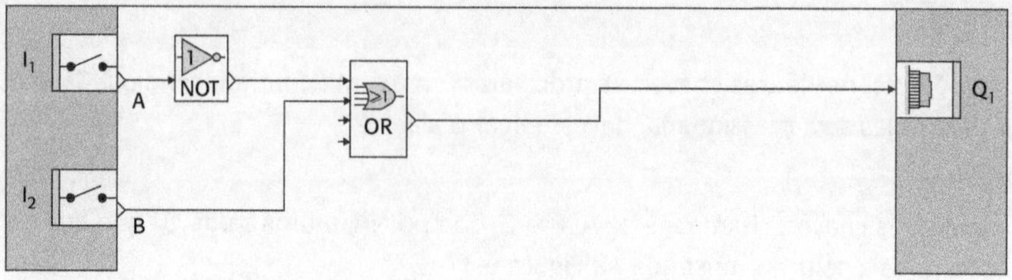

Figura 6.39 Solução do exemplo 2 em diagrama de blocos (FBD).

6.6 FUNÇÃO NÃO-E (NAND)

A seguir, serão apresentados conceitos básicos relativos à função NÃO-E (NAND).

6.6.1 REPRESENTAÇÃO DA FUNÇÃO NÃO-E NO DIAGRAMA ELÉTRICO

É a junção das portas NÃO e E. A Figura 6.40 mostra o circuito elétrico equivalente de uma porta **NÃO-E** utilizando chaves. A lâmpada só vai apagar se as chaves A e B estiverem fechadas. Em todas as outras condições, fica acesa.

Com base nas observações anteriores, pode-se construir a tabela verdade da função **NÃO-E**, conforme a Tabela 6.6.

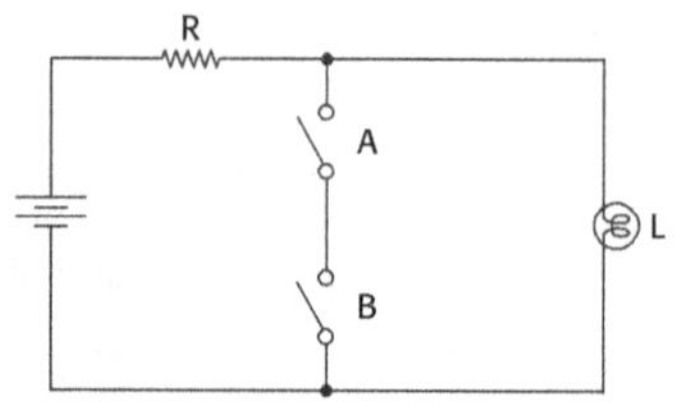

Figura 6.40 Função NÃO-E utilizando chaves.

Tabela 6.6 Tabela verdade da função lógica NÃO-E.

A	B	L
0	0	1
1	0	1
0	1	1
1	1	0

Em que $L = \overline{A \cdot B}$ deve ser lido do seguinte modo: L é igual ao complemento do resultado da operação A E B.

Antes de continuar, vamos apresentar o teorema de De Morgan, muito útil na transformação de funções lógicas, principalmente quando se utilizam as funções inversoras.

6.6.2 PRIMEIRO TEOREMA DE DE MORGAN

O complemento de uma função lógica na forma de soma de qualquer número de variáveis pode ser transformado em um produto lógico, complementando, para isso, cada variável em separado e trocando o operador "+" pelo operador "•", como mostrado abaixo.

$$\overline{X_1 + X_2 + \ldots + X_N} = \overline{X_1} \cdot \overline{X_2} \cdot \ldots \cdot \overline{X_N}$$

6.6.3 SEGUNDO TEOREMA DE DE MORGAN

O complemento de uma função lógica na forma de um produto de qualquer número de variáveis pode ser transformado em uma soma lógica, complementando, para isso, cada variável em separado e trocando o operador "•" pelo operador "+".

$$\overline{X_1 \bullet X_2 \bullet \ldots \bullet X_N} = \overline{X_1} + \overline{X_2} + \ldots + \overline{X_N}$$

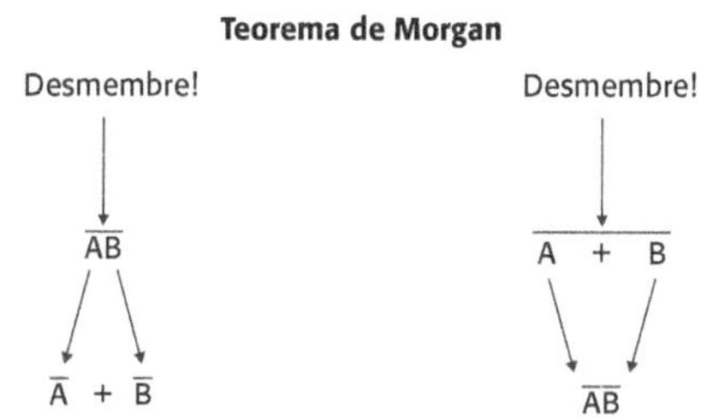

Por exemplo, queremos implementar a função **NÃO-E** $L = \overline{A \bullet B}$ utilizando a linguagem Ladder. Temos três soluções para o problema:

Solução 1: seja a equação da função lógica NÃO-E: $L = \overline{A \bullet B}$.

Com a álgebra elementar, se uma mesma operação é realizada nos dois lados de uma equação, esta não se altera. Então, se "barrarmos", ou seja, invertermos os dois lados da equação, ela não se altera e assim teremos $\overline{L} = \overline{\overline{A \bullet B}}$.

Mas, como $\overline{\overline{X}} = X$, obtém-se $\overline{L} = A \bullet B$.

Ou seja, o resultado de uma operação E entre A e B é aplicado ao complemento de L cuja implementação em linguagem Ladder é mostrada na Figura 6.41 (observe a utilização de uma bobina invertida na saída).

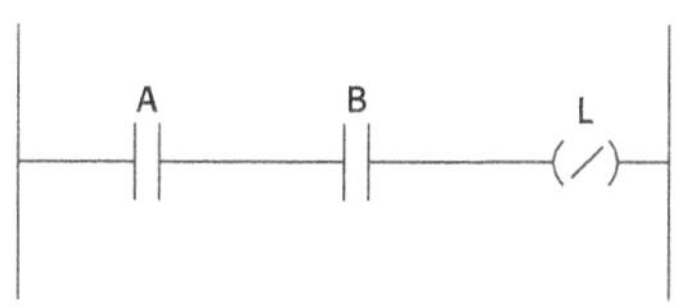

Figura 6.41 Primeira forma de implementação da função NÃO-E em linguagem Ladder ($\overline{L} = A \bullet B$).

Solução 2: nem todos os CLPs possuem a função de bobina invertida. Assim, outra forma de implementar essa função é armazenar o resultado de A E B em uma bobina de memória auxiliar (M_1). O contato dessa bobina auxiliar negado é aplicado à saída, conforme pode ser observado na Figura 6.42.

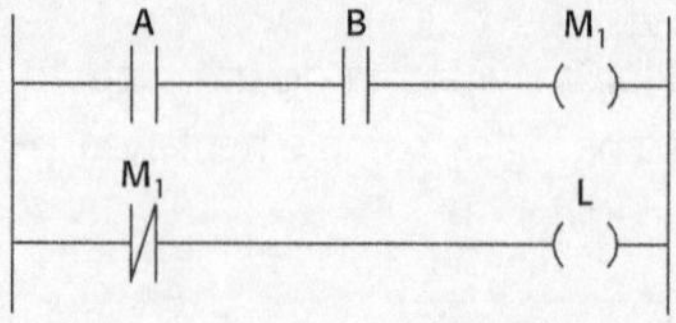

Figura 6.42 Segunda forma de implementação da função NÃO-E em linguagem Ladder ($\overline{L} = A \cdot B$).

Solução 3: como já explicado na solução 1, a função NÃO-E pode ser representada pela equação:

$$L = \overline{A \cdot B}$$

Aplicando o teorema de De Morgan, temos:

$$L = \overline{A} + \overline{B}$$

Ou seja, uma porta NÃO-E é o resultado de uma operação A invertida OU B invertido cuja implementação em linguagem Ladder é mostrada na Figura 6.43.

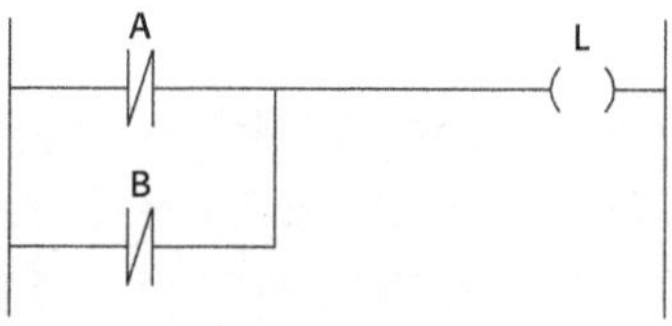

Figura 6.43 Terceira forma de implementação da função NÃO-E em linguagem Ladder ($L = \overline{A \cdot B} = \overline{A} + \overline{B}$).

6.6.4 REPRESENTAÇÃO DA FUNÇÃO NÃO-E EM DIAGRAMA DE BLOCOS DE FUNÇÕES

Os símbolos correspondentes estão representados no Quadro 6.4.

Quadro 6.4 Símbolos gráficos para a porta NÃO-E

Portas lógicas NÃO-E (NAND)		
Convencional	Bloco (IEC 60617-12)	Ladder
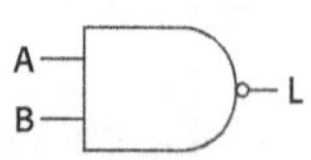	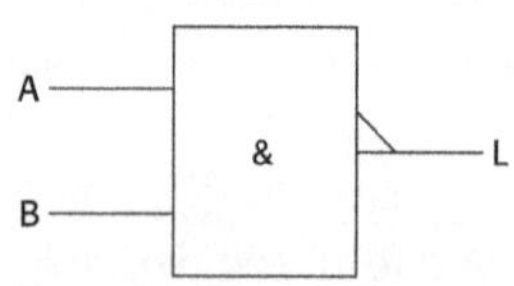	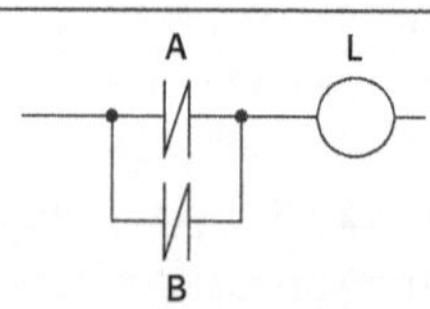

A Figura 6.44 mostra a representação da porta NÃO-E no software Zelio Soft 2; na representação, a porta só possui duas entradas (A e B), embora possa ter até quatro entradas.

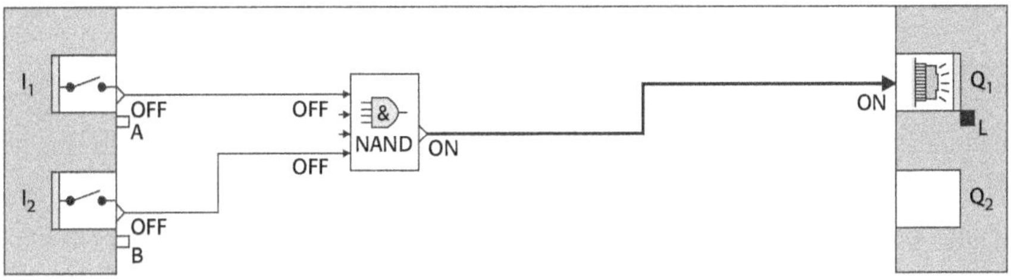

Figura 6.44 Porta lógica NÃO-E (NAND) no Zelio Soft 2 (Schneider).

EXEMPLO

Implementar a equação lógica $L = \overline{A \cdot B} + C$ em diagrama Ladder e em diagrama de blocos funcionais (FBD).

Solução

Primeiramente se resolve a função NÃO-E imediatamente à direita do sinal de igualdade. Utilizando o teorema de De Morgan, pode-se transformar a equação original em $L = \overline{A} + \overline{B} + C$, a qual é mais adequada para se implementar em linguagem Ladder. Isso corresponde a três contatos em paralelo, como pode ser vista no Quadro 6.5.

Quadro 6.5 Implementação da equação lógica $L = \overline{A \cdot B} + C = \overline{A} + \overline{B} + C$ em Ladder e em FBD

Ladder	FBD
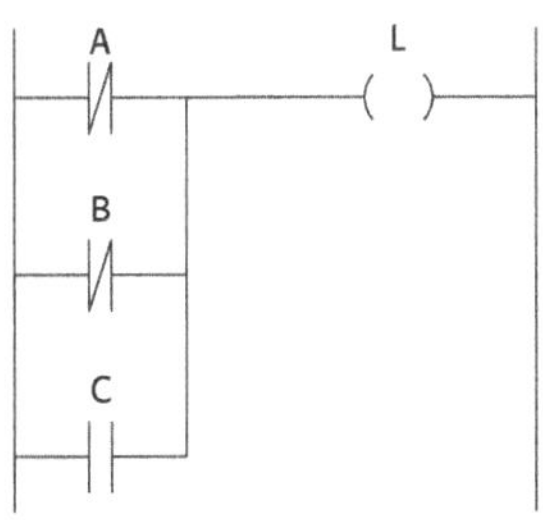	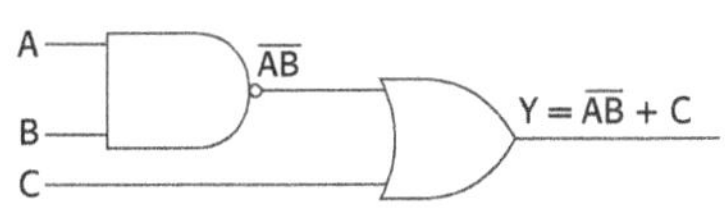

6.7 FUNÇÃO NÃO-OU (NOR)

A seguir, serão apresentados conceitos básicos relativos à função NÃO-OU (NOR).

6.7.1 REPRESENTAÇÃO DA FUNÇÃO NÃO-OU NO DIAGRAMA ELÉTRICO

É a junção das portas NÃO-OU. A Figura 6.45 mostra o circuito elétrico equivalente de uma porta NÃO-OU utilizando chaves.

A lâmpada apaga se ou a chave A ou a chave B estiver fechada. Também se apaga se ambas estiverem fechadas. A única condição em que permanece acesa é se nenhuma das chaves estiver fechada.

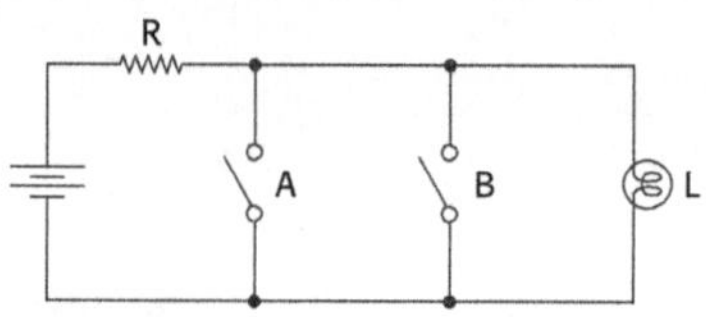

Figura 6.45 Função NÃO-OU utilizando chaves.

Baseado nas observações anteriores, pode-se construir a tabela verdade da função NÃO-OU, conforme a Tabela 6.7.

Tabela 6.7 Tabela verdade da função lógica NÃO-OU

A	B	L
0	0	1
1	0	0
0	1	0
1	1	0

Em que $L = \overline{A + B}$ deve ser lido do seguinte modo: L é igual ao complemento do resultado da operação A OU B (o sinal "+" simboliza a operação lógica OU).

6.7.2 REPRESENTAÇÃO DA PORTA NÃO-OU EM LINGUAGEM LADDER

Por exemplo, queremos implementar a função **NÃO-OU** $L = \overline{A + B}$ utilizando a linguagem Ladder. Temos três soluções para essa situação:

Solução 1: com a álgebra elementar aprendemos que, se uma mesma operação é realizada nos dois lados de uma equação, esta não se altera. Então, se "barrarmos", ou seja, invertermos os dois lados da equação, ela não se altera e, assim, temos:

$$L = \overline{A + B} \qquad \overline{L} = \overline{\overline{A + B}}$$

Mas, como $\overline{\overline{X}} = X$, obtemos $\overline{L} = A + B$, ou seja, o complemento do resultado de uma operação A OU B é aplicado a L cuja implementação em linguagem Ladder é mostrada na Figura 6.46.

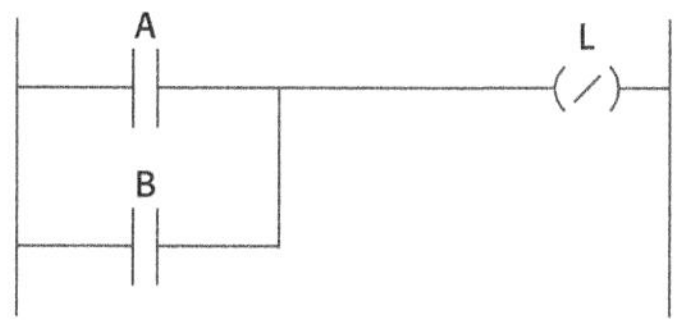

Figura 6.46 Primeira forma de implementação da função NÃO-OU em linguagem Ladder ($\overline{L} = A + B$).

Solução 2: nem todos os CLPs possuem a função de bobina invertida. Assim, uma outra forma de implementar essa função é armazenar o resultado de A OU B em uma bobina de memória auxiliar (M_1). O contato dessa bobina auxiliar negado é, então, aplicado à saída, conforme se observa na Figura 6.47.

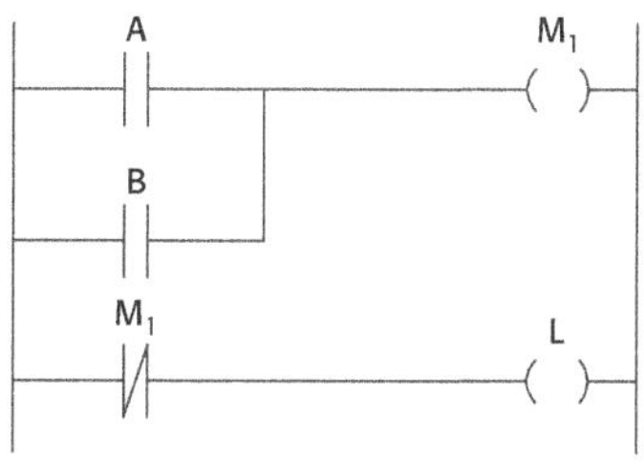

Figura 6.47 Segunda forma de implementação da função NÃO-OU em linguagem Ladder.

Solução 3: aplicando o teorema de De Morgan, temos:

$$L = \overline{A + B} = \overline{A} \cdot \overline{B}$$

Ou seja, o resultado de uma operação $\overline{A}$ E $\overline{B}$ é aplicado a L, cuja implementação em linguagem Ladder é mostrada na Figura 6.48.

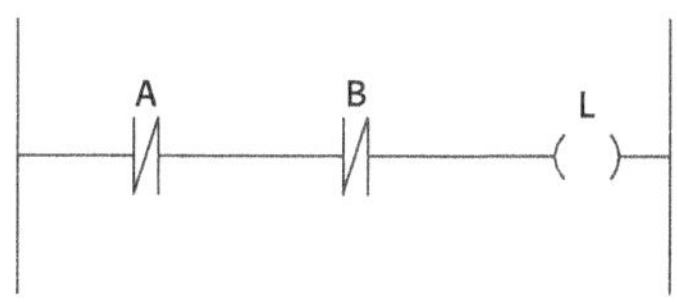

Figura 6.48 Terceira forma de implementação da função NÃO-OU em linguagem Ladder ($L = \overline{A + B} = \overline{A} \cdot \overline{B}$).

6.7.3 REPRESENTAÇÃO DA FUNÇÃO NÃO-OU EM DIAGRAMA DE BLOCOS DE FUNÇÕES

Os símbolos correspondentes estão representados no Quadro 6.6.

Quadro 6.6 Símbolos da porta lógica NÃO-OU convencional, IEC 60617-12 e Ladder, respectivamente

Portas lógicas NÃO-OU (NOR)		
Convencional	Bloco (IEC 60617-12)	Ladder
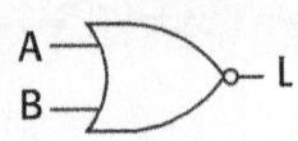	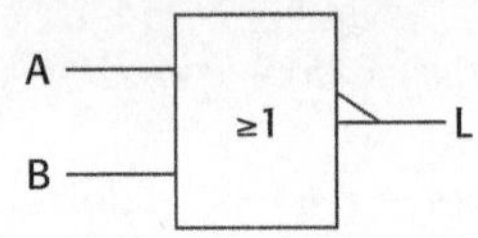	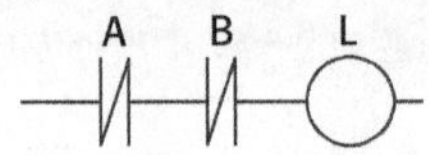

A Figura 6.49 utiliza o software Zelio Soft 2 para implementar a porta NOR.

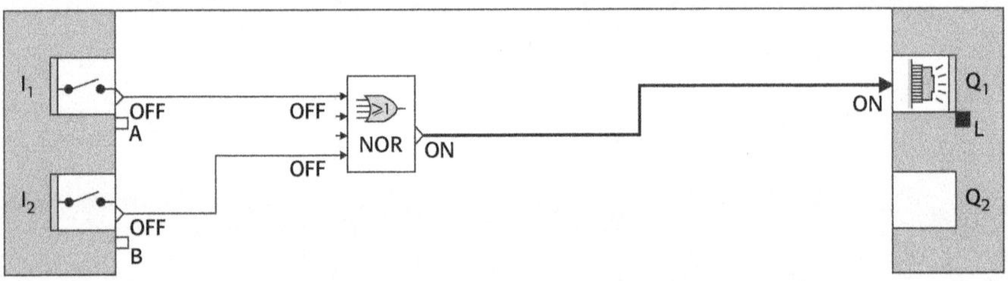

Figura 6.49 Representação da função NÃO-OU (NOR) em FBD no Zelio Soft 2 (Schneider Electric).

EXEMPLO 1

Implementar a equação lógica $L = \overline{(A + B)} \cdot C$ em linguagem Ladder e em diagrama de blocos funcionais (FBD).

Solução

Primeiro, a função NOR é colocada entre parênteses. Utilizando o teorema de De Morgan, pode-se transformar a equação original em $L = \overline{A} \cdot \overline{B} \cdot C$ a qual é mais adequada para se implementar em linguagem Ladder. Isso corresponde a três contatos em série. A implementação pode ser vista no Quadro 6.7.

Quadro 6.7 Implementação da equação lógica $L = \overline{(A + B)} \cdot C$ em Ladder e em FBD

Ladder	FBD
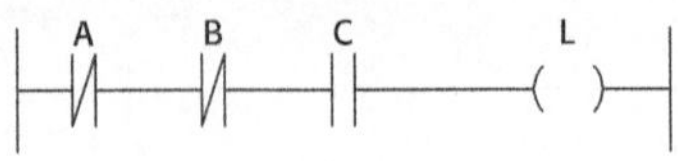	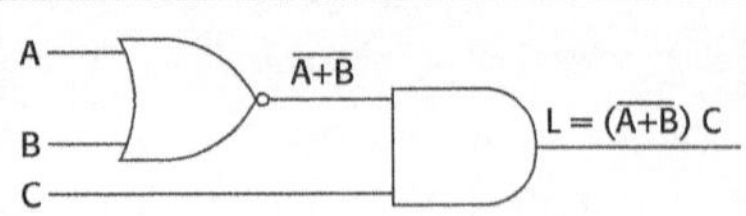

EXEMPLO 2

Um setor possui três máquinas. Uma luz verde deve se acender, indicando que é seguro entrar no setor, somente se nenhuma das máquinas estiver funcionando.

Solução

Considerando que máquina em funcionamento é igual a 1 e as três máquinas são chamadas de A, B e C, a condição para acendimento da lâmpada é $L = \overline{A} \cdot \overline{B} \cdot \overline{C}$. Ou seja, trata-se de uma função NÃO-OU. A solução em linguagem Ladder está na Figura 6.50.

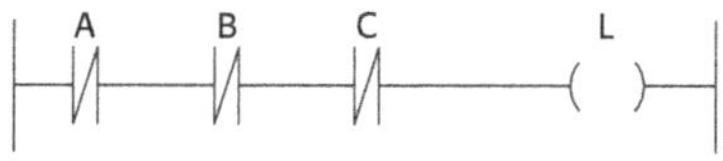

Figura 6.50 Solução do exemplo 2 em linguagem Ladder.

6.8 FUNÇÃO OU-EXCLUSIVO (XOR)

A seguir, serão apresentados conceitos básicos relativos à função OU-EXCLUSIVO (XOR).

6.8.1 REPRESENTAÇÃO DA FUNÇÃO OU-EXCLUSIVO NO DIAGRAMA ELÉTRICO

A saída L é igual a 1 se A = 1 ou se B = 1, mas não se ambos A e B forem 1. Uma entrada ou exclusivamente a outra deve estar em nível lógico ALTO para a saída estar em ALTO.

A Figura 6.51 apresenta o símbolo lógico convencional e a tabela verdade da porta OU-EXCLUSIVO:

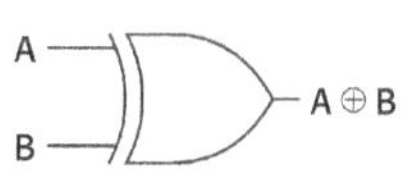

sendo, $L = A \oplus B = \overline{A} \cdot B + A \cdot \overline{B}$

Tabela verdade XOR

A	B	C
0	0	0
0	1	1
1	0	1
1	1	0

Figura 6.51 Função OU-EXCLUSIVO e sua tabela verdade correspondente.

A Figura 6.52 apresenta o diagrama em Ladder equivalente de uma porta OU-EXCLUSIVO. A lâmpada apaga somente quando ambas as chaves A e B estiverem fechadas ou abertas.

A Figura 6.53 mostra o símbolo da porta lógica OU-EXCLUSIVO de duas entradas e seu circuito equivalente em portas lógicas comuns.

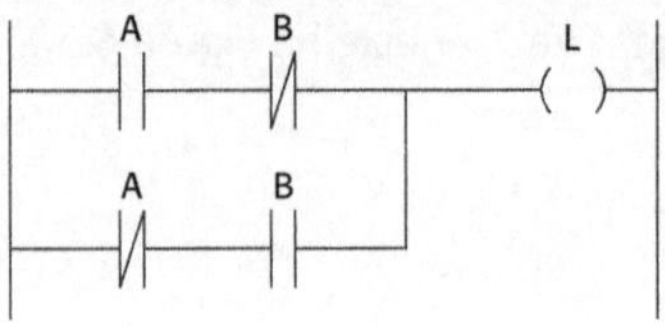

Figura 6.52 Implementação em linguagem Ladder da função OU-EXCLUSIVO.

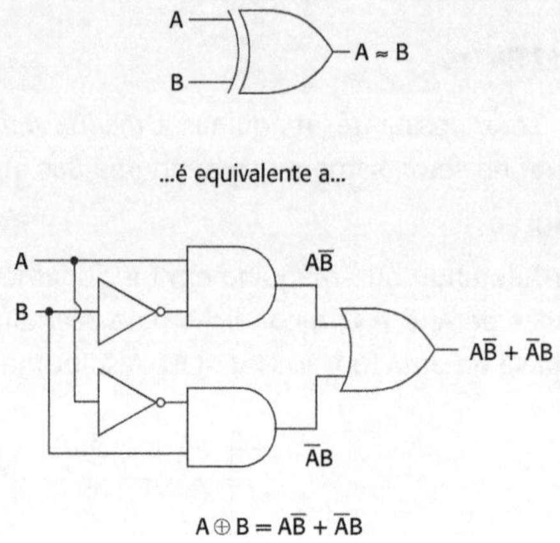

Figura 6.53 Implementação da função lógica OU-EXCLUSIVO utilizando portas comuns.

Quadro 6.8 Símbolos OU-EXCLUSIVO convencional, IEC 60617-12 e Ladder, respectivamente

Portas lógicas OU-EXCLUSIVO (XOR)		
Convencional	Bloco (IEC 60617-12)	Ladder
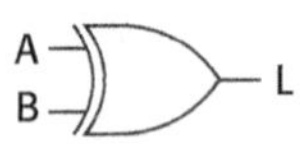	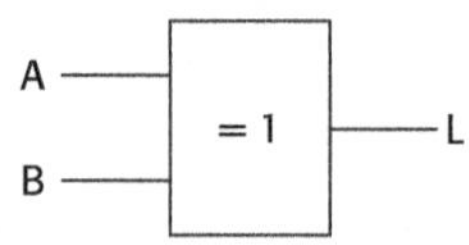	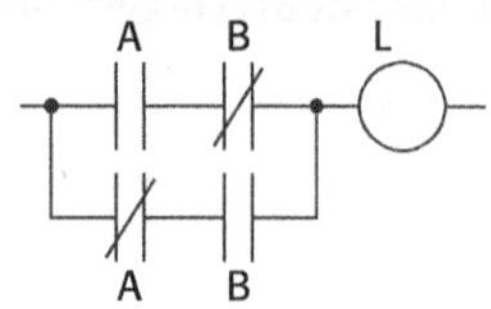

6.8.2 REPRESENTAÇÃO DA FUNÇÃO NÃO-OU-EXCLUSIVO (XNOR) NO DIAGRAMA ELÉTRICO

A porta NÃO-OU-EXCLUSIVO é a função OU-EXCLUSIVO negada, ou seja, algebricamente temos:

$$
\begin{aligned}
L &= \overline{\bar{A} \bullet B + A \bullet \bar{B}} \\
&= (\overline{\bar{A} \bullet B}) \bullet (\overline{A \bullet \bar{B}}) \\
&= (\bar{\bar{A}} + \bar{B}) \bullet (\bar{A} + \bar{\bar{B}}) \\
&= (A + \bar{B}) \bullet (\bar{A} + B) \\
&= A \bullet \bar{A} + A \bullet B + \bar{A} \bullet \bar{B} + \bar{B} \bullet B \\
&= 0 + A \bullet B + \bar{A} \bullet \bar{B} + 0 \\
L &= A \bullet B + \bar{A} \bullet \bar{B}
\end{aligned}
$$

Cuja implementação em diagrama Ladder pode ser vista na Figura 6.54. Sua característica é que a lâmpada acende somente quando as chaves A e B estiverem simultaneamente fechadas ou abertas.

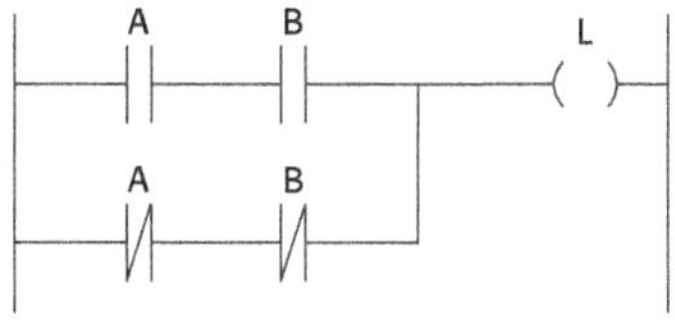

Figura 6.54 Circuito em diagrama Ladder da função NÃO-OU-EXCLUSIVO.

O Quadro 6.9 exibe um resumo das principais funções estudadas nesta seção.

Quadro 6.9 Resumo das principais funções lógicas convencional e Ladder

Convencional	Ladder
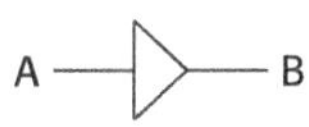	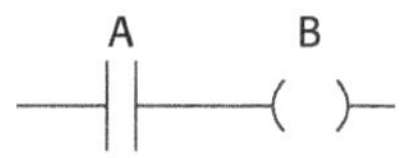
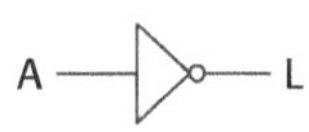	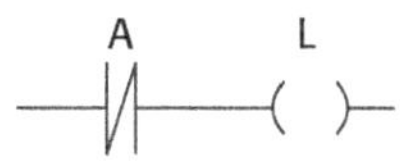
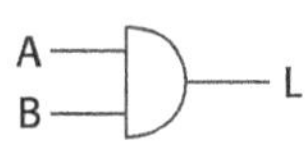	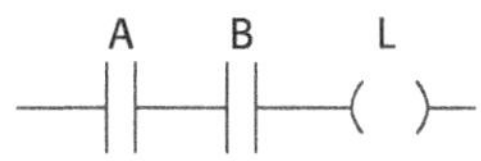
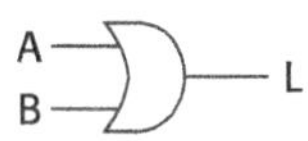	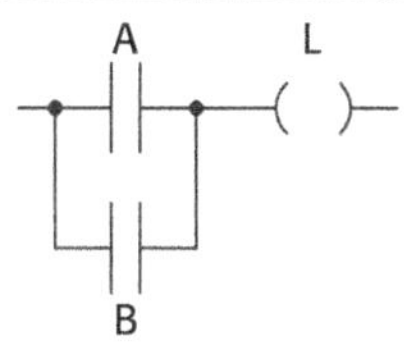
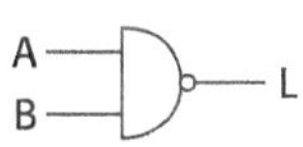	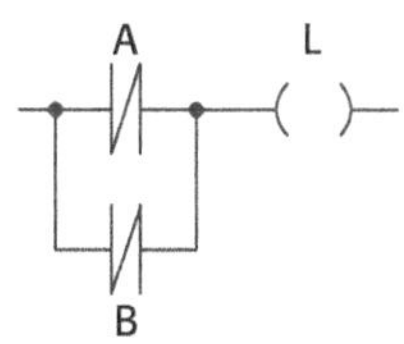
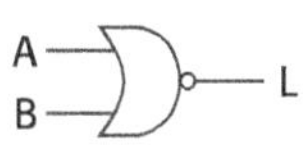	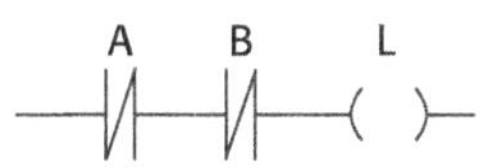
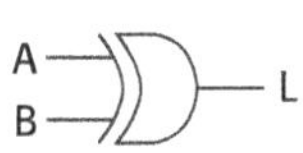	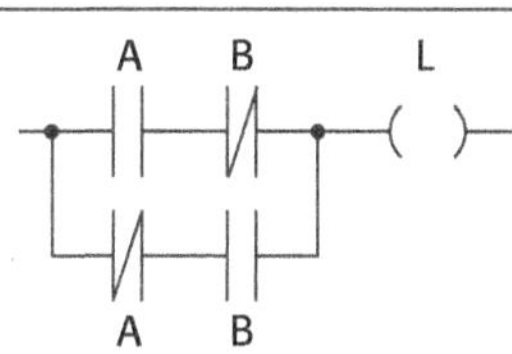

EXEMPLO 1

Dada a equação lógica, construa o diagrama correspondente em linguagem Ladder e em diagrama de blocos funcionais (FBD).

L = (A + B) • C

Solução

O que está entre parênteses tem a mais alta prioridade, portanto, é avaliado primeiro. No caso, realiza-se a função OU entre A e B, que em diagrama Ladder corresponde a dois contatos NA em paralelo. Com o resultado anterior, é realizada uma função E com o contato C, que corresponde a contatos em série na linguagem Ladder. O resultado é visto no Quadro 6.10.

Quadro 6.10 Implementação da equação lógica L = (A + B) • C em Ladder e em FBD

Ladder	FBD
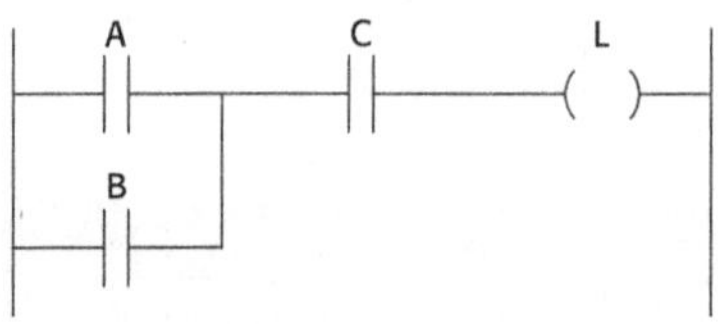	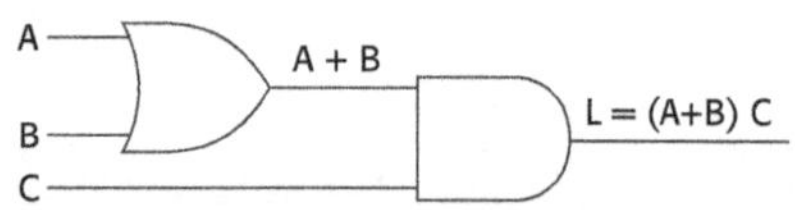

EXEMPLO 2

Dada a equação lógica, construa o diagrama correspondente em linguagem Ladder e em diagrama de blocos funcionais (FBD).

L = A • B + C

Solução

Quadro 6.11 Implementação da equação lógica L = A • B + C em Ladder e em FBD

Ladder	FBD
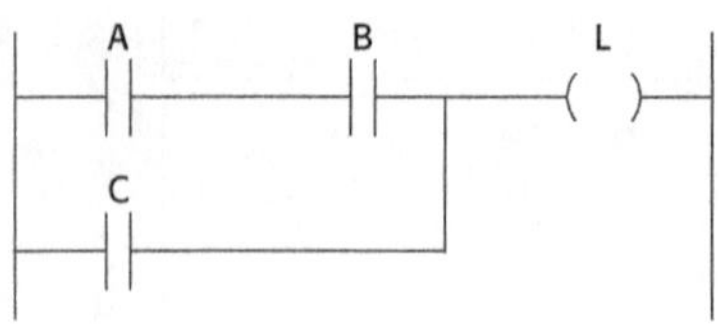	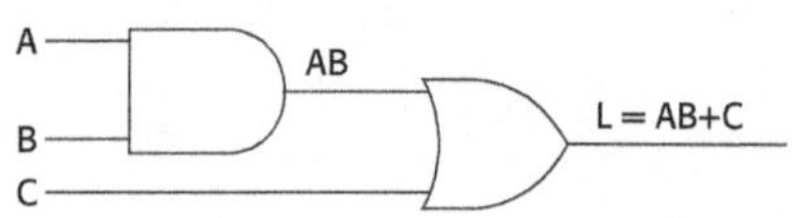

EXEMPLO 3

Um depósito é alimentado por uma bomba que retira água de um poço, ilustrado na Figura 6.55. Pretende-se que a bomba B_1 apenas entre em funcionamento quando as válvulas V_1 e V_2 estiverem abertas simultaneamente ou enquanto o nível de água no tanque estiver abaixo de um valor predeterminado. Essa indicação é fornecida por um sensor de nível S_1.

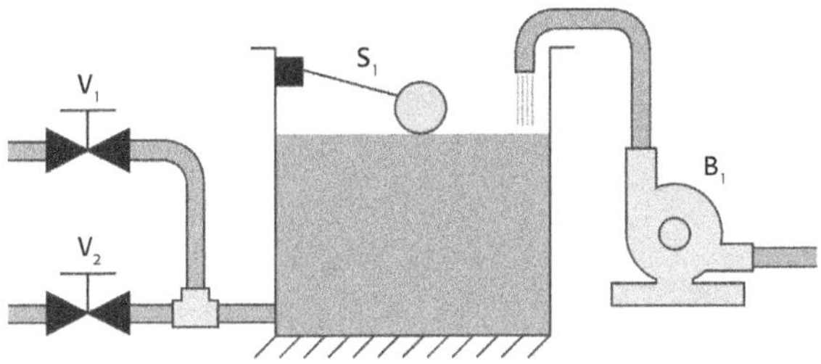

Figura 6.55 Controle de nível.

Considere que os estados de cada uma das variáveis podem ser representados pelos seguintes níveis lógicos:

Quadro 6.12 Níveis lógicos

Variável	Estado	Valor lógico
MOTOR B_1	Ligado	1
	Desligado	0
VÁLVULA V_1	Aberta	1
	Fechada	0
VÁLVULA V_2	Aberta	1
	Fechada	0
SENSOR S_1	Nível baixo	0
	Nível máximo	1

Pode-se verificar que o estado do motor (ligado ou desligado) depende da combinação dos valores das três variáveis, sendo as duas válvulas e o sensor de nível. Cada uma das variáveis de entrada é representada em Ladder como um contato normalmente aberto ou normalmente fechado, dependendo da função lógica a desempenhar. O diagrama Ladder que soluciona o problema é apresentado no Quadro 6.13.

Quadro 6.13 Solução do exemplo 3

Ladder	FBD
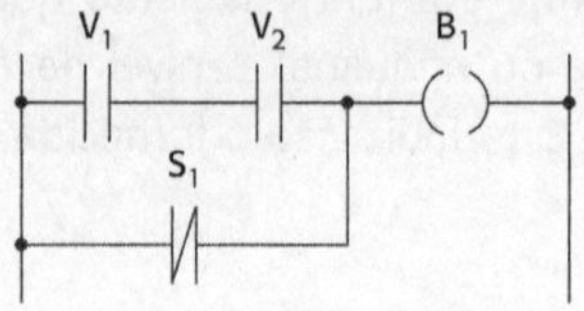	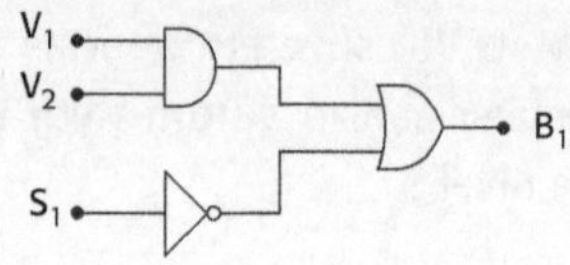

ATIVIDADES DE FIXAÇÃO

1. Que porta lógica é formada se um degrau (linha) de um diagrama em Ladder contiver três contatos normalmente abertos em paralelo?
2. Que porta lógica é formada se um degrau (linha) de um diagrama em Ladder contiver três contatos normalmente fechados em paralelo?
3. Que porta lógica é formada se um degrau (linha) de um diagrama em Ladder contiver três contatos normalmente abertos em série?
4. Que porta lógica é formada se um degrau (linha) de um diagrama em Ladder contiver três contatos normalmente fechados em série?
5. Que função lógica é representada pela equação $L = AB$?
6. Que função lógica é representada pela equação $L = A + B$?
7. Que função lógica é representada pela equação $L = \overline{A} + \overline{B}$?
8. Que função lógica é representada pela equação $L = \overline{A} \bullet \overline{B}$
9. Desenhe o diagrama em Ladder e em FBD para as equações lógicas dadas a seguir:

a) $L = A \bullet B + C$

b) $L = A \bullet (B + C)$

c) $Q_2 = A \bullet \overline{B} + C$

d) $L = (A + \overline{B}) \bullet C$

e) $Y = (A + \overline{B}) \bullet (C + D)$

f) $Q = A \bullet \overline{B} + C \bullet D$

g) $X = (A + B) \bullet C$

h) $L = (\overline{A \bullet B}) \bullet C$

10. Dado o diagrama Ladder a seguir, determine a equação lógica correspondente:

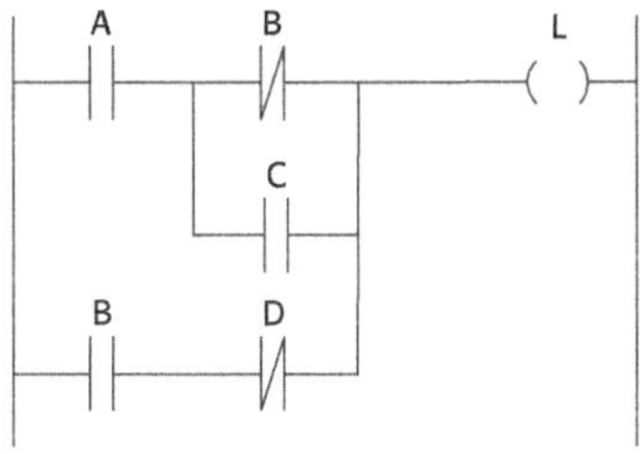

11. Dado o diagrama Ladder a seguir, determine a equação lógica correspondente:

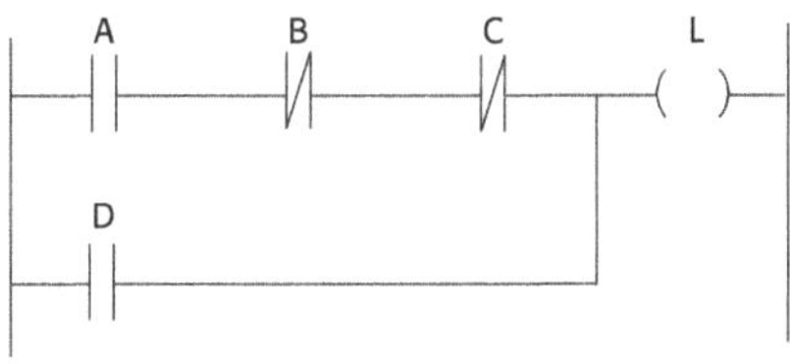

12. Dado o diagrama Ladder a seguir, determine a equação lógica correspondente:

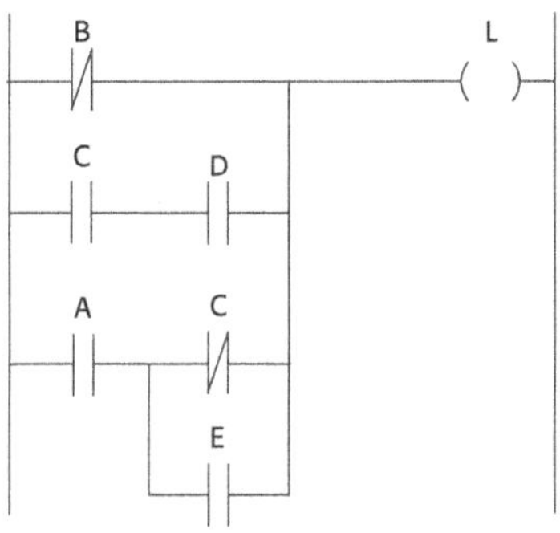

Para os exercícios de 13 a 20 determine a equação lógica e desenhe o diagrama em linguagem Ladder que resolva o problema.

13. Um processo contém três motores MT_1, MT_2 e MT_3. Caso os motores MT_1 e MT_3 estejam ligados, deve acender uma lâmpada verde (L).

14. Por questão de segurança, uma prensa (Q) só pode ser ligada se o operador utilizar ambas as mãos para pressionar dois botões (A e B) do tipo NA simultaneamente.

15. Uma bomba (Q) só pode ser ligada manualmente por um botão (BT_1) do tipo NA se o sensor de nível máximo (LS_1) do reservatório não estiver ativado.

16. Um motor A só pode ser ligado através de um botão (BT_1) se o motor B não estiver ligado.

17. Uma lâmpada sinalizadora (L) deve ser ligada se uma bomba (A) estiver ligada e a pressão for satisfatória (representada por um pressostato B que abre um contato quando a pressão está abaixo do máximo permitido) ou se um botão de contato momentâneo (C) para teste da lâmpada for pressionado.

18. As três chaves A, B e C devem estar ligadas ou simultaneamente desligadas para que uma lâmpada seja energizada.

19. Duas chaves normalmente fechadas (A e B) devem ser acionadas simultaneamente para que um motor (Q) seja ligado.

20. Uma lâmpada (L) deve ser ligada caso o sensor A ou o B não detectem a presença de um objeto à frente.

21. Desenhe o circuito equivalente em Ladder para o FBD seguinte:

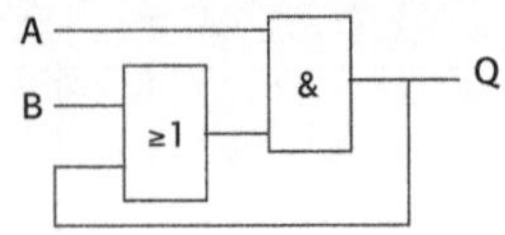

22. Converta o diagrama seguinte (dado em FBD) em diagrama Ladder:

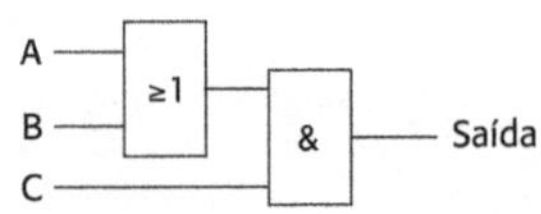

23. Converta o diagrama seguinte (dado em FBD) em diagrama Ladder:

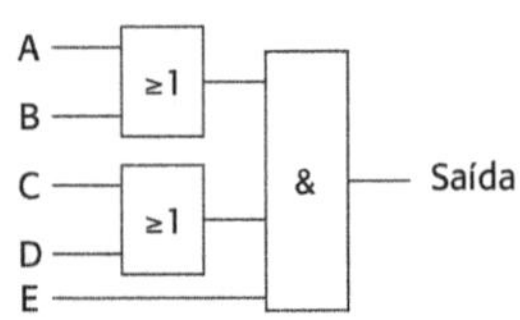

7 MAPA DE VEITCH-KARNAUGH

O mapa de Veitch-Karnaugh é uma técnica alternativa para representação de funções lógicas booleanas. Por exemplo, considere um mapa de Veitch-Karnaugh utilizado para mapear uma porta AND com duas entradas (Figura 7.1).

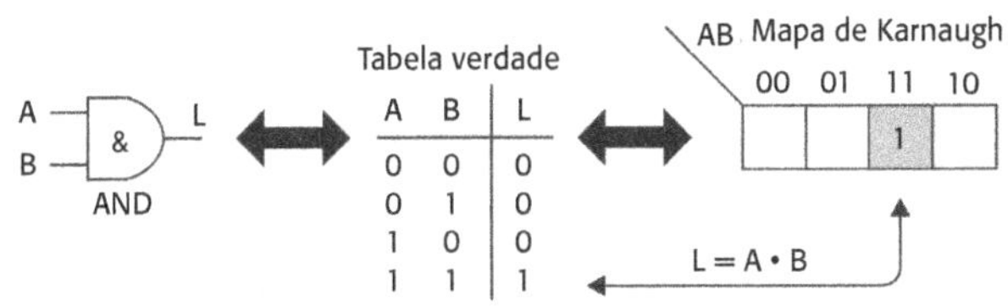

Figura 7.1 Mapa de Veitch-Karnaugh para uma porta AND com duas entradas.

Uma tabela verdade deve mostrar os valores correspondentes das saídas (coluna L), conforme o valor das entradas (A e B). Uma tabela verdade com "n" entradas terá 2^n linhas, portanto, se $n = 2 \rightarrow 4$ linhas; $n = 3 \rightarrow 8$ linhas; $n = 4 \rightarrow 16$ linhas, e assim por diante. A tabela verdade é criada obedecendo a uma sequência de numeração crescente, começando em zero. No exemplo da Figura 7.1, as linhas são ordenadas em valores binários (00, 01, 10, e 11) equivalentes aos valores em decimal 0, 1, 2 e 3.

Atenção!

Por questão de simplicidade de notação, doravante chamaremos o mapa de Veitch-Karnaugh simplesmente como mapa de Karnaugh. Essa simplificação é normalmente utilizada por muitos autores.

Cada um dos quadrículos do mapa resultante de intersecção de uma linha com uma coluna é chamado de célula (Figura 7.2).

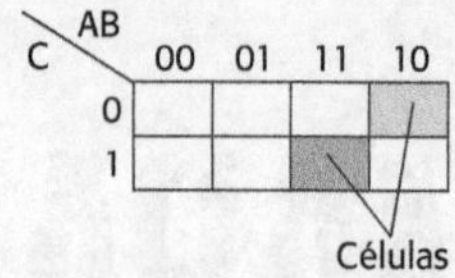

Figura 7.2 Exemplo de localização de duas células.

O mapa de Karnaugh é uma figura geométrica que contém uma célula para cada linha de uma tabela verdade. Os valores das células são as saídas resultantes (L) para cada combinação de valor das entradas A e B. Por razões de clareza, é comum preencher somente as células em que as saídas são "1s", deixando em branco as demais.

7.1 CÉLULAS ADJACENTES

Duas células dizem-se geometricamente adjacentes se o valor binário equivalente aos seus endereços (na horizontal e na vertical) for diferente por apenas um bit (independentemente da sua posição). Por exemplo, a célula número 0 (0000b – em que b significa em binário) e a célula número 8 (1000b) são adjacentes, pois o único bit diferente entre ambas é o primeiro da esquerda. Da mesma forma, também são adjacentes as células 15 (1111b) e 7 (0111b).

O mapa de Karnaugh é montado de maneira que todas as células sejam geometricamente adjacentes. Para tanto, as células do referido mapa devem seguir uma ordenação que é conhecida como código de Gray. Por exemplo, para quatro células, a sequência deve ser (em binário) **00, 01, 11 e 10**. Observe que os dois últimos termos estão trocados de uma ordem normal de sequência binária. E é assim mesmo. Este é o fator-chave para o funcionamento do mapa de Karnaugh.

A Figura 7.3 mostra como podem ser construídos os mapas para funções de três ou quatro entradas. No caso de um mapa de quatro entradas, os valores com as entradas C e D também devem ser ordenados conforme o código Gray.

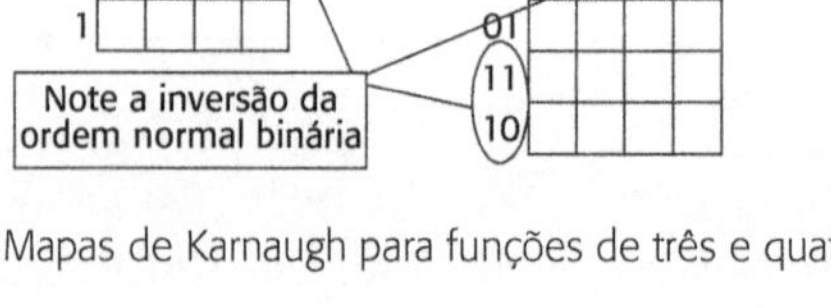

Figura 7.3 Mapas de Karnaugh para funções de três e quatro entradas.

7.2 TRANSCRIÇÃO DA TABELA VERDADE PARA O MAPA DE KARNAUGH

A Figura 7.4 exibe três maneiras de como as células podem ser identificadas com as linhas da tabela verdade em um mapa de Karnaugh de três variáveis.

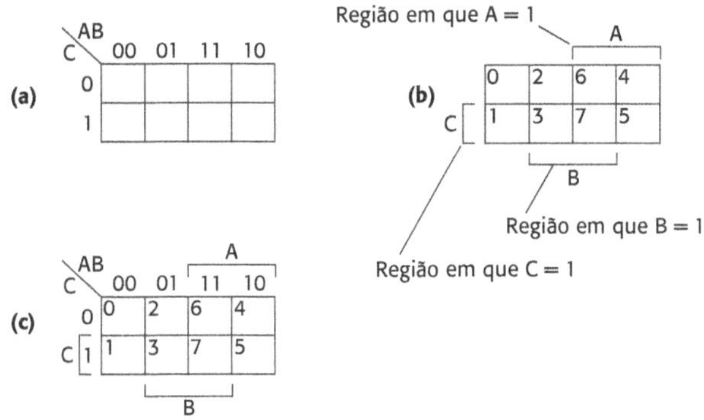

Figura 7.4 Três alternativas para identificar as células em um mapa de Karnaugh de três variáveis de entrada.

O objetivo é identificar as células no mapa correspondentes aos endereços da linha da tabela verdade.

A primeira forma de representação encontra-se na Figura 7.4a. Os endereços são mostrados nas partes externa, superior e lateral esquerda do mapa. Por exemplo, a célula correspondente ao endereço 6 (110b) refere-se à terceira coluna e à primeira linha (AB = 11; C = 0) do mapa. Para essa forma de representação, não é utilizada explicitamente a numeração individual das células.

A Figura 7.4b exibe outra forma de representação, na qual o endereço das células do mapa que corresponde aos endereços das linhas da tabela verdade é mostrado no canto superior esquerdo de cada célula. Ainda há uma informação adicional fornecida pelas chaves mostradas externamente ao mapa, as quais indicam a região em que os valores da variável mostrada são iguais a 1. Por exemplo, na Figura 7.4b, a chave A indica as células em que os valores de A = 1, a chave B indica a região em que as células têm valor B = 1 e assim por diante.

Uma terceira forma de representação (mais completa) é a reunião das duas representações anteriores (Figura 7.4c).

Na Figura 7.5, foi desenhado o mapa de três variáveis ao lado da tabela verdade para mostrar a correspondência.

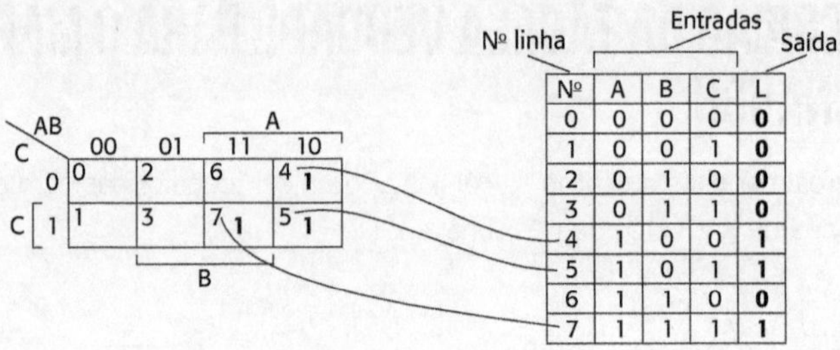

Figura 7.5 Correspondência entre a tabela verdade e o mapa de Karnaugh para um sistema de três variáveis de entrada.

A Figura 7.6 apresenta a correspondência entre a tabela verdade e o mapa de Karnaugh para um sistema de quatro variáveis.

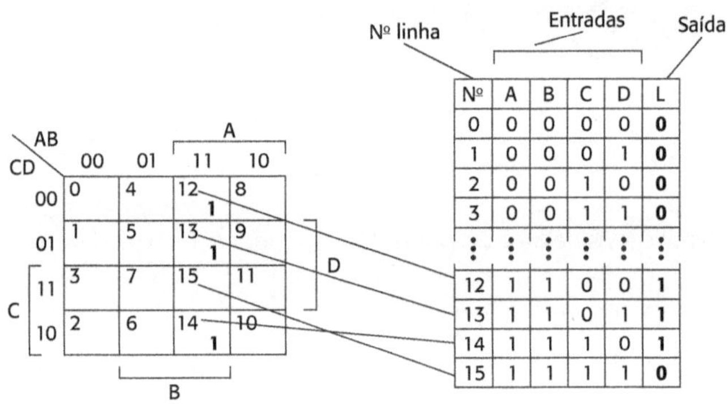

Figura 7.6 Correspondência entre a tabela verdade e o mapa.

Existe certa medida de arbitrariedade na atribuição das variáveis às linhas e colunas de um mapa. Para esse texto, a variável **A** contém o bit mais significativo numericamente, a variável **B** contém o segundo mais significativo e assim por diante.

O **mapa de Karnaugh** é útil para determinação de equações de três ou quatro variáveis de entrada. Embora seja possível criar mapas para cinco, seis ou mais variáveis, eles são trabalhosos de fazer manualmente e são raramente utilizados, pois um mapa para cinco variáveis teria $2^5 = 32$ células, enquanto um mapa para seis variáveis teria $2^6 = 64$ células. Para esses casos, normalmente, são utilizados softwares que calculam e fornecem diretamente o resultado.

7.2.1 UTILIZAÇÃO DO MAPA

Os mapas de Karnaugh são usados na simplificação e minimização de funções lógicas binárias. Considere o exemplo de uma função de três entradas representada como uma caixa-preta com uma tabela verdade associada (Figura 7.7) – note que os valores atribuídos à saída L na tabela verdade foram escolhidos aleatoriamente apenas para este exemplo.

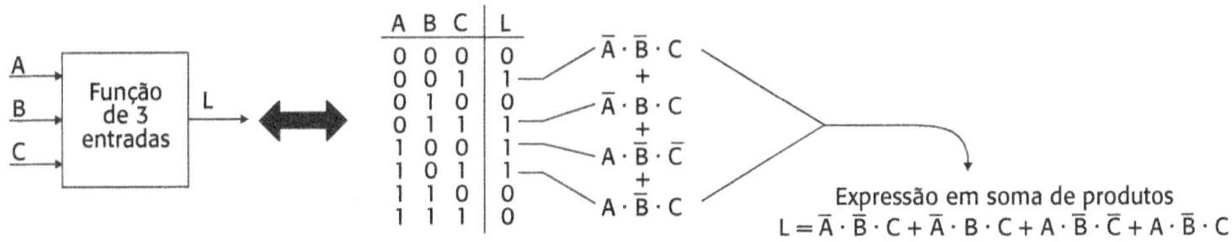

Figura 7.7 Exemplo de uma função de três entradas.

A equação extraída da tabela verdade em forma de soma de produtos (SDP) contém quatro minitermos, um para cada um atribuído à saída. Métodos algébricos de simplificação que utilizam os teoremas booleanos podem simplificar esta equação.

$$L = \overline{A} \cdot \overline{B} \cdot C + \overline{A} \cdot B \cdot C + A \cdot \overline{B} \cdot \overline{C} + A \cdot \overline{B} \cdot C$$

O primeiro e o segundo termos têm em comum os termos $\overline{A} \cdot C$, enquanto o terceiro e o quarto têm em comum os termos $A \cdot \overline{B}$. Colocando em evidência os termos comuns, obtém-se:

$$L = \overline{A} \cdot C \cdot (\overline{B} + B) + A \cdot \overline{B} \cdot (\overline{C} + C)$$

Da álgebra booleana temos que $(\overline{B} + B) = (\overline{C} + C) = 1$, finalmente obtém-se:

$$L = \overline{A} \cdot C + A \cdot \overline{B}$$

Observe que esse método é muito trabalhoso e demorado e, em alguns casos, não fornece a forma simplificada mínima. É aqui que o mapa de Karnaugh atua. Os "1s" atribuídos às células representam os mesmos minitermos extraídos da tabela verdade. Como os valores das entradas associadas a cada linha e coluna diferem em apenas 1 bit, qualquer par de células adjacentes na horizontal ou na vertical corresponde aos minitermos que diferem em apenas uma variável. Tais pares de minitermos podem ser agrupados e a variável que diferir pode ser descartada (Figura 7.8).

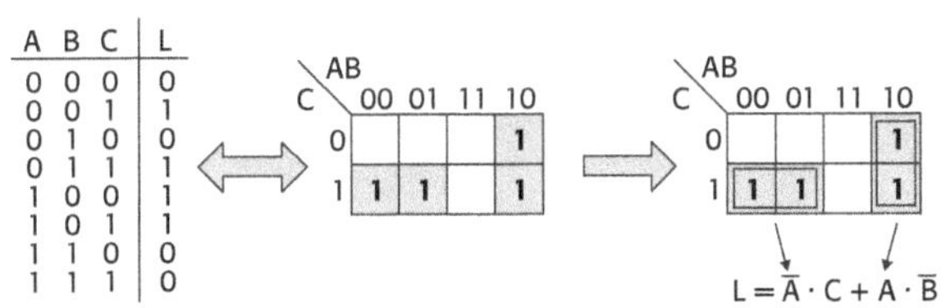

Figura 7.8 Exemplo de um mapa com três entradas.

No caso do grupo horizontal, a variável A é 0 para ambas as células, então, ela vai aparecer na equação final como $\overline{A}$; a variável B é 0 em uma célula e 1 na outra. Então, para esse grupo, mudar o valor de B não afeta o valor de saída. Isso significa que B é redundante e pode ser descartado desta equação; a variável C é 1 em ambas as células, então ela vai aparecer na equação do grupo como C. A equação resultante desse grupo é o produto das variáveis que se mantiveram constantes de uma célula para outra – neste caso, $\overline{A} \cdot C$.

De maneira similar, no caso do grupo vertical, o valor da variável A é 1 em ambas as células, portanto, aparecerá como A; o valor da variável B é 0 para ambas as células, então, ela aparecerá como $\overline{B}$; e o valor de C na célula superior é 0 e na célula inferior é 1, então, essa variável pode ser descartada já que variou de uma célula para outra. A equação resultante desse grupo é o produto das variáveis que se mantiveram constantes de uma célula para outra – neste caso, $A \bullet \overline{B}$.

A equação final é a soma dos resultados dos grupos, ou seja, somar o resultado do grupo vertical com o do grupo horizontal. Então, $L = \overline{A} \bullet C + A \bullet \overline{B}$. A equação final obtida é conhecida como minitermo e o método usado para obter a equação é chamado de soma de produtos.

7.2.2 AGRUPAMENTO DE MINITERMOS

A estratégia de minimização é encontrar, sempre que possível, os maiores grupos que cubram todos os casos cujo valor da saída é 1.

Duas células são ditas logicamente adjacentes se forem geometricamente adjacentes e o conteúdo de ambas igual. Por exemplo, na Figura 7.9, as células 11 e 15 são logicamente adjacentes, pois são geometricamente adjacentes e possuem o mesmo conteúdo. Também é o caso das células 12 e 13; 5, 7; 13 e 15. As células 0 e 4 não são logicamente adjacentes, pois os conteúdos são diferentes. A célula 0 também não é logicamente adjacente à célula 12, pois, embora seus conteúdos sejam iguais, elas não são geometricamente adjacentes. Da mesma forma, as células 0 e 5 não são logicamente adjacentes, pois seus conteúdos são iguais, porém não são geometricamente adjacentes, já que estão na diagonal (duas células só podem ser adjacentes horizontalmente ou verticalmente).

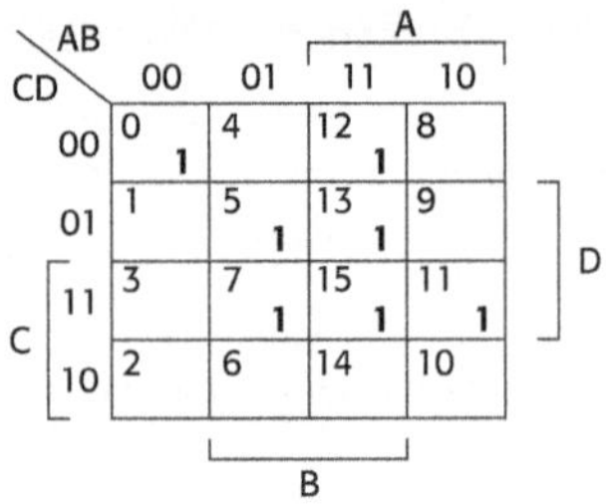

Figura 7.9 Ilustração de células logicamente adjacentes.

No caso de um mapa de Karnaugh de três entradas, duas células logicamente adjacentes na horizontal ou vertical podem ser combinadas para formar um novo termo de produto composto por apenas duas variáveis.

De maneira similar, no caso de um mapa de quatro entradas, quaisquer duas células logicamente adjacentes podem ser combinadas para formar um novo minitermo que será composto por apenas três variáveis. Adicionalmente, os "1s" associados aos minitermos podem ser utilizados para formar grupos múltiplos. Por exemplo, considere uma nova função de entrada de três variáveis (Figura 7.10).

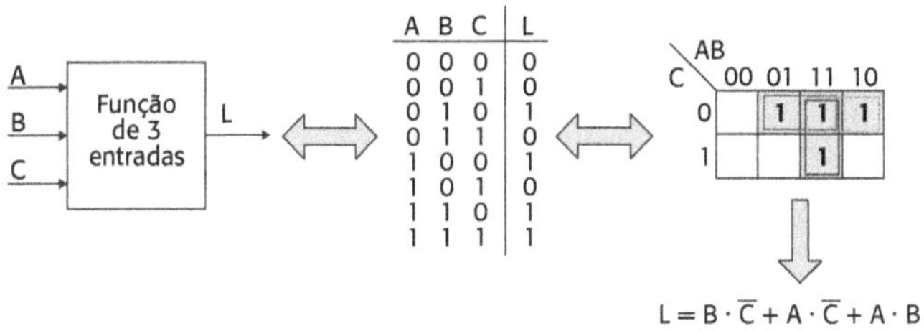

Figura 7.10 Os minitermos do mapa de Karnaugh podem ser utilizados para formar múltiplos grupos.

Os grupos também podem ser formados a partir de quatro minitermos adjacentes e, em tal caso, duas variáveis redundantes podem ser descartadas do grupo resultante. Considere alguns exemplos de mapas com quatro entradas (Figura 7.11). De fato, podem ser reunidos quaisquer agrupamentos de 2^n minitermos adjacentes (n é um inteiro maior que zero). Por exemplo, 2^1 = dois minitermos, 2^2 = quatro minitermos, 2^3 = oito minitermos e assim por diante.

O princípio geral que se aplica aos mapas de Karnaugh é que qualquer par de termos adjacentes pode ser combinado em um único termo que inclui uma variável a menos que as incluídas pelos termos.

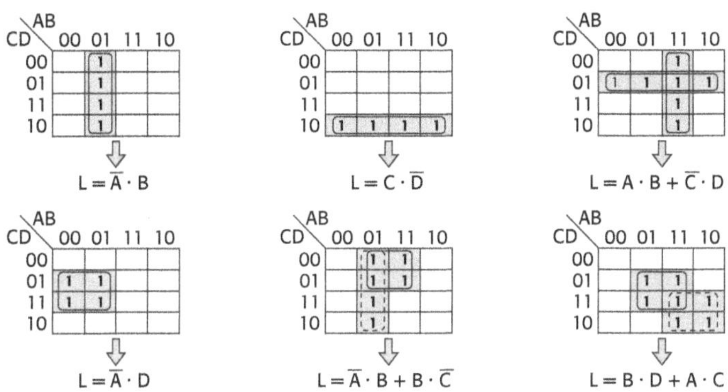

Figura 7.11 Alguns exemplos de agrupamento em mapa de Karnaugh com grupos compostos por quatro minitermos.

Como pode ser observado nos mapas da Figura 7.11, as células no mapa de Karnaugh são organizadas de tal forma que os valores associados às linhas e colunas diferem em apenas um bit. Um resultado desse tipo de ordenação é que as linhas do topo e as da base também diferem por um único bit; de maneira similar, a coluna mais à esquerda e a coluna mais à direita diferem em um único bit. Pode ajudar na visualização imaginar um mapa enrolado a fim de formar um cilindro horizontal em que as linhas do topo e da base se tocam, ou ainda, um cilindro vertical em que as colunas das extremidades são adjacentes. Isso leva a uma possibilidade adicional de formar agrupamentos (Figura 7.12).

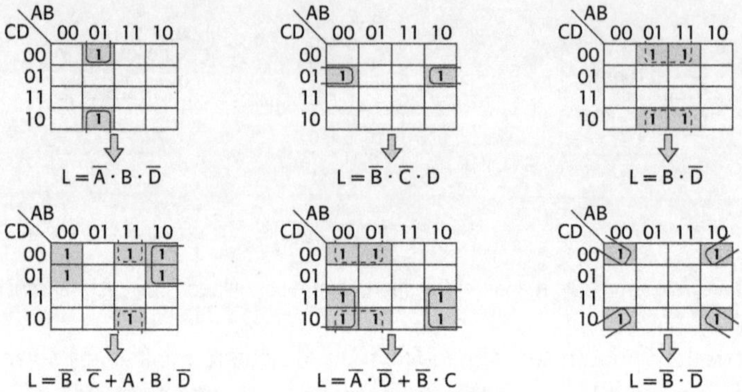

Figura 7.12 Algumas possibilidades adicionais de agrupamento.

Observe que no último exemplo os quatro cantos da tabela também podem ser utilizados para formar um agrupamento de termos.

7.2.3 SOMA DE PRODUTOS OU PRODUTO DE SOMAS

Quando o mapa é feito utilizando as saídas com "1s" da tabela verdade, a expressão booleana resultante é da forma de soma de produtos, também conhecida como minitermos (alguns autores também consideram "mintermos"). Uma forma alternativa de mapear é utilizar "0s" em vez de "1s" no mapa. Neste caso, o agrupamento de zeros é utilizado para gerar as expressões em forma de produto de somas (Figura 7.13). Essas expressões são também chamadas de maxitermos (alguns autores as chamam de "maxtermos").

Embora as expressões de soma de produtos e de produto de somas pareçam diferentes, elas produzem resultados idênticos. Isso pode ser verificado algebricamente aplicando a propriedade distributiva e os teoremas booleanos. Portanto, utilizar qualquer um dos métodos é igualmente aceitável.

A regra para agrupar "0s" é a mesma usada para agrupar "1s", mas com uma alteração de terminologia. Igualmente, a regra que determina se uma variável é eliminada ou não permanece a mesma, mas, como mencionado anteriormente, quando lemos um grupo de "0s", temos como resultado a soma dessas variáveis e não um produto. A regra determina que se uma variável possui o valor "0", ela deve aparecer na forma normal e caso tenha o valor "1", deve aparecer complementada. A Tabela 7.1 mostra como devem ser feitas para as três variáveis.

A Figura 7.13 mostra um exemplo do mapa de Karnaugh que utiliza os "0s" em vez de "1s" para extração da equação.

Tabela 7.1 Função de saída com três variáveis, representada na forma de produto de somas

A	B	C	L	Função em termos de produto de somas
0	0	0	0	$L = A + B + C$
0	0	1	0	$L = A + B + \overline{C}$
0	1	0	0	$L = A + \overline{B} + C$
0	1	1	0	$L = A + \overline{B} + \overline{C}$
1	0	0	0	$L = \overline{A} + B + C$
1	0	1	0	$L = \overline{A} + B + \overline{C}$
1	1	0	0	$L = \overline{A} + \overline{B} + C$
1	1	1	0	$L = \overline{A} + \overline{B} + \overline{C}$

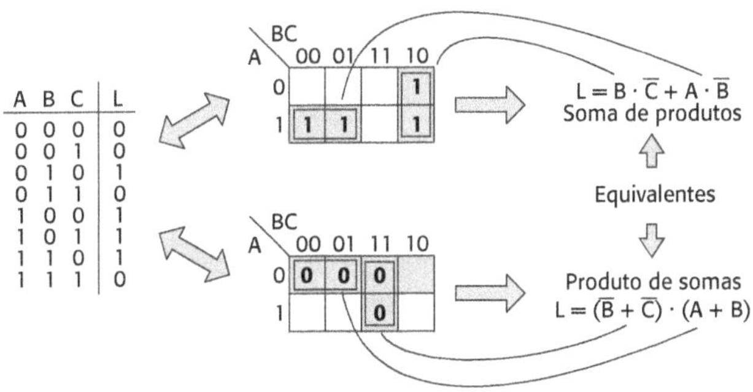

Figura 7.13 Mapeamento que utiliza "0s" em vez de "1s".

7.2.4 FUNÇÕES INCOMPLETAMENTE ESPECIFICADAS

Em certos casos uma função pode estar incompletamente especificada, ou seja, a saída pode ser indefinida para alguns valores de combinação de entrada. Isso pode ocorrer se o projetista sabe de antemão que algumas combinações de entrada nunca ocorrerão. Por exemplo, duas chaves A e B nunca podem ser abertas ou fechadas ao mesmo tempo; então as combinações (0,0) ou (1,1) jamais ocorrerão. Assim, o valor atribuído à saída para essas combinações é irrelevante. Também para algumas combinações de entrada o projetista pode simplesmente não se preocupar com o valor da saída. Em ambos os casos, o projetista pode representar os valores associados às saídas com o caractere "x". Os caracteres "x" indicam "não importa", do inglês *don't care*.

A regra básica de utilização é: se a célula que contiver o valor "x" ajudar a formar um grupo maior de "1s", ela deve ser utilizada como se tivesse o valor 1; caso contrário, deve ser ignorada e tratada como tendo um valor 0 (Figura 7.14).

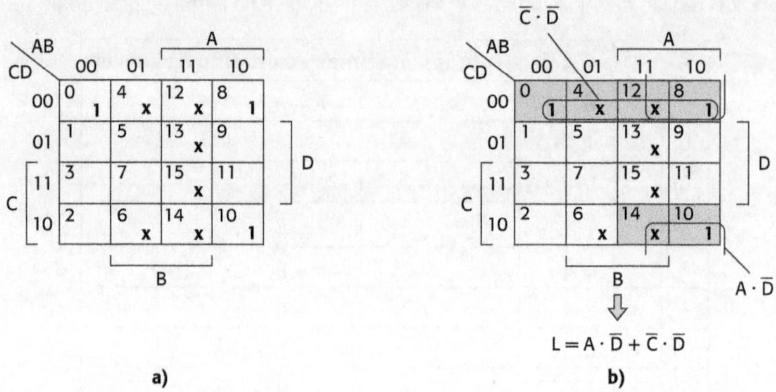

Figura 7.14 Mapa de Karnaugh para uma função especificada incompletamente.

7.2.5 USO DOS MAPAS DE KARNAUGH

Quando uma função lógica for expressa na forma padrão em termos de minitermos (soma de produtos), o mapa K pode ser usado para simplificar a função pela aplicação dos seguintes princípios:

a) A combinação de células que for selecionada deve incluir todas as células pelo menos uma vez. Uma célula pode participar de mais de uma combinação.

b) As combinações devem ser selecionadas com a finalidade de incluir o maior número possível de células de tal modo que todas sejam incluídas pelo menor número possível de combinações.

c) A característica essencial dos mapas de Karnaugh é que as células podem ser agrupadas horizontalmente e verticalmente (mas não diagonalmente).

7.2.5.1 IMPLICANTES

Um implicante é cada "1" ou grupo de "1s" que podem ser combinados em um retângulo formado por células geometricamente adjacentes. Seu tamanho deve ser uma potência de 2 (1, 2, 4, 8, ..., 2^n). Representa um termo de soma de produtos.

7.2.5.2 IMPLICANTES PRIMOS

Implicante primo é um grupo que contém o maior número possível de células adjacentes (1, 2, 4, 8, 16, 32 etc.). Pelo menos uma de suas células não deve pertencer a outro grupo já existente.

O objetivo de um mapa é transformar implicantes em implicantes primos, quando, então, se obtém a maior minimização. Para tanto, encontre os maiores grupos de "1s" e "Xs" adjacentes àquele elemento. Considere as linhas do topo/base, as colunas da esquerda/direita e cantos adjacentes.

7.2.5.3 IMPLICANTE PRIMO ESSENCIAL

É um grupo que inclui uma célula com o valor 1, que só pode ser combinada de uma maneira para compor um implicante primo.

EXEMPLO 1

Tomemos como exemplo o mapa da Figura 7.15a. A célula 6 só pode ser combinada com a célula 2 para formar um implicante primo (Figura 7.15c). Portanto, o grupo formado é um implicante primo essencial.

Da mesma forma, a célula 5 só pode ser combinada com a célula 1 para formar um implicante primo. Portanto, o grupo resultante é um implicante primo essencial (Figura 7.15b).

Já a célula 3 não participa de um implicante primo essencial, porque pode ser combinada com a célula 1 ou 2.

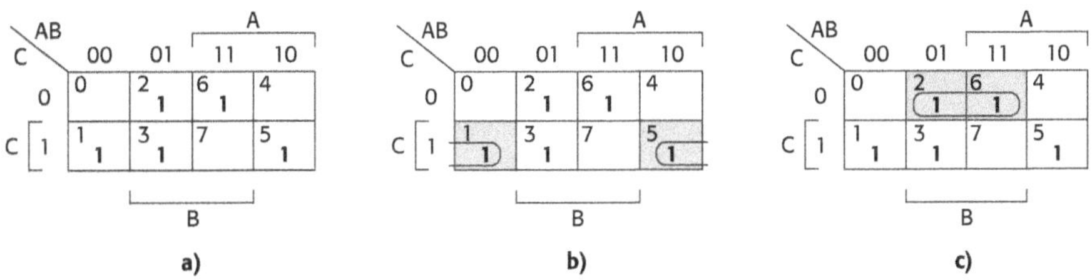

Figura 7.15 Exemplo 1 de identificação de implicantes primos essenciais.

EXEMPLO 2

Tomemos como exemplo o mapa da Figura 7.16a. A célula 15 não faz parte de um implicante primo essencial, já que pode ser combinada com a célula 7 ou 14 para formar um implicante primo.

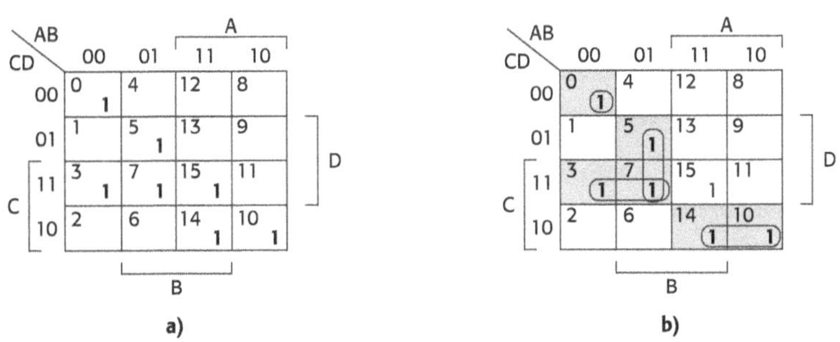

Figura 7.16 Exemplo 2 de identificação dos implicantes primos essenciais.

EXEMPLO 3

A preocupação de encontrar implicantes primos em um mapa K que incluam o maior número possível de quadrículos pode causar um problema, como ilustrado na Figura 7.17a, em que poderíamos tentar combinar 5 + 7 + 13 + 15.

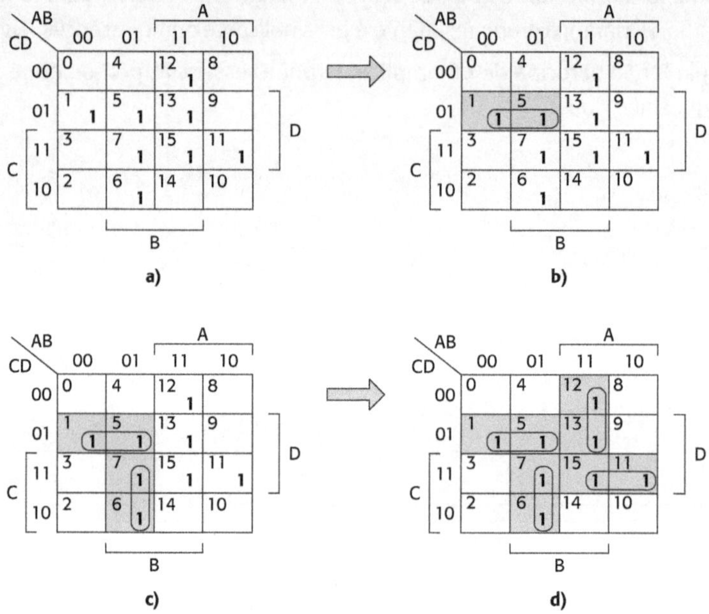

Figura 7.17 Exemplo 3.

Se isso fosse feito, ainda seria necessário adicionar quatro outros implicantes primos para incluir os quatro "1s" restantes. Incluídos esses quatro implicantes primos, notamos que as quatro células que constituíam a combinação original são automaticamente incluídas, o que torna supérflua a combinação pretendida inicialmente.

O algoritmo, descrito a seguir, quando aplicado a um mapa de Karnaugh, leva à expressão mínima para uma função lógica.

7.2.5.4 ALGORITMO

A seguir, é apresentado um algoritmo para a construção de tabelas.

1. Assinalar e considerar como "implicante primo essencial" qualquer célula que não possa ser combinada com nenhuma outra. Os "1s" cobertos por primos implicantes essenciais não precisam ser revisitados.
2. Identificar as células que podem ser combinadas para formar duplas somente de uma maneira. Assinalar essas combinações. As células que podem ser combinadas em grupo de duas, de mais de uma maneira, são deixadas temporariamente de lado.

3. Identificar células que podem ser combinadas para formar um grupo de quatro somente de uma maneira. Se as quatro células de tais combinações ainda não estiverem incluídas em grupos de dois, assinalar a combinação de quatro. Novamente, uma célula que pode ser combinada em um grupo de quatro de mais de uma maneira deve ser deixada temporariamente de lado.
4. Repetir o processo para grupos de oito etc.
5. Se encerrado esse processo, ainda restarem algumas células não incluídas em grupamentos, elas podem ser combinadas umas com as outras ou com células já incluídas em outros grupamentos. Lembre-se de que a intenção é obter o menor número de grupamentos possível.

Esse algoritmo é ilustrado nos exemplos seguintes.

EXEMPLO 1

Uma função de quatro variáveis é dada por f (A, B, C, D) = $\sum$ (0, 1, 3, 5, 6, 9, 11, 12, 13, 15). Use um mapa K para minimizar a função.

Solução

O mapa K para a função da expressão dada é mostrado na Figura 7.18a. A célula 6 não pode ser combinada com nenhuma outra. Consequentemente, é marcada como um implicante primo essencial (Figura 7.18b).

A seguir, notamos que as células 0 e 12 só podem ser combinadas em grupos de duas de uma única maneira. Consequentemente, marcamos cada um desses grupos de dois, conforme mostra a Figura 7.18c. As células que podem ser combinadas em grupos de duas de mais de uma maneira são deixadas de lado.

A célula 5 pode ser incorporada a um grupo de quatro de uma única maneira e os grupos assim formados incluem células ainda não incorporadas a grupos de duas. Assim, assinalamos esse grupo, conforme apresenta a Figura 7.18d.

Observamos que a célula 3 só pode ser incorporada a um grupo de quatro de uma única maneira e os grupos assim formados incluem células ainda não incorporadas a grupos de duas. Assim, assinalamos esse grupo (Figura 7.18e).

Finalmente, a célula 15 só pode ser incorporada a um grupo de quatro de uma única maneira e os grupos assim formados incluem células ainda não incorporadas a grupos de duas. Assinalamos esse grupo, como mostra a Figura 7.18f.

Como resultado, observa-se que todas as células foram incluídas e obtém-se a equação lógica:

$$\text{SAÍDA} = \overline{A} \cdot B \cdot C \cdot \overline{D} + \overline{A} \cdot \overline{B} \cdot \overline{C} + A \cdot B \cdot \overline{C} + \overline{C} \cdot D + \overline{B} \cdot D + A \cdot D$$

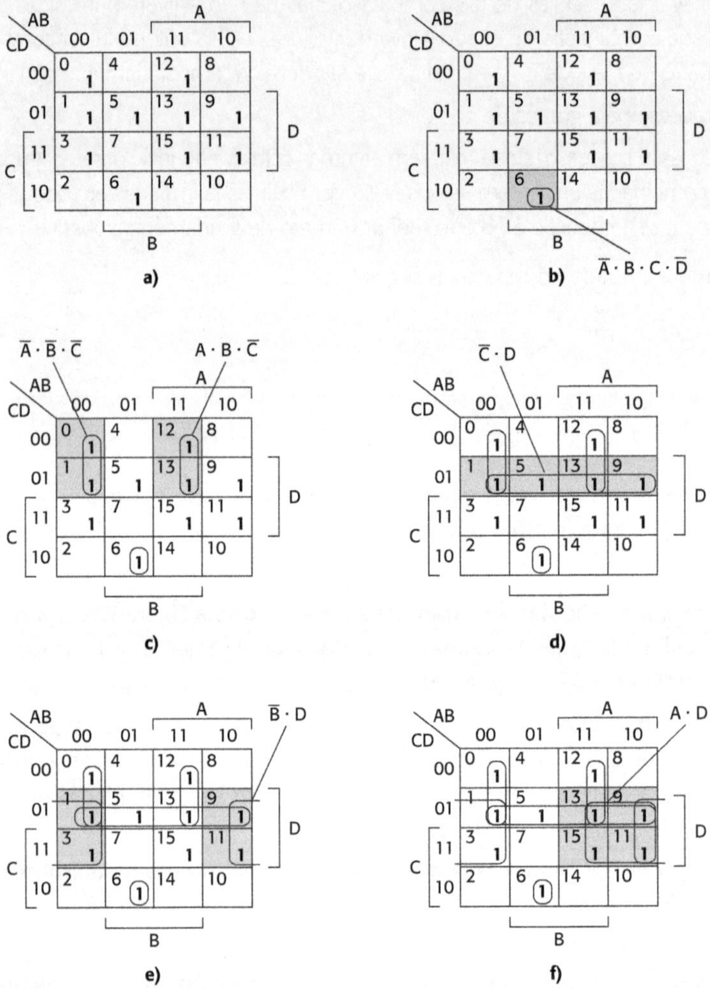

Figura 7.18 Mapa K do exemplo 1.

EXEMPLO 2

Dada a tabela da Figura 7.19a, encontre os grupos de acordo com o algoritmo fornecido.

Solução

Inicialmente, vamos tentar os implicantes primos essenciais. As células 10 e 11 só podem formar grupo de quatro de uma maneira, portanto marcamos esse grupo, conforme visto na Figura 7.19b. A célula 5 só pode formar um grupo de quatro de uma única maneira, portanto faz parte de um implicante primo essencial. O grupo formado é visto na

Figura 7.19c. Por último, sobraram as células 1 e 3 que só podem formar grupo de dois, portanto, a melhor escolha é a da Figura 7.19d.

A equação final obtida é $L = A \cdot C + B \cdot \overline{C} + \overline{A} \cdot \overline{B} \cdot D$.

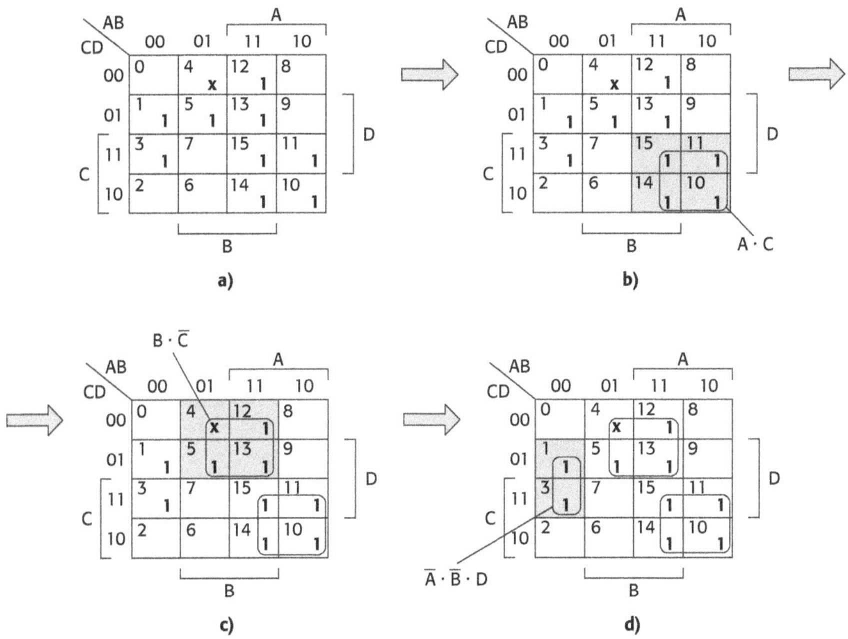

Figura 7.19 Exemplo 2.

EXEMPLO 3

Dada a Figura 7.20a, encontre os grupos de acordo com o algoritmo fornecido.

Solução

Inicialmente, vamos tentar os implicantes primos essenciais. A célula 10 só pode formar um grupo de dois de uma maneira, portanto faz parte de um grupo implicante primo essencial que pode ser visto na Figura 7.20b. Na Figura 7.20c, as células 4, 5, 6 e 7 podem ser combinadas em um grupo de quatro na direção vertical. Por último, as células 9 e 13 podem ser agrupadas, finalizando o mapa (Figura 7.20d).

A equação obtida é $L = A \cdot \overline{B} \cdot \overline{D} + \overline{A} \cdot B + A \cdot \overline{C} \cdot D$.

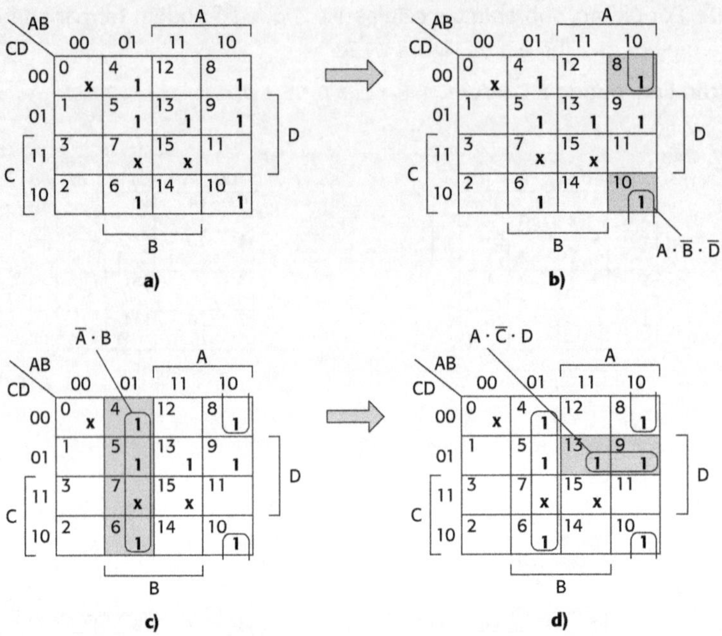

Figura 7.20 Solução do exemplo 3.

EXEMPLO 4

Uma função de quatro variáveis é dada por f (A, B, C, D) = ∑ (0, 2, 3, 4, 5, 7, 8, 9, 13, 15). Ache a função lógica minimizada.

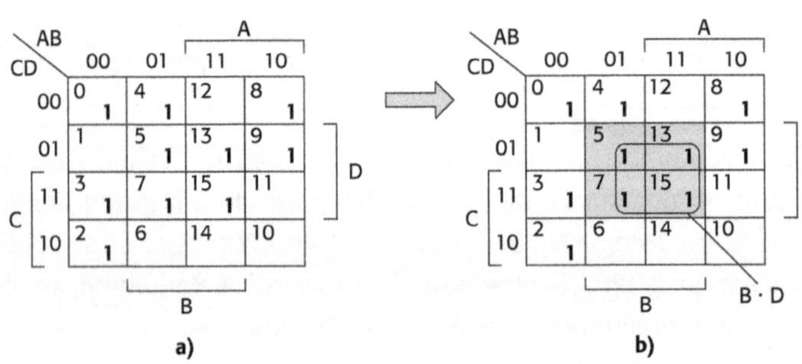

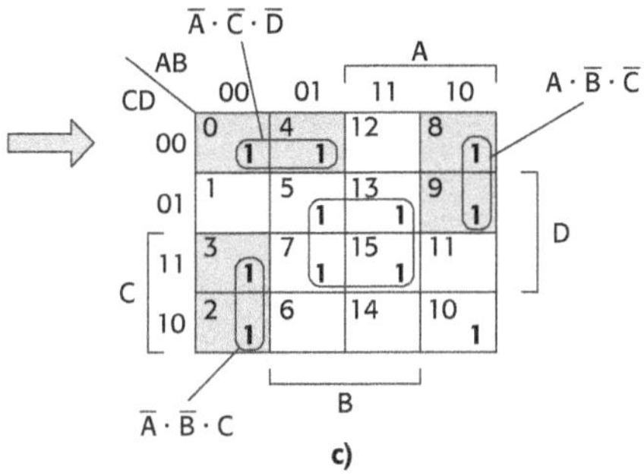

Figura 7.21 Solução do exemplo 4.

Solução

O mapa K para a função da expressão dada é mostrado na Figura 7.21a. Aplicando os passos 1 e 2 do algoritmo, não se seleciona nenhum implicante primo. As células 5, 7, 13 e 15 satisfazem as condições do passo 3. A aplicação do processo do passo 3 leva ao grupamento da Figura 7.21b. O passo 4 não se aplica ao caso presente. Verificamos que algumas células ainda não foram agrupadas; conforme indica o passo 5, podemos combiná-las arbitrariamente. As combinações indicadas na Figura 7.21c conduzem a um número mínimo de implicantes primos adicionais.

A solução obtida é, portanto, $L = B \cdot D + \overline{A} \cdot \overline{C} \cdot \overline{D} + A \cdot \overline{B} \cdot \overline{C} + \overline{A} \cdot \overline{B} \cdot C$.

EXEMPLO 5

Um reator químico pode receber quatro produtos químicos A, B, C e D. A natureza dos produtos é tal que é perigoso misturar B e C, a não ser que A também esteja junto. Também é perigoso misturar C e D se A não estiver junto. B e D nunca podem ser misturados. As demais condições não são consideradas perigosas. Escreva uma expressão para a variável lógica auxiliar M_1 que permita o acionamento do misturador L somente se houver uma condição segura (considere a presença do produto como nível lógico 1). Para acionar o misturador devem ser atendidas as condições e ligar uma chave liga.

Solução

Primeiro, construímos a tabela verdade, conforme a Tabela 7.2.

Tabela 7.2 Tabela verdade do exemplo 5

Linha	A	B	C	D	M_1
0	0	0	0	0	1
1	0	0	0	1	1
2	0	0	1	0	1
3	0	0	1	1	0
4	0	1	0	0	1
5	0	1	0	1	0
6	0	1	1	0	0
7	0	1	1	1	0
8	1	0	0	0	1
9	1	0	0	1	1
10	1	0	1	0	1
11	1	0	1	1	1
12	1	1	0	0	1
13	1	1	0	1	0
14	1	1	1	0	1
15	1	1	1	1	0

A segunda parte é transportar a tabela verdade para o mapa, o que pode ser verificado na Figura 7.22a.

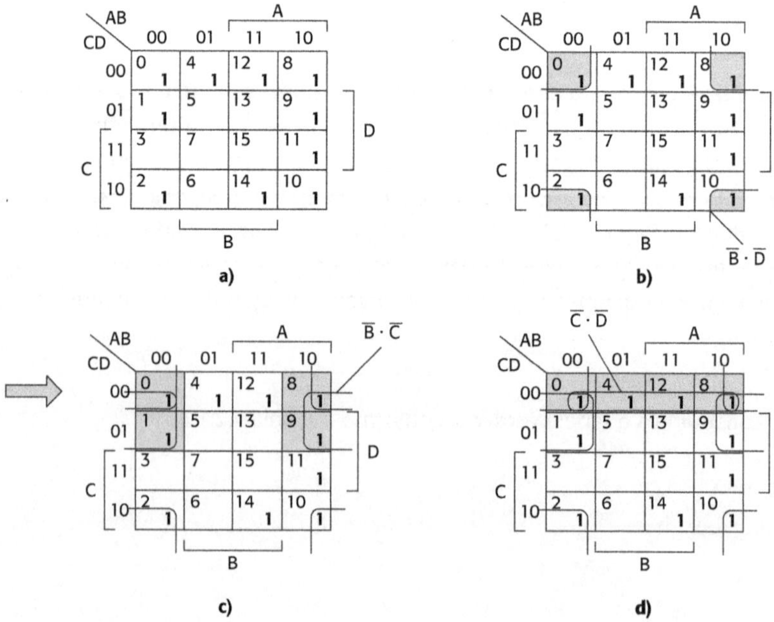

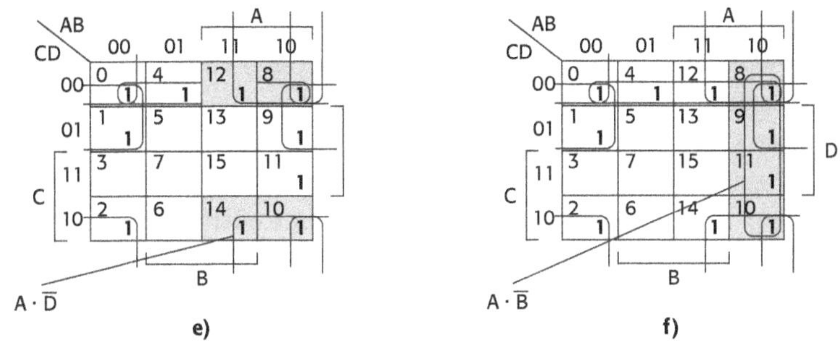

Figura 7.22 Mapa de Karnaugh equivalente à tabela mostrada no Quadro 7.2.

O próximo passo é fazer os agrupamentos conforme o algoritmo apresentado anteriormente. O resultado pode ser visto na Figura 7.22b. A equação de minitermos obtida é $M_1 = A \cdot \overline{D} + A \cdot \overline{B} + \overline{B} \cdot \overline{D} + \overline{B} \cdot \overline{C} + \overline{C} \cdot \overline{D}$. Colocando em evidência e rearranjando, teremos:

$$M_1 = A(\overline{B} + \overline{D}) + \overline{B}(\overline{C} + \overline{D}) + \overline{C} \cdot \overline{D}$$

O último passo é implementar a equação dos minitermos obtida em linguagem Ladder, conforme a Figura 7.23.

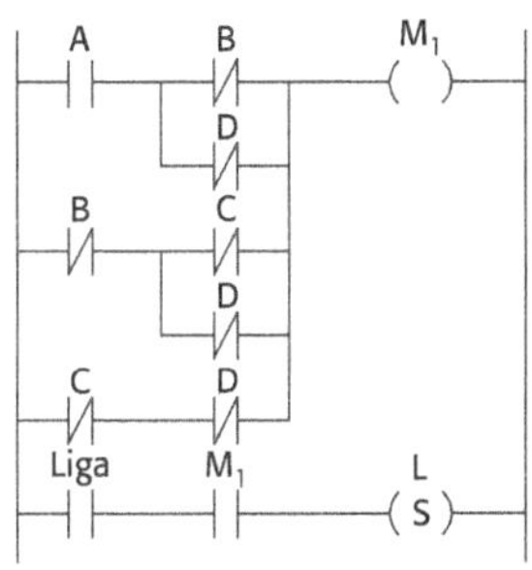

Figura 7.23 Implementação em Ladder da equação lógica obtida no exemplo 5.

EXEMPLO 6

Dado o diagrama de contatos da Figura 7.24, determine a equação minimizada utilizando o mapa de Karnaugh e implemente em Ladder. Considere que A = 0 equivale à chave na condição de repouso, ou seja, como é vista no diagrama, e que A = 1 se a chave for comutada da sua condição inicial. A mesma suposição dever ser feita para a chave B.

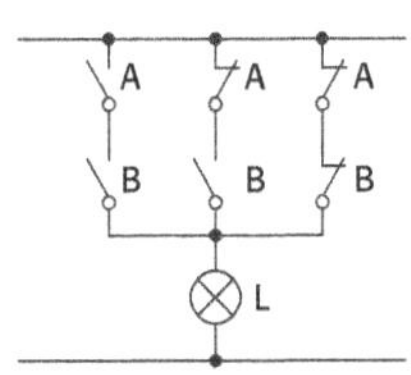

Figura 7.24 Exemplo 6.

Solução

Primeiro se constrói a tabela verdade que representa o comportamento do diagrama. Se tanto A quanto B estiverem na sua condição inicial (A = 0 e B = 0), a lâmpada vai acender (L = 1) pelo ramo mais à direita do diagrama. Quando A = 0 e B = 1, a lâmpada também vai acender pelo ramo central. Quando A = 1 e B = 0 os contatos de A comutam, impedindo a passagem de corrente, o que faz com que a lâmpada fique apagada (L = 0). No último caso (A = 1 e B = 1) a lâmpada é acesa pelo ramo mais à esquerda. A tabela verdade obtida é mostrada na Figura 7.25a.

O próximo passo é transcrever a tabela verdade para o mapa, como é mostrado na Figura 7.25b.

Por último, obtém-se a equação $L = \overline{A} + B$ (Figura 7.25c), cuja implementação em Ladder é vista na Figura 7.26.

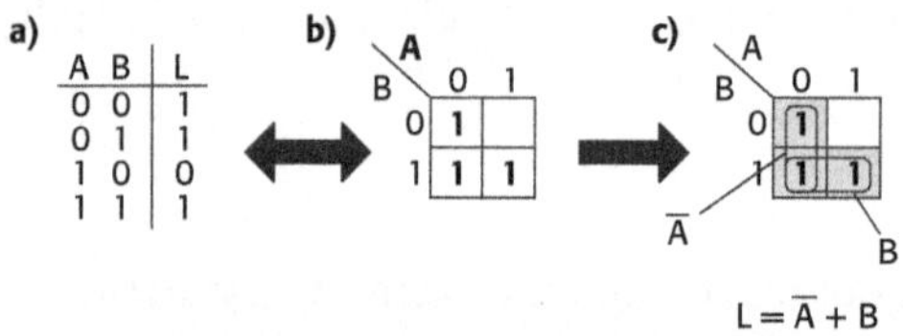

Figura 7.25 Tabela verdade e mapa de Karnaugh do exemplo 6.

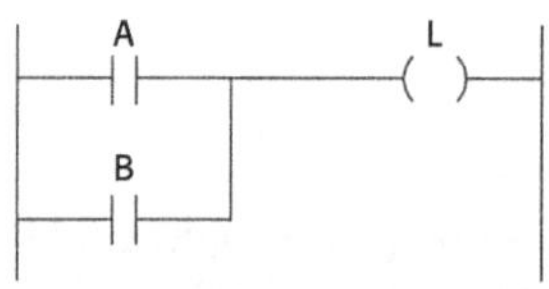

Figura 7.26 Representação em Ladder do diagrama simplificado equivalente ao da Figura 7.24.

ATIVIDADES DE FIXAÇÃO

1. Use um mapa de Karnaugh para encontrar as expressões mais simples das seguintes funções:

   a) $f(A, B, C) = \sum(0, 2, 3)$

   b) $f(A, B, C) = \sum(1, 2, 4, 6, 7)$

   c) $f(A, B, C, D) = \sum(0, 1, 2, 3)$

   d) $f(A, B, C, D) = \sum(0, 2, 4, 6)$

   e) $f(A, B, C, D) = \sum(0, 3, 5, 6)$

2. Dadas as tabelas verdade a seguir, obtenha a equação minimizada utilizando o mapa de Karnaugh e escreva-a utilizando a linguagem Ladder:

a)

A	B	C	D	Saída
0	0	0	0	0
0	0	0	1	0
0	0	1	0	0
0	0	1	1	0
0	1	0	0	0
0	1	0	1	0
0	1	1	0	0
0	1	1	1	0
1	0	0	0	1
1	0	0	1	1
1	0	1	0	1
1	0	1	1	1
1	1	0	0	1
1	1	0	1	1
1	1	1	0	1
1	1	1	1	1

b)

A	B	C	Saída
0	0	0	0
0	0	1	0
0	1	0	0
0	1	1	1
1	0	0	0
1	0	1	1
1	1	0	1
1	1	1	1

3. Uma lâmpada em uma sala é comandada por meio de duas chaves, uma atrás da porta (CA) e outra na frente (CF). A lâmpada é ligada se a chave da frente estiver ligada e a chave de trás desligada ou se a chave da frente estiver desligada e a chave de trás ligada. A lâmpada é desligada se ambas as chaves estiverem ligadas ou desligadas. A partir dessas definições construa a tabela verdade, determine a função minimizada pelo mapa de Karnaugh e implemente em linguagem Ladder.

4. Com base no diagrama de contatos monte a tabela verdade, obtenha a equação minimizada a partir do mapa de Karnaugh e monte-o em linguagem Ladder.

a)

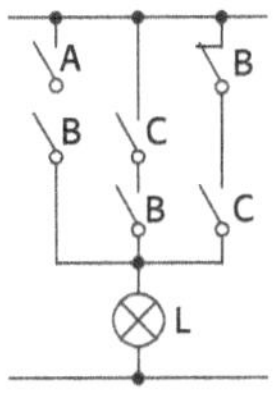

b)

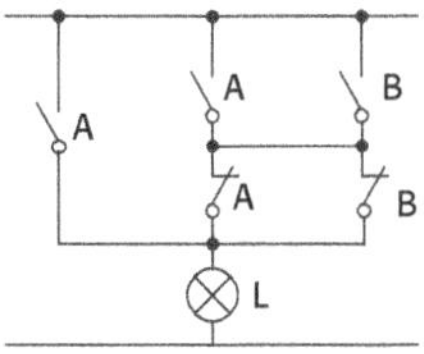

5. Projete um circuito lógico com três entradas A, B e C. A saída desse circuito deve ser em alto somente se a maioria das entradas estiver em modo alto. Monte a tabela verdade, o mapa de Karnaugh e implemente a solução em linguagem Ladder.

6. Dado um circuito lógico que possui como entrada um número de 4 bits, a saída desse circuito deve ser acionada toda vez que a combinação dos 4 bits de entrada representar um número par em decimal. Para a solução deste problema, monte a tabela verdade, o mapa de Karnaugh e implemente em linguagem Ladder.

> **Atenção!**
> O zero é considerado um número par.

7. Considere um sistema de alarme residencial, constituído de sensor colocado na janela (SJ) e sensor de presença (SP) para indicar a entrada de um invasor. Além desses sensores, o sistema possui uma chave liga/desliga (CLD) para acionar o alarme. Caso o sensor da janela ou o sensor de presença sejam ativados, o alarme será acionado. O alarme somente será acionado se a chave liga/desliga estiver na posição liga. A partir dessas definições, monte a tabela verdade, o mapa de Karnaugh e implemente em linguagem Ladder.
8. A avaliação bimestral da disciplina de Informática Industrial é constituída de uma prova (P) com peso de 40%, um trabalho teórico (TT) com peso de 20%, um trabalho prático (TP) com peso de 20% e a apresentação de um seminário (SE) com peso de 20%. Para a aprovação, o aluno precisa atingir no mínimo 60% da nota bimestral. A partir dessas informações monte a tabela verdade, encontre a respectiva equação simplificada pelo mapa de Karnaugh e represente a aprovação do aluno por meio da linguagem Ladder.

Atenção!

Caso o aluno tenha obtido nota máxima em cada uma das avaliações, deve-se atribuir "1" à montagem da tabela verdade; caso contrário, deve ser atribuído "0" à tabela verdade.

9. Em um queimador existem três gases A, B e C e um ignitor (I) para processar a queima deles. Para haver a queima dos gases, é necessário o acionamento do ignitor e a presença dos gases A e C. Se houver a presença do gás B, a queima não ocorre. A partir dessas definições monte a tabela verdade, o mapa de Karnaugh e a linguagem Ladder.
10. Para ser considerado *light*, um alimento precisa conter no máximo 50% das calorias do produto normal. Os ingredientes opcionais que podem ser adicionados para dar sabor e coloração a um determinado alimento possuem as seguintes quantidades percentuais de calorias em relação ao produto normal: A contém 40%, B contém 30%, C contém 20% e D contém 10%. A partir dessas definições monte a tabela verdade, o mapa de Karnaugh e implemente em linguagem Ladder. Projete um circuito para acender uma lâmpada vermelha cada vez que a combinação dos produtos misturados em um tanque ultrapassar 50% das calorias de um produto normal.
11. Um tanque de nove metros de altura tem um sensor que envia o valor da altura da coluna de líquido através de um sistema BCD (Binary Coded to Decimal). Construa um diagrama em Ladder que resolva o seguinte problema:
    - Uma lâmpada vermelha deve acender quando a altura da coluna de líquido for menor que três metros.
    - Uma amarela deve acender quando o nível estiver entre três e seis metros.
    - Uma verde deve acender quando o nível estiver acima de seis metros.

SISTEMAS SEQUENCIAIS

8

Os diagramas lógicos estudados nos capítulos anteriores são úteis para mostrar as relações entre elementos de lógica combinacional. Contudo, são inadequados para modelar os sistemas que evoluem em função do tempo ou em função de eventos externos. Por exemplo, um portão eletrônico é comandado por um único botão, que tem a função de abrir, fechar e parar o portão. Fica evidente que apenas saber se o botão foi pressionado não é suficiente para determinar a ação a ser tomada. Deve-se, também, conhecer em que estado se encontra o portão, se aberto, fechado, fechando, abrindo.

É exatamente isso que caracteriza um sistema sequencial, ou seja, a ação a ser tomada depende do estado atual e da entrada naquele instante. Este e os próximos capítulos tratam de sistemas com essas características. Neste capítulo, discutiremos dois dos elementos essenciais para a evolução de sistemas sequenciais: temporizadores e contadores.

8.1 INSTRUÇÃO CONTADOR

Os contadores são blocos muito importantes, porque, na maioria das aplicações, os processos evoluem em função de eventos internos, como transcorrência de determinado tempo ou, ainda, de eventos externos, como a contagem de certo número de peças.

Existem três tipos básicos de contadores: crescente, decrescente e bidirecional.

8.1.1 CONTADOR CRESCENTE

A Figura 8.1 mostra o formato do bloco de função de um contador crescente da norma IEC 61131-3.

A Tabela 8.1 descreve os tipos de dados do contador crescente, de acordo com a referida norma.

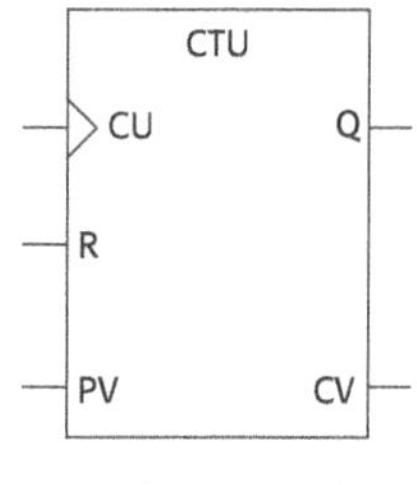

Figura 8.1 Símbolo contador crescente da norma IEC 61131-3.

Tabela 8.1 Tipos de dados para o contador crescente (IEC 61131-3)

Símbolo	Nome	Entrada/saída	Descrição	Tipo do dado
CU	COUNT UP	Entrada	Entrada de contagem crescente (borda de subida).	BOOL, R_EDGE
R	RESET	Entrada	Entrada de reset do contador (faz CV = 0).	BOOL
PV	PRESET VALUE	Entrada	Valor do limite superior desejado de contagem.	INT
CV	COUNTER VALUE	Saída	Contém o valor acumulado da contagem.	INT
Q	QUIT	Saída	É energizada quando CV >= PV.	BOOL

O bloco contador tem por função a contagem de eventos, isto é, transições falsas/verdadeiras na linha de controle.

O valor do limite superior de contagem desejado é fornecido à entrada PV (Preset value).

Quando a entrada CU detecta a mudança do nível lógico 0 para o nível 1 (borda de subida), o valor acumulado CV aumenta uma unidade. A saída binária Q será energizada quando o valor acumulado CV for igual ou maior do que o valor de PV.

A entrada R (booleana) corresponde à entrada de reinício de contagem (reset) do contador. Sempre que for a nível lógico 1, faz com que o valor CV seja igual a zero. Essa entrada é dominante; se estiver ativa, o valor de CV sempre será zero.

O diagrama de eventos é mostrado na Figura 8.2.

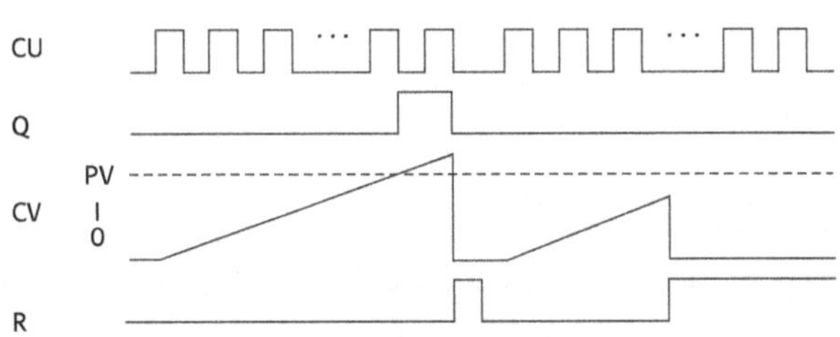

Figura 8.2 Diagrama de eventos para o contador crescente (CTU).

Atenção!

O aumento ou a diminuição de uma unidade no contador aparecem no jargão técnico da área como "incrementar" e "decrementar" respectivamente. Assim, "incrementar" significa fazer com que o valor de uma variável aumente uma unidade, enquanto "decrementar" significa diminuir uma unidade. Estes termos aparecem com frequência na literatura técnica referente aos contadores e temporizadores. Outros neologismos também são utilizados, como o contador é "resetado" ou, ainda, o contador é "zerado".

8.1.2 CONTADOR DECRESCENTE

O bloco funcional gráfico correspondente ao contador decrescente (CTD), da norma IEC 61131-3, é exibido na Figura 8.3.

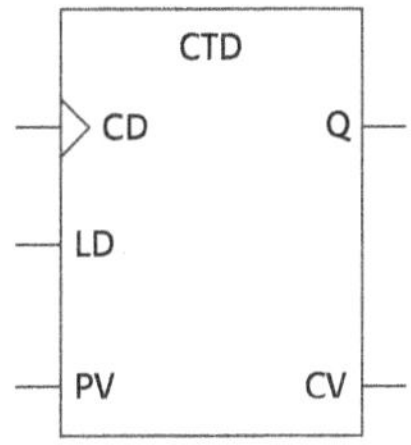

Figura 8.3 Símbolo gráfico do contador decrescente da norma IEC 61131-3.

A Tabela 8.2 descreve os tipos de dados do contador decrescente, de acordo com a referida norma.

Tabela 8.2 Tipos de dados para o contador decrescente (IEC 61131-3)

Símbolo	Nome	Entrada/saída	Descrição	Tipo do dado
CD	COUNT DOWN	Entrada	Entrada de contagem decrescente (borda de subida).	BOOL, R_EDGE
LD	LOAD	Entrada	Entrada de reinício do contador (faz CV = PV).	INT
PV	PRESET VALUE	Entrada	Valor desejado de contagem.	INT
CV	COUNTER VALUE	Saída	Contém o valor acumulado da contagem.	INT
Q	QUIT	Saída	É energizada quando CV <= 0.	BOOL

Quando a entrada LD recebe um valor verdadeiro (nível lógico 1), o valor presente em PV é transferido para CV (CV = PV).

A cada pulso recebido na entrada CD, o valor de CV é diminuído em uma unidade e a saída Q energizada (vai para o nível lógico 1) quando o valor de CV for menor ou igual a zero (CV <= 0).

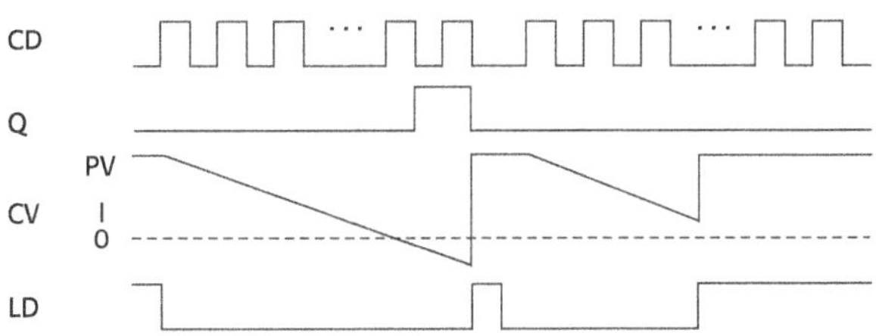

Figura 8.4 Diagrama de eventos para o contador decrescente (CTD).

8.1.3 CONTADOR BIDIRECIONAL

Em alguns controladores, a instrução de contador decrescente forma um par com a instrução de contador crescente, obtendo um contador bidirecional, ilustrado na Figura 8.5.

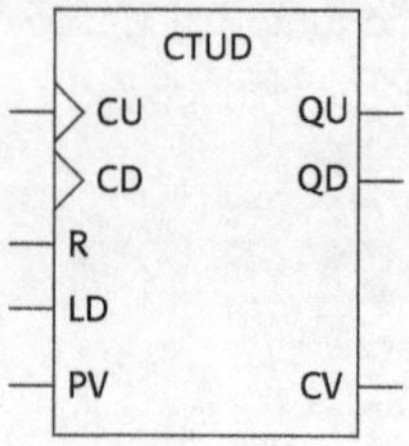

Figura 8.5 Símbolo gráfico do contador bidirecional da norma IEC 61131-3.

Esse contador é equivalente à reunião em um único bloco de ambas as funções descritas anteriormente.

Se for detectado um pulso na entrada de contagem crescente CU, o valor de CV será aumentado uma unidade. Da mesma forma, se CD receber um pulso, o valor de CV será diminuído uma unidade. A saída "limite superior" QU é ativada quando o valor acumulado CV for igual ou maior que o valor de PV. A saída "limite inferior" QD é ativada quando o contador chega em zero. A Figura 8.6 ilustra o diagrama de eventos do contador bidirecional.

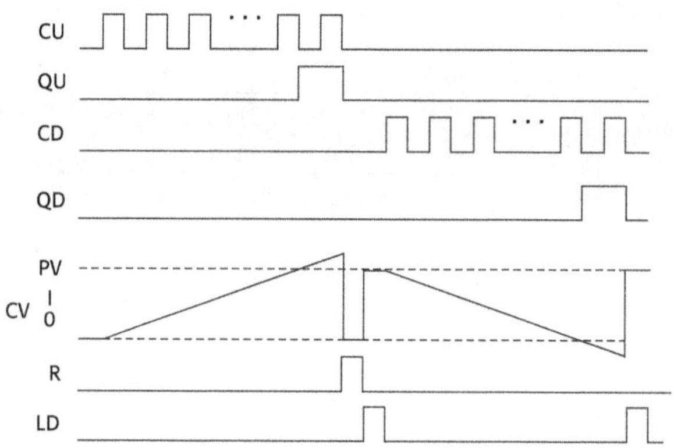

Figura 8.6 Diagrama de eventos do contador bidirecional (CTUD).

Atenção!

Ao utilizar qualquer um dos contadores, é necessário recarregar o valor desejado de contagem antes de iniciar um novo ciclo, ou seja, deve-se "resetar" o contador.

EXEMPLO 1

Em uma loja, deseja-se montar um contador automático de parafusos, separando-os em centenas. O sistema é composto de um reservatório do tipo funil, que contém os parafusos. Em sua extremidade mais fina, há uma válvula borboleta que, quando energizada, abre-se e permite a queda de parafusos um a um, e um sensor fotoelétrico que gera um pulso todas as vezes que um parafuso passa à sua frente. Após atingida a contagem de 100 parafusos, a válvula borboleta deve ser fechada. Elabore um programa em linguagem Ladder para atender a essa necessidade.

Solução 1: Implementação em controlador que segue a norma IEC 61131-3

No primeiro degrau, ao ser pressionado o botão liga (BTN_Liga), é ativada a bobina da válvula (VALV01), que é de autorretenção (set). Quando o sensor fotoelétrico (SENSOR01) detecta a passagem de um parafuso, envia um sinal ao bloco contador CU, que incrementa uma unidade ao valor de CV. Quando o valor de CV for igual ao valor pré-programado (PV) dado por VLR_CONT =100, a saída Q do bloco é ativada e vai desligar a válvula, pelo acionamento da bobina de reset da válvula. A implementação pode ser vista na Figura 8.7.

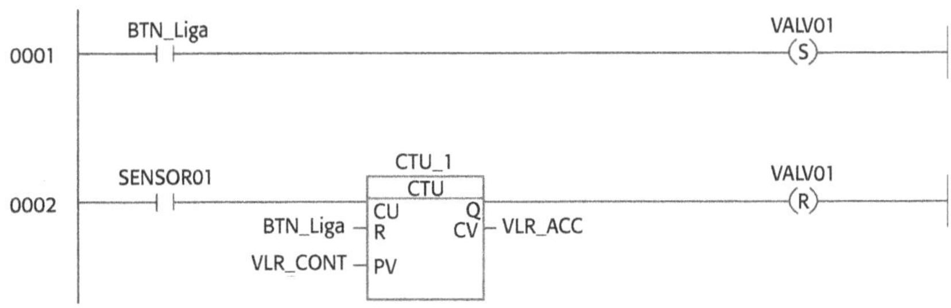

Figura 8.7 Implementação em um controlador que segue a norma IEC 61131-3 (A1 Soft).

Atenção!

O controlador utilizado, que segue a norma IEC 61131-3, chama-se EXPERT BF, sendo programado pelo software A1 Soft, distribuído pela Schneider Electric. Seu software de configuração pode ser obtido gratuitamente no link <http://www.schneider-electric.com.br>.

Solução 2: Implementação nos controladores Allen-Bradley (RSLogix500)

Como mencionado anteriormente, os controladores Allen-Bradley ainda não seguem a simbologia da norma IEC 61131-3. O bloco de contagem crescente (CTU) é descrito na Figura 8.8.

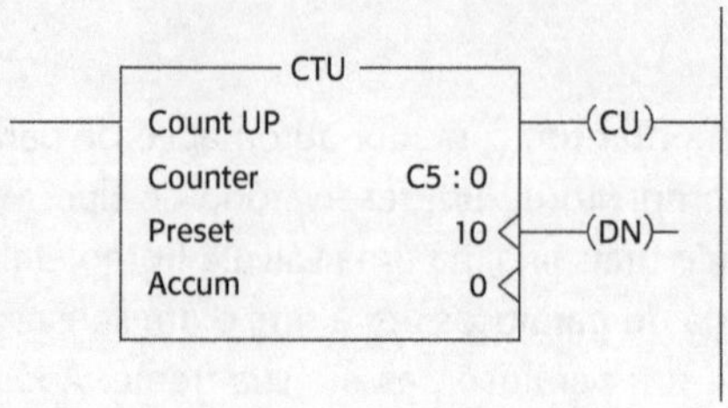

Figura 8.8 Contador crescente (Allen-Bradley).

Em que:

- **Counter:** apresenta o endereço do contador utilizado (neste caso, C5:0).
- **Preset:** indica o valor desejado de contagem (equivalente a PV na norma IEC).
- **Accum:** indica o valor atual da contagem (equivalente a CV na norma IEC).

O bit DN (equivalente ao bit Q na norma IEC) é levado a nível 1 quando o valor acumulado é igual ou maior que o valor pré-programado (Accum >= Preset), assim, esse bit é utilizado na forma de contato NA ou NF para ligar ou desligar outras saídas.

O reset do contador é feito externamente ao bloco, em uma bobina de reset, conforme a Figura 8.9.

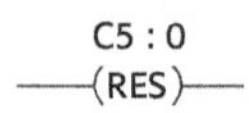

Figura 8.9 Instrução para repor o valor acumulado do contador em zero (reset) nos controladores Allen-Bradley.

A Figura 8.10 implementa o mesmo exemplo do contador de parafusos. No primeiro degrau, ao pressionar o botão liga, é ligada a válvula (0:0.0) a partir da instrução L (latch = set) e, simultaneamente, feito um reset do contador C5:0, ou seja, faz com que o valor acumulado seja igual a zero. No segundo degrau, a cada transição de zero para um (borda de subida) do sensor ligado à entrada I:0.1, aumenta-se uma unidade do valor acumulado (Accum) até que atinja o valor pré-programado (Preset), que, neste caso, é igual a 100. Quando a contagem atingir esse valor, o bit C5:0.DN vai para o nível lógico 1 e um contato associado a esse bit é ligado ao terceiro degrau, com a finalidade de desligar a válvula O:0.0 através do Unlatch (reset) da bobina.

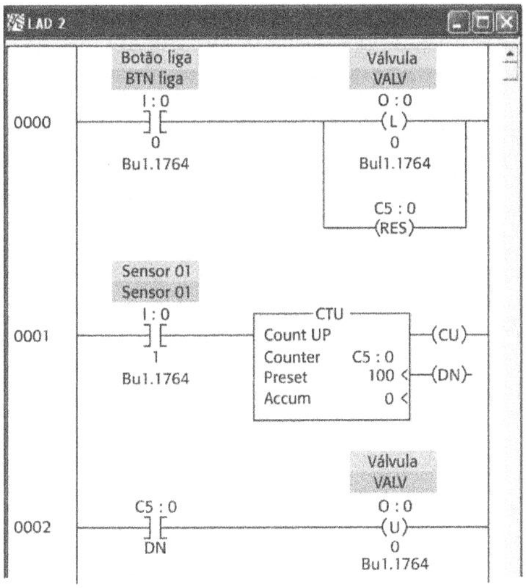

Figura 8.10 Implementação no software RSLogix500 (Allen-Bradley).

Solução 3: Implementação no Zelio Soft 2

Os blocos contadores no Zelio Soft 2 também não seguem a recomendação gráfica da norma IEC 61131-3. A implementação do exemplo anterior é mostrada na Figura 8.11. A bobina de contagem é CC1 e o contato indicador de contagem atingida é C1.

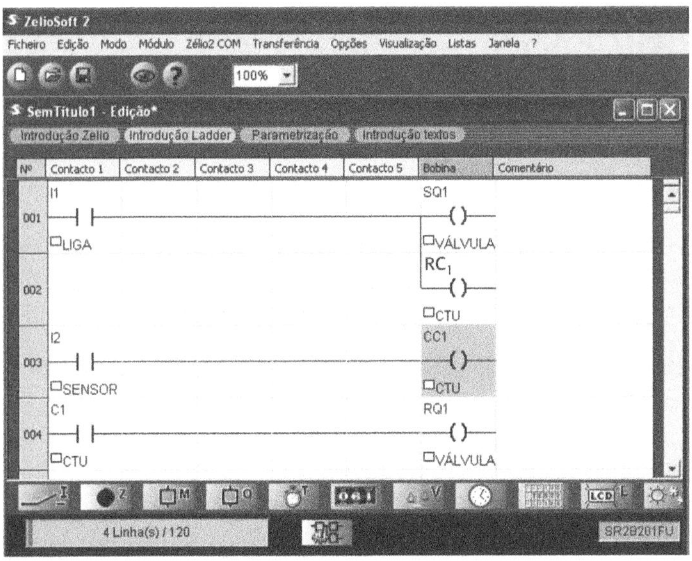

Figura 8.11 Implementação com o software Zelio Soft 2.

A parametrização do bloco é feita off-line com um duplo-clique na bobina do contador, quando, então, é mostrada a tela da Figura 8.12.

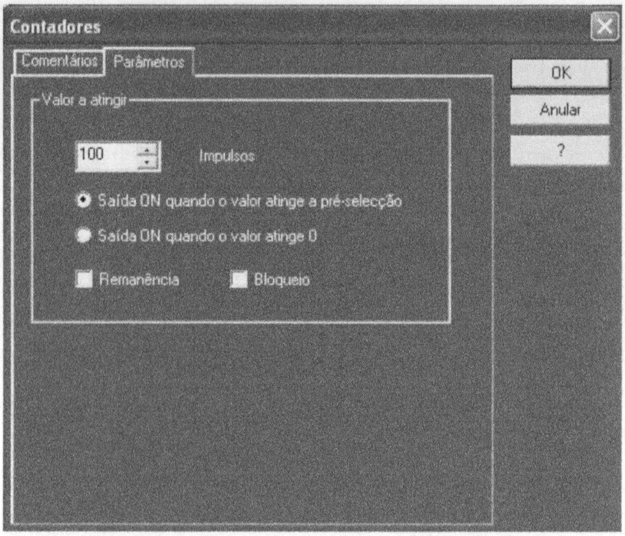

Figura 8.12 Implementação com o software Zelio Soft 2.

8.2 TEMPORIZADORES

A instrução temporizadora realiza a mesma função do relé de tempo dos comandos elétricos. Geralmente, são habilitados por contatos NA ou NF e, quando o valor do tempo decorrido se iguala ao valor prefixado, o temporizador energiza um bit interno, que indica que já transcorreu o tempo pré-programado. Esse bit normalmente é representado como um contato NA ou NF e pode ser utilizado para energizar ou desativar uma instrução de saída.

Cada instrução de temporização tem dois registros associados, que devem armazenar o valor pré-selecionado e o valor acumulado. Esses registros são definidos da seguinte forma:

- **Valor pré-selecionado (PT – Preset Time):** deve ser definido pelo usuário; indica o intervalo de tempo desejado.
- **Valor acumulado (ET – Elapsed Time):** armazena o valor de tempo decorrido desde a habilitação do temporizador, isto é, a energização da bobina do temporizador.

A Figura 8.13 ilustra um bloco genérico, no qual observamos posições ou células que devem ser definidas pelo programador na configuração do bloco.

A Tabela 8.3 descreve os tipos de dados do bloco temporizador, conforme a norma IEC 61131-3.

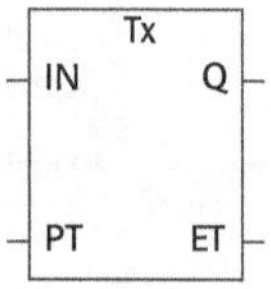

Figura 8.13 Bloco temporizador genérico (IEC 61131-3).

Tabela 8.3 Tipos de dados para o bloco temporizador (IEC 61131-3)

Nome	Significado	Entrada/saída	Descrição	Tipo do dado
IN	Enable	Entrada	Bobina de energização do temporizador.	BOOL
PT	Preset Time	Entrada	Programação do tempo desejado.	TIME
ET	Elapsed Time	Saída	Valor do tempo decorrido.	TIME
Q	Quit	Saída	Energizada quando ET = PT.	BOOL

A base de tempo também pode variar de acordo com o controlador. Alguns permitem a seleção na instrução e outros mantêm uma base de tempo fixa. Normalmente, a base de tempo é definida entre 0.01, 0.1 e 1 segundo. Alguns fabricantes determinam a base de tempo conforme o endereço do temporizador. Por exemplo, para os CLPs S7-200 da Siemens os valores são:

Tabela 8.4 Base de tempo – CLP S7-200 (Siemens)

Resolução	Tempo máximo	Endereços
1 ms	32,767 s	T32, T96
10 ms	327,67 s	T33-T36, T97-T100
100 ms	3276,7 s	T37-T63, T101-T255

Isso significa que, se for utilizado o temporizador T35 nos CLPs S7-200 e o valor de PV for igual a 100, tem-se uma temporização de 1 segundo (100 • 10 ms).

Existem três instruções de temporização na norma IEC 61131-3:

- **TP (Pulse Timer):** temporizador de pulso.
- **TON (Timer On Delay):** retardo para ligar.
- **TOF (Timer Off Delay):** retardo para desligar.

8.2.1 TP – TEMPORIZADOR DE PULSO (PULSE TIMER)

O diagrama de tempos pode ser visto na Figura 8.14.

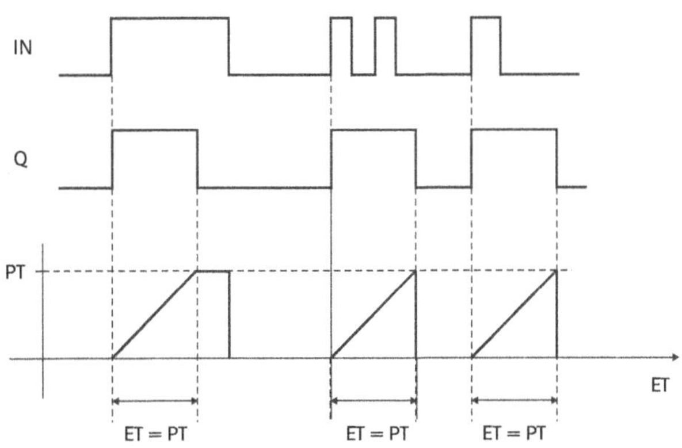

Figura 8.14 Diagrama de tempos para o Temporizador de Pulso (TP).

O funcionamento é o seguinte: quando a entrada IN passa de falsa para verdadeira (borda de subida), a saída Q vai para o nível lógico 1 e assim permanece até que se esgote o tempo programado (PT). Uma vez detectada a borda de subida na entrada IN, o tempo em que a saída permanece ligada é fixo, independentemente de a entrada IN continuar ou não ligada. Note que as variações na entrada IN só serão detectadas depois que o período atual estiver esgotado.

EXEMPLO

Um misturador deve ser ligado por dez segundos quando o usuário pressionar um botão de contato momentâneo.

Solução

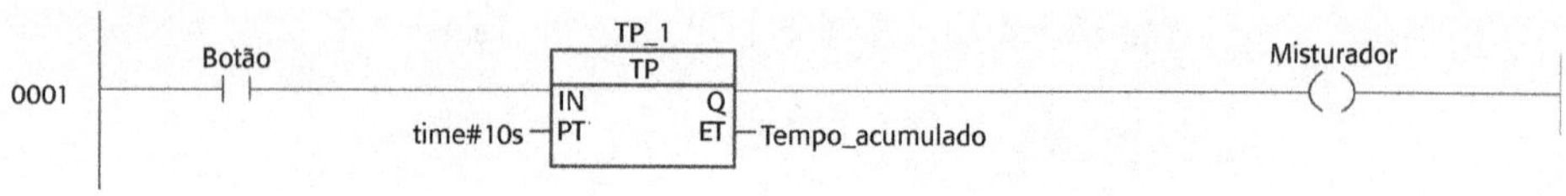

Figura 8.15 Controlador que segue a IEC 61131-3 (A1 Soft).

8.2.2 TEMPORIZADOR COM RETARDO PARA LIGAR (TON – TIMER ON DELAY)

A temporização começa quando o sinal na entrada IN vai para o nível lógico 1. Depois dessa ocorrência, o registro que contém o valor acumulado ET é incrementado segundo a base de tempo. Quando o valor ET for igual ao valor PT, pré-selecionado, a saída Q do bloco é energizada. O diagrama de tempos correspondente pode ser visto na Figura 8.16.

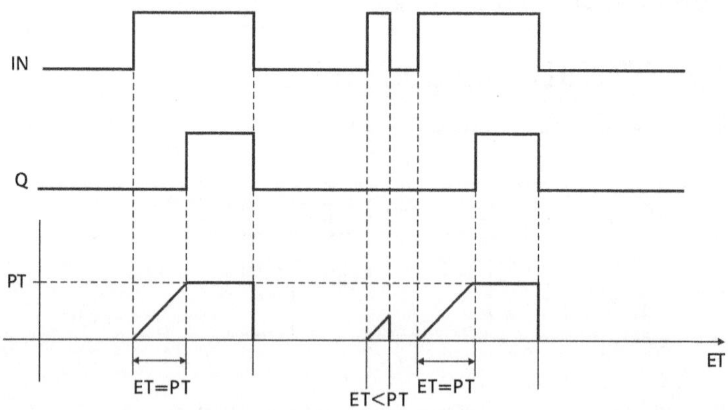

Figura 8.16 Diagrama de tempos para o temporizador com retardo para ligar (TON).

Se a entrada for desativada antes de decorrido o tempo programado (PT), a temporização para e o tempo acumulado (ET) é reiniciado com o valor zero.

EXEMPLO

Desenvolva um programa de forma que o motor seja acionado dez segundos após ter sido pressionado um botão liga. É preciso prever o desligamento por meio de um botão desliga.

Solução 1: Com um controlador que obedece à norma IEC 61131-3

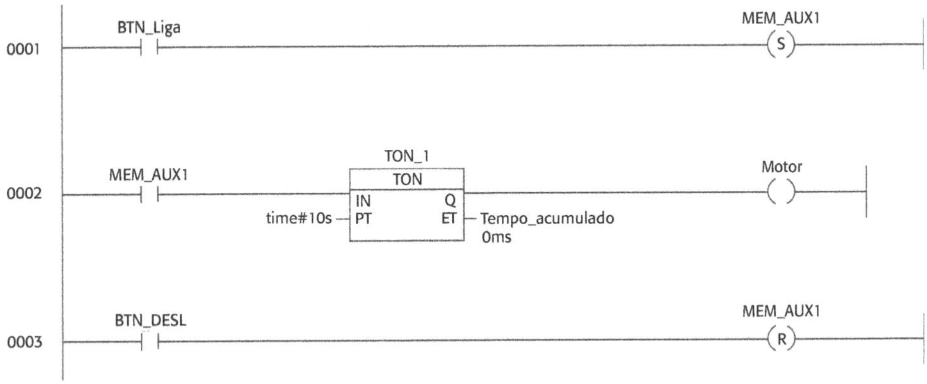

Figura 8.17 Solução com um CLP que segue a norma IEC 61131-3 (A1 Soft).

A Figura 8.17 mostra a solução implementada. O botão liga é de contato momentâneo, portanto, devemos memorizar seu pressionamento. Isso é feito a partir do relé auxiliar MEM_AUX1 (linha 1) do tipo trava (set). O contato de MEM_AUX1 vai ligar o temporizador TON_1, que está programado para ser do tipo TON com retardo de dez segundos. Quando tiver decorrido o tempo programado, a saída Q vai acionar o motor (linha 2). O motor vai permanecer ligado até que o botão BTN_DESL seja pressionado, quando então a bobina do relé auxiliar MEM_AUX1 é desativada (reset) e para de alimentar a entrada IN de TON_1 que desativa a saída Q, desligando o motor.

Solução 2: Com o Zelio Soft 2

A Figura 8.18 mostra a solução implementada. O botão liga é de contato momentâneo, portanto, devemos memorizar seu pressionamento. Isso é feito por meio do relé auxiliar M_1 (linha 1). O contato de M_1 vai ligar o temporizador TT_1, que está programado para ser do tipo TON com retardo de dez segundos (Figura 8.19). Quando tiver decorrido o tempo programado, o contato de T_1 vai ligar a saída Q_1 que acionará o motor (linha 3). O motor vai permanecer ligado até que o botão desliga seja pressionado, quando então a bobina do relé auxiliar M_1 é desativada (reset) e para de alimentar a entrada de TT_1 que deixará de manter a bobina Q_1, desligando o motor.

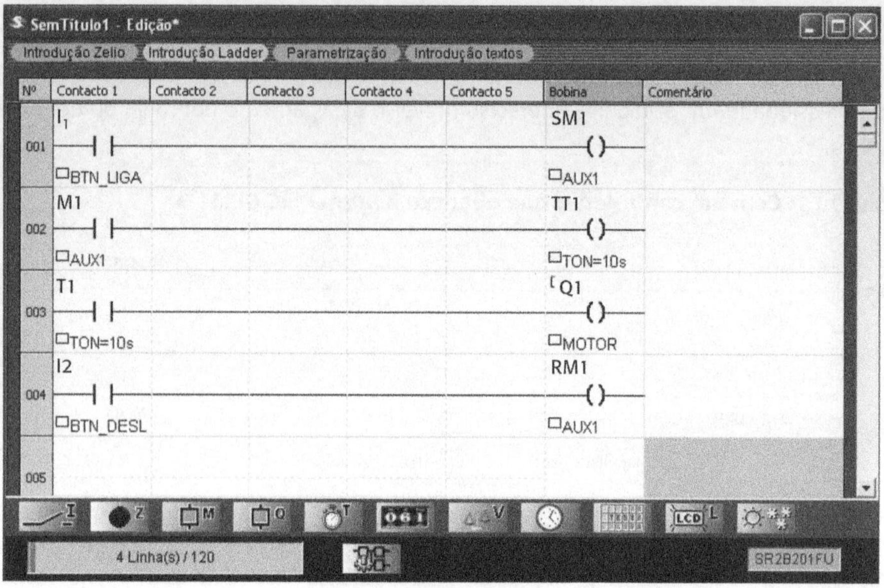

Figura 8.18 Implementação no software Zelio Soft 2 do exemplo.

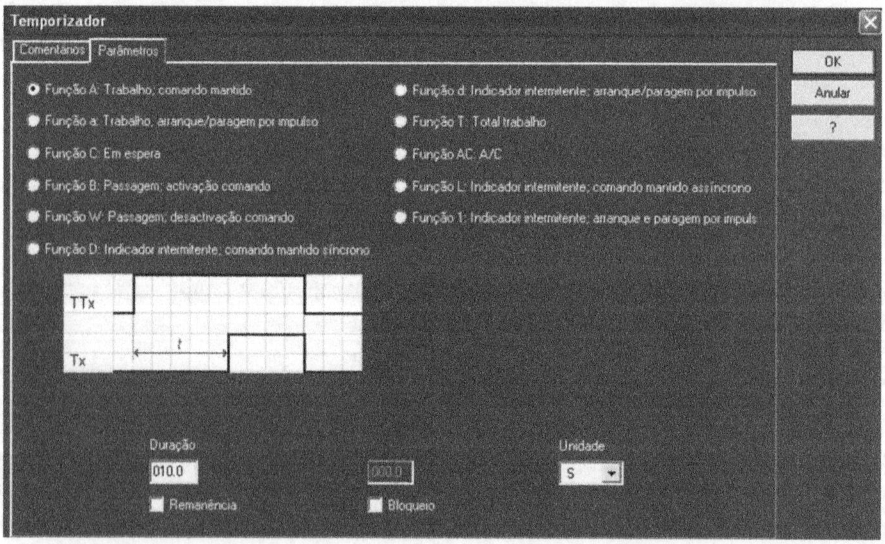

Figura 8.19 Configuração do temporizador TT1 no modo TON de dez segundos no Zelio Soft 2.

8.2.3 TEMPORIZADOR TON – NOS CONTROLADORES ALLEN-BRADLEY

Nos controladores Allen-Bradley, da linha Micrologix, o bloco de instrução de retardo para ligar (TON) é mostrado na Figura 8.20.

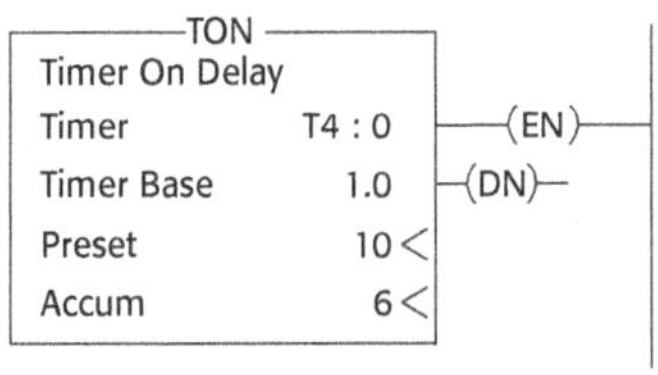

Figura 8.20 Exemplo de instrução do temporizador com retardo para ligar nos controladores Micrologix (Allen-Bradley).

Os temporizadores possuem quatro parâmetros a serem definidos:

- **Timer:** indica o endereço do temporizador.
- **Time Base:** unidade na qual será feito o incremento da contagem de tempo em segundos. As bases de tempo são 1 s, 0.1 s e 0.001 s.
- **Preset:** número de intervalos a serem temporizados.
- **Accum:** número de intervalos temporizados que transcorreram até o momento.

Enquanto a linha de energização da bobina do temporizador for verdadeira, o temporizador vai incrementar o valor acumulado até atingir o valor do Preset. A qualquer tempo, se a linha de energização da bobina do temporizador se tornar falsa, o valor acumulado é reiniciado com zero.

A função temporizadora trabalha com bits de controle auxiliar que indicam se o temporizador está energizado (T4:0/EN), se o temporizador está temporizando e ainda não chegou ao tempo pré-programado (T4:0/TT) ou se o tempo pré-programado já foi atingido (T4:0/DN).

Um exemplo de diagrama de tempo com o funcionamento do temporizador com retardo para ligar está na Figura 8.21, em que: temporizador = T4:0; Time Base = 1 s; Preset = 60.

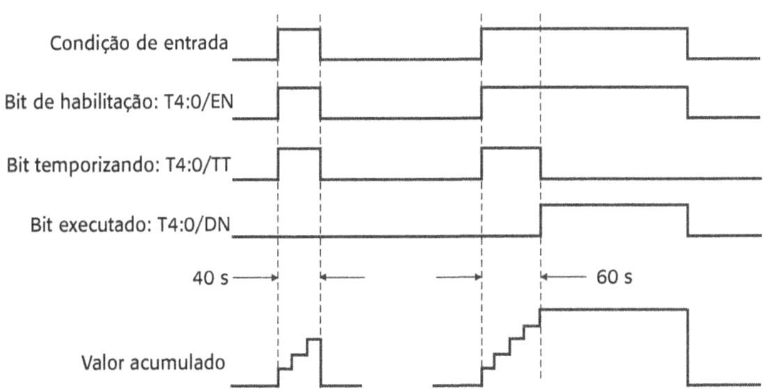

Figura 8.21 Diagrama de tempos de um temporizador.

A Figura 8.22 implementa o exemplo anterior, em que o motor deve ser ligado após dez segundos de um botão ter sido pressionado.

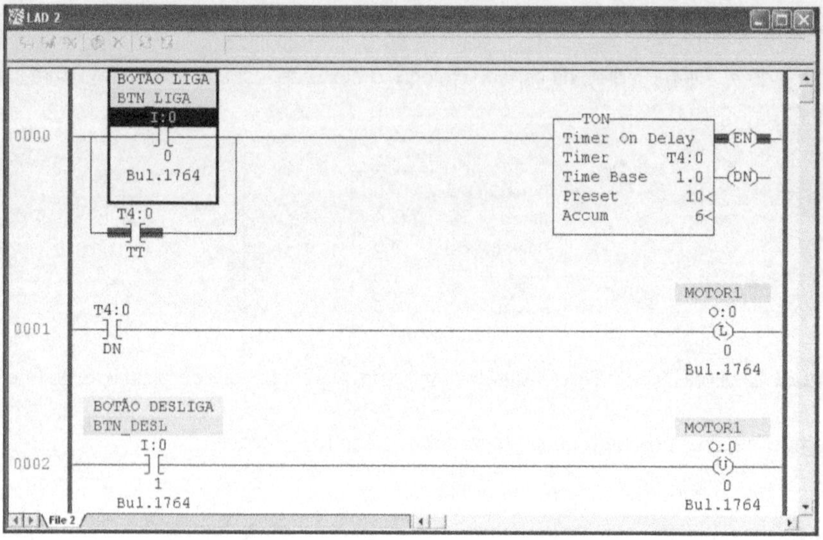

Figura 8.22 Implementação no RSLogix500 (Allen-Bradley).

Quando o botão liga é pressionado (conectado à entrada I:0/0), é energizado o temporizador (T4:0) que habilita o bit T4:0/TT, selando a entrada do temporizador. Nesse momento, T4:0 inicia a contagem de tempo. Depois de dez segundos, o bit T4:0/DN é energizado, habilitando a saída O:0/0 ao mesmo tempo em que o bit T4:0/TT é desabilitado, liberando o selo. Para desligar o motor, deve-se pressionar o botão desliga conectado à entrada I:0/1.

8.2.4 TEMPORIZADOR DE ATRASO PARA DESLIGAR (TOF – TIMER OFF DELAY)

A contagem do tempo começa quando a entrada IN passa de verdadeira para falsa (borda de descida) e a saída lógica Q permanece com nível lógico 1 até que o tempo previamente programado se esgote. A Figura 8.23 apresenta o diagrama de tempos para esse tipo de temporizador.

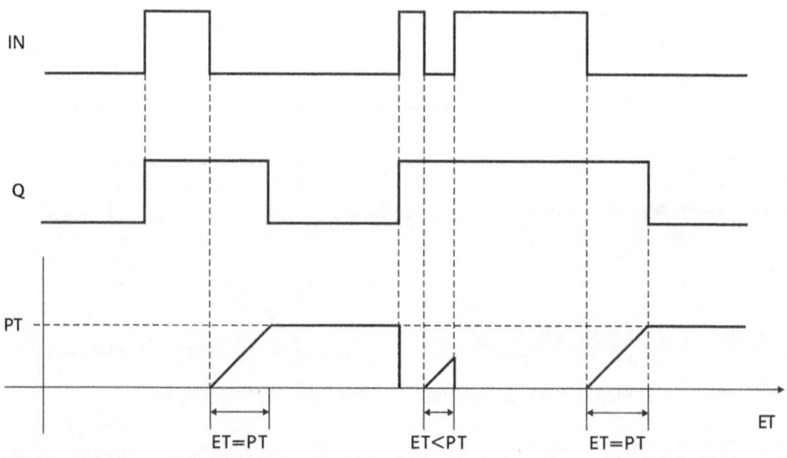

Figura 8.23 Diagrama de tempos para o temporizador com retardo para desligamento (TOF).

EXEMPLO

Faça uma partida direta de motor e coloque uma lógica de programação que impeça o motor de partir duas vezes seguidas no período de dez segundos, utilizando um temporizador do tipo TOF.

Solução 1: em STEP7-S7-200 (Siemens)

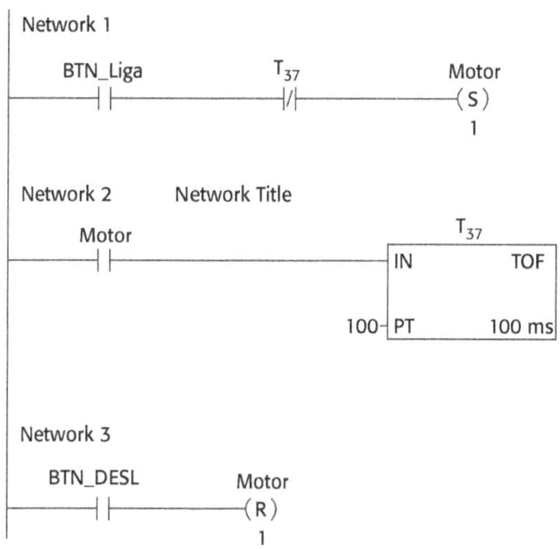

Figura 8.24 Solução implementada em CLP S7-200 da Siemens.

Uma possível solução é vista na Figura 8.24. Inicialmente o temporizador T_{37} está desligado, portanto, permite que a bobina que liga o motor seja energizada quando o botão liga é pressionado. Após o motor entrar em operação, o contato de T_{37} é energizado, abrindo o circuito que leva até a bobina de set, e permanece assim por mais dez segundos após o motor ter sido desligado. Observe que o temporizador T_{37} tem resolução de 100 ms e o valor de PT é o multiplicador. Assim o valor do tempo é 10.000 ms = 10 segundos.

Solução 2: em Zelio Soft 2

O temporizador TT_1 é configurado para TOF, conforme o diagrama de tempos da Figura 8.25.

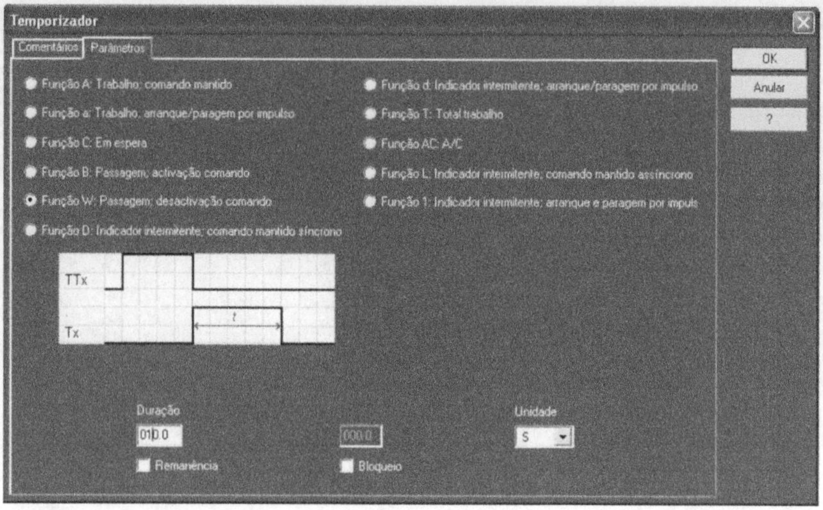

Figura 8.25 Configuração do temporizador TT_1 no modo TOF de dez segundos no Zelio Soft 2.

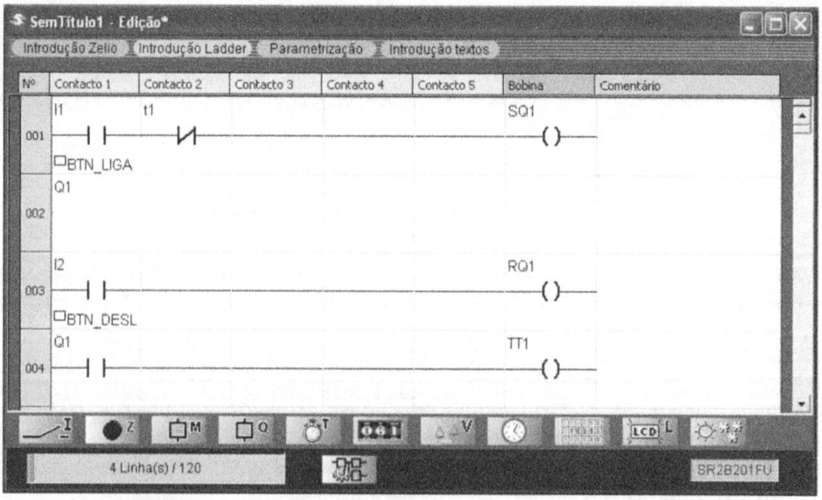

Figura 8.26 Solução para o exemplo implementado em Zelio Soft 2.

O contato de T_1 só é ativado quando a bobina de TT_1 deixa de ser energizada, o que corresponde ao instante em que o motor é desligado. Quando isso ocorre, o contato fechado T_1 colocado em série com o botão ligado à entrada I_1 abre-se e só vai permitir que a bobina Q_1 seja energizada após ter decorrido o tempo pré-programado (dez segundos).

8.2.5 TEMPORIZADOR TOF – RSLOGIX500 (ALLEN-BRADLEY)

A instrução temporizador com retardo para desligar (TOF) é parecida com a instrução temporizador com retardo para ligar (TON), mas com a seguinte diferença: a instrução TOF começa a temporizar um intervalo de tempo assim que as condições de entrada se tornam falsas, conforme pode ser observado na Figura 8.27 entre os instantes "a" e "b".

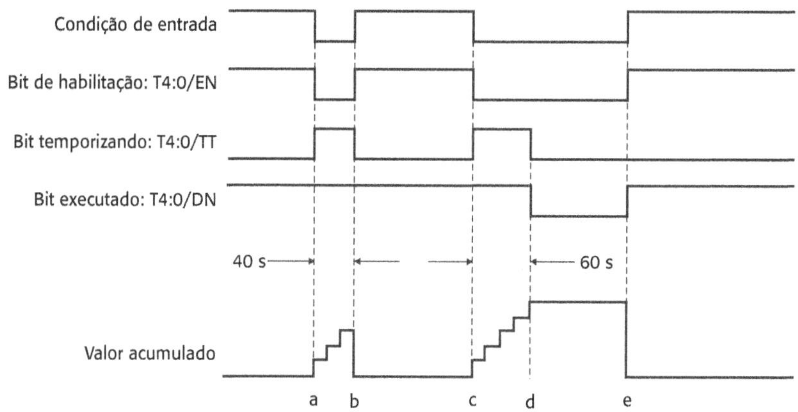

Figura 8.27 Exemplo de um diagrama de tempos para o temporizador com retardo para desligar no software RSLogix500 (Allen-Bradley).

- **O bit executado – DN:** é energizado quando as condições de entrada são verdadeiras (instantes anteriores a "a"); quando as condições de linha se tornam falsas, o bit DN permanece energizado até que o valor acumulado se iguale ao valor predefinido (instante "d"). Nesse momento, o bit DN é desativado.

  O valor acumulado é zerado quando as condições de entrada se tornam verdadeiras (instantes "b" e "e").
- **O bit de habilitação – EN:** é energizado quando as condições de linha são verdadeiras (eventos "b" e "d") e desativado quando as condições são falsas (instantes "a" e "c").
- **O bit temporizando – TT:** é energizado quando as condições de linha são falsas e o valor acumulado é menor do que o valor predefinido (instantes entre "a" e "b" e entre "c" até "d"). Quando o valor acumulado se torna maior ou igual ao valor predefinido, a contagem para e o bit TT é desativado (instante "d").

EXEMPLO

Implementar o exemplo anterior no software RSLogix500 (Allen-Bradley).

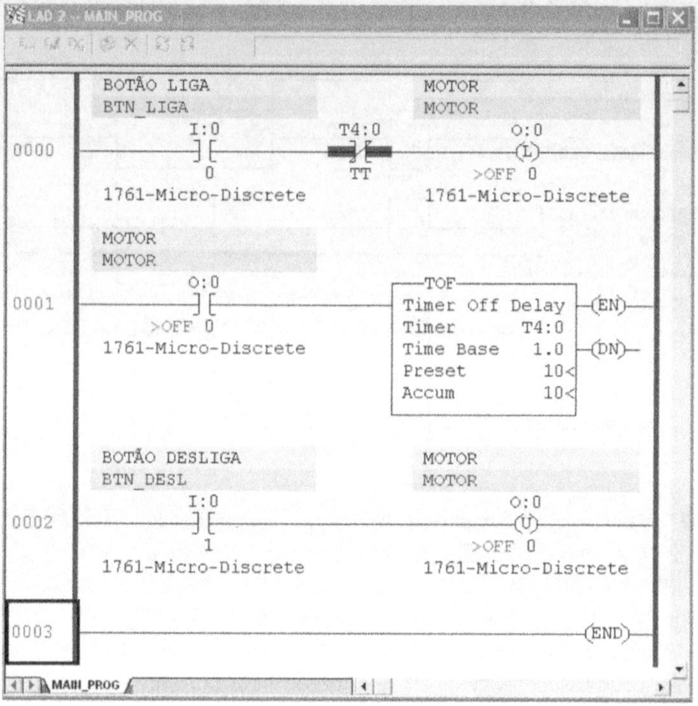

Figura 8.28 Solução do exemplo, implementada para RSLogix500 (Allen-Bradley).

Solução

A Figura 8.28 mostra uma possível solução implementada para os controladores da linha SLC500 que utilizam o software da Allen-Bradley. Nesse caso, o contato NF do temporizador TOF de dez segundos é colocado em série com o botão liga. Assim, toda vez que o motor for desligado, começa a contar um tempo de dez segundos. Durante esse tempo, o bit T4:0/TT fica em nível 1, impedindo que o motor possa ser ligado.

8.2.6 TEMPORIZADOR RETENTIVO (RTO)

A instrução de temporizador retentivo, de maneira semelhante à instrução TON, é utilizada para energizar ou desativar um dispositivo, assim que for alcançado o Preset.

Essa instrução retém seu valor acumulado quando ocorrer qualquer uma das condições a seguir:

1. as condicionantes da linha passarem a ser falsas;
2. quando o CLP for colocado em modo de programação (PROG);

3. ocorrer falta de energia, desde que seja mantida a energia de backup da memória RAM.

Para que o valor acumulado do temporizador retorne a zero, deve-se utilizar a instrução de reset RES.

EXEMPLO 1

Para iniciar o processo, deve ser pressionado o botão BTN_LIGA. Antes da partida do motor M_1, seus mancais precisam ser lubrificados durante dez segundos por meio da ligação de uma bomba de óleo. Depois que o motor partiu, deve-se continuar a lubrificar por mais 15 segundos. Quando o motor M_1 totalizar três horas de funcionamento, é preciso desligá-lo para trocar o filtro. Após a troca, ao dar partida novamente, o tempo total deve ser reinicializado. O motor pode ser desligado por meio de um botão DESLIGA, que é do tipo NA.

Solução

A Figura 8.29 mostra a solução implementada no RSLogix500 (Allen-Bradley).

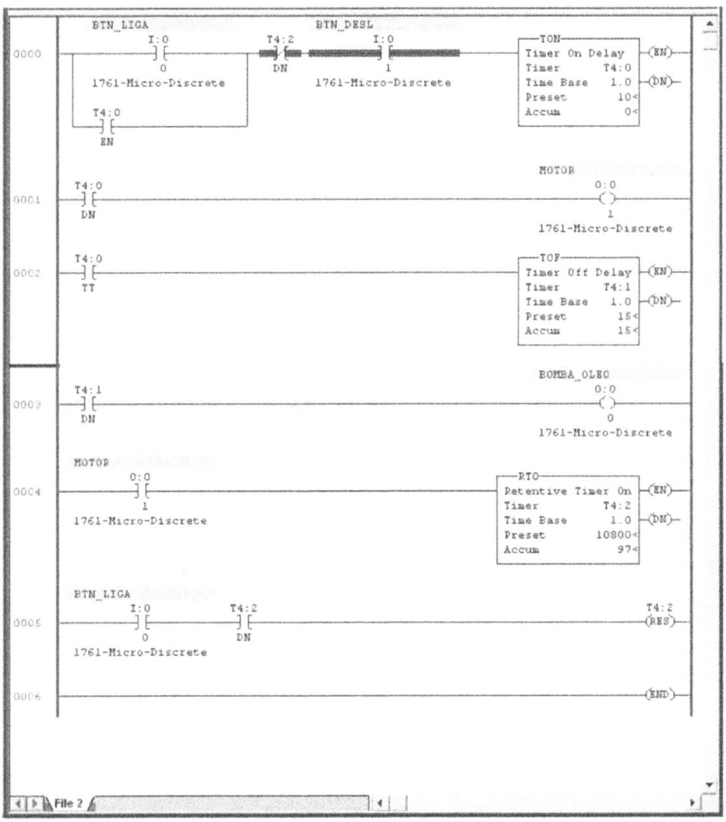

Figura 8.29 Implementação com RSLogix500 (Allen-Bradley).

EXEMPLO 2

Para consolidar os conhecimentos adquiridos no capítulo, apresenta-se um exemplo resolvido utilizando os itens descritos anteriormente.

Para resolver o problema a seguir, observe a Figura 8.30. Ao pressionar um botão de partida BTN_LIGA é ligado um motor M_1, que comanda uma esteira que vai transportar chapas metálicas. O sensor SENSOR1 detecta as chapas que são depositadas na esteira M_2. A cada 20 peças a esteira M_1 deve parar e acionar o motor M_2 por cinco segundos. O motor M_2 comanda a esteira que transporta as pilhas completas. O contador é reiniciado com o valor zero e o processo se repete até que um botão DESLIGA seja pressionado.

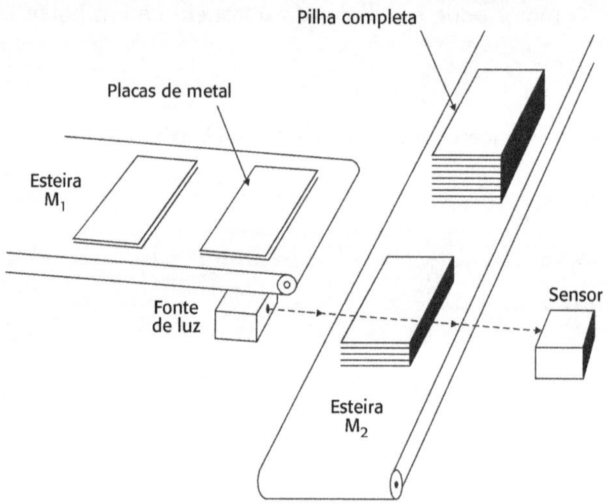

Figura 8.30 Diagrama do exemplo aplicado.

Solução 1: implementação utilizando S7-200 (Siemens)

Veja a Figura 8.31. No primeiro degrau (Network 1), ao ser pressionado o botão liga, é ligado o motor M_1 ao mesmo tempo em que se desliga o motor M_2. No segundo degrau o contador C_5, que é do tipo crescente (CTU), programado para contagem de 20 unidades, incrementa seu valor a cada fechamento do contato do sensor 1 (SENSOR1).

No terceiro degrau (Network 3), o contato C_5 é fechado quando o contador C_5 atinge 20 unidades, fazendo com que seja desligado o motor M_1, ligado o motor M_2 e iniciado um temporizador do tipo TON programado para cinco segundos.

Quando tiver decorrido esse tempo, o contato de T_{101} vai desligar o motor M_2 e ligar o motor M_1 (Network 1) e, simultaneamente, reiniciar o contador com o valor zero (Network 2).

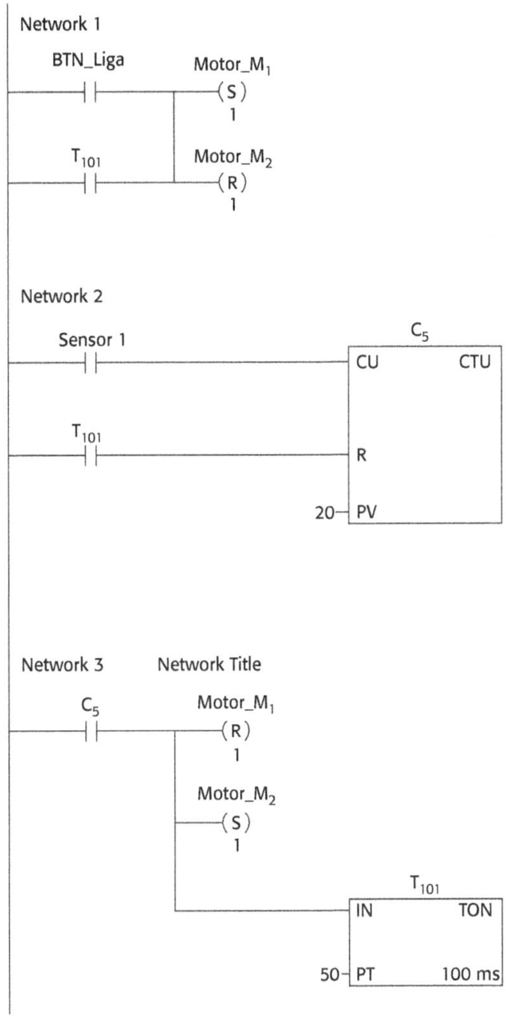

Figura 8.31 Implementação em S7-200 Siemens.

Solução 2: implementação utilizando o Zelio Soft 2

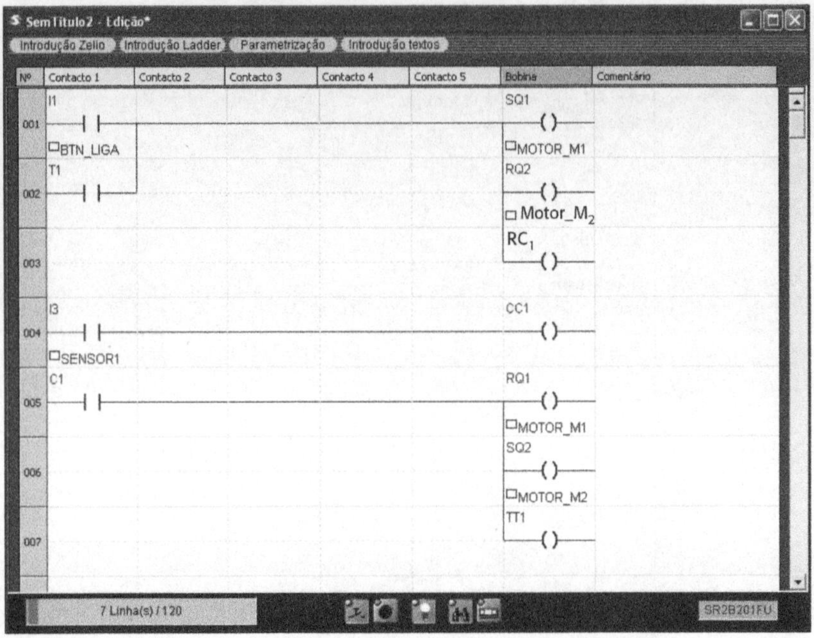

Figura 8.32 Solução do exemplo 2 implementado no Zelio Soft 2.

No circuito da Figura 8.32, ao pressionar o BTN_LIGA, é ligada a bobina do motor M_1 (SQ_1), desligada a bobina do motor M_2 (RQ_2) e reiniciado o contador C_1 (RC_1). Na linha 4, o SENSOR1 envia pulsos para o contador CC_1. Na linha 5, quando o contador tiver contado 20 peças, o contato C_1 é fechado e vai fazer com que o MOTOR_M_1 seja desligado, o MOTOR_M_2 seja ligado e o temporizador TT_1 seja ligado. O temporizador está programado para cinco segundos e é do tipo TON (retardo para ligar). Quando tiver decorrido o tempo programado, o contato T_1 (na linha 2) é fechado e vai recomeçar o ciclo.

Solução 3: implementação utilizando o RSLogix500 (Allen-Bradley)

A Figura 8.33 ilustra o mesmo exemplo, implementado para os controladores da linha SLC500, da Allen-Bradley.

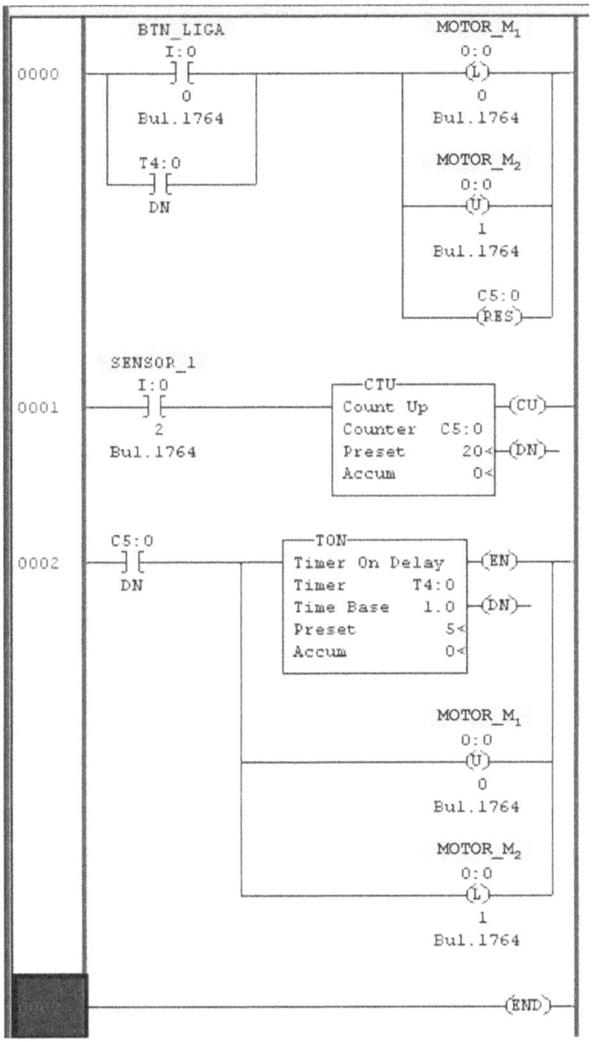

Figura 8.33 Implementação do exemplo 2 no RSLogix500 (Allen-Bradley).

ATIVIDADES DE FIXAÇÃO

1. Um motor (Motor 1) somente pode ser ligado após uma botoeira de impulso (push-button – Liga) ser acionada três vezes. Deve ser prevista também uma segunda chave de pulso (Desliga) para zerar o contador e iniciar o processo de contagem novamente.
2. Elabore em linguagem Ladder um programa para acionar dois motores elétricos (Motor 1 e Motor 2) de modo que, após o Motor 1 ser ligado por meio de uma botoeira de impulso (push-button – Liga), aguardem-se dez segundos e o Motor 2 seja ligado. Também deve ser prevista uma chave (Desliga) que desliga simultaneamente os dois motores.
3. Elabore um programa para o acionamento de dois motores, Motor 1 e Motor 2. Pressionando a botoeira de impulso (push-button – Liga), o Motor 1 entra em funcionamento. O Motor 2 entra em funcionamento 15 segundos após o Motor 1. O botão DESLIGA deve desligar os dois motores ao mesmo tempo. O relé de sobrecarga do Motor 2 desliga somente o Motor 2, porém o relé de sobrecarga do Motor 1 desliga os dois motores.
4. Elabore um programa em linguagem Ladder para que o CLP ligue uma lâmpada (L1) quando o número de pulsos dados em uma botoeira de impulso (push-button – Liga) for igual a 3, em um tempo não superior a dez segundos. Se o tempo for maior do que dez segundos, deve-se zerar o contador automaticamente. Deve ser prevista uma chave de pulso (Desliga) para desligar a lâmpada.
5. Um misturador de tintas utiliza dois motores (Motor 1 e Motor 2) para homogeneizar a mistura das tintas, os quais devem ser ligados alternadamente em um intervalo de tempo definido de 30 segundos. Deve ser prevista uma chave desliga para interromper o funcionamento. Implemente esse acionamento utilizando a linguagem Ladder.
6. Para a segurança do operador, o acionamento de uma prensa hidráulica deve ser realizado quando forem pressionadas duas chaves simultaneamente. O acionamento é feito de maneira que, quando for acionada a primeira chave, não possa transcorrer mais do que um segundo até que a segunda chave seja acionada. A prensa deve parar imediatamente se o operador retirar uma das mãos das chaves. Para a resolução deste problema, elabore um programa em linguagem Ladder.
7. Uma das chaves de partida mais utilizadas na indústria é a estrela-triângulo, como mostra a Figura 8.34. Ela tem por função reduzir a corrente de partida do motor. Para essa chave de partida são utilizados três contatores, que devem ser acionados na sequência:
   - ligam-se os contatores K_3 e K_1;
   - após transcorridos dez segundos, desliga-se K_3 e liga-se K_2.

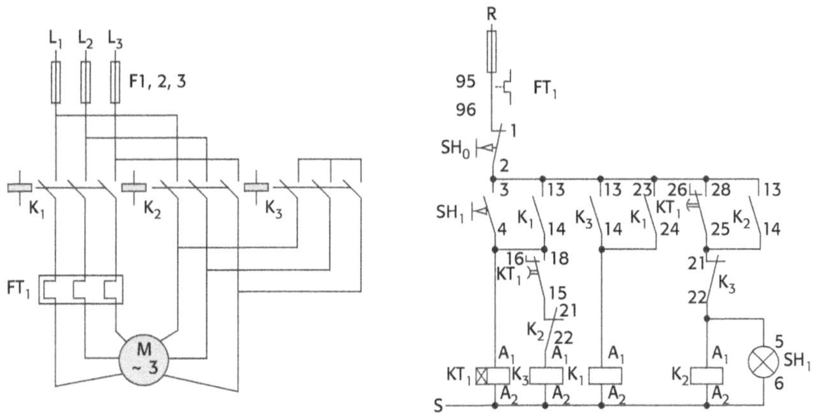

Figura 8.34 Chave de partida estrela-triângulo.

8. Quando o botão Início é acionado, o motor (M) se move da esquerda para a direita. Quando o sensor de posição SP2 detecta o motor, o motor aguarda cinco segundos, então se move para a esquerda. Quando o sensor SP1 detecta o carro, ele o para, finalizando a sequência. O processo pode ser interrompido a qualquer instante se o botão de Parada for pressionado.

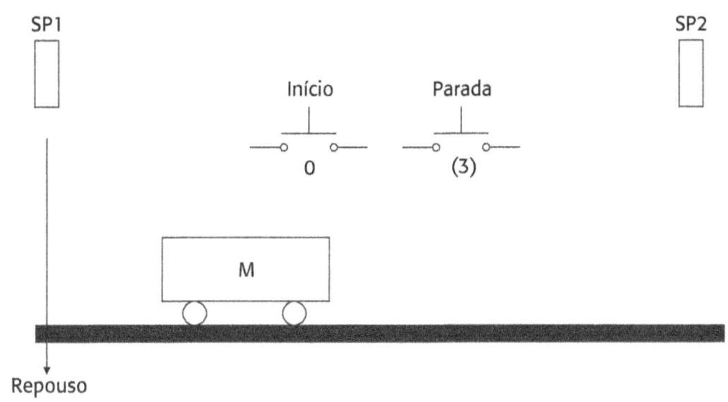

Figura 8.35 Acionamento de carro sequencial.

Represente o processo descrito utilizando a linguagem Ladder.

9. Um circuito de controle é utilizado para detectar e contar o número de produtos transportados em uma linha de montagem, como mostra a Figura 8.36. Para iniciar o processo, é pressionado o botão liga para acionar uma esteira de transporte. Um sensor é utilizado para a contagem dos produtos. Quando forem contados cinco produtos, deve ser acionada uma prensa por um período de dois segundos, sendo o transporte dos produtos reiniciado. Deve ser previsto um botão de parada para finalizar o processo. Implemente o processo descrito utilizando a linguagem Ladder.

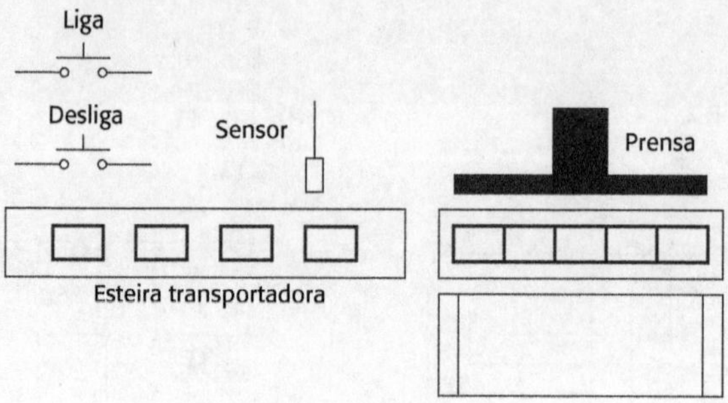

Figura 8.36 Prensa industrial.

VARIÁVEIS ANALÓGICAS

9

Embora as entradas e as saídas digitais sejam largamente utilizadas nos CLP, elas não conseguem ser utilizadas em todas as aplicações que a indústria demanda.

As interfaces de entrada e saída analógicas são essenciais quando o controlador precisa lidar com sinais contínuos em aplicações como controle de temperatura, pressão, vazão, entre outros.

9.1 SINAIS DE ENTRADA ANALÓGICOS

Cartões de entrada analógicos (Figura 9.1) são utilizados em aplicações em que o sinal vindo dos sensores é contínuo e possui um infinito número de estados, diferentemente dos sinais digitais que possuem somente dois estados (0 e 1).

A medição de temperatura é um exemplo clássico de sinal analógico, pois sofre contínuas variações por quantidades infinitesimais. Assim, uma mudança de 22 °C para 23 °C não é apenas a mudança de 1 °C e, sim, um infinito número de pequenas mudanças de frações de grau.

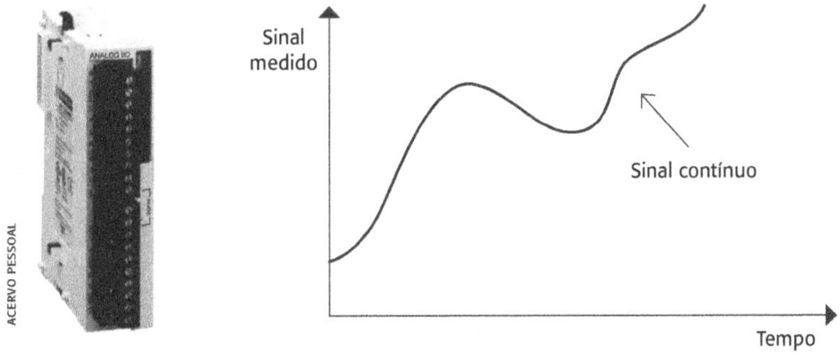

Figura 9.1 Cartão de entrada analógica sinal contínuo no tempo.

Os CLPs, como outros controladores, são sistemas discretos que somente entendem valores discretos (1 e 0), portanto, não conseguem interpretar sinais analógicos na forma contínua. Eles necessitam de cartões de entrada analógica para converter os sinais analógicos contínuos em valores discretos, de forma que possam ser interpretados por seus processadores.

9.1.1 INTEGRAÇÃO DE SINAIS ANALÓGICOS COM CONTROLADORES LÓGICOS PROGRAMÁVEIS

Os sinais analógicos, que podem ser quaisquer grandezas, como temperatura, pressão, vazão, nível, entre outros, necessitam de um módulo (cartão) para transformar o sinal do processo (analógico) em um sinal digital que o CLP possa compreender, a fim de efetuar as suas operações.

Para coleta de sinais analógicos pelo CLP, é necessária uma interface específica, como ilustra a Figura 9.2.

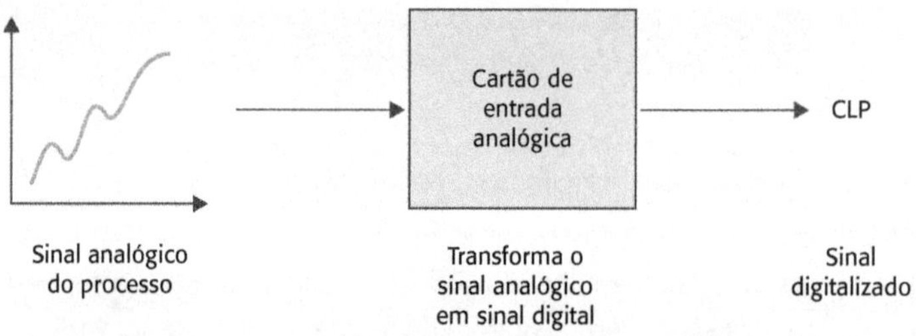

Figura 9.2 Integração de um sinal de entrada analógico com CLP.

A Figura 9.3 ilustra a sequência de eventos que ocorrem durante a leitura de um sinal de entrada analógico.

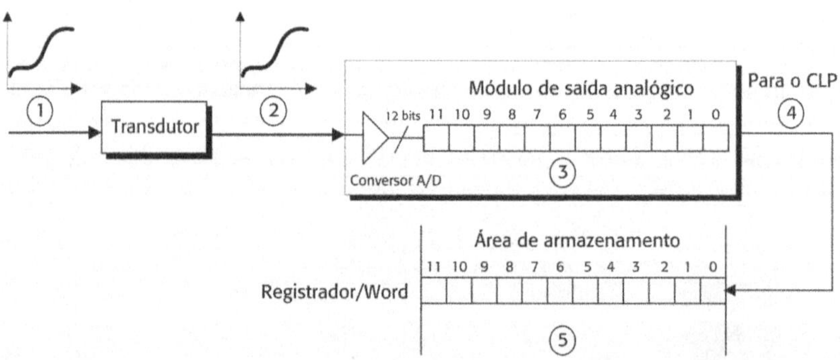

Figura 9.3 Sequência de eventos durante a leitura de um sinal de entrada analógico.

1. O transdutor/sensor faz a leitura do sinal do processo, como pressão, temperatura etc.
2. O sinal é convertido em elétrico para que possa ser reconhecido pelo cartão de entrada analógico.
3. O cartão de entrada analógica transformará o sinal em um sinal binário, com determinado número de bits (12, neste exemplo) proporcional ao sinal contínuo da entrada.
4. Uma função transfere esse valor para dentro do CLP.
5. O CLP armazena o valor de 12 bits em uma posição de memória para utilização futura.

Assim, um módulo de entrada analógica transforma um sinal analógico vindo do processo em um sinal digital. Uma vez que o módulo digitaliza o sinal em um conjunto de sinais digitais, o processador pode ler o valor e utilizar essa informação.

Durante o ciclo de varredura da entrada, o processador lê o valor a partir do módulo e transfere a informação para uma posição especificada pelo usuário.

A maioria dos cartões de entrada analógica possui mais de um canal ou entrada por interface, permitindo a conexão a diferentes sinais de entrada que sejam compatíveis com o módulo. As instruções analógicas utilizadas em CLPs proporcionam o uso desses múltiplos canais recebendo diferentes valores simultaneamente e armazenando em registradores.

Quando um processador executa uma instrução para ler uma entrada analógica, ele obtém o dado do módulo durante o próximo ciclo de varredura e coloca o dado no registrador de destino especificado na instrução.

Uma instrução típica referenciará a localização do endereço do módulo a partir da especificação da posição do rack, de acordo com o número do slot. A Figura 9.4 mostra um cartão de entrada analógica posicionado no slot 3 de um rack.

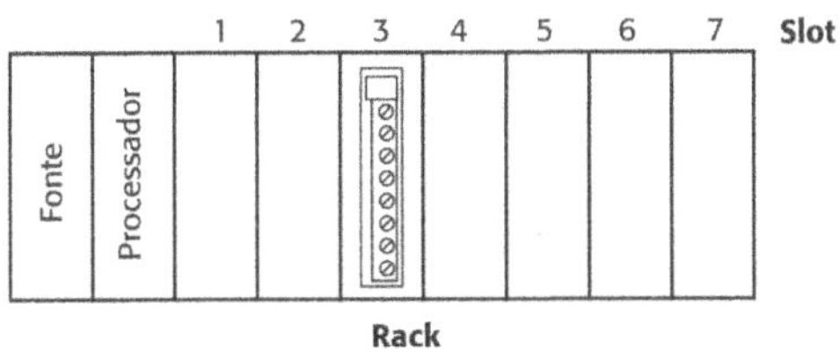

Figura 9.4 Posicionamento de um cartão analógico em um CLP modular.

9.1.2 CONECTIVIDADE DE ENTRADAS ANALÓGICAS

Os dispositivos (sensores/transdutores) que fornecem uma saída analógica de acordo com a variável do processo são, geralmente, conectados a transdutores e transmissores, que enviam o sinal ao cartão de entrada analógica. O transdutor converte a variável de processo (pressão, temperatura etc.) em um potencial elétrico muito baixo (tensão ou corrente), que será amplificado e propriamente condicionado por um transmissor, que será conectado a um cartão de entrada analógico de um CLP. A Figura 9.5 ilustra essa conexão.

Um conversor de analógico para digital (A/D) realiza a conversão do sinal em um cartão de entrada analógica. O conversor digitalizará o sinal de entrada em muitos sinais digitais para representar a magnitude da corrente ou tensão. Essa digitalização é chamada de resolução. A resolução do conversor A/D indica em quantas partes o sinal de entrada será divido e é dado pelo número de bits. Por exemplo, se um conversor A/D dividir o sinal de entrada utilizando 12 bits, teremos 4096 partes ($2^{12} = 4096$).

Na Tabela 9.1, temos a representação da conversão de um sinal de temperatura, que varia de 0 a 50 °C transmitido em um sinal de 0 a 10 V com um conversor de 12 bits.

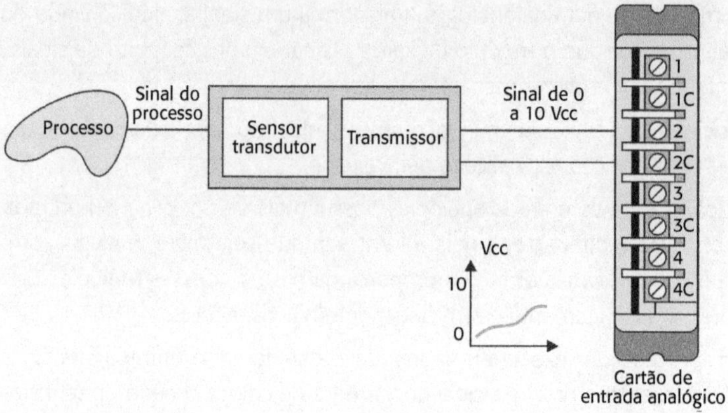

Figura 9.5 Interligação de sinal analógico com um cartão analógico de um CLP.

Tabela 9.1 Valores de temperatura convertidos em um cartão de entrada analógica de 12 bits

Temperatura (°C)	Tensão de entrada (V)	Representação em escala decimal
0	0	0
5	1	410
10	2	819
15	3	1229
20	4	1638
25	5	2047
30	6	2457
35	7	2866
40	8	3276
45	9	3685
50	10	4095

O conversor A/D transfere os valores digitais equivalentes para o processador, que deixa disponível para o uso em registradores específicos.

9.2 CONVERSÃO DE ESCALAS

Nos exemplos anteriores, foi visto que há a necessidade de converter entre diferentes escalas de valores. Por exemplo, a temperatura varia de 0 a 600 °C, que é convertida por um transdutor para uma faixa de 0 a 10 V, que, por sua vez, tem uma representação no CLP de 12 bits (ou 4096 valores). Então, a pergunta é: como fazer para testar se a temperatura no sensor, em determinado instante, é de 300 °C?

Vamos introduzir o conceito utilizando um exemplo de conversão de escala termométrica, achando a relação de conversão entre Celsius (°C) e Fahrenheit (°F), conforme mostra a Figura 9.6.

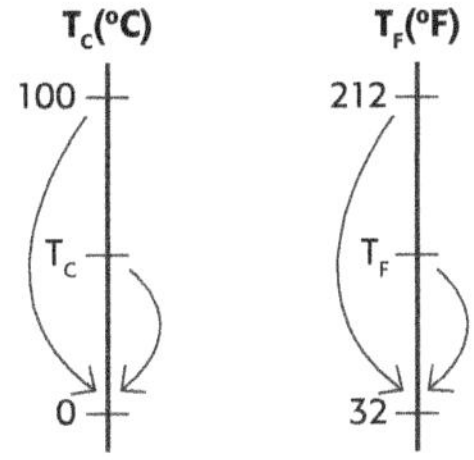

Figura 9.6 Relação entre as escalas Celsius e Fahrenheit.

A escala é montada conhecendo-se dois pontos equivalentes. No caso, a temperatura de solidificação e de ebulição da água. A temperatura de solidificação é de 0 graus na escala Celsius e equivale a 32 graus na escala Fahrenheit e a de ebulição, 100 °C e 212 °F, respectivamente.

A relação entre as temperaturas pode ser obtida da seguinte forma:

$$\frac{T_C - T_{CL}}{T_{CH} - T_{CL}} = \frac{T_F - T_{FL}}{T_{FH} - T_{FL}}$$

Em que:

T_{CL}: temperatura de referência mais baixa na escala Celsius.

T_{CH}: temperatura de referência mais alta na escala Celsius.

T_{FL}: temperatura de referência mais baixa na escala Fahrenheit.

T_{FH}: temperatura de referência mais alta na escala Fahrenheit.

Substituindo os valores numéricos, temos:

$$\frac{T_C - 0}{100 - 0} = \frac{T_F - 32}{212 - 32}$$

$$\frac{T_C}{100} = \frac{T_F - 32}{180}$$

$$\frac{T_C}{5} = \frac{T_F - 32}{9}$$

O princípio do exemplo anterior é válido para conversão entre quaisquer duas escalas lineares. Por exemplo, para converter uma temperatura que varia entre 0 °C a 100 °C e um valor digitalizado de 12 bits (0-4095), a relação é:

$$\frac{T_C - 0}{100 - 0} = \frac{V_D - 0}{4095 - 0}$$

em que V_D: valor digitalizado:

$$V_D = \frac{4095}{100} T_C$$

ou

$$T_C = \frac{100}{4095} V_D$$

De forma geral, a relação de conversão entre um valor analógico e um valor digital é dada pela seguinte expressão:

$$\frac{V_A - V_{AMIN}}{V_{AMAX} - V_{AMIN}} = \frac{V_D - V_{DMIN}}{V_{DMAX} - V_{DMIN}}$$

em que:

V_A: valor analógico correspondente ao valor digital.

V_D: valor digital correspondente ao valor analógico.

V_{AMIN}: valor mínimo do valor analógico.

V_{AMAX}: valor máximo do valor analógico.

V_{DMIN}: valor mínimo do valor digital.

V_{DMAX}: valor máximo do valor digital.

EXEMPLO

Um cartão de entrada analógico, com conversor A/D com resolução de 12 bits, é conectado a um transmissor de temperatura e a temperatura do processo varia de 0 a 600 °C e fornece um sinal de 0 a 10 Vcc proporcional à variável do processo.

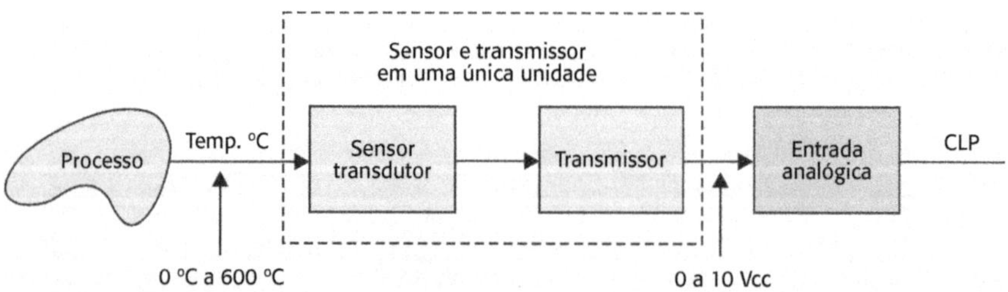

Figura 9.7 Exemplo de conversão sinal de temperatura em conversor A/D de 12 bits.

Encontre:

a) A relação entre a variação da variável do processo e a entrada analógica do CLP.

b) O número de valores para cada grau Celsius de variação a variação de tensão para valor do conversor A/D.

c) Repita a letra B para um conversor com resolução de 16 bits.

Resolução

a) A faixa de variação de temperatura será 600 °C – 0 °C= 600 °C.

A faixa de variação da entrada analógica do cartão será 10 Vcc – 0 = 10 Vcc.

Assim, a variação de tensão para cada grau de variação do processo (Δ1 °C) será:

$$\Delta 1\ °C = \frac{10}{600} = 0{,}0167\ Vcc/°C$$

b) Considerando o conversor de 12 bits teremos: $2^{12} = 4096$, ou seja, 4096 valores variando de 0 a 4095. Assim:

$$1\ valor = \frac{10\ Vcc}{4095} = 2{,}442\ mV$$

Desta forma, o número correspondente de valores por °C é:

$$1\ °C = \frac{4095}{600} = 6{,}825\ valores$$

c) Considerando o conversor de 16 bits, teremos: $2^{16} = 65536$, ou seja 65536 valores variando de 0 a 65535. Assim:

$$1\ valor = \frac{10\ Vcc}{65536} = 0{,}15259\ mV$$

Desta forma, o número correspondente de valores por °C é:

$$1\ °C = \frac{65536}{600} = 109{,}225\ valores$$

9.3 SAÍDAS ANALÓGICAS

Os sinais de saída analógicos são empregados em aplicações que requerem o controle de dispositivos de campo, que respondem a níveis de tensão ou corrente. Um exemplo desse tipo de dispositivo é a válvula proporcional usada para controlar a vazão de um fluido, apresentada na Figura 9.8.

A Figura 9.9 traz um exemplo de CLP com seu cartão de saída analógico em corrente de 4 a 20 mA, conectado a um transdutor de corrente para pressão (I/P) e uma válvula proporcional. Os sinais de saída analógicos podem comandar dispositivos como válvulas, motores e posicionadores. Para tanto, necessita-se transformar um sinal digital do CLP em um sinal analógico para ser enviado ao processo.

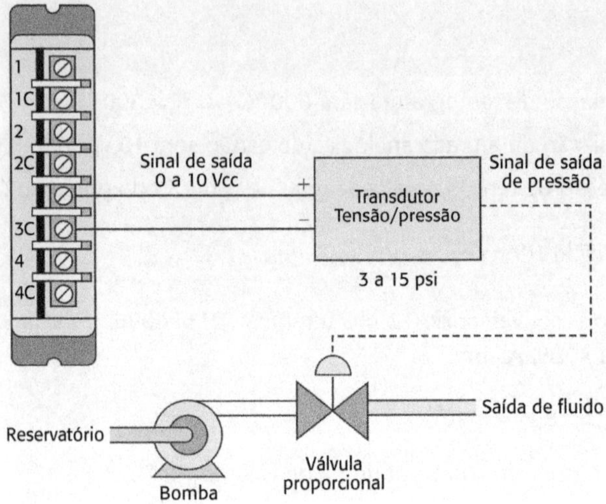

Figura 9.8 Representação da interligação de uma saída analógica.

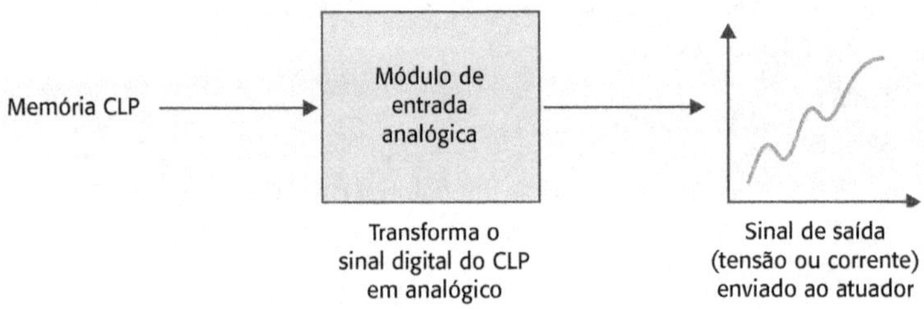

Figura 9.9 Conversão de sinal digital de um CLP em sinal de saída analógico.

A Figura 9.10 retrata o processo de transferência de 12 bits de dados de um registrador para um módulo de saída analógico, o qual está conectado a uma válvula de controle (atuador).

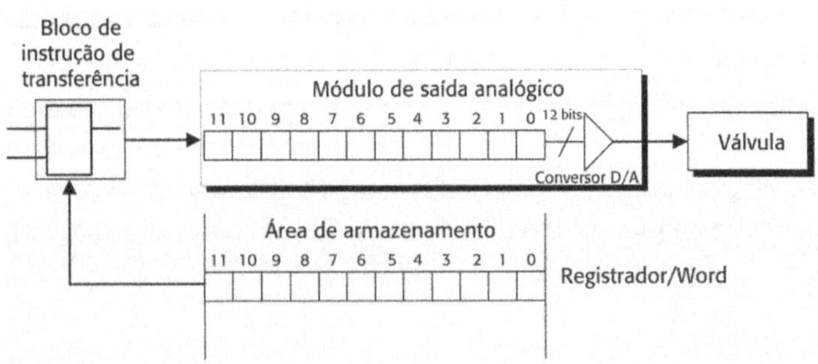

Figura 9.10 Etapas da conversão de um sinal binário em um sinal de saída analógico.

Da mesma forma que as entradas analógicas, uma instrução típica referenciará a localização do endereço do módulo por meio da especificação da posição do rack de acordo com o número do slot. A Figura 9.11 mostra um cartão de saída analógica posicionado no slot 4 de determinado rack.

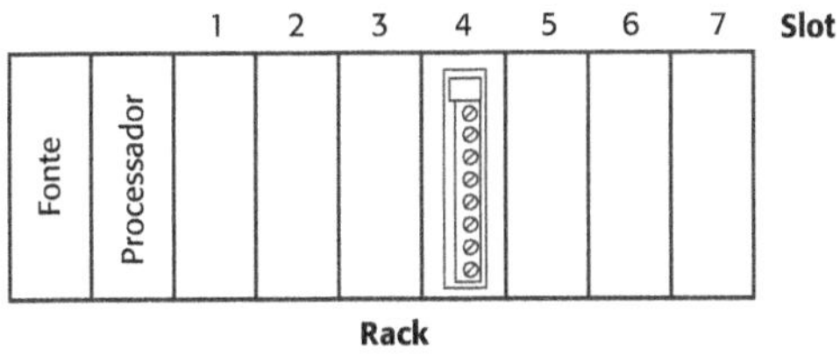

Figura 9.11 Posicionamento de um cartão de saída analógico em um CLP modular.

9.4 OPERAÇÕES MATEMÁTICAS

Os dados podem ser representados internamente no CLP em dois formatos: inteiro e ponto flutuante. É comum a necessidade de realizar operações matemáticas com os valores de entrada para decidir sobre qual ação deve ser executada. Para tanto, os CLPs proveem, no mínimo, as quatro operações aritméticas básicas (soma, subtração, multiplicação e divisão). Para descobrir a sintaxe utilizada para cada CLP, deve-se consultar o manual do fabricante. A Tabela 9.2 mostra a equivalência entre as operações aritméticas básicas entre os CLPs Twido e RSLogix (Rockwell Automation).

Tabela 9.2 Exemplo da sintaxe das operações aritméticas em dois CLPs

Operação	Twido	RSLogix
Soma	+	ADD
Subtração	–	SUB
Multiplicação	*	MUL
Divisão	/	DIV

No caso do TWIDO, essas operações são realizadas utilizando-se um "Bloco de operação". Por exemplo:

```
%MW10 := %IW1.0 + 20
```

que pode ser lido como "A variável interna %MW10 (do tipo word) recebe o resultado da soma entre a entrada analógica %IW1.0.0 e o valor constante 20".

```
%MF4 := %MF12/15.2;
```

que pode ser lido como "A variável interna %MF4 (do tipo Real) recebe o resultado da divisão entre a valor da variável interna MF12 e o valor constante 15.2".

9.4.1 CUIDADOS

Alguns cuidados devem ser considerados quando essas operações forem realizadas. Um inteiro, representado em uma palavra de 16 bits, pode variar de –32.768 a +32.767. Se uma operação aritmética ultrapassar esses valores, haverá um transbordo (overflow), que deve ser identificado e tratado devidamente.

O algoritmo utilizado para realizar as operações aritméticas com inteiros normalmente é o complemento de 2 de 16 bits. Por exemplo, a soma de 26.732 + 8.647 = –30.157, que não é o resultado esperado.

Outro exemplo: a multiplicação de 300 × 200 tem como resultado esperado 60.000, o qual está além da capacidade de representação de um inteiro com sinal de 16 bits. O mesmo acontece no caso de palavras duplas (double words). Embora os limites sejam maiores (–2.147.483.648 e +2.147.483.647), também pode acontecer de a operação resultar em um valor superior a esses limites.

Então, a questão é: o que fazer quando isso acontece? Se ocorreu por conta de uma situação atípica, que poderia ligar um alarme, por exemplo. Uma solução comum é fixar o valor do resultado com o valor máximo no caso positivo ou no valor mínimo, caso negativo. Portanto, como regra geral, após qualquer operação matemática, é necessário verificar o bit de transbordo e tratar a situação caso ele esteja ativado.

EXEMPLO

A Figura 9.12 mostra um trecho de código em que a variável interna %MW12 recebe a soma da entrada analógica %IW0.1.0 e o valor constante de 32500. Imaginemos que, em determinado, instante o valor da entrada é 267. Nesse caso, a soma será 32767, que é o valor máximo que pode ser representado em uma palavra de 16 bits.

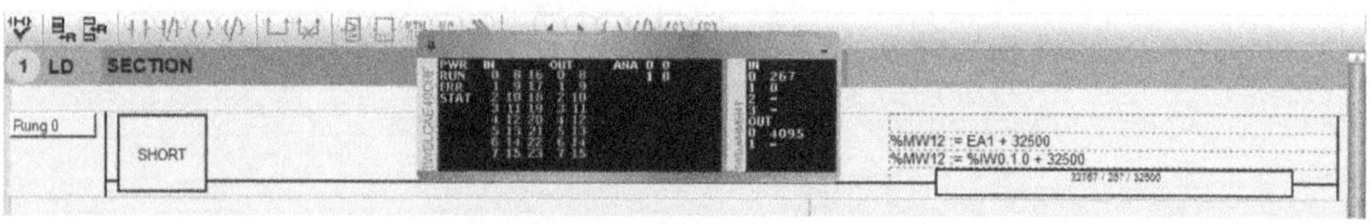

Figura 9.12 Exemplo de soma no Twido.

No entanto, se %IW0.1.0=268, qual será o valor atribuído a %MW12? Observe que o resultado real (32.768) não pode ser representado em uma palavra de 16 bits. Como a operação é realizada como uma operação de complemento de dois, o valor da soma armazenado na variável será de -32.768, que obviamente está incorreto (Figura 9.13).

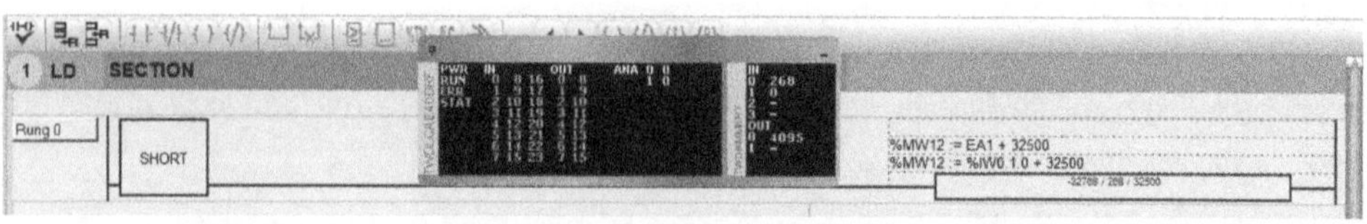

Figura 9.13 Exemplo de soma no Twido quando ocorre transbordo (overflow)

Quando essa situação ocorre, diz-se que houve um transbordo e, no caso do Twido, o bit %S18 vai para o valor lógico 1 indicando tal evento.

Assim, podemos utilizar esse bit para executar o seguinte algoritmo:

- Se houve transbordo, então, a saída é fixada em 32767.
- Caso contrário, a saída contém o valor da soma.

A Figura 9.14 mostra a implementação do algoritmo no CLP Twido para o caso em que não ocorreu o transbordo, enquanto a Figura 9.15 mostra a situação em que ocorreu. Note que, nesse último caso, a saída é fixada no valor máximo, também conhecido como valor de saturação.

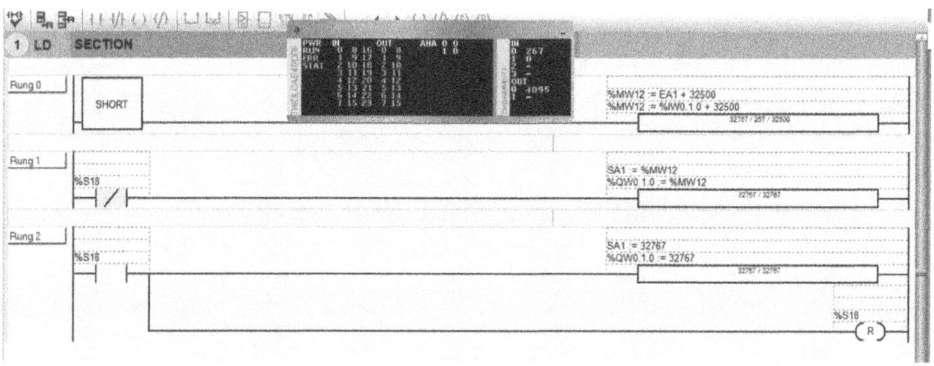

Figura 9.14 Implementação da verificação e tratamento de transbordo (sem transbordo).

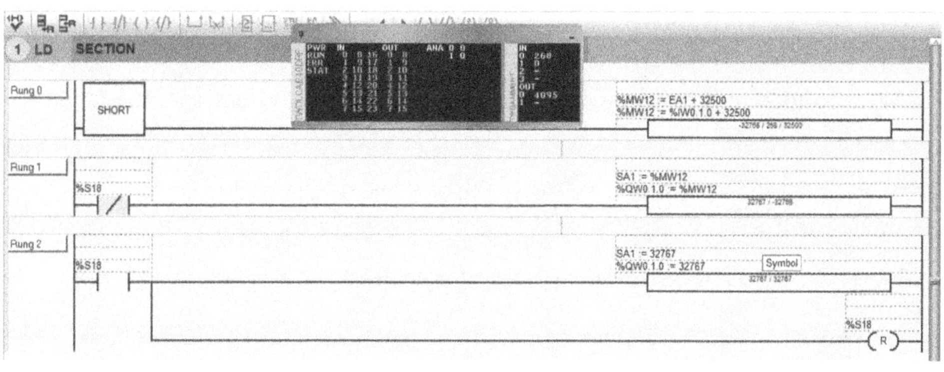

Figura 9.15 Implementação da verificação e tratamento de transbordo (ocorreu transbordo).

Observe que na segunda linha, além de fixar o valor de saída em 32.767, também é feito o reset do %S18. Isso é necessário porque, uma vez que esse bit é ativado, só uma operação explícita pode fazê-lo voltar ao valor padrão. Em virtude de que o transbordo ocorre apenas em um único ciclo de varredura, ele não aparece na simulação, mas foi ativado e desativado durante o processo.

Tenha em mente que essa situação não é exótica e pode ser provocada por uma falha no cartão analógico de entrada ou no sensor conectado a ele.

Outro cuidado é na operação de divisão. Deve-se garantir que não aconteça uma divisão por zero, pois isso é uma falha grave, que pode levar ao travamento do CLP. Assim, uma boa prática é verificar se o valor do dividendo não é nulo antes de realizar a operação.

9.4.2 COMPARAÇÃO

Normalmente, desejamos programar situações que liguem ou desliguem saídas em função de eventos ou valores de entradas. Por exemplo, podemos fazer um programa para sinalizar o nível de um tanque em 4 patamares: menor que 25%, entre 25% e 50%, entre 51% e 75% e acima de 75%. Para tal função, são utilizados os blocos de comparação (comparadores). A Tabela 9.3 mostra a sintaxe utilizada para o Twido e para o RSLogix (utilizado em CLP, do fabricante Allen-Bradley).

Tabela 9.3 Operadores de comparação básicos

Operador de comparação	Twido	RSLogix
Igual	=	EQU
Diferente	<>	NEQ
Maior que	>	GRT
Maior ou igual	>=	GEQ
Menor que	<	LES
Menor ou Igual	<=	LEQ

No caso do Twido, as seguintes comparações podem ser realizadas:

- **%IW1.0 >300:** se o valor da entrada analógica é maior do que 300 ativa a saída %Q0.1.
- **%QW2.0 = 500:** se o valor da saída analógica é igual a 500 ativa a saída %Q0.2.
- **%C0.V = 4:** se o valor atual do contador C0 é igual a 4 ativa a saída %Q0.3.
- **%TM2.V<=30:** se o valor atual do temporizador TM2 é menor ou igual a 30 ativa a saída %Q0.4.

A Figura 9.16 ilustra um exemplo de utilização de comparadores no Twido.

Figura 9.16 Exemplo de comparadores.

9.5 APLICAÇÃO DE SINAIS DE ENTRADA E SAÍDA ANALÓGICA EM UM CLP COMERCIAL

Para implementação de sinais analógicos foi escolhido o CLP TWIDO TWDLCAE40DRF, que é um CLP de base compacto, com 24 entradas e 16 saídas digitais, ele possui comunicação TCP/IP Ethernet RJ45 10/100 Mbit/s.

Como esse é um CLP de base compacto, não conta com entradas e saídas analógicas. Para essa aplicação, foi empregado o cartão de expansão analógica TM2AMM6HT, mostrado na Figura 9.17.

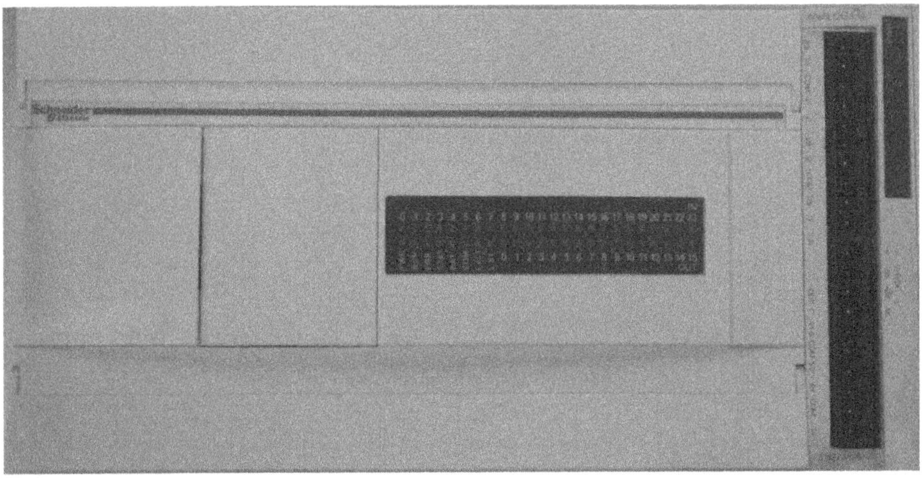

ACERVO DO AUTOR

Figura 9.17 CLP Twido com cartão de expansão analógica.

Esse cartão possui 4 entradas e 2 saídas analógicas de 0 a 10 Vcc ou 4 a 20 mA com resolução de 12 bits (4096 pontos).

Para exemplificar o emprego de entradas e saídas analógicas, foi utilizada a conexão do CLP com um inversor de frequência, que é um equipamento destinado ao controle de velocidade de motores de indução tipo gaiola de esquilo trifásico.

Em muitas aplicações industriais, deseja-se um controle da velocidade de motor de 0% a 100%. Como vimos anteriormente, esse controle não é possível se utilizarmos entradas digitais. Para efetuar esse tipo de controle, podemos trabalhar com as entradas analógicas do inversor por meio de sinais de tensão (0 a 10 Vcc) ou de sinais de corrente (4 a 20 mA). Esse acionamento pode ser realizado de duas maneiras:

- **Pelo potenciômetro:** o inversor de frequência possui em seus bornes uma fonte de 10 Vcc. Assim, pode-se conectar um potenciômetro na configuração de divisor de tensão para aplicar uma tensão variável de 0 a 10 Vcc.
- **Pela fonte de tensão ou corrente externas:** esse tipo de configuração é um dos mais utilizados quando se quer controlar a velocidade do inversor remotamente. O fornecimento de tensão ou corrente é feito por um controlador externo, como um controlador lógico programável (CLP).

O inversor a ser conectado ao CLP Twido é o ATV312HO37M3 e conta com 3 entradas e uma saída analógica. A Figura 9.18 ilustra o inversor utilizado, enquanto a Figura 9.19 mostra seu diagrama de conexão.

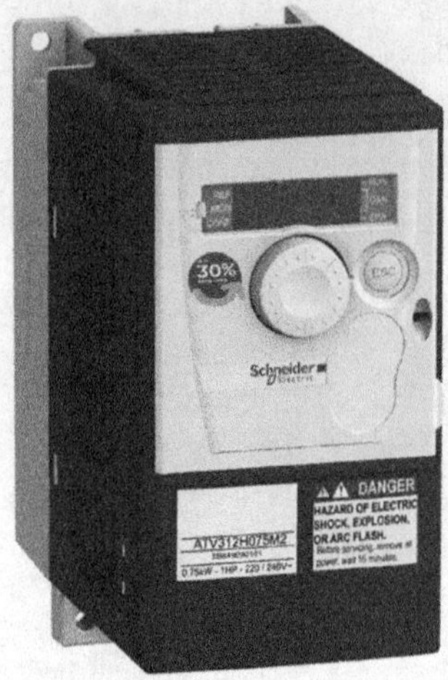

ACERVO DO AUTOR

Figura 9.18 Inversor utilizado no exemplo.

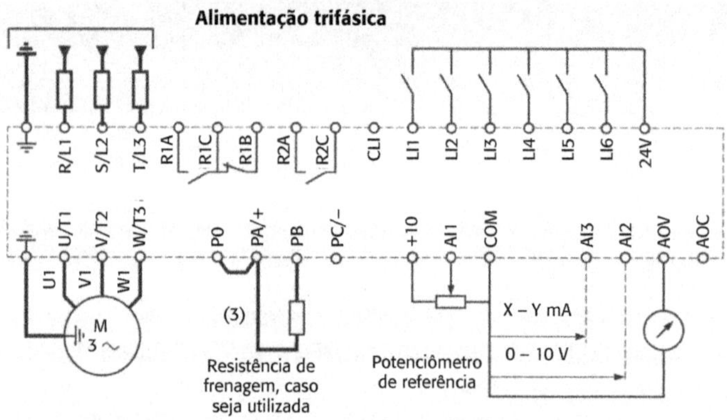

Figura 9.19 Conexões do inversor ATV312H075M2.

Nessa aplicação, uma saída analógica do CLP será utilizada para controlar a rotação (referência de velocidade) de um motor de indução trifásico acoplado ao inversor. Também será utilizada uma entrada analógica do CLP para efetuar a leitura de corrente do motor.

Para exemplificar a aplicação do uso de entradas e saídas analógicas, foi realizada a conexão desse CLP com um inversor de frequência para o acionamento de um motor de indução trifásico com controle de velocidade, como ilustrado na Figura 9.20.

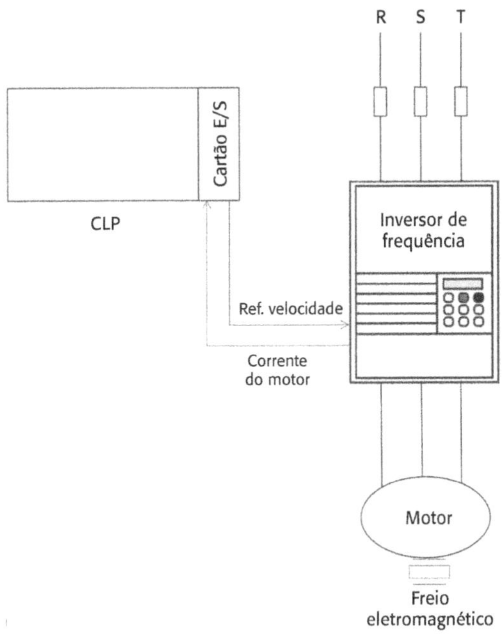

Figura 9.20 Conexão do CLP com inversor de frequência empregando entrada/saídas analógicas.

Para a leitura de corrente do motor, será empregada uma entrada analógica do CLP conectada a uma saída analógica do inversor de frequência. Para a variação de corrente no motor será empregado um freio eletromagnético, que simulará a variação de carga (Figura 9.21).

Figura 9.21 Freio eletromagnético para simulação de carga no motor.

9.5.1 CONTROLE DE VELOCIDADE DO MOTOR A PARTIR DA SAÍDA ANALÓGICA

Nessa aplicação, a rotação do motor será selecionado de acordo com 5 entradas digitais (%I0.0, %I1.0, %I2.0, %I3.0 e %I4.0), que farão a seleção da velocidade de um motor por meio de uma saída analógica com os valores de: 0%, 25%, 50%, 75% e 100% da velocidade máxima do motor. A Tabela 9.4 apresenta essa aplicação.

Tabela 9.4 Variação de velocidade de um motor utilizando entrada analógica

Entradas digitais	Velocidade de rotação do motor (%)
%I0.0	0
%I1.0	25
%I2.0	50
%I3.0	75
%I4.0	100

9.5.2 IMPLEMENTAÇÃO NO SOFTWARE TWIDO SUITE

A variação de velocidade de leitura de corrente do motor, utilizando as saídas e as entradas analógicas, foi implementada no software Twido Suite, como mostra a Figura 9.22.

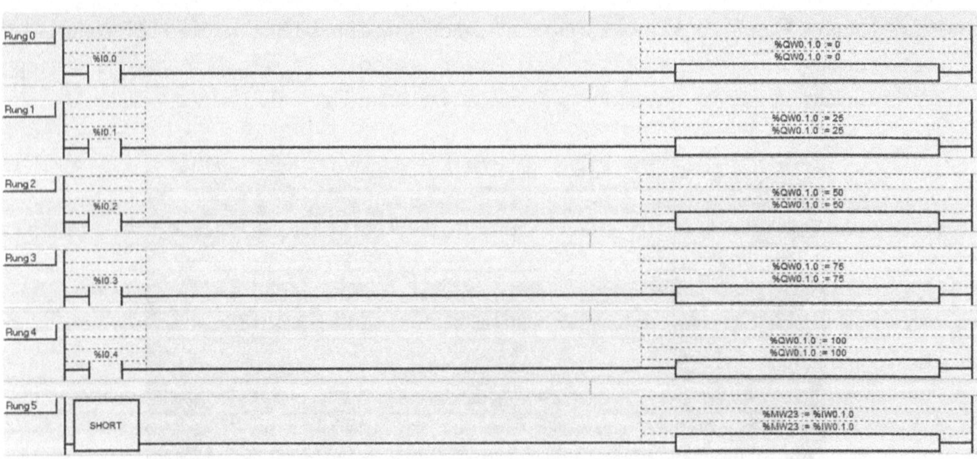

Figura 9.22 Implementação das entradas e saídas analógicas no software Twido Suite.

O software foi elaborado para operar da seguinte maneira: quando as entradas digitais %I0.0, %I0.1, %I0.2, %I0.3 e %I0.4 forem ativadas, serão movidos os valores de 0%, 25%, 50%, 75% e 100%, respectivamente para a saída analógica %QW0.1.0.

Já a entrada analógica recebe o valor de corrente do inversor de frequência em uma entrada analógica %IW0.1.0 e move para uma variável interna do tipo Word (%MW23).

Para essa aplicação, os sinais de entrada foram configurados para faixa de 0 a 10V, como mostra a Figura 9.23.

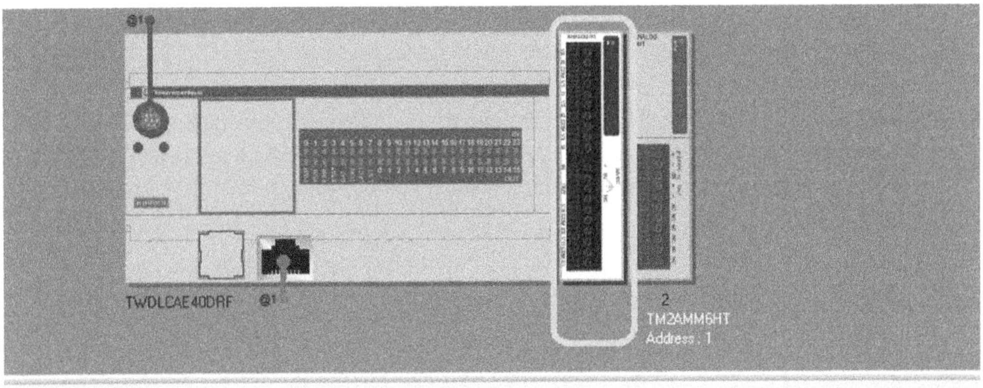

Module configuration. Apply Cancel

Table of inputs and outputs

Used	Address	Symbol	Type	Scope	Minimum	Maximum	Units
☑	%IW1.0		0 - 10 V	Customized	0	100	None
☐	%IW1.1		Not in use	Normal	0	4095	None
☐	%IW1.2		Not in use	Normal	0	4095	None
☐	%IW1.3		Not in use	Normal	0	4095	None
☑	%QW1.0		0 - 10 V	Customized	0	100	None
☐	%QW1.1		0 - 10 V	Customized	0	1000	None

Figura 9.23 Configuração das entradas e saídas analógicas no cartão TM2AMM6HT.

ATIVIDADES DE FIXAÇÃO

1. Qual é a diferença entre um sinal analógico e um digital?
2. Como funciona um conversor analógico para digital (A/D)?
3. Um conversor A/D tem resolução de 10 bits. O que isso quer dizer?
4. Existe uma relação matemática entre a conversão de um valor analógico em um valor digital. Qual é?
5. Determinada grandeza física pode variar na faixa entre 100 e 200 unidades. Sabendo-se que está ligada a um conversor A/D de 10 bits de resolução, qual é a equação que relaciona o valor analógico com o digital?
6. Quais são os cuidados que devem ser tomados quando são realizadas operações matemáticas envolvendo números inteiros?
7. Um transdutor/transmissor de temperatura fornece um sinal de 4-20mA, que é proporcional à temperatura sendo medida, a qual varia de 50 a 500 °C. Esse transmissor é conectado à uma entrada analógica do CLP, que possui uma resolução de 12 bits. O CLP deve acionar um

alarme quando a temperatura estiver acima de 300 °C (indicando temperatura muito alta) e outro alarme quando a temperatura estiver muito baixa (menor do que 200 °C). Implemente a lógica em Ladder utilizando o Twido Suite.

8. A saída analógica de um CLP fornece um sinal de 0-10V para controlar uma válvula de controle, cuja pressão varia de 10 a 80 psi. Se, em determinado instante, a pressão na válvula é de 50 psi, qual é o valor digital presente no conversor D/A, sabendo-se que sua resolução é de 10 bits?

LINGUAGEM DE LISTA DE INSTRUÇÕES

10

A linguagem de Lista de Instruções (LI), também comumente referenciada por seu nome original, Instruction List (IL), define mnemônicos como é feito na linguagem assembly, utilizada nos microprocessadores e nos microcontroladores. Os mnemônicos representam operações lógicas booleanas e comandos de transferência de dados.

Em relação às demais linguagens, apresenta as seguintes características:

- **Vantagens:**
  - correspondência entre comandos da linguagem e as instruções assembly do CLP, facilitando uma estimativa do tempo de execução do programa;
  - documentação mais compacta do que a equivalente com relés.
- **Desvantagens:**
  - necessidade de familiarização do operador com álgebra booleana;
  - necessidade de uma certa noção de programação em assembly;
  - é normalmente difícil e trabalhoso realizar eventuais alterações no código já implementado.

A LI é a linguagem ideal para resolver problemas simples e pequenos em que existem poucas quebras no fluxo de execução do programa. É, portanto, particularmente adequada para CLPs de pequeno porte.

Essa linguagem pode ser usada para descrever o comportamento de:

- funções;
- blocos de funções;
- programas;
- em SFC para descrever receptividade de ações e transições.

Atenção!

Neste ponto, é necessário relembrar o que significam os termos baixo nível e alto nível em computação. Dizer que uma linguagem é de alto nível significa que ela está mais próxima do entendimento do ser humano do que da máquina. Dizer que uma linguagem é de baixo nível significa que ela está mais próxima do entendimento da máquina do que do ser humano.

10.1 PRINCÍPIOS BÁSICOS

A linguagem de Lista de Instruções é semelhante ao código assembly, com comandos como load e store. Ela usa o conceito de acumulador para armazenar os resultados intermediários:

- cada instrução utiliza ou modifica o valor de um único registrador, denominado registro de resultado ou acumulador;
- as instruções são executadas no conteúdo do acumulador;
- o operador indica o tipo de operação a ser feito entre o resultado atual contido no acumulador e o operando;
- o resultado da operação é armazenado no próprio acumulador.

10.2 SINTAXE

As regras principais de formação de um programa em linguagem de Lista de Instruções são:

- cada instrução deve começar em uma nova linha;
- cada instrução pode ser precedida por um rótulo (elemento opcional), que é indicado com um nome seguido de dois-pontos " : ";
- uma instrução é composta de operador e operandos (instrução = operador + operandos);
- o operador pode ou não incluir um modificador;
- caso seja necessária a inclusão de mais de um operando, eles devem ser separados por vírgulas;
- se for desejada a inclusão de comentário, ela deve ser o último elemento da linha;
- um comentário é iniciado pela sequência de caracteres (* e terminado pela sequência *);
- linhas em branco podem ser inseridas entre instruções;
- um comentário pode ser colocado em linha sem instruções.

Esta estrutura pode ser verificada na Figura 10.1 e no exemplo a seguir.

Figura 10.1 Estrutura de uma linha de instrução da linguagem LI.

EXEMPLO 1

Rótulo	Operador	Operando	Comentário
Início	LD	%IX1	(* botão pressionado? *)
	AND	%MX3	(* comando válido *)
	ST	%QX1	(* liga motor *)

O valor da entrada %IX1 é carregado para o acumulador, em seguida é feita uma operação lógica AND entre o conteúdo do acumulador e da memória %MX3. O resultado é transferido para a saída %QX1.

10.3 RÓTULO (ETIQUETA)

Cada instrução pode ser precedida por um rótulo, que é um nome seguido do caractere " : ". Ele também pode ser colocado em uma linha que não contenha nenhuma instrução. Os rótulos são utilizados como operandos por certas instruções, como saltos. Sua nomenclatura deve obedecer às seguintes regras:

- o comprimento do nome não deve exceder 16 caracteres;
- o primeiro caractere deve ser uma letra;
- os caracteres restantes podem ser letras, números ou o símbolo "_" (sublinhado);
- não pode haver dois rótulos iguais no mesmo programa.

10.4 MODIFICADORES DE INSTRUÇÕES

A lista, a seguir, apresenta os modificadores permitidos para as instruções da linguagem, que devem ser anexados imediatamente após o nome da instrução, sem caractere separador:

- **N** = inversão lógica do operando;
- **(** = operação adiada;
- **C** = operação condicional.

O modificador "N" indica que o operando deve ser invertido antes de ser utilizado pela instrução. Por exemplo, a instrução ANDN %IX1 é interpretada como "o conteúdo de %IX1 é invertido e com o valor do resultado é feita uma operação lógica AND com o acumulador".

O modificador abrir parênteses " (" indica que a avaliação da instrução deve ser adiada até que seja encontrado o próximo fechar parênteses ") ".

O modificador "C" indica que a instrução deve ser executada somente se o conteúdo atual do acumulador tiver o valor lógico verdadeiro (ou diferente de zero para tipos não booleanos). O modificador "C" pode ser combinado com o modificador "N" para indicar que a instrução não deve ser executada, a menos que o resultado seja falso (ou 0 para tipos não booleanos). Para ilustrar esse modificador, veja o exemplo 2.

EXEMPLO 2

```
        LD      BTN_ENTR (* lê o botão de entrada *)
        JMPC    PROC1    (*somente irá executar a rotina PROC1*)
                         (*se o botão estiver pressionado *)
        ...     ...
PROC1:                   (*execução da rotina PROC1*)
```

O Quadro 10.1 apresenta os principais comandos da linguagem de LI.

Quadro 10.1 Principais operadores da linguagem de Lista de Instruções

Operador	Modificador	Operando	Descrição/significado
LD	N		Carrega o operando para o acumulador
ST	N		Armazena o conteúdo do acumulador no local especificado pelo operando
S		BOOL	Faz com que o valor do operando seja 1
R		BOOL	Faz com que o valor do operando seja 0
AND	N, (		Função booleana AND
&	N, (		Função booleana AND
OR	N, (		Função booleana OR
XOR	N, (		Função booleana OU-EXCLUSIVO
ADD			Soma
SUB			Subtração
MUL			Multiplicação
DIV			Divisão
GT	(		Comparação (Greater Than) maior que (>)
GE	(		Comparação (Greater or Equal) maior ou igual que (>=)
EQ	(		Comparação (Equal to) igual a (=)

(continua)

(continuação)

Operador	Modificador	Operando	Descrição/significado
NE	(		Comparação (Not Equal) diferente de (<>)
LT	(		Comparação (Less Than) menor que (<)
LE	(		Comparação (Less or Equal) menor ou igual que (<=)
JMP	C,N	Nome_do_ Rótulo	Desvia para o rótulo Nome_do_Rótulo
CAL	C,N	Nome_da_ função	Invoca a execução de um bloco de funções
RET	C,N		Retorna de uma função ou bloco de função

A seguir, são descritos os principais operadores.

10.4.1 OPERADOR LD

Mnemônico, originado da palavra inglesa LOAD.

- **Operação:** carrega um valor para o acumulador.
- **Modificador:** N.
- **Operando:** expressão constante.

EXEMPLO 3

```
                (*exemplos de operações LD *)
LDex:  LD false (*resultado = constante booleana FALSE *)
       LD true  (*resultado = constante booleana TRUE *)
       LD 12    (*resultado = constante analógica inteira*)
       LD 1.1   (*resultado = constante analógica real *)
       LD t#3s  (*resultado = constante temporização *)
       LD boolean_var1   (*resultado = variável booleana *)
       LD analog_var1    (*resultado = variável analógica *)
       LD tmr_var1       (*resultado = variável temporização *)
       LDN boo_var2      (*resultado = NOT ( variável booleana*)
```

10.4.2 OPERADOR ST

Mnemônico, originado da palavra inglesa STORE.

- **Operação:** transfere o conteúdo do acumulador para uma variável.
- **Modificador:** N.
- **Operando:** variável interna ou de usuário.

EXEMPLO 4

```
(*exemplo de armazenamento de variável binária*)
STBoo:          LD      false
      ST        boo_var1          (* boo_var1= FALSE *)
      STN       boo_var2          (* boo_var2= TRUE *)
(*exemplo de armazenamento de variável analógica*)
STAna:          LD      123
      ST        ana_var1          (* ana_var1= 123 *)
(*exemplo de armazenamento de variável analógica*)
STTmr:          LD      t#12s
      ST        tmr_var1          (* tmr_var1= t#12s *)
```

EXEMPLO 5

Implemente um programa em Ladder e em LI que tenha a tarefa de acender a lâmpada L sempre que a chave CH fechar.

Solução

Um programa simples no qual a atuação de **uma entrada** causa a atuação de **uma saída**, isto é, utiliza as duas instruções principais que são leitura de variável (**LD**) e atribuição de valor (**ST**), terá o seguinte aspecto, em Ladder e LI.

Ladder	Lista de Instruções
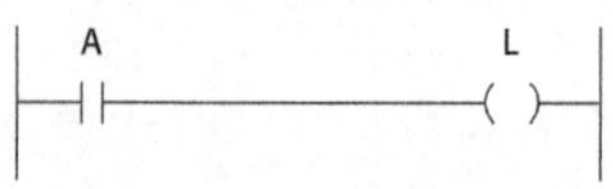	LD A ST L

Figura 10.2 Solução do exemplo 5.

O processador efetua a leitura de **A** continuamente e executa um programa que atribui o valor lido à saída **L**. Assim, se a chave CH for fechada, fará com que **A** passe ao nível lógico 1, o que vai fazer com que **L** também passe ao nível lógico 1, atuando sobre a saída e, consequentemente, acendendo a lâmpada L.

EXEMPLO 6

Para um contato A do tipo NF, é preciso fazer a leitura de variável negada **LDN**, conforme visto a seguir:

Ladder	Lista de Instruções
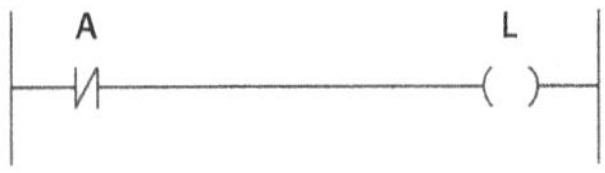	LDN A ST L

Figura 10.3 Solução do exemplo 6.

Neste caso, a partir da instrução **LDN**, o processador efetua a leitura do **complemento lógico** de A e atribui o valor lido à saída **L**.

EXEMPLO 7

Operação E (*AND*) – dada a equação lógica L = A • B • C, implemente a função lógica no diagrama Ladder e em Lista de Instruções.

Solução: ela se encontra na Figura 10.4.

Ladder	Lista de Instruções
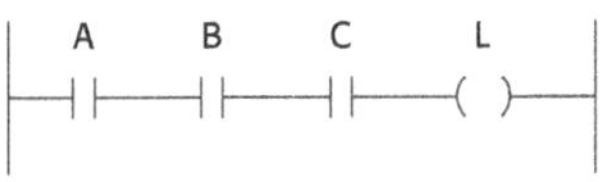	LD A AND B AND C ST L

Figura 10.4 Solução do exemplo 7.

EXEMPLO 8

Operação OU (*OR*) – dada a equação lógica $L = A \cdot B \cdot \overline{C}$, implemente a função lógica no diagrama Ladder e em Lista de Instruções.

Solução: a solução pode ser vista na Figura 10.5.

Ladder	Lista de Instruções
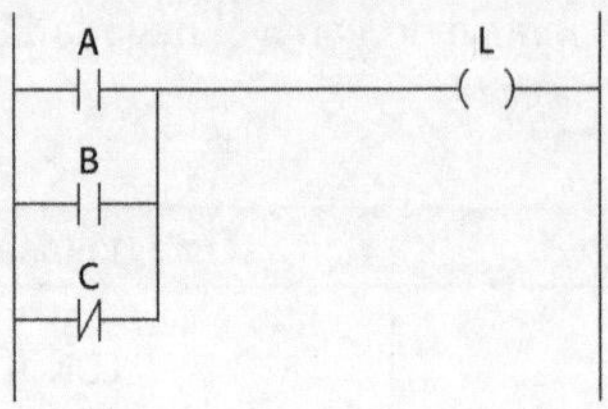	LD A OR B ORN C ST L

Figura 10.5 Solução do exemplo 8.

10.4.3 OPERADOR S

É uma instrução de memorização. A letra S é mnemônico da palavra inglesa SET.

- **Operação:** força uma variável booleana a ir para o estado lógico 1 se o acumulador estiver com o valor VERDADEIRO (nível lógico 1). Nenhuma operação é realizada se o acumulador estiver com o valor lógico FALSO (nível lógico 0).
- **Modificador:** nenhum.
- **Operando:** variável booleana interna ou de saída.

> **Atenção!**
>
> 1. A instrução **S** (set) existe apenas em programas de CLP e não em um circuito elétrico de chaves ou relés.
> 2. A instrução **S** (set) sempre trabalha com a instrução **R** (reset).

EXEMPLO 9

```
 (* exemplos de operações S *)
SETex: LD true      (* conteúdo do acumulador = TRUE *)
       S  boo_var1  (* boo_var1 = TRUE *)
       LD false     (* conteúdo do acumulador = FALSE *)
       ...
       S  boo_var1  (* boo_var1 não é alterada *)
```

EXEMPLO 10

Faça o diagrama Ladder e a Lista de Instruções correspondentes a dois contatos **A** e **B**, NA, em paralelo, e um contato **C**, NF, em série com ambos. O outro lado do contato **C** está conectado à bobina do tipo set de um relé **L** de autorretenção.

Solução

Ladder	Lista de Instruções
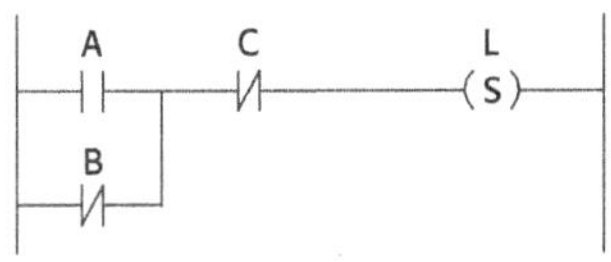	LD A ORN B ANDN C S L

Figura 10.6 Solução do exemplo 10.

10.4.4 OPERADOR R

É uma instrução que serve para "limpar" o conteúdo da memória. Faz com que o conteúdo de uma memória vá para o valor zero. A letra R é um mnemônico da palavra inglesa RESET.

O operador R força uma variável booleana a ir para o valor lógico 0 se o valor do acumulador for VERDADEIRO (nível lógico 1). Nenhuma operação é realizada se o valor do acumulador for FALSO (nível lógico 0).

- **Modificador:** nenhum.
- **Operando:** variável lógica binária interna ou de saída.

Atenção!

1. A instrução **R** (reset) existe apenas em programas de CLP e não em um circuito elétrico de chaves ou relés.
2. A instrução **R** (reset) sempre trabalha com a instrução **S** (set).

EXEMPLO 11

```
                              (* exemplos de operação R *)
RESETex:  LD   true           (* acumulador = TRUE *)
          R    boo_var1       (* boo_var1 = FALSE *)
          ST   boo_var2       (* boo_var2 = TRUE *)
          LD   false          (* acumulador = FALSE *)
          R    boo_var1       (* nenhuma ação é tomada *)
               (* a variável boo_var1 fica inalterada *)
```

EXEMPLO 12

Faça o diagrama Ladder e a Lista de Instruções correspondentes a dois contatos **A** e **B**, NA, em paralelo, e um contato **C**, NF, em série com ambos. O outro lado do contato **C** está conectado à bobina do tipo reset de um relé L de autorretenção.

Solução

Ladder	Lista de Instruções
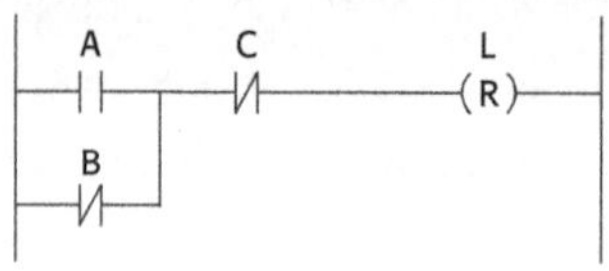	LD A ORN B ANDN C R L

Figura 10.7 Solução para o exemplo 12.

10.5 OPERAÇÕES ADIADAS

Como a linguagem LI só possui um registrador, certas operações podem ser adiadas para alterar a ordem natural de execução das instruções. Os parênteses são utilizados para representar as operações adiadas:

- " (" = indica que a instrução anterior deve ser adiada.
- ") " = indica que a operação anteriormente adiada deve agora ser executada.

EXEMPLO 13

Ladder	Lista de Instruções
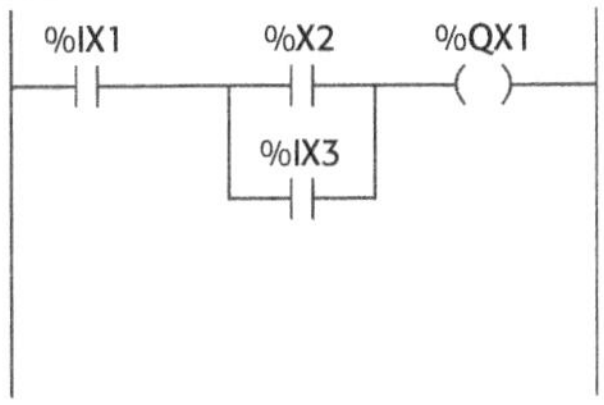 	LD %IX1 AND(%IX2 OR %IX3) ST %QX1

Figura 10.8 Ilustração para o exemplo 13.

Para a análise da execução do exemplo fornecido, é preciso definir o conceito de pilha (stack). Para facilitar a compreensão, façamos a analogia com uma pilha de pratos. Ao empilhar diversos pratos, o último empilhado será o primeiro a ser retirado. Esse conceito é também conhecido pela sua abreviação da língua inglesa LIFO – Last Input First Ouput.

Ao encontrar o modificador " (", o conteúdo do acumulador e o operador são colocados na pilha. Da mesma maneira, quando o operador ") " é encontrado, retira-se o último elemento da pilha e executa-se a operação adiada com o conteúdo atual do acumulador.

É executada da seguinte maneira:

```
LD  %IX1
```

O conteúdo da entrada %IX1 é transferido para o acumulador.

A instrução seguinte é:

```
AND (%IX2
```

Ao encontrar o operador "AND(", o conteúdo do acumulador e a operação adiada são movidos para a pilha e o operando seguinte (%IX2) é copiado para o acumulador.

Então, ao final da segunda linha, temos:

- **Pilha:** %IX1 AND(
- **Acumulador:** %IX2

Na terceira linha, é feita a operação OR %IX3 com o conteúdo atual do acumulador, neste caso %IX2.

Na quarta linha, ao encontrar o operador ") ", é retirado o conteúdo da pilha (%IX1) e executada a operação adiada (AND) com o resultado atual do acumulador. Finalmente, o resultado é transferido para a saída pela instrução ST %QX1.

Existem duas maneiras válidas para implementar a operação adiada do exemplo anterior: carregamento explícito do operador ou forma simplificada (Figura 10.9).

<table>
<tr><th>Num.</th><th>Descrição/exemplo</th></tr>
<tr><td>1</td><td>Carregamento explícito do operador
<code>AND(</code>
<code>LD %IX2 (nota 1)</code>
<code>OR %IX3</code>
<code>)</code></td></tr>
<tr><td>2</td><td>Forma simplificada
<code>AND(%IX2</code>
<code>OR %IX3</code>
<code>)</code></td></tr>
<tr><td colspan="2">Nota 1: No formato 1 o operador LD pode ser modificado ou substituído por outra operação ou chamada de função.</td></tr>
</table>

Figura 10.9 Duas maneiras de programar instruções adiadas.

EXEMPLO 14

Deseja-se avaliar o resultado da seguinte expressão lógica:

res := a1 + (a2 (a3 + a4) a5) + a6

Como pode ser observado, algumas expressões serão avaliadas antes de outras, especificadas com a utilização de parênteses para indicar a maior prioridade. Uma implementação em LI pode ser:

```
Delayed: LD    a1  (* acumulador = a1; *)
                   (* pilha:{}; *)
         OR(       (* OR adiado *)
         LD    a2  (* acumulador = a2 *)
                   (* pilha: {a1 OR}; *)
         AND(      (* AND adiado *)
         LD    a3  (* acumulador = a3 *)
                   (* pilha: {a1 OR; a2 AND}; *)
         OR    a4  (* resultado = a3 OR a4; *)
)                  (* executa o último elemento da pilha (a2 AND) *)
                   (* com o conteúdo atual do acumulador *)
                   (* acumulador= a2 AND (a3 OR a4); *)
                   (* pilha: {a1 OR}; *)
         AND   a5  (* acumulador= a2 (a3+a4) a5 *)
)                  (* executa o último elemento da pilha a1 OR *)
                   (* com o conteúdo atual do acumulador *)
                   (* acumulador= a1+(a2(a3+a4)a5); *)
```

```
                 (* pilha: {}; *)
OR          a6   (* acumulador= a1 + (a2 (a3 + a4) a5) + a6; )
ST resultado     (* resultado = acumulador *)
```

EXEMPLO 15

Dada a equação lógica $L = (A \cdot B) + (C \cdot \overline{D})$ implemente em Ladder e em Lista de Instruções.

Solução

Ladder	Lista de Instruções
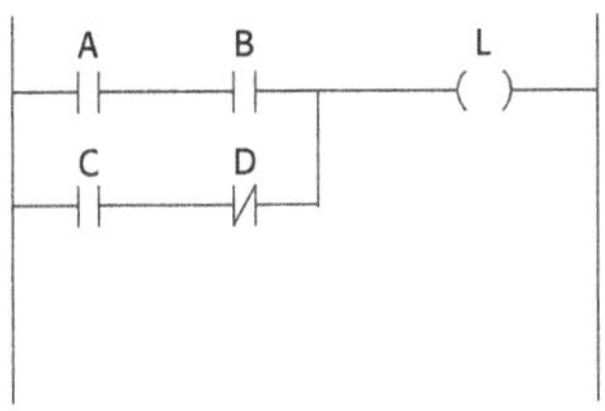	LD A AND B OR(LD C ANDN D) ST L

Figura 10.10 Solução do exemplo 15.

Este mesmo programa pode ser reescrito utilizando relés auxiliares, isto é, regiões de memória interna utilizadas para armazenamento temporário de informações identificadas como M_1, M_2, M_3 e assim sucessivamente. É vantajoso quanto à clareza do programa, porém desvantajoso em relação ao uso da quantidade de memória.

Dessa maneira, o programa anterior pode ser refeito apresentando o mesmo comportamento sob o ponto de vista lógico, conforme ilustra a Figura 10.11.

Ladder	Lista de Instruções
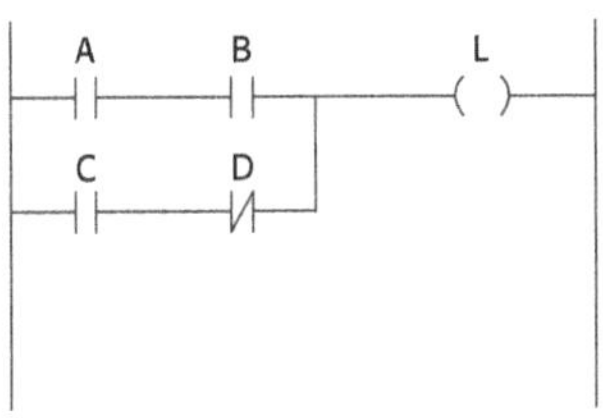	LD A AND B ST M1 LD C ANDN D OR M1 ST L

Figura 10.11 Implementação da equação $L = (A \cdot B) + (C \cdot \overline{D})$ em Ladder e LI.

EXEMPLO 16

Dada a equação lógica $L = (A + \overline{B}) \cdot (\overline{C} + D)$ implemente em Ladder e LI.

Solução

Ladder	Lista de Instruções
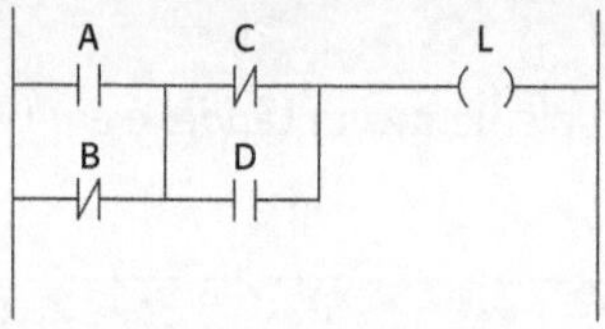	LD A ORN B AND(LDN C OR D) ST L

Figura 10.12 Solução do exemplo 16.

A Figura 10.13 representa a solução para o exemplo anterior, utilizando relés auxiliares.

Ladder	Lista de Instruções
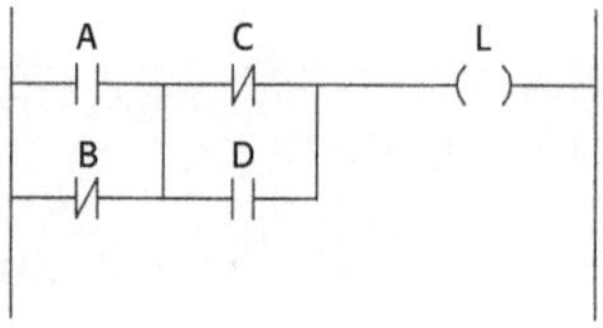	LD A OR B ST M1 LDN C OR D AND M1 ST L

Figura 10.13 Solução do exemplo 16 com o uso de relés auxiliares.

EXEMPLO 17

Dada a equação lógica $L = A \cdot B + \overline{C}\,(\overline{D} + E)$ implemente em linguagem Ladder e LI.

Solução: a Figura 10.14 mostra a solução.

Ladder	Lista de Instruções
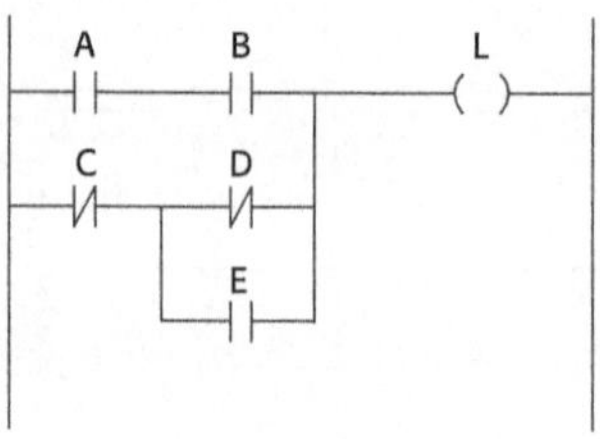	LD A AND B OR(LDN C AND(LDN D OR E)) ST L

Figura 10.14 Solução do exemplo 17.

A Figura 10.15 descreve outra solução para o exemplo 17, agora utilizando relés auxiliares.

Ladder	Lista de Instruções
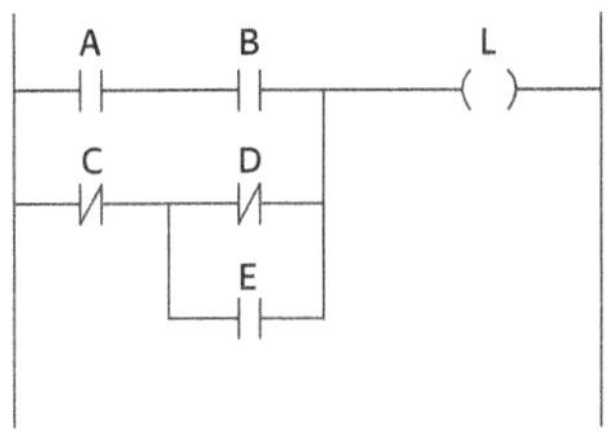	LD A AND B ST M1 LDN D OR E ANDN C OR M1 ST L

Figura 10.15 Solução do exemplo 17 com relés auxiliares.

10.6 MNEMÔNICOS DE ALGUNS FABRICANTES

Antes do surgimento da norma IEC 61131-3 cada fabricante utilizava seu próprio conjunto de mnemônicos. Embora muito parecidos entre si, eram diferentes de um fabricante para outro. Assim, antes de implementar um programa em linguagem de LI em uma aplicação real, deve-se realizar um estudo detalhado do manual do fabricante para determinar os mnemônicos equivalentes à norma IEC 61131-3. A título de exemplo, no Quadro 10.2 são fornecidos os mnemônicos de alguns fabricantes.

Quadro 10.2 Mnemônicos de alguns fabricantes e seus correspondentes na norma IEC 61131-3

IEC 61131-3	Mitsubishi	OMRON	SIEMENS S7-200
LD	LD	LD	LD
LDN	LDI	LD NOT	LDN
AND	AND	AND	A
ANDN	ANI	AND NOT	AN
OR	OR	OR	O
ORN	ORI	OR NOT	ON
ST	OUT	OUT	=

10.6.1 OPERADOR JMP

O operador JMP é utilizado para mudar a sequência normal de execução; indicando que a execução deve continuar em outro local que será indicado por ele.

- **Operação:** salta a execução para um rótulo.
- **Modificadores:** C, N.
- **Operando:** rótulo definido no programa.

EXEMPLO 18

O exemplo a seguir testa o valor de uma variável analógica, chamada seletor, que pode conter 0 ou 1 ou 2. Existem três variáveis booleanas, sendo b0, b1 e b2 as que assumirão o valor 1 caso a variável seletor contenha 0, 1 ou 2, respectivamente. Para solucionar este exemplo, utiliza-se a função JMPC cuja execução é desviada, conforme o valor da variável seletor.

```
JMPex:   LD seletor      (* seletor = 0 ou 1 ou 2 *)
         ANY_TO_BOOL     (* conversão para valor binário *)
         JMPC TESTE1     (* Se seletor > 0 pula para TESTE1 *)
         LD true         (* Se seletor = 0 então *)
         ST b0           (* b0 = TRUE *)
         JMP LBL_END     (* final do programa *)
Teste1:  LD  seletor
         SUB 1           (* diminui o valor do seletor *)
                         (* seletor vai para 0 ou 1 *)
         ANY_TO_BOOL     (* conversão para valor binário *)
         JMPC TESTE2     (* Se resultado > 0 pula para TESTE2 *)
         LD true         (* se resultado = 0 então *)
         ST b1           (* b1 = TRUE *)
         JMP LBL_END     (* final do programa *)
                         (* última possibilidade *)
Teste2:  LD true
         ST b2           (* b2 = TRUE *)
         LBL_END:        (* final do programa *)
```

10.6.2 OPERADOR RET

A seguir, o Operador RET indica o fim do programa e sua operação é detalhada.

- **Operação:** termina a execução do programa. Se a sequência LI é uma função, o conteúdo do acumulador será o resultado a ser retornado para o programa que a chamou.
- **Modificadores:** C, N.
- **Operando:** nenhum.

EXEMPLO 19

O exemplo, a seguir, é uma sub-rotina chamada pelo programa principal. Essa sub-rotina tem a finalidade de acionar o motor1, motor2 ou motor3, conforme o valor de uma variável analógica chamada seletor, que pode conter 0 ou 1 ou 2. O valor do seletor deve ser retornado para a rotina principal. Para solucionar esta questão, utiliza-se a função RET.

```
RETex:   LD seletor      (* seletor = 0 ou 1 ou 2 *)
         ANY_TO_BOOL     (* conversão para binário *)
         JMPC teste1     (*se seletor > 0 pula para TESTE1*)
         LD TRUE         (* se seletor = 0 então *)
         ST motor1       (* liga motor1 *)
         LD 0            (* carrega 0 para o acumulador*)
         RET             (* retorna 0 para rotina principal *)
Teste1:  LD seletor
         SUB 1           (* diminui a variável seletor *)
         ANY_TO_BOOL     (* conversão para binário *)
         JMPC teste2     (*se resultado > 0 pula para TESTE2*)
         LD true         (* se resultado = 0 então *)
         ST motor2       (* liga motor2 *)
         LD 1            (* carrega 1 para o acumulador*)
         RET             (* retorna 1 para rotina principal *)

Teste2:  LD true
         ST motor3       (* liga motor3 *)
         LD 2            (* carrega 2 para o acumulador*)
         RET             (*retorna 2 para rotina principal *)
```

10.7 CONTADORES

Os blocos podem ser chamados de várias maneiras e os fabricantes têm alguma liberdade de implementação.

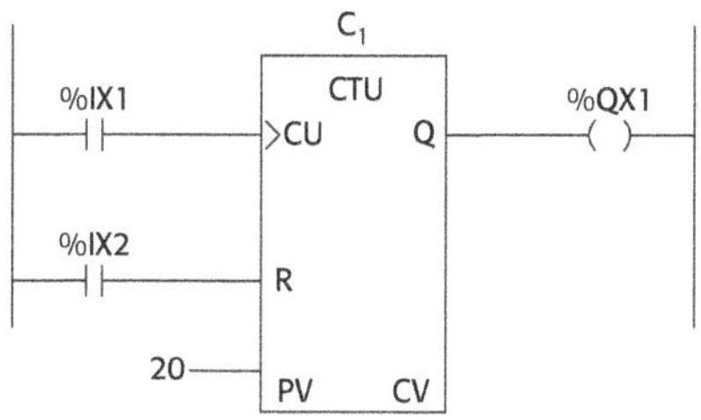

Figura 10.16 Exemplo de um contador crescente.

Vamos implementar o diagrama da Figura 10.16 de duas formas diferentes.

- **Primeira forma**

É a mais compacta. Consiste em utilizar a função de chamada CAL, seguida de uma lista de entradas.

```
CAL    C1(CU := %IX1, R:= %IX2, PV := 20)
LD     C1.Q
ST     %QX1
```

- **Segunda forma**

Fazer o carregamento de cada uma das entradas e, ao final, chamar a função contador por meio da função CAL.

```
LD     %IX1
ST     C1.CU     (* CU := %IX1 *)
LD     %IX2
ST     C1.R      (* R := %IX2 *)
LD     20
ST     C1.PV     (* PV :=20 *)
CAL    C1
LD     C1.Q
ST     %QX1
```

A Figura 10.17 apresenta outra implementação. Na primeira linha, é carregado o valor do contato ligado à entrada de contagem crescente (CU). Na segunda, é chamada a função CTU.

Pela norma IEC 61131-3, as funções podem ser chamadas diretamente, sem a necessidade de um operador que as preceda. De fato, o nome da função pode ser considerado um operador. Os parâmetros passados são o endereço do contador, o contato que está ligado à entrada de reset e o valor de PV.

Ladder	Lista de Instruções
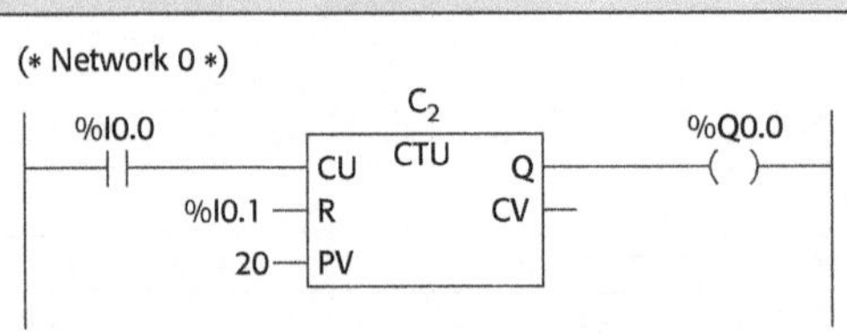	(* Network 0 *) LD %I0.0 CTU C2, %I0.1, 20 ST %Q0.0

Figura 10.17 Implementação de um contador crescente em um CLP que segue a norma IEC 61131-3.

Outra forma é seguida pela Siemens, na sua linha de CLPs de pequeno porte (S7-200). A Figura 10.18 ilustra uma possível implementação nesses controladores.

Ladder

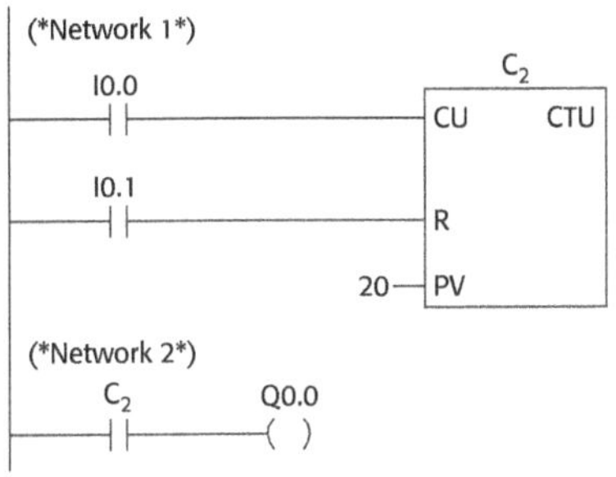

Lista de Instruções

```
(*Network 1*)
LD I0.0
LD I0.1
CTU C2, 20
(*Network 2*)
LD C2
= Q0.0
```

Figura 10.18 Implementação de um contador crescente no CLP S7-200 da Siemens.

Os possíveis operadores para contadores, segundo a norma IEC 61131-3, estão listados no Quadro 10.3.

Quadro 10.3 Operadores válidos para os contadores de acordo com a norma IEC 61131-3

CU, R, PV	CTU (contador crescente)
CD, LD, PV	CTD (contador decrescente)
CU, CD, R, LD, PV	CTUD (contador bidirecional)

10.8 TEMPORIZADORES

Na Figura 10.19, encontra-se a implementação de um temporizador TON no CLP IPC PS1 (Festo).

Ladder

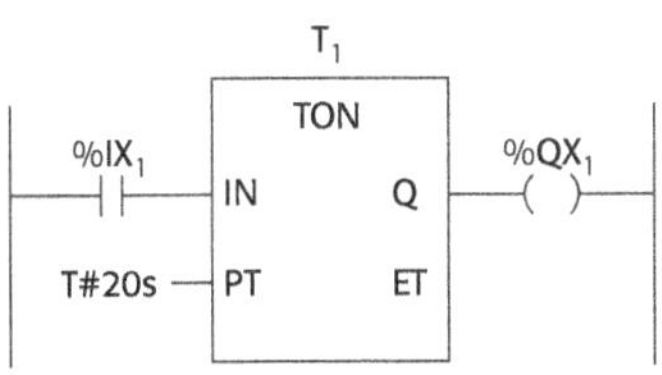

Lista de Instruções

```
CAL T1 (IN := %IX1, PT := T#20s)
LD T1.Q
ST %QX1
```

Figura 10.19 Implementação de um temporizador TON no CLP da Festo IPC PS1 Professional.

A Figura 10.20 mostra outra implementação em controlador que segue a norma IEC 61131-3.

Ladder

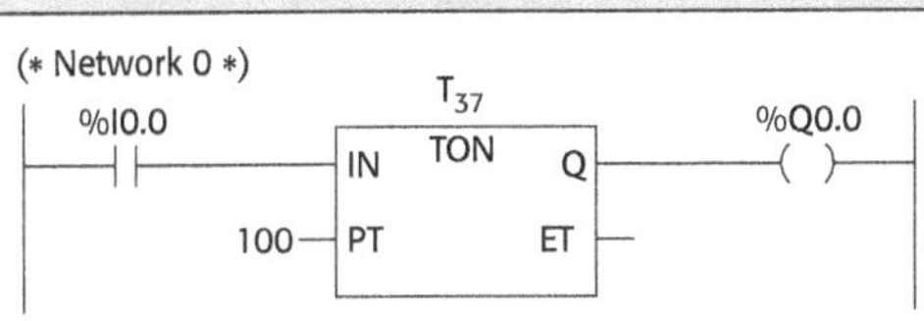

Lista de Instruções

```
(* Network 0 *)
LD %I0.0
TON T37, 100
ST %Q0.0
```

Figura 10.20 Implementação de um temporizador TON em um CLP que segue a norma IEC 61131-3.

A Figura 10.21 exibe a implementação nos CLPs S7-200, da Siemens.

Ladder	Lista de Instruções
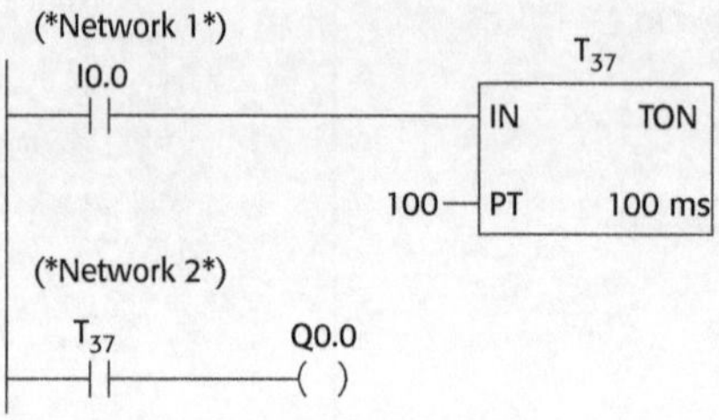	(*Network 1*) LD I0.0 TON T37, 100 (*Network 2*) LD T37 = Q0.0

Figura 10.21 Implementação da função TON no CLP S7-200 da Siemens em Ladder e em LI.

As instruções podem conter todos os tipos de operador de entrada padrão, conforme o Quadro 10.4.

Quadro 10.4 Entradas disponíveis para os temporizadores, de acordo com a norma IEC 61131-3

IN, PT	TP (temporizador de pulso)
IN, PT	TON (temporizador com retardo para ligar)
IN, PT	TOF (temporizador com retardo para desligar)

ATIVIDADES DE FIXAÇÃO

1. Faça a equação booleana, o diagrama Ladder e a Lista de Instruções correspondentes a duas chaves **A** e **B** (as duas são do tipo NA) em paralelo, ambas em série com outra chave **C** (do tipo NF), utilizadas para ligar a bobina de um relé **L**.
2. Elabore a equação booleana, o diagrama Ladder e a Lista de Instruções correspondentes a duas chaves **A** (do tipo NF) e **B** (do tipo NA) em paralelo, ambas em série com as chaves **C** e **D** (as duas do tipo NA) em paralelo, utilizadas para ligar a bobina de um relé **L**.
3. Faça o diagrama Ladder e a Lista de Instruções correspondentes à equação booleana $L = A \cdot \overline{B} + (C + B)$.
4. Faça o diagrama Ladder e a Lista de Instruções correspondentes à equação booleana $L = A \cdot \overline{B} + (\overline{C} + B)$.
5. Faça o diagrama Ladder e a Lista de Instruções correspondentes à equação booleana $L = \overline{B} + C \cdot D + A \cdot (\overline{C} + E)$.

6. Obtenha o programa em Lista de Instruções a partir do diagrama Ladder a seguir:

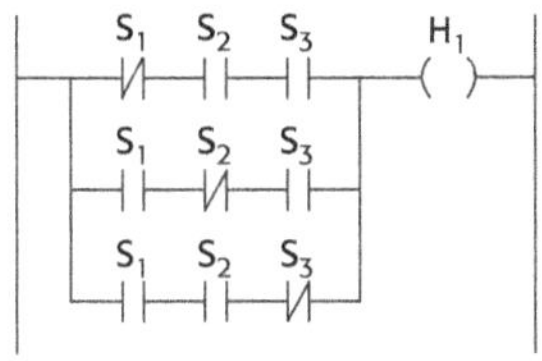

7. Obtenha o diagrama Ladder a partir dos programas em Lista de Instruções a seguir:

```
LD
ANDN    I0
ST      I1
LD      Q0
OR      I2
ORN     I3
AND     I4
ST      I1
LDN     Q1
AND(    I3
OR(     I4
ANDN    I1
)       I2
)       Q2
ST
```

8. Obtenha o diagrama Ladder a partir dos programas em Lista de Instruções a seguir:

```
LD      %I0.1
OR      %I0.2
ANDN    %I0.0
ST      %Q0.0
LD      %I0.3
ANDN    %I0.1
OR(
LDN     %I0.2
AND(
LD      %I0.5
ORN     %I0.4
)
)
ST      %Q0.2
```

11 GRAFCET/SFC

O Grafcet surgiu em 1977 em um grupo de trabalho da Association Française pour la Cybernétique Economique et Technique (AFCET – Associação Francesa para a Cibernética Econômica e Técnica). E em junho de 1982, que foi criada a norma francesa UTE NF C 03-190 (diagrama funcional Grafcet para a descrição dos sistemas lógicos de comando).

A criação do Grafcet foi necessária, entre outros motivos, em razão das dificuldades para a descrição de processos com várias etapas simultâneas utilizando linguagens normais de programação (diagramas de fluxo e linguagens de uso corrente na informática).

Trata-se de uma técnica desenvolvida para a modelagem de sistemas sequenciais, inicialmente desenvolvida na França e conhecida como Graphe Fonctionnel de Commande Etape/Transition. Sua evolução e sua adoção em nível mundial resultaram em uma norma da Comissão Eletrotécnica Internacional denominada IEC 848. Posteriormente, foi criada uma linguagem com base no Grafcet, chamada de SFC (Sequential Function Chart – sequenciamento gráfico de funções).

Por meio do Grafcet é possível modelar uma grande variedade de sistemas sequenciais, desde os mais simples até os mais complexos. O Grafcet é considerado uma metodologia gráfica independente da tecnologia associada ao sistema modelado e foi desenvolvido a partir das redes de Petri (método gráfico para modelagem formal de sistemas a eventos discretos). Isso quer dizer que se trata de uma ferramenta de modelagem comportamental aplicável a sistemas elétricos, pneumáticos, hidráulicos, eletromecânicos, entre outros. A modelagem pode ser aplicada em um número praticamente ilimitado de sistemas, desde que eles sejam sequenciais e evoluam discretamente.

Um **sistema combinacional** é aquele em que as saídas dependem somente da combinação das entradas em um dado instante. Já um **sistema sequencial**, é aquele cujas saídas dependem tanto da combinação das entradas naquele instante como do estado em que se encontram.

Podemos dividir em cinco etapas a modelagem de um processo que utiliza Grafcet:

1. especificação do processo;
2. divisão do processo em etapas;
3. descrição da parte sequencial para o controle das etapas;
4. desenho da parte combinacional de cada etapa;
5. implementação do processo.

11.1 CONCEITOS BÁSICOS DE GRAFCET

A representação de um sistema em Grafcet é uma estrutura gráfica composta de uma simbologia particular. Na Figura 11.1, temos as principais partes componentes de um Grafcet.

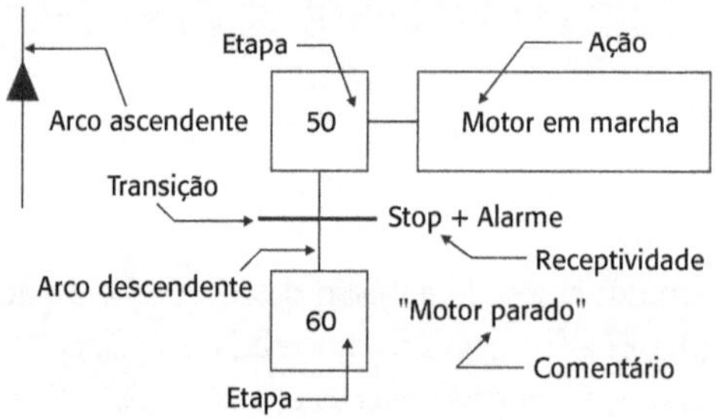

Figura 11.1 Elementos básicos do Grafcet.

Para o estudo do Grafcet será utilizado o software Zelio Soft, porque dispõe da linguagem SFC, apresenta interface amigável de programação, possui simulador e, principalmente, é gratuito e pode ser baixado facilmente na internet. Sua utilização é apenas um recurso didático para auxiliar o entendimento da estrutura do Grafcet e da linguagem SFC. Após compreender esses conceitos, é possível escolher outro controlador que atenda à necessidade da aplicação desejada.

Na Figura 11.2, há uma representação desse diagrama no software Zelio Logic, utilizando o modo de programação FBD com as instruções de SFC.

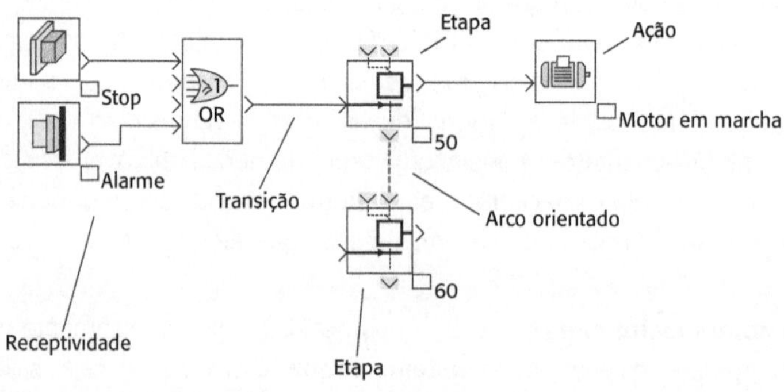

Figura 11.2 Representação dos elementos básicos do SFC no software Zelio Logic.

O Grafcet é um gráfico fechado e cíclico (grafo) composto de etapas, transições e arcos orientados. Os arcos ligam etapas a transições e vice-versa. Uma etapa pode ter determinado número de ações associada e as transições sempre têm uma receptividade associada. Uma receptividade é dada na forma de uma expressão lógica e está sempre relacionada a certa transição.

No Grafcet, um sistema sequencial evolui por etapas. Uma etapa simboliza um estado ou parte de um estado de um sistema. O estado representa a condição em que se encontra determinado sistema para um dado instante. A Figura 11.3 mostra como os estados podem representar um sistema:

- **lâmpada acesa;**
- **lâmpada apagada;**
- **motor girando à direita;**
- **motor girando à esquerda;**
- **motor parado.**

Figura 11.3 Representação de sistemas por meio de estados.

Em um Grafcet, todos os estados do sistema têm um elemento de memória denominado etapa. Cada etapa denota um comportamento específico do sistema, que é função do modo como as suas entradas evoluíram sequencialmente no tempo desde o momento em que entrou em funcionamento. Assim, podemos dizer que um sistema sequencial estável não muda de etapa enquanto não sofrer excitação externa.

Uma etapa é simbolicamente representada por um quadrado e identificada por um número ou combinação alfanumérica no seu interior, como foi representado na Figura 11.1. Em qualquer instante, uma etapa encontra-se em dois estados possíveis, sendo ativa ou inativa. Quando o sistema está em determinada etapa, diz-se que ela está ativa. Assim, o sistema pode realizar ações associadas a essa etapa.

As ações são representadas por retângulos colocados à direita das etapas às quais estão associadas. Dentro do retângulo, coloca-se a descrição da ação. Uma etapa pode não ter uma ação associada, como ilustra a Figura 11.2 (etapa 60). Da mesma maneira, podemos ter um número teoricamente ilimitado de ações em determinada etapa. As ações relacionadas a uma etapa deixam de ser executadas quando esta se torna inativa.

As etapas que se encontram ativas quando o sistema entra em funcionamento são chamadas de iniciais e são representadas por um quadrado duplo. Qualquer Grafcet deve ter pelo menos uma etapa inicial. A Figura 11.4 elucida a etapa inicial do Grafcet e sua representação em SFC no software Zelio Logic.

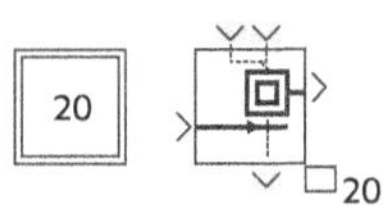

Figura 11.4 Etapa inicial e sua representação no software Zelio Logic.

Entre duas etapas quaisquer, sempre deve haver uma única transição, a qual representa a possibilidade de um sistema evoluir de uma etapa para outra, seguindo um caminho ou trajetória, desde que seja satisfeita uma condição lógica específica, chamada de receptividade.

As transições são representadas por traços cheios horizontais. Ao seu lado direito, sempre há uma expressão lógica binária que define sua receptividade. Uma receptividade exprime as condições que terão de ser satisfeitas para que a transição seja transposta, como mostra a Figura 11.5. Ao seu lado esquerdo, deve ser colocado um identificador que represente a transição à qual estão associadas as receptividades.

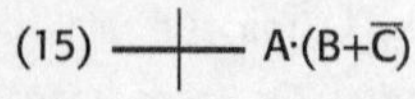

Figura 11.5 Transição e receptividade associada.

As etapas e as transições estão ligadas por arcos orientados, que formam os caminhos da evolução do Grafcet que compõem um sistema e são representados frequentemente por linhas retas. Setas indicam a orientação da ligação e, na ausência delas, a evolução deve ser orientada de cima para baixo ou da esquerda para a direita.

11.2 REGRAS DE EVOLUÇÃO DO GRAFCET

O Grafcet tem uma particularidade importante, que é uma metodologia executável. É possível associar uma alteração do comportamento do sistema modelado a uma evolução temporal do Grafcet que o representa.

Dessa forma, pode-se modelar não só a funcionalidade ou a operacionalidade do sistema, mas também seu comportamento em determinado instante. A evolução temporal do Grafcet está relacionada aos seguintes pontos:

- o processo é composto de etapas que serão ativadas de forma sequencial;
- ativação e desativação de etapas;
- transposição de etapas;
- alteração das ações realizadas;
- uma ou várias ações se associam a cada etapa. Essas ações somente estão ativas quando a etapa correspondente também estiver.

O Grafcet possui muitas regras de evolução. Neste livro, vamos abordar as mais importantes, que são:

- quando o sistema entra em funcionamento, somente as etapas iniciais estão ativas;
- para que uma transição seja transposta, é necessário que a etapa anterior à transição esteja ativa e a receptividade que está associada a ela seja verdadeira;
- quando uma transição é transposta, a etapa anterior é desativada e a posterior ativada.

Para se observar e compreender melhor a evolução de um Grafcet, é importante convencionar uma simbologia capaz de distinguir etapas ativas e inativas. Assim, será colocado um ponto negro no interior da etapa para indicar que ela se encontra ativa em determinado instante. As etapas inativas não contêm a marca. A Figura 11.6 exibe essa representação, juntamente com os blocos SFC utilizados no software Zelio Logic.

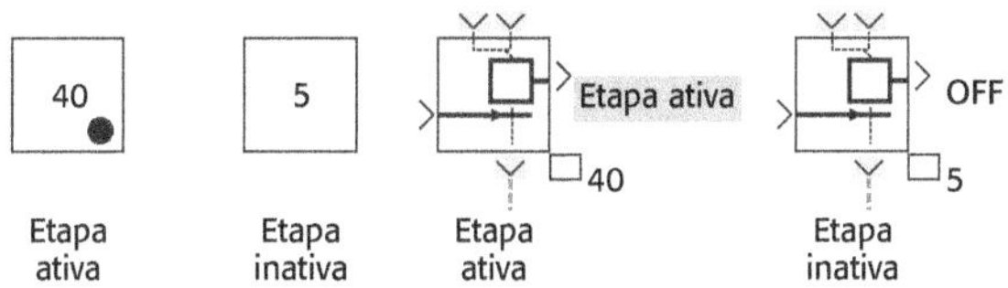

Figura 11.6 Etapas ativas e inativas e sua respectiva representação SFC no software Zelio Logic.

Assim, podemos definir as regras de evolução do Grafcet, como ilustra a Figura 11.7.

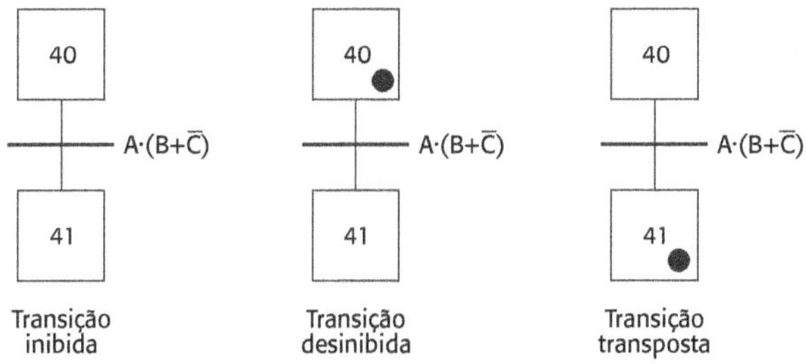

Figura 11.7 Exemplo de evolução do Grafcet.

Na parte esquerda da figura, é representado um Grafcet com ambas as etapas inativas. Devido ao fato de a etapa 40 estar inativa, a transição 40/41 é dita inibida, ou seja, ela não pode ser transposta mesmo que sua receptividade dada pela expressão lógica A • (B + C̄) seja verdadeira.

Quando a etapa 40 tornar-se ativa, a transição 40/41 será automaticamente desinibida; isso quer dizer que será transposta logo que a expressão A • (B + C̄) obtiver o valor lógico 1. Quando isso ocorrer, a etapa 41 passa a estar ativa e a 40 torna-se inativa. Nesse instante, a transição 40/41 volta a estar inibida. As Figuras 11.8 a 11.10 mostram a evolução do exemplo de Grafcet da Figura 11.7, implementado em SFC no Zelio Logic 2.

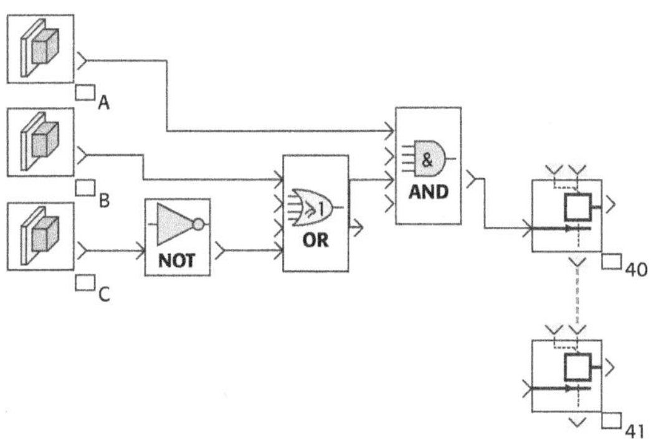

Figura 11.8 A etapa 40 se encontra inativa, portanto, a transição para a etapa 41 está inibida.

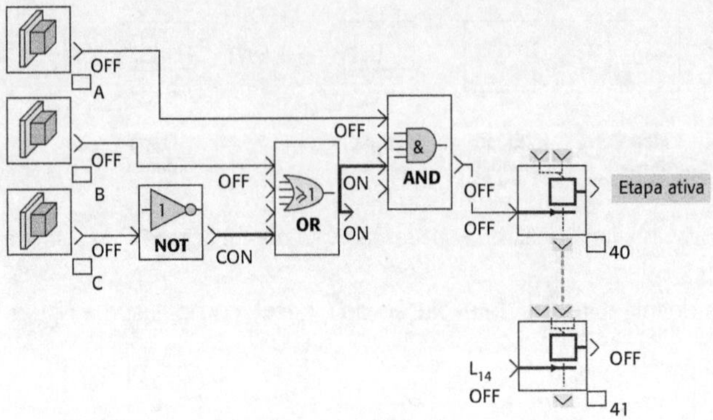

Figura 11.9 A etapa 40 se encontra ativa, portanto, a transição para a etapa 41 está desinibida.

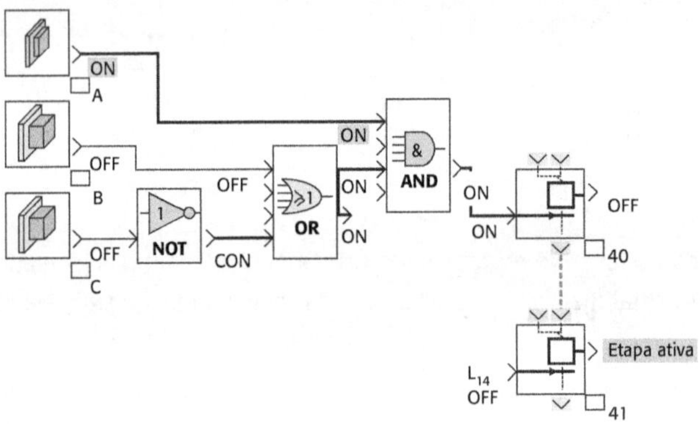

Figura 11.10 Estando a etapa 40 ativa e a receptividade verdadeira, ocorre a transposição para a etapa 41.

11.2.1 REGRAS DE SINTAXE

Não podem existir duas transições consecutivas entre duas etapas. A Figura 11.11 representa uma sintaxe **incorreta** de Grafcet, pois falta uma etapa entre as transições 7 e 8. Para corrigir esse problema, pode-se inserir uma etapa entre tais transições ou colocar as duas condições em uma única transição.

Também não pode haver duas etapas consecutivas sem transição intermediária. A Figura 11.12 descreve um Grafcet **incorreto** devido à falta dessa transição. Para tornar o Grafcet correto, é possível suprimir uma das etapas, colocando as ações em uma única etapa.

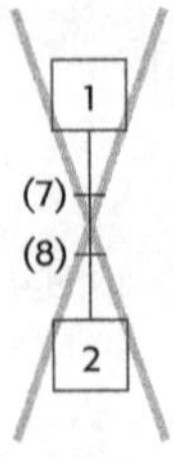

Figura 11.11 Grafcet incorreto (transições consecutivas).

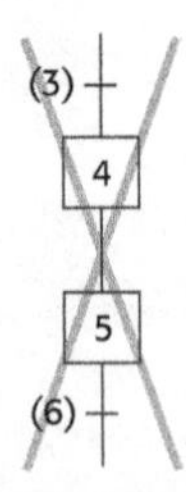

Figura 11.12 Grafcet incorreto (etapas consecutivas sem transição).

11.3 AÇÕES ASSOCIADAS ÀS ETAPAS

As ações são elementos fundamentais do Grafcet, pois são responsáveis pela alteração das saídas. É válido associar múltiplas ações a uma etapa. A Figura 11.13 mostra duas formas de representações equivalentes junto com sua respectiva implementação em SFC no software Zelio. As diversas ações relacionadas a uma etapa iniciam-se simultaneamente, e a ordem em que são escritas é irrelevante.

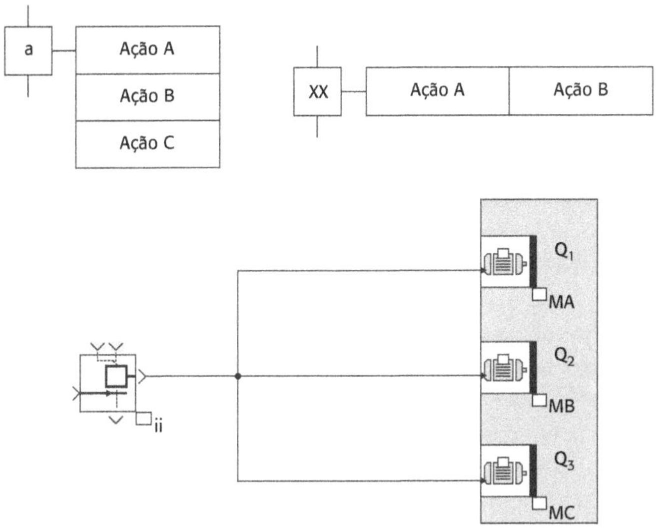

Figura 11.13 Múltiplas ações associadas à mesma etapa e sua representação no software Zelio Logic.

- **Ações contínuas:** são aquelas acionadas continuamente, ou seja, ficam ativas durante todo o tempo em que a etapa a que estão associadas também estiver ativa. Na Figura 11.14, por exemplo, o motor conserva-se ligado durante o tempo em que a etapa 05 permanecer ativa.

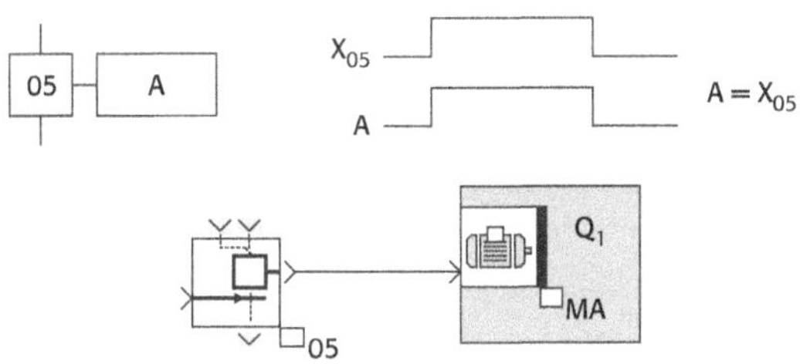

Figura 11.14 Ação contínua e sua representação em SFC no Zelio Logic.

- **Ações condicionais:** são aquelas que, além da ativação da etapa, também necessitam de que uma condição lógica adicional seja satisfeita para se tornarem verdadeiras. A Figura 11.15 fornece um exemplo de ação condicional, em que M representa motor em movimento e B, botão pressionado. Na etapa 12, o motor fica em movimento somente se a etapa estiver ativa e a botoeira pressionada. Dessa forma, a ação M é verdadeira segundo uma expressão lógica.

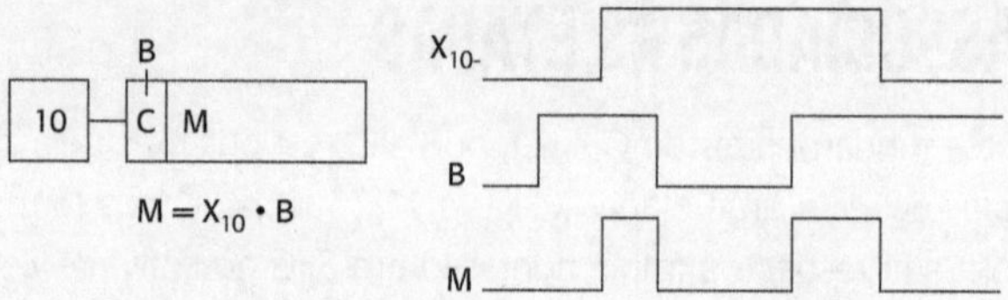

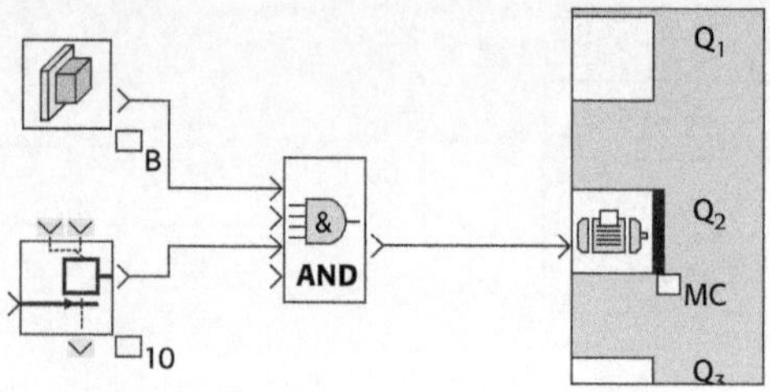

Figura 11.15 Exemplo de ação condicional e sua representação em SFC no Zelio Logic.

- **Ações com retardo:** são usualmente representadas como na Figura 11.16: a letra D (delayed) colocada no retângulo de ação representa uma ação atrasada e o motor só será ligado após a etapa 10 estar ativa por cinco segundos. Observe que a ação M não chega a ser executada se a etapa 10 se tornar inativa antes de completar os cinco segundos.

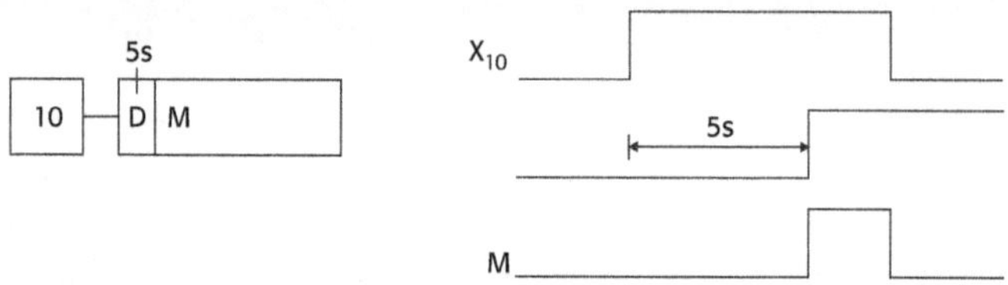

Figura 11.16 Exemplo de ação com retardo.

Para aplicação desse tipo de ação no software Zelio Logic, utilizou-se um temporizador (Timer A/C) e foi parametrizado um tempo de cinco segundos de atraso (atraso arranque), como mostra a Figura 11.17.

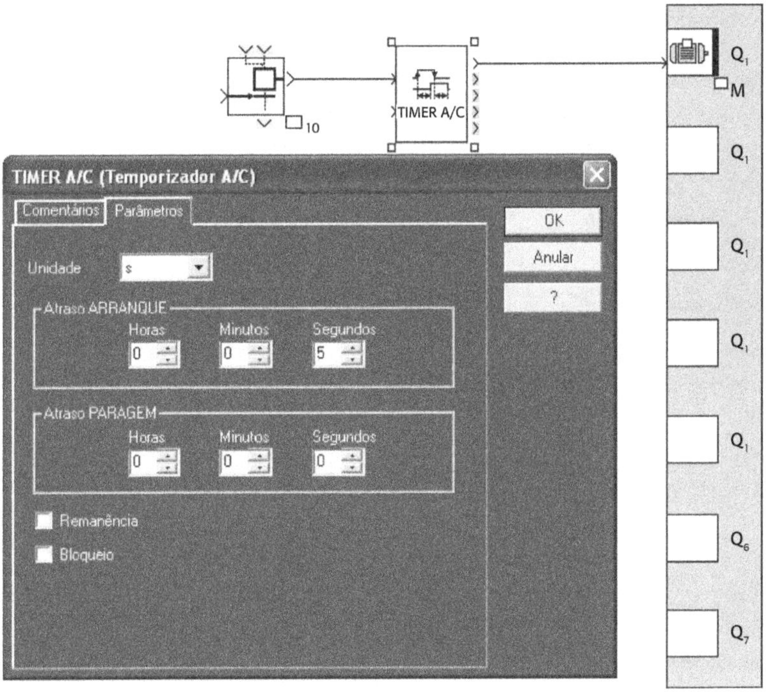

Figura 11.17 Aplicação de ação com retardo no software Zelio Logic.

- **Ação limitada:** ocorre logo após a ativação da etapa e durante um tempo especificado. A Figura 11.18 descreve o comportamento da ação limitada no tempo.

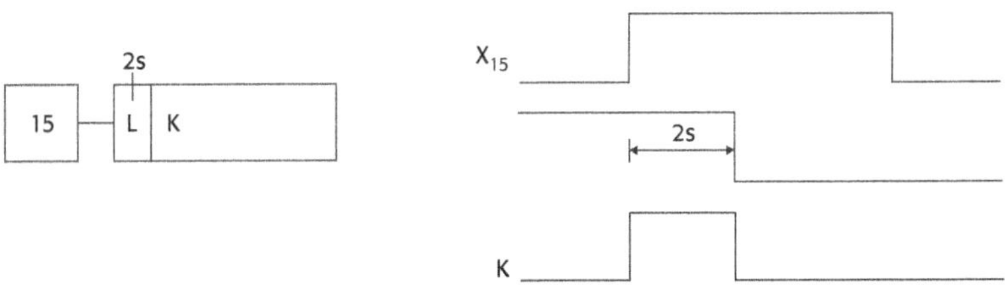

Figura 11.18 Exemplo de ação limitada.

Para implementação dessa ação no Zelio Logic, utilizou-se o mesmo temporizador (Timer B/H) e foi parametrizado um tempo de dois segundos de limite (atraso paragem), como demonstra a Figura 11.19.

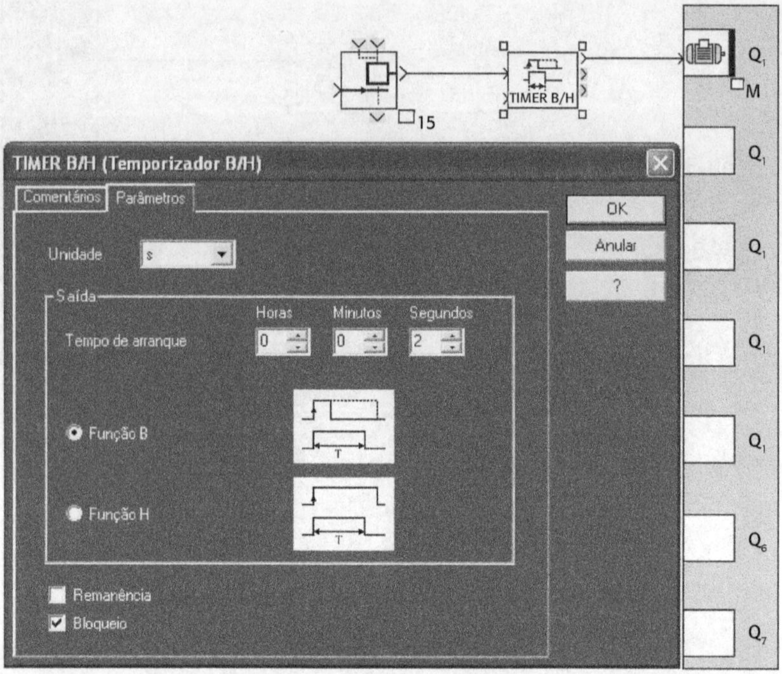

Figura 11.19 Aplicação de ação limitada no software Zelio Logic.

- **Ação impulsional:** é similar à ação limitada ao tempo, entretanto, a impulsional é ativada uma única vez em um tempo muito curto, igual ao ciclo de varredura do CLP. A letra P (pulse) surge no elemento de ação como o identificador da ação impulsional. A Figura 11.20 ilustra o comportamento da ação impulsional, que tem como função incrementar um contador.

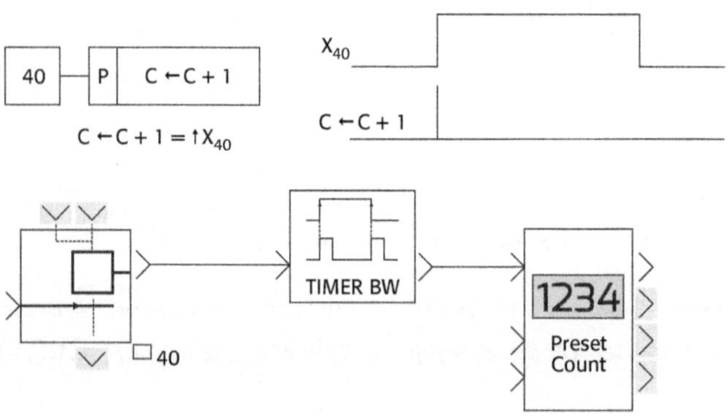

Figura 11.20 Exemplo de ação impulsional e sua representação no software Zelio Logic.

- **Ações memorizadas:** as saídas são ativadas em uma etapa e desativadas em outra. Essa ação é realizada em duas etapas, sendo uma etapa que aciona a ação set e outra que desliga a ação reset. Se uma ação já tiver sido ativada anteriormente, um novo set não tem efeito. Assim como um reset não tem efeito se uma ação não foi previamente iniciada pelo set.

A Figura 11.21 exibe o comportamento das instruções memorizadas.

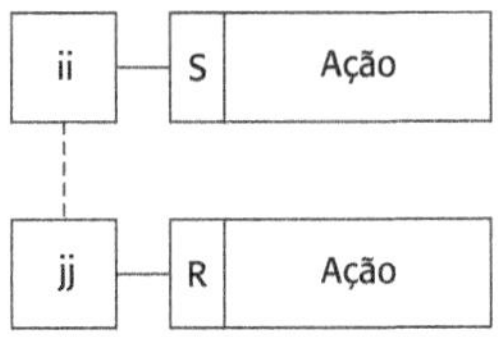

Figura 11.21 Representação de ações memorizadas.

A Figura 11.22 indica o comportamento de uma ação memorizada juntamente com sua expressão lógica.

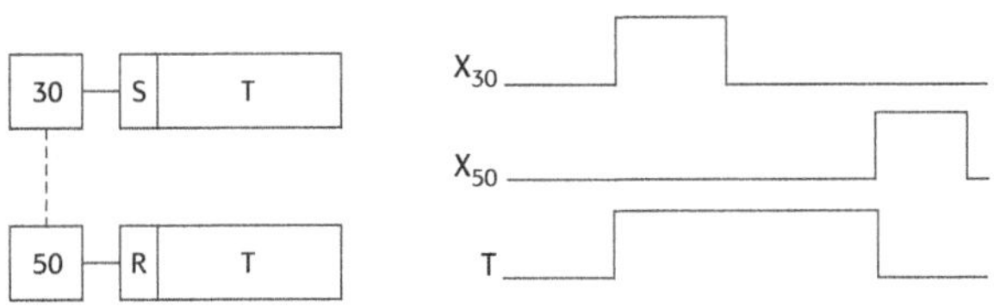

$$T = X_{30} + T\,\overline{X}_{50}$$

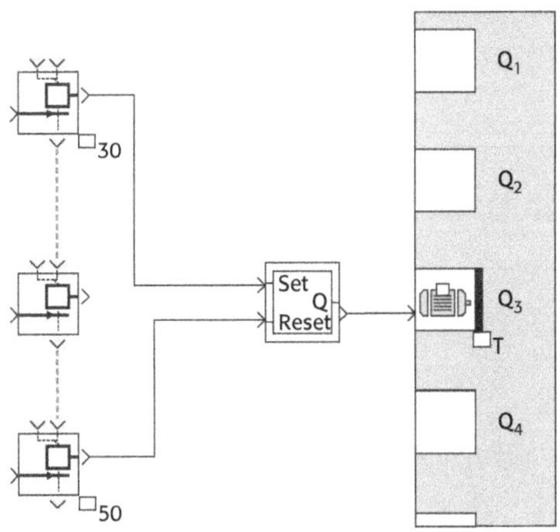

Figura 11.22 Exemplo de ação memorizada em Grafcet e sua representação em SFC no Zelio Logic.

As ações podem ter mais do que uma condicionante. Dessa maneira, uma ação pode ter uma condição do tipo DL, isto é, ser atrasada e limitada. Neste caso, a ação inicia com um atraso D relativo à ativação da etapa e termina quando o limite de tempo L é atingido, como ilustra a Figura 11.23.

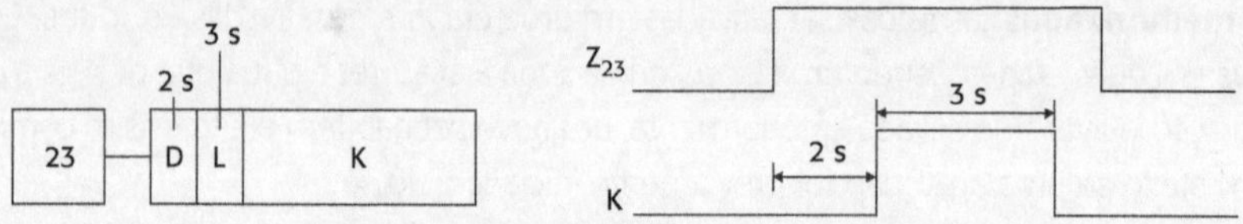

Figura 11.23 Ação atrasada e limitada.

Para aplicação no software Zelio Logic foi utilizada uma combinação dos temporizadores de atraso (Timer A/C) e limitados (Timer B/H), como mostra a Figura 11.24.

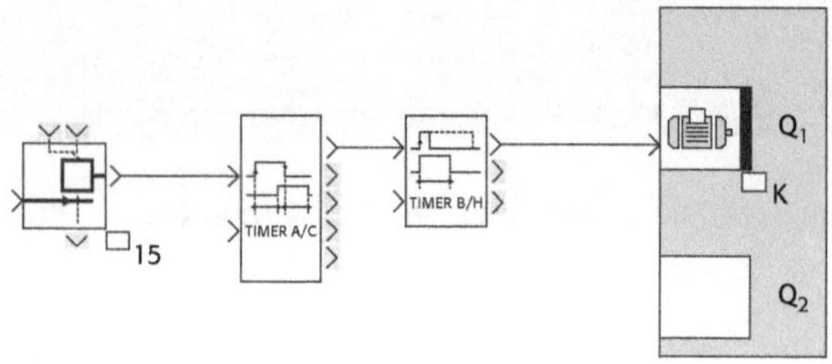

Figura 11.24 Aplicação da ação atrasada e limitada no software Zelio Logic.

As ações podem ser classificadas em:

- **Internas:** produzidas em um equipamento de controle, por exemplo, temporizadores, contadores, operações matemáticas etc.
- **Externas:** produzidas sobre o processo, por exemplo, abrir ou fechar uma válvula, ligar ou desligar um motor etc.

11.4 ESTRUTURAS BÁSICAS DO GRAFCET

O Grafcet possui uma linguagem gráfica de representação, cujas estruturas básicas serão apresentadas a seguir.

11.4.1 SEQUÊNCIA ÚNICA

Uma sequência única é uma sucessão alternada de etapas e transições em que as etapas se tornam ativas. Dessa forma, uma sequência fica ativa quando, no mínimo, uma de suas etapas estiver ativa. É considerada inativa quando todas as suas etapas estão inativas.

A Figura 11.25 desenha uma estrutura de Grafcet em sequência única.

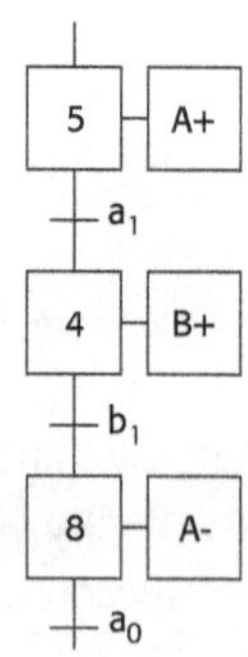

Figura 11.25 Representação de Grafcet em sequência única.

11.4.2 SELEÇÃO DE SEQUÊNCIAS

A partir de determinada etapa, existem dois ou mais caminhos possíveis, e somente um deles será escolhido de acordo com as transições. Não é necessário que os caminhos distintos tenham o mesmo número de etapas. Na Figura 11.26, se estamos na etapa 8 e a receptividade b for verdadeira e a c falsa, o sistema evolui para a sequência à direita (etapa 2). Caso c seja verdadeira e b falsa, o sistema evolui pela sequência da esquerda (etapa 9). Note que ambas as sequências convergem na etapa 5.

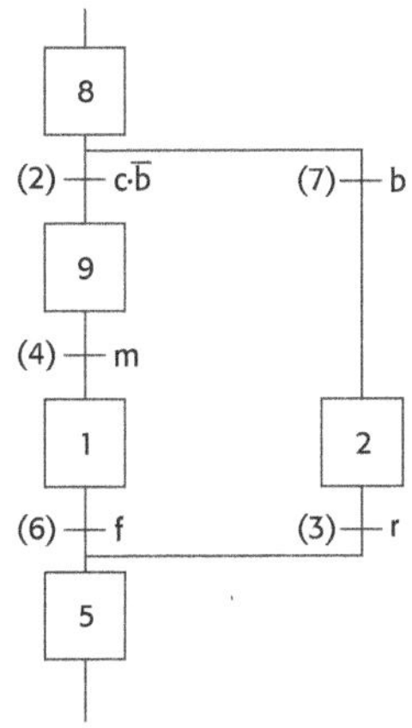

Figura 11.26 Representação de Grafcet de seleção de sequências.

11.4.3 SALTO DE ETAPAS

É um caso particular de seleção entre duas sequências em que uma delas não tem nenhuma etapa. Na Figura 11.27, se o sistema estiver na etapa 3, a receptividade c é verdadeira e b é falsa, ativando assim a etapa 6 sem passar pelas etapas 4 e 5.

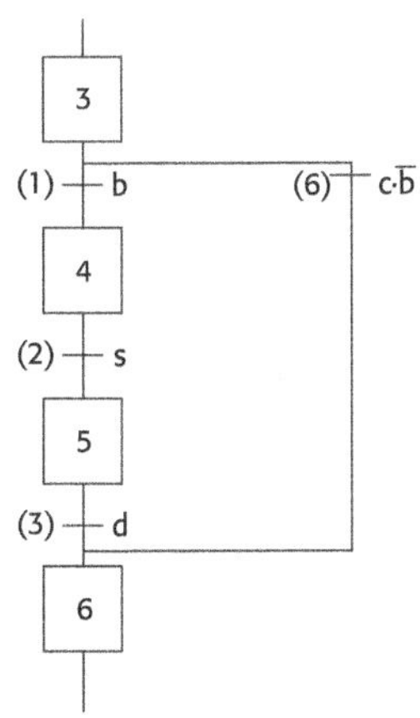

Figura 11.27 Representação de Grafcet com salto de etapas.

11.4.4 REPETIÇÃO DE SEQUÊNCIA

Refere-se ao salto de etapas em sentido ascendente, de modo que se repita a sequência de etapas anteriores ao salto. Na Figura 11.28, a sequência formada pelas etapas 2 e 3 repete-se até que a receptividade b seja falsa e c verdadeira.

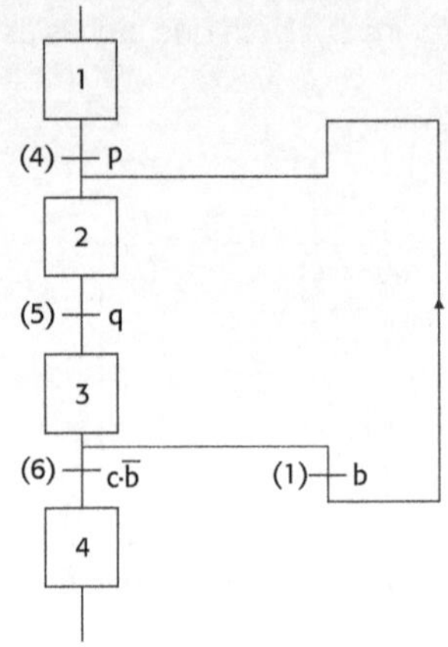

Figura 11.28 Representação de Grafcet com repetição de sequência.

11.4.5 PARALELISMO

Dois ou mais processos são ditos paralelos se, a partir de determinada etapa, existem duas ou mais sequências a serem executadas simultaneamente. Não é necessário que as diferentes sequências tenham o mesmo número de etapas.

Indica-se o início das sequências paralelas por uma linha horizontal dupla depois da transição correspondente. Da mesma maneira, define-se o final das sequências paralelas com outra linha horizontal dupla antes da transição correspondente, e essa transição só é desinibida quando as etapas imediatamente anteriores estiverem ativas. Na Figura 11.29, ao transportar a transição (4) ativam-se as etapas 2 e 3, as quais trabalham simultaneamente. A transição (1) somente é desinibida quando as etapas 3 e 5 estiverem ativas.

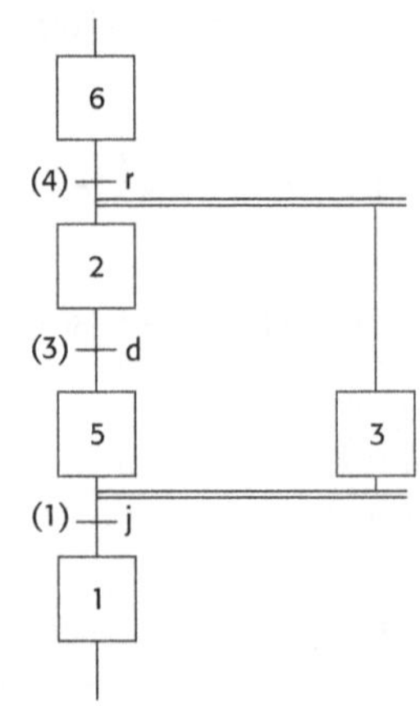

Figura 11.29 Representação de Grafcet com paralelismo.

11.5 APLICAÇÃO DO GRAFCET PARA A RESOLUÇÃO DE PROBLEMAS

Para iniciar a implementação da programação em SFC, vamos usar como exemplo um processo bastante conhecido por profissionais que trabalham com automação e acionamentos elétricos: a partida direta de um motor (M_1). Este diagrama é composto por uma chave liga, contato NA, uma chave desliga, contato NF e uma bobina de saída para acionar o motor. O acionamento é representado na Figura 11.30, juntamente com o seu diagrama de tempos.

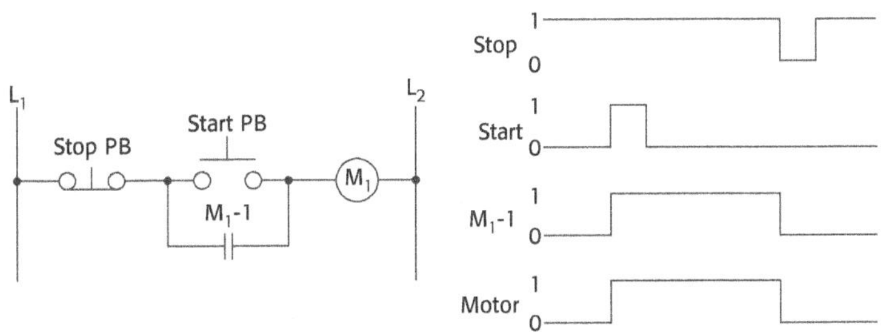

Figura 11.30 Circuito de acionamento e seu diagrama de tempos.

Esta expressão lógica indica que o motor M_1 é acionado se o botão de partida (Start PB) for pressionado e o botão de parada (Stop PB) não.

A Figura 11.31 ilustra a implementação do circuito do acionamento em Grafcet, no qual a expressão lógica (receptividade) que está associada à transição 1 é a mesma que aciona o motor na lógica do acionamento elétrico, sem a necessidade de selo.

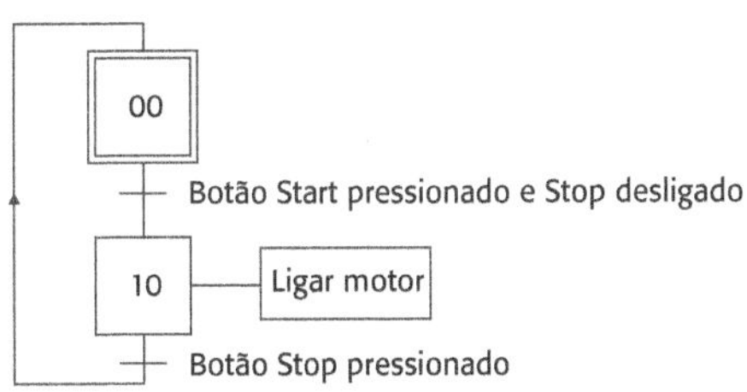

Figura 11.31 Implementação do acionamento e seu respectivo Grafcet comportamental.

O programa não necessita do selo para acionamento, pois quando o botão Start PB é acionado, a etapa 00 (sem ação) transita para a etapa 10, na qual a ação aciona o motor e o mantém nesse estado. O motor será desligado quando a transição 2 for transposta, ou seja, quando se pressionar o botão Stop, a etapa 10 (motor ligado) é desativada e a etapa 00 (motor desligado) ativada.

A seguir, é feita uma tabela com as entradas, as saídas e seus respectivos endereços utilizados no software Zelio Logic. A partir da tabela, realiza-se o Grafcet tecnológico para a implementação no CLP, como indica a Figura 11.32.

Entradas	
Botão *Start*	I_1
Botão *Stop*	I_2

Saídas	
Motor M_1	Q_1

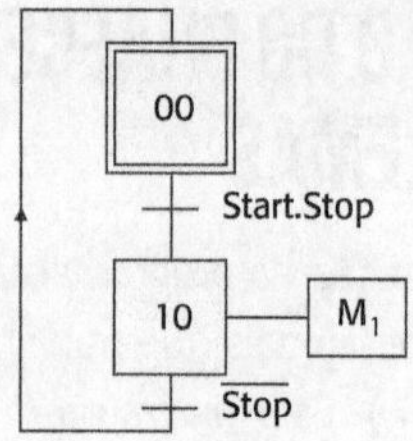

Figura 11.32 Implementação do Grafcet tecnológico.

Na Figura 11.33, temos a implementação em SFC deste problema utilizando o software Zelio Logic 2.

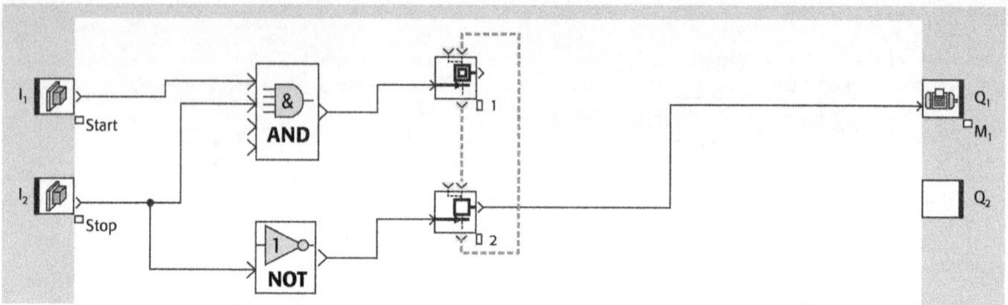

Figura 11.33 Implementação do problema utilizando o software Zelio Logic.

A seguir, simula-se outro problema no qual empregaremos o Grafcet para a solução.

Um sistema de transporte é composto de um vagão, que se desloca entre os pontos A e B. Considere que, inicialmente, o vagão se encontra no ponto A e permanece nesse ponto até que um botão de partida (M) seja pressionado. O vagão, então, começa a se deslocar em direção a B. Quando B for atingido, o vagão recua até o ponto A. Quando esse ponto for atingido, retomam-se as condições iniciais. A atuação de M durante o movimento não tem nenhum efeito. Esse sistema é apresentado na Figura 11.34.

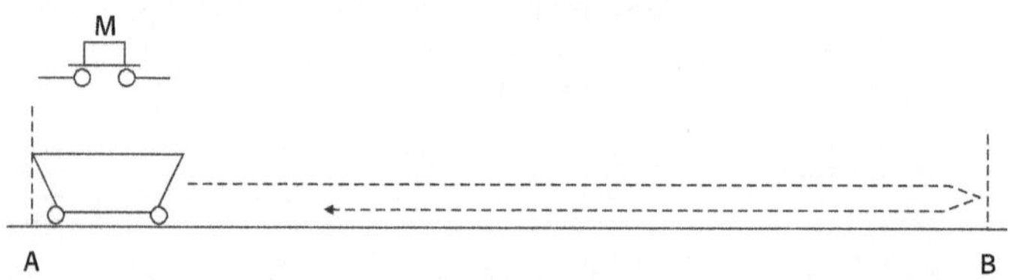

Figura 11.34 Sistema de transporte.

Podemos exprimir o processo anterior pelo Grafcet representado na Figura 11.35.

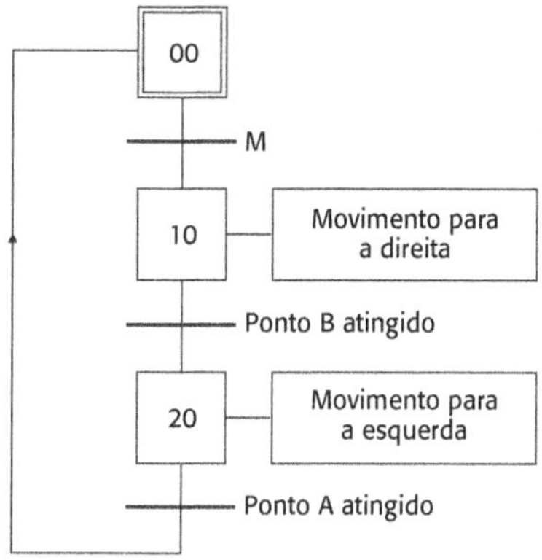

Figura 11.35 Grafcet do sistema de transporte.

Este é o Grafcet comportamental do sistema, devido ao fato de que ignora a tecnologia associada ao processo de transporte. Dessa forma, podemos converter o Grafcet comportamental em tecnológico de acordo com uma tecnologia associada ao sistema.

Vamos supor que em A e B existem duas chaves fim de curso designadas por FC_1 e FC_2, respectivamente, que produzem o valor lógico 1 quando atuadas pelo vagão. O movimento do motor está também associado a dois motores, sendo o M_1, que move o vagão para a direita, e o M_2, que move o vagão para a esquerda. Considere também que o sinal de partida é dado por um botão M.

Com base nessas condições, tem-se a tradução do Grafcet comportamental para o tecnológico, exibido na Figura 11.36.

Entradas	
Botão B	I_1
Fim de curso 1	I_2
Fim de curso 2	I_3

Saídas	
M_1	Q_1
M_2	Q_2

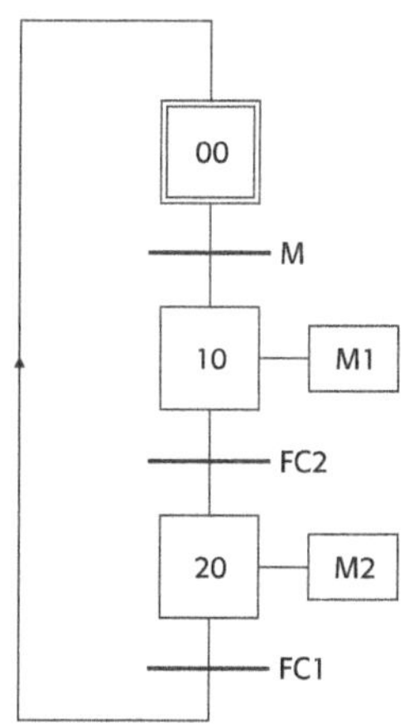

Figura 11.36 Grafcet tecnológico implementado.

Na Figura 11.37, temos a implementação deste problema em SFC utilizando o software Zelio Logic 2.

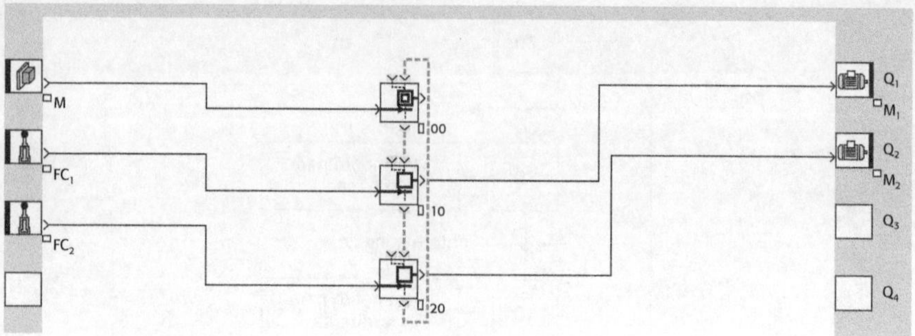

Figura 11.37 Implementação do Grafcet tecnológico em SFC no Zelio Logic.

Quando se executa um projeto, é fundamental elaborar um Grafcet comportamental, mesmo no caso de um sistema simples cuja tecnologia é conhecida.

Um Grafcet comportamental é bem mais fácil de compreender do que um tecnológico, principalmente em termos de documentação do sistema, portanto, eventuais erros podem ser facilmente identificados na fase inicial do projeto. Alterações casuais no projeto inicial são facilmente compreendidas e especificadas no Grafcet comportamental. Alguns autores designam os Grafcets comportamentais e tecnológicos como nível 1 e 2, respectivamente.

11.6 APLICAÇÃO DO GRAFCET PARA PROBLEMAS QUE ENVOLVEM SELEÇÃO DE SEQUÊNCIAS

Nos exemplos anteriores, o Grafcet foi utilizado para representar uma sequência única.

Algumas máquinas possuem muitos ciclos de funcionamento, selecionados por um comando externo por meio de um operador (botões, teclados etc.) ou por sensores conectados diretamente ao controlador. A Figura 11.38 traz exemplos de Grafcet com sequência única e sequências múltiplas.

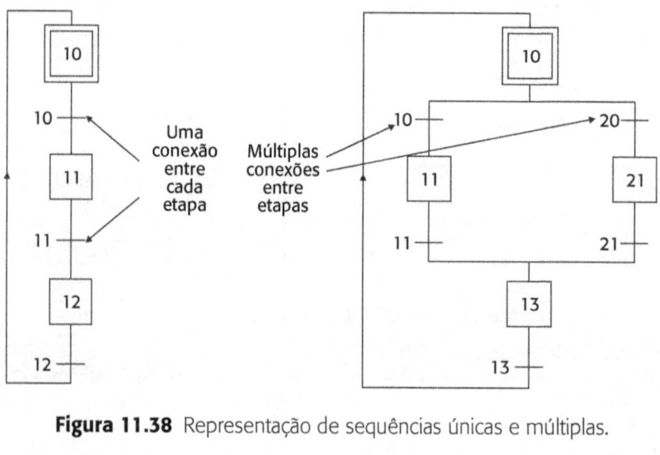

Figura 11.38 Representação de sequências únicas e múltiplas.

O Grafcet pode ter múltiplas conexões entre os elementos de programa. Essas conexões podem ser de dois tipos:

- divergências;
- convergências.

Uma divergência é utilizada quando uma etapa do Grafcet tem muitas conexões nas etapas posteriores, sendo uma convergência empregada quando um elemento possui diversas conexões que chegam até ela. As divergências e as convergências podem estar nas configurações OU ou E. A Figura 11.39 ilustra a divergência OU, enquanto a Figura 11.40 exibe a convergência OU, ambas as figuras apresentam também as representações no software Zelio Logic.

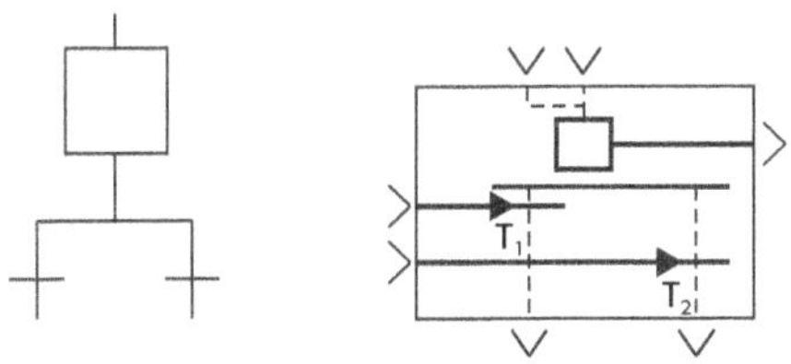

Figura 11.39 Divergência OU em Grafcet e sua respectiva representação em SFC no Zelio Logic.

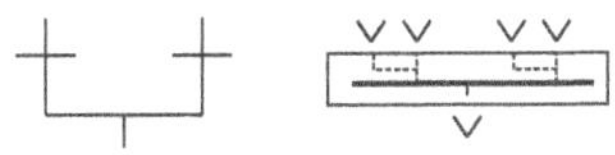

Figura 11.40 Convergência OU em Grafcet e sua respectiva representação em SFC no Zelio Logic.

A Figura 11.41 mostra um exemplo de divergência e convergência OU. Uma divergência OU permite que uma etapa ativa selecione as outras etapas por meio da conexão das transições. Embora a divergência conecte uma etapa a diversas transições posteriores, somente é possível ativar uma dessas transições de cada vez. Em outras palavras, é como se fosse uma função OU-EXCLUSIVO (XOR). As transições são mutuamente exclusivas, ou seja, podem seguir um caminho ou outro, mas nunca os dois ao mesmo tempo.

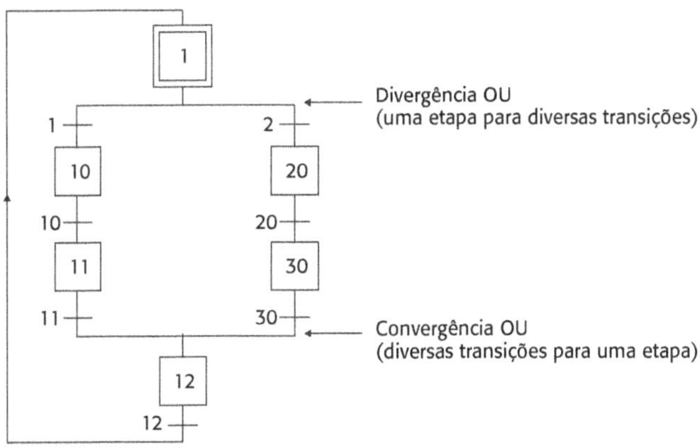

Figura 11.41 Exemplo de convergência e divergência OU.

Assim, temos as seguintes regras de evolução para a divergência OU e a convergência OU:

- Uma divergência OU indica que uma etapa tem duas ou mais transições posteriores. A transposição de qualquer uma das transições desativa a etapa anterior e ativa a respectiva etapa posterior. As etapas da evolução das transições encontram-se na Figura 11.42.
- No caso da Figura 11.42, quando a etapa 18 está ativa e a transição 18/20 for transposta, ativa a etapa 20 e desativa a 18. Desta forma, é possível selecionar uma opção pela seleção de uma das transições.

A respectiva representação no software Zelio Soft é mostrada na Figura 11.43.

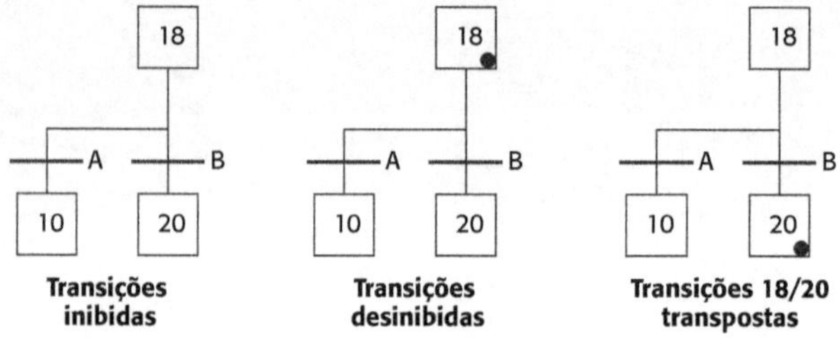

Figura 11.42 Representação das evoluções das etapas da divergência OU.

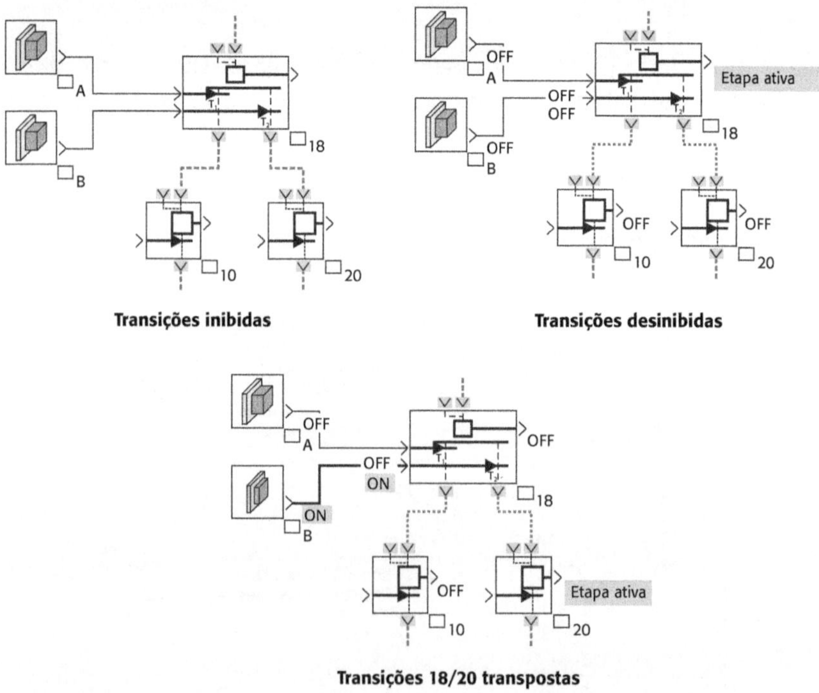

Figura 11.43 Representação da divergência OU pelo software Zelio Logic.

Em uma convergência OU, temos mais do que uma transição anterior à convergência. A transposição de uma dessas transições ativa a etapa posterior à convergência OU, ao mesmo tempo em que desativa a etapa imediatamente anterior à da transição que foi transposta. A Figura 11.44 descreve as evoluções das etapas do Grafcet.

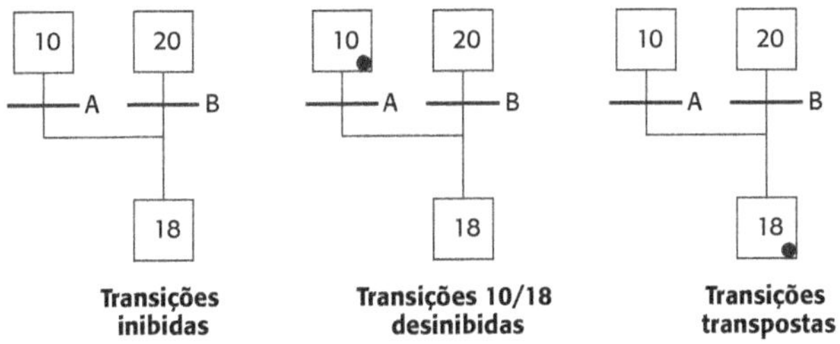

Figura 11.44 Representação da evolução para convergência OU.

Podemos verificar que somente uma transição ativa a etapa posterior à convergência. Na Figura 11.44, foi transposta a transição 10/18, sendo desativada a etapa 10 e ativada a etapa 18. Na Figura 11.45 está representada a sequência de evolução utilizando o software Zelio Logic.

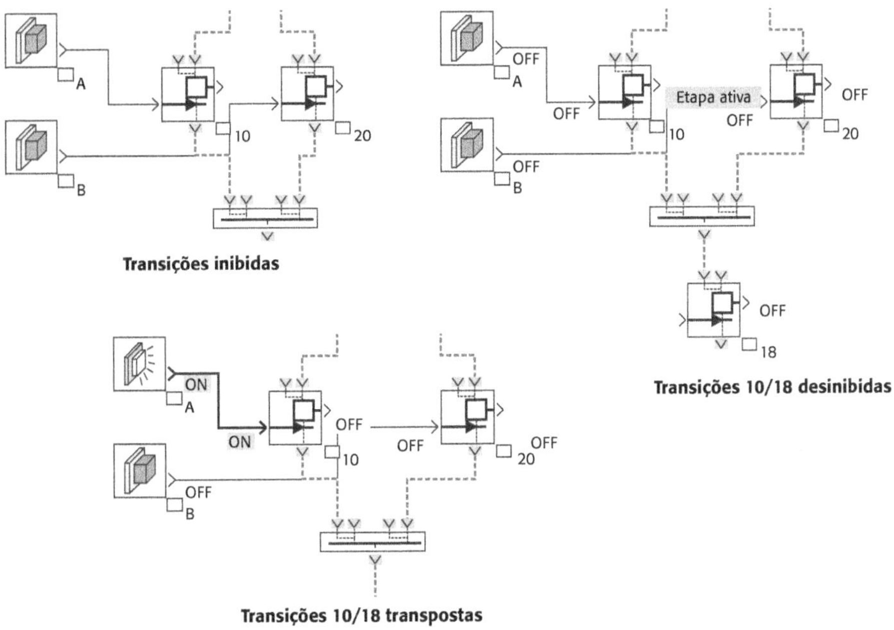

Figura 11.45 Representação da evolução do Grafcet para a convergência OU utilizando o software Zelio Soft.

Para ilustrar o funcionamento das convergências, vamos usar o exemplo a seguir.

Um sistema de transporte de cargas é composto de um elevador para conduzir cargas em dois pisos, ilustrado na Figura 11.46.

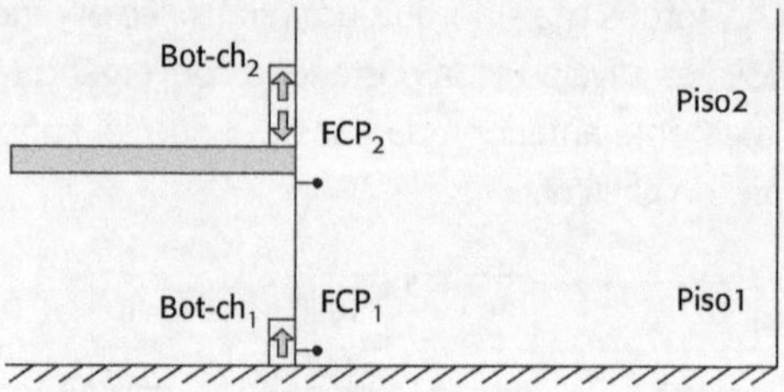

Figura 11.46 Sistema de transporte de cargas.

Para seu comando, em cada piso está previsto um botão de impulso colocado nos seguintes locais:

- no piso inferior para pedir a subida;
- no piso superior para pedir a descida.

Para que o sistema funcione corretamente, é necessário que o elevador esteja parado em seu piso correspondente. Para saber se o elevador está no piso inferior ou no superior, existem duas chaves fim de curso que permitem indicar as posições do elevador. As chaves FCP1 e FCP2 denotam, respectivamente, os pisos 1 e 2. O Grafcet comportamental que representa o sistema está descrito na Figura 11.47.

A partir do Grafcet comportamental, deve-se implementar o tecnológico, representado na Figura .

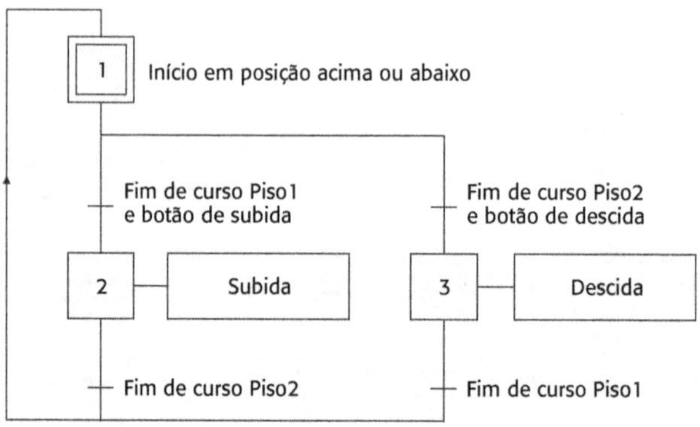

Figura 11.47 Grafcet comportamental do sistema.

Entradas	
Bot-ch1	I_1
Bot-ch2	I_2
FCP1	I_3
FCP2	I_4

Saídas	
Motor de subida	Q_1
Motor de descida	Q_2

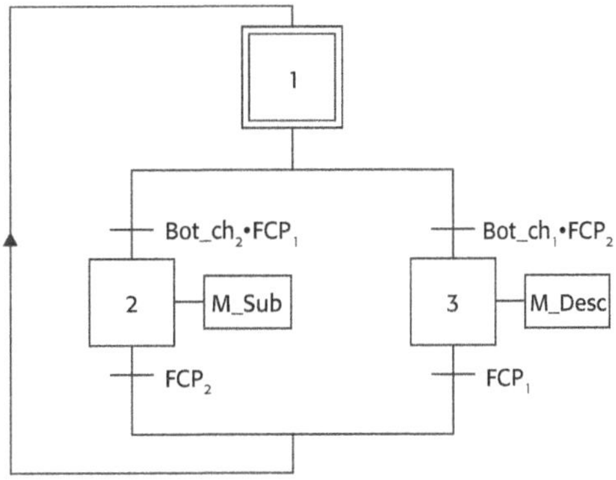

Figura 11.48 Implementação do Grafcet tecnológico.

A partir do Grafcet tecnológico, podemos utilizar o software Zelio Logic para implementar a solução do problema em SFC, como apresentado na Figura 11.49.

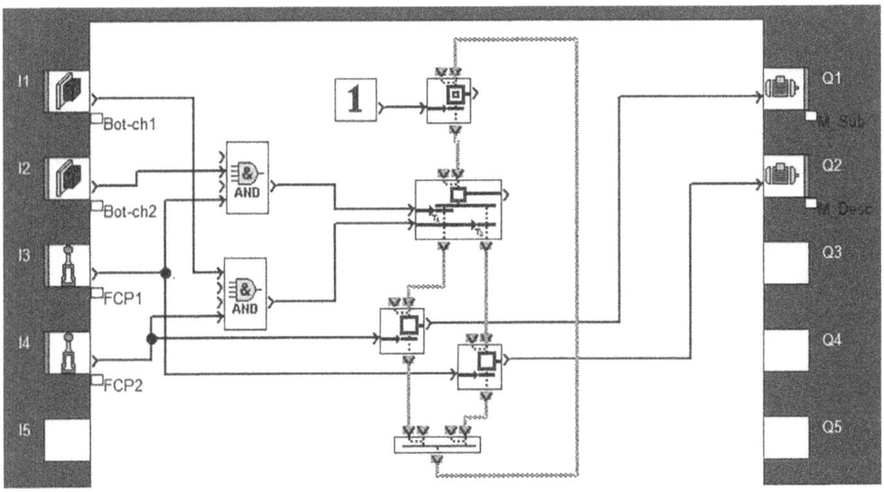

Figura 11.49 Implementação do Grafcet tecnológico.

EXEMPLO

Aplicação de Grafcet para a resolução de problemas que contenham contadores e temporizadores

Neste exemplo vamos demonstrar a aplicação de temporizadores e contadores para a resolução de problemas. A Figura 11.50 apresenta um processo sequencial que ocorre da seguinte forma:

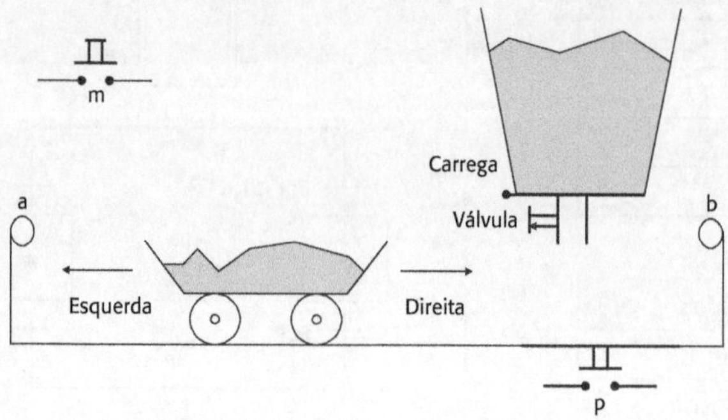

Figura 11.50 Representação do processo sequencial com temporizadores e contadores.

1. Pressionando o botão M, o carro desloca-se para a direita até atingir o fim-de-curso b, quando inicia o carregamento até atingir o peso determinado pelo sensor p. Neste caso, a válvula deve ser fechada e o carro precisa retornar para a posição inicial. Esta é detectada pelo fim de curso a. O movimento para a direta é realizado pelo motor M_1 e para a esquerda pelo motor M_2.
2. Repita o procedimento anterior, acrescentando que o carregamento só comece cinco segundos depois do contato com o fim de curso b. O ciclo deve ser repetido cinco vezes.

Na Figura 11.51 está o Grafcet comportamental para a resolução do problema.

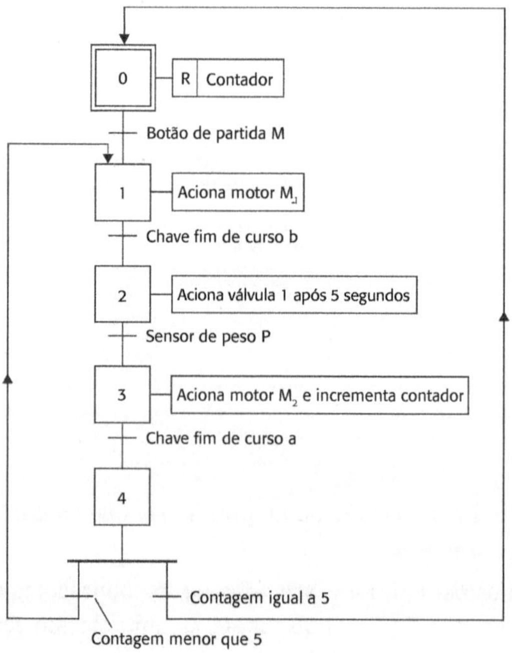

Figura 11.51 Grafcet comportamental que descreve o problema.

A partir do Grafcet comportamental e das tabelas de entrada e saída, deve ser implementado o Grafcet tecnológico, representado na Figura 11.52.

Entradas	
Botão de partida M	I_1
Fim de curso B	I_2
Sensor de peso P	I_3
Fim de curso A	I_4

Saídas	
Motor M_1	Q_1
Válvula	Q_2
Motor M_2	Q_3

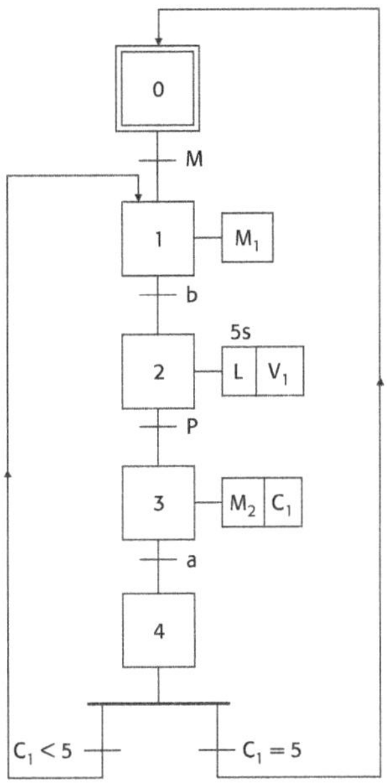

Figura 11.52 Grafcet tecnológico que descreve o problema.

A partir do Grafcet tecnológico é possível utilizar o software Zelio Logic para implementar em SFC a solução do problema, como demonstra a Figura 11.53.

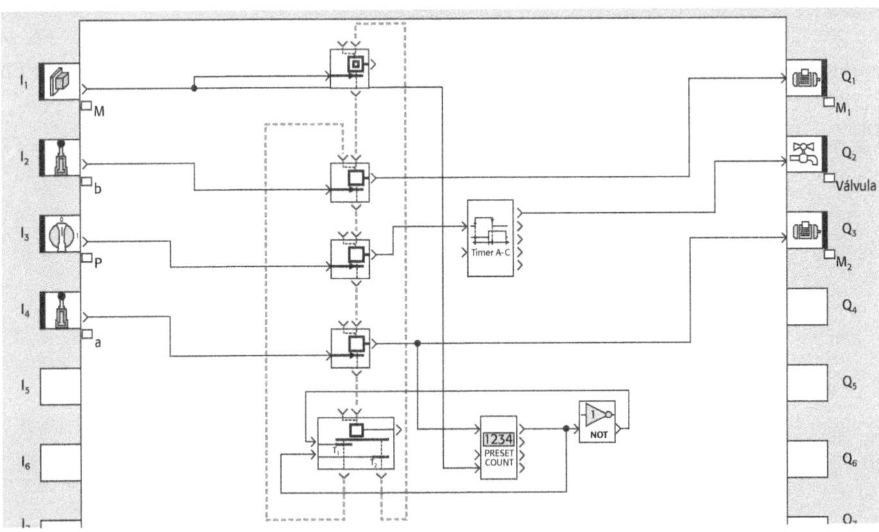

Figura 11.53 Implementação em SFC do Grafcet tecnológico.

11.7 APLICAÇÃO DO GRAFCET EM PROCESSOS EM QUE OCORRE PARALELISMO

Até o momento, trabalhamos com máquinas que operam em uma sequência única e com uma seleção entre sequências, porém, é fundamental modelar processos em que muitas sequências possam se desenvolver ao mesmo tempo.

Da mesma forma que ocorre nas seleções de sequências, em que tínhamos divergências e convergências do tipo OU, agora vamos trabalhar com divergências e convergências do tipo E.

A Figura 11.54 exibe as convergências e as divergências do tipo E.

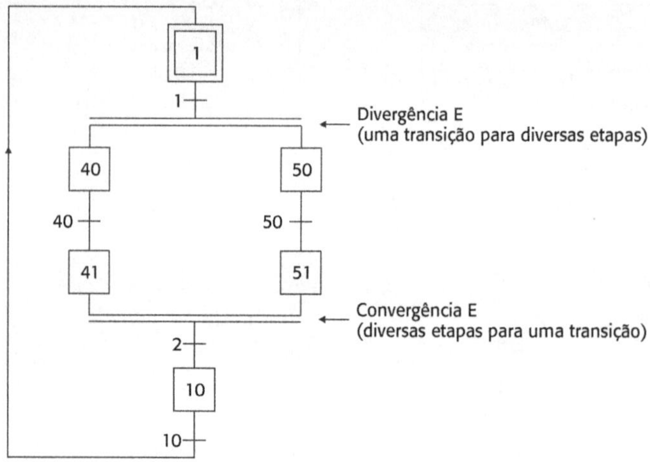

Figura 11.54 Divergências e convergências do tipo E.

Uma divergência E permite ativar duas ou mais etapas simultaneamente quando uma transição é transposta. Ao contrário da divergência OU, a E pode habilitar diversas etapas ao mesmo tempo. As linhas em paralelo, abaixo da divergência, assumem o controle do processo simultaneamente.

A Figura 11.55 exibe uma divergência E em Grafcet e sua respectiva representação em SFC no Zelio Soft.

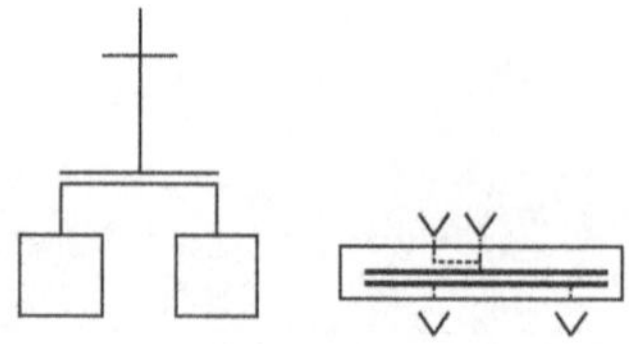

Figura 11.55 Divergência E e sua representação no software Zelio Logic.

Na Figura 11.56 temos a representação das evoluções das etapas do Grafcet para a divergência E.

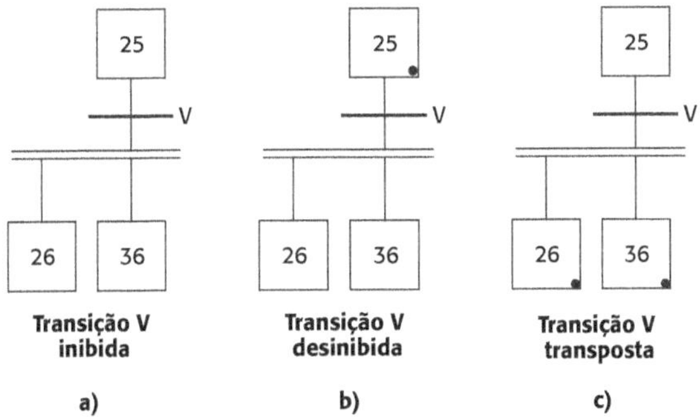

Figura 11.56 Evolução das etapas do Grafcet para a divergência E.

Na Figura 11.56a, a transição está inicialmente inibida; já na Figura 11.56b, temos a etapa 25 ativada e a transição desinibida; e na Figura 11.56c, a receptividade V torna-se verdadeira ativando simultaneamente as etapas 26 e 36 e desativando a etapa 25.

Na Figura 11.57 encontra-se a implementação dessas evoluções em SFC no software Zelio Logic.

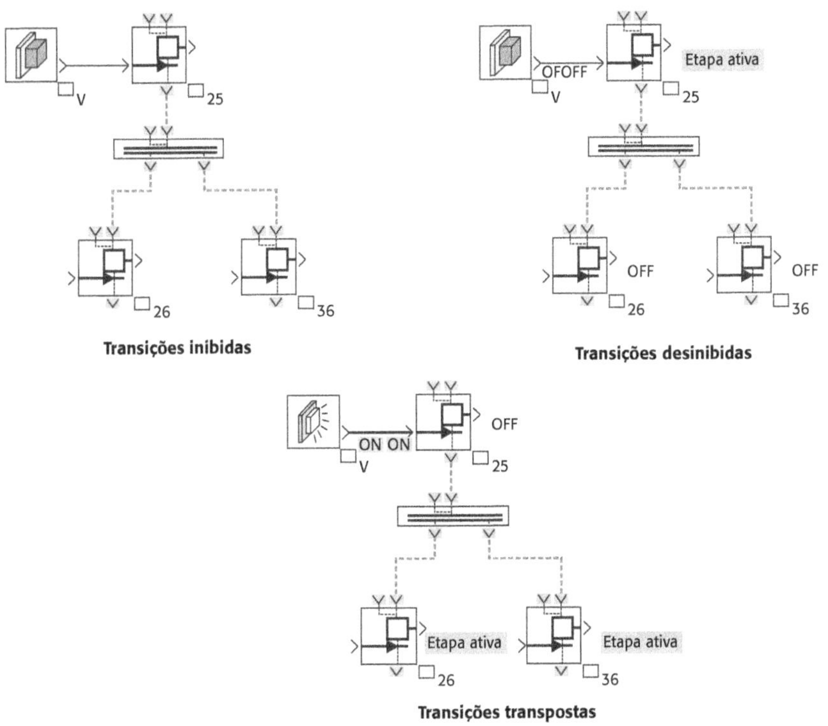

Figura 11.57 Implementação das regras de evolução utilizando o software Zelio Logic.

As convergências E impõem uma condição à transposição de uma transição, obrigando que todas as etapas anteriores à convergência estejam ativas para que a transição seja desinibida. Quando a transição é transposta, todas as etapas anteriores à convergência são desativadas simultaneamente. Uma convergência E tem duas ou mais etapas anteriores e uma única transição. A Figura 11.58 apresenta uma convergência E em Grafcet e sua respectiva representação em SFC no Zelio Logic.

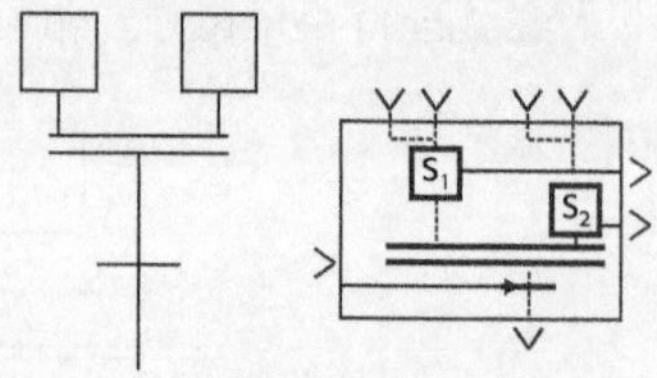

Figura 11.58 Convergência E e sua representação no software Zelio Logic.

A Figura 11.59 mostra a sequência de evolução de uma convergência E.

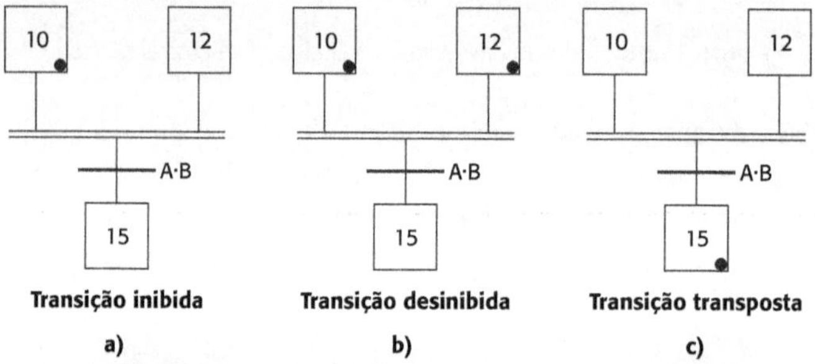

Figura 11.59 Sequência de evolução de uma convergência E.

Na Figura 11.59a, temos inicialmente somente a etapa 10 ativa, estando a 12 inativa, com isso, a transição está inibida; na Figura 11.59b, temos as etapas 10 e 12 ativas, portanto, a transição fica desinibida; por fim, na Figura 11.59c, temos a transição transposta devido à receptividade A • B ser verdadeira.

Na Figura 11.60 está a descrição da sequência de evolução equivalente à da Figura 11.59, utilizando SFC no Zelio Logic.

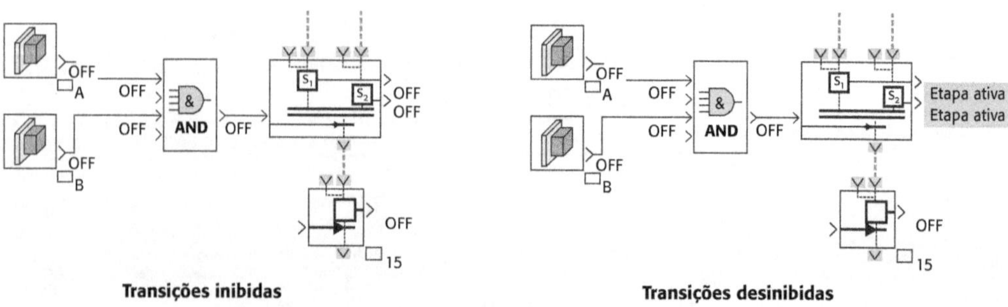

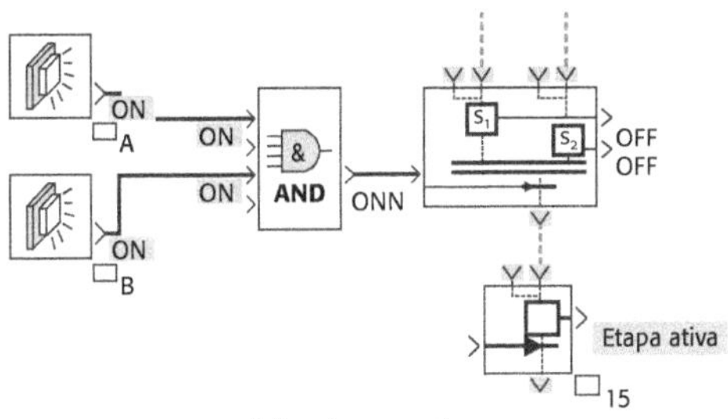

Figura 11.60 Sequência de evolução utilizando o software Zelio Logic.

PROBLEMAS QUE ENVOLVEM PARALELISMO

EXEMPLO 1

Para ilustrar o funcionamento das divergências e das convergências do tipo E, acompanhe o exemplo a seguir.

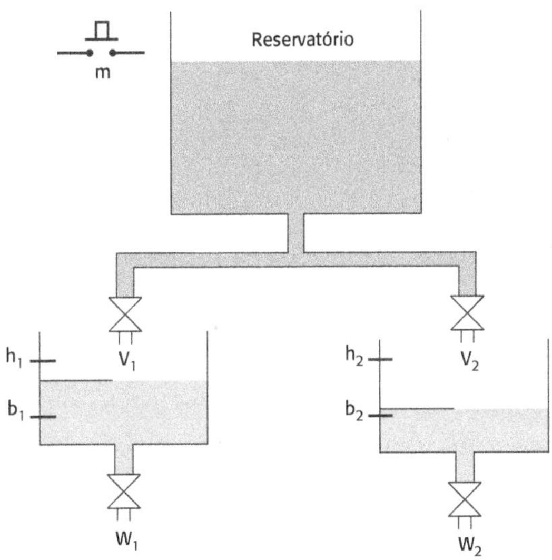

Figura 11.61 Exemplo da aplicação de Grafcet para resolução de um problema que envolve paralelismo.

A Figura 11.61 mostra um sistema de distribuição de água no qual temos um reservatório principal e dois auxiliares. O sistema opera da seguinte forma:

- ao pressionar o botão m, inicia-se o abastecimento simultâneo dos dois reservatórios pela abertura das válvulas V_1 e V_2;

- quando o reservatório da esquerda atingir o nível máximo ($h_1 = 1$), a válvula V_1 é fechada e a válvula de descarga W_1 aberta até que o nível baixo seja atingido ($b_1 = 0$). O mesmo procedimento segue o tanque da direita (V_2, W_2, h_2 e b_2 respectivamente). O ciclo deve ser reiniciado somente quando os dois tanques atingirem o nível mínimo.

O Grafcet que descreve o comportamento do processo está na Figura 11.62.

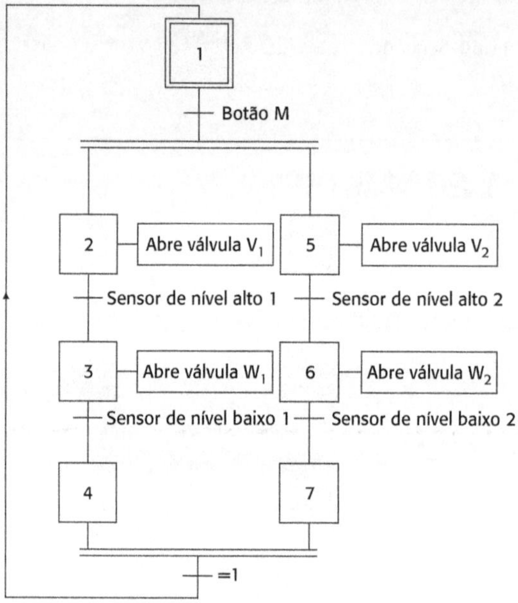

Figura 11.62 Grafcet comportamental do problema de paralelismo.

A partir do Grafcet comportamental, podemos elaborar uma tabela com as entradas e saídas e implementar o Grafcet tecnológico ilustrado na Figura 11.63.

A partir do Grafcet tecnológico, é possível utilizar o Zelio Logic para implementar a solução do problema em SFC (Figura 11.64).

Entradas	
Botão M	I_1
Sensor de nível alto reservatório 1	I_2
Sensor de nível alto reservatório 2	I_3
Sensor de nível baixo reservatório 1	I_4
Sensor de nível baixo reservatório 2	I_5

Saídas	
Válvula V_1	V
Válvula V_2	Q_2
Válvula W_1	Q_3
Válvula W_2	Q_4

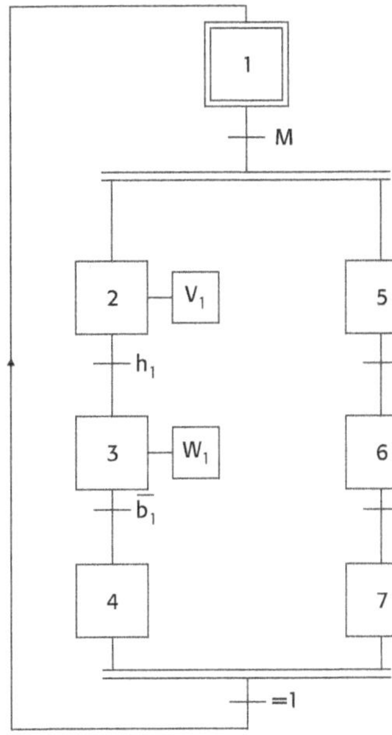

Figura 11.63 Grafcet tecnológico do problema proposto.

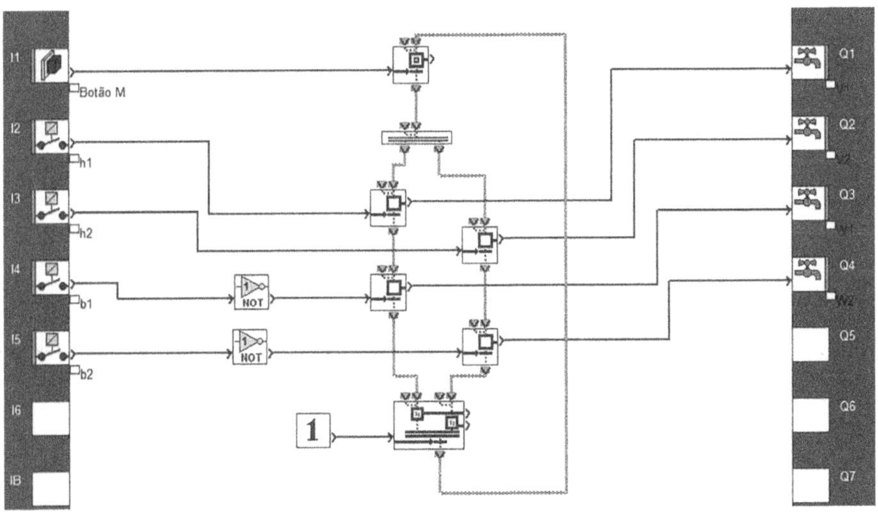

Figura 11.64 Implementação do Grafcet tecnológico no software Zelio Logic.

EXEMPLO 2

Para o problema que segue, analise a Figura 11.65. Os produtos A e B são pesados em uma balança C e blocos solúveis são trazidos um a um por uma esteira e colocados em um misturador N. O sistema automático descrito a seguir possibilita a obtenção da mistura desses três componentes.

Pressionando o botão CS, ocasionam-se simultaneamente a pesagem dos produtos e o transporte de blocos da seguinte maneira:

- O produto A deve ser fornecido até que atinja o valor a (100 kg) da balança C e, então, é preciso dosar o produto B até o valor b (200 kg). Em seguida, deve-se esvaziar a balança C (até atingir o valor z), enviando o produto para o misturador N.
- A esteira que transporta os blocos é comandada pelo motor BM, enquanto a quantidade de blocos que passa é detectada por um sensor de proximidade TD.

Após a chegada de cinco blocos e dos produtos A e B da balança, inicia-se o processo de mistura dos produtos pelo acionamento do motor do misturador MR. Aguardam-se 20 segundos e, transcorrido esse tempo, começa a descarga do misturador pelo motor de descarga bidirecional TM.

O motor de rotação do misturador é desligado somente quando a comporta estiver completamente abaixada. Após a descarga do misturador, a comporta deve retornar à posição inicial para que um novo ciclo possa ser iniciado.

Elabore e implemente o Grafcet funcional e o tecnológico para a descrição do processo.

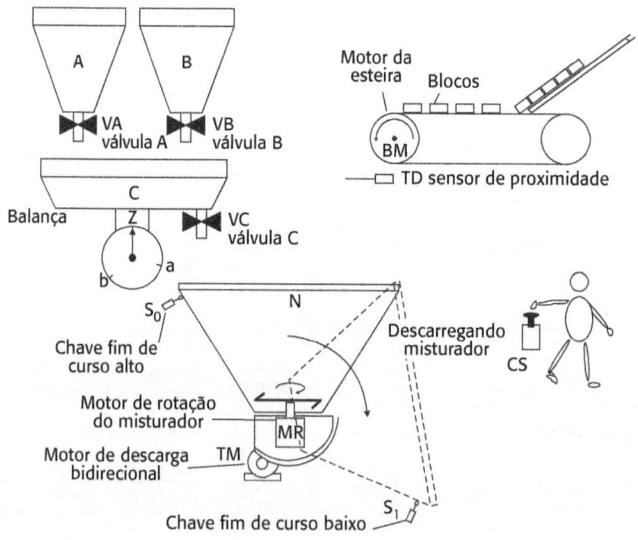

Figura 11.65 Processo de dosagem e mistura.

O Grafcet funcional para o exemplo proposto está descrito na Figura 11.66.

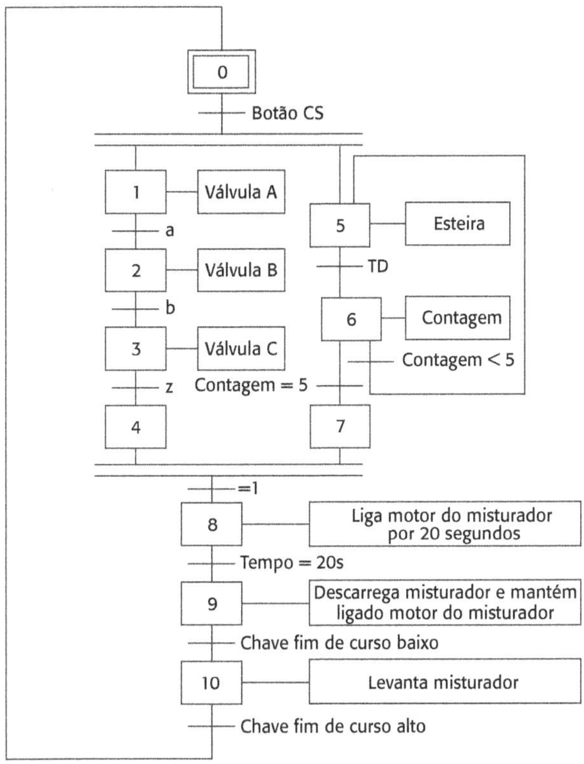

Figura 11.66 Grafcet nível 1 – processo de dosagem e mistura.

A partir do Grafcet nível 1, ilustrado na Figura 11.66, implementa-se o Grafcet nível 2 no software Zelio Logic, conforme mostra a Figura 11.67.

Entradas	
Botão CS	I_1
Sensor a (100 kg)	I_2
Sensor b (200 kg)	I_3
Sensor z (0 kg)	I_4
Sensor TD	I_5
Chave fim de curso baixo	I_6
Chave fim de curso alto	I_7

Saídas	
Esteira	Q_1
Válvula V_A	Q_2
Válvula V_B	Q_3
Válvula V_C	Q_4
Misturador	Q_5
Desce misturador	Q_6
Sobe misturador	Q_7

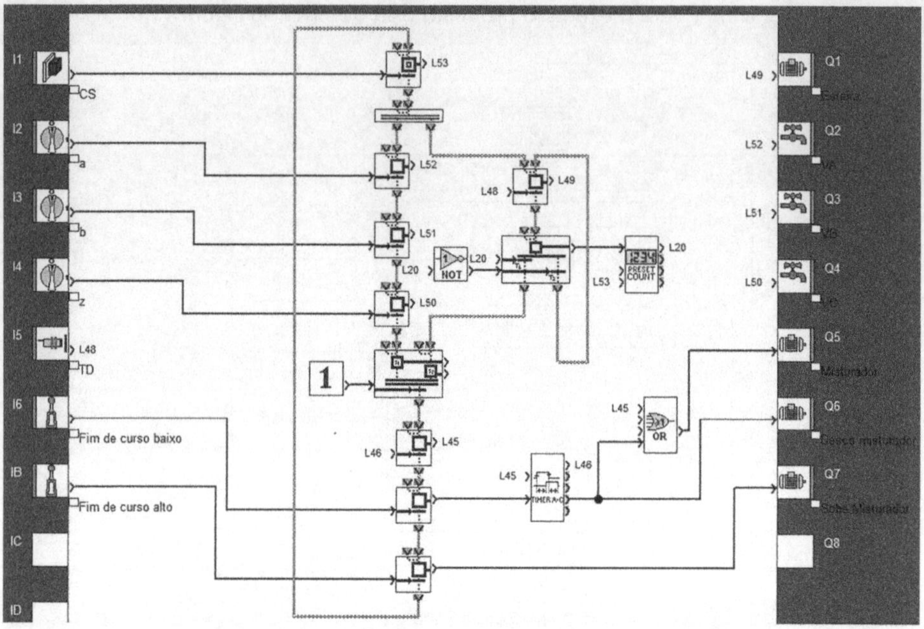

Figura 11.67 Grafcet nível 2 – processo de dosagem e mistura.

11.8 APLICAÇÕES DE GRAFCET EM CHAVES DE PARTIDA

A linguagem Grafcet pode ser utilizada para chaves de partida de motores de indução. A seguir, temos os exemplos da aplicação de Grafcet para chaves de partida direta, reversora e estrela-triângulo.

11.8.1 CHAVE DE PARTIDA DIRETA

Um exemplo simples é o uso do Grafcet para ligar um motor trifásico utilizando a técnica de partida direta, conforme mostrado a seguir.

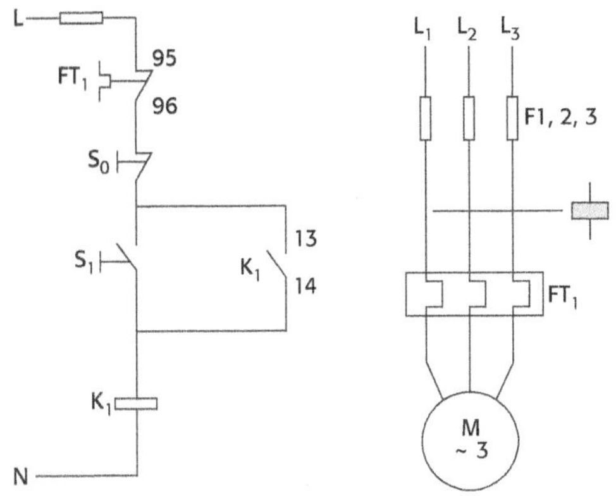

Figura 11.68 Diagramas de comando e de força para uma chave de partida direta.

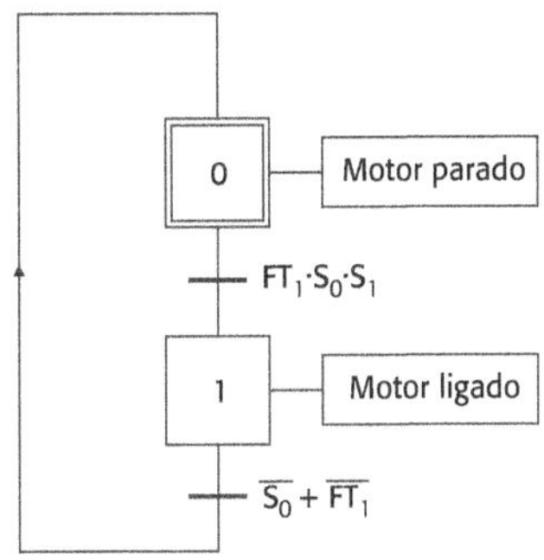

Figura 11.69 Grafcet para chave de partida direta.

11.8.2 CHAVE DE PARTIDA REVERSORA

Outra forma de ligação de um motor trifásico é com a utilização de possibilidade de reversão do sentido de rotação do eixo. Um exemplo modelado com Grafcet é visto a seguir

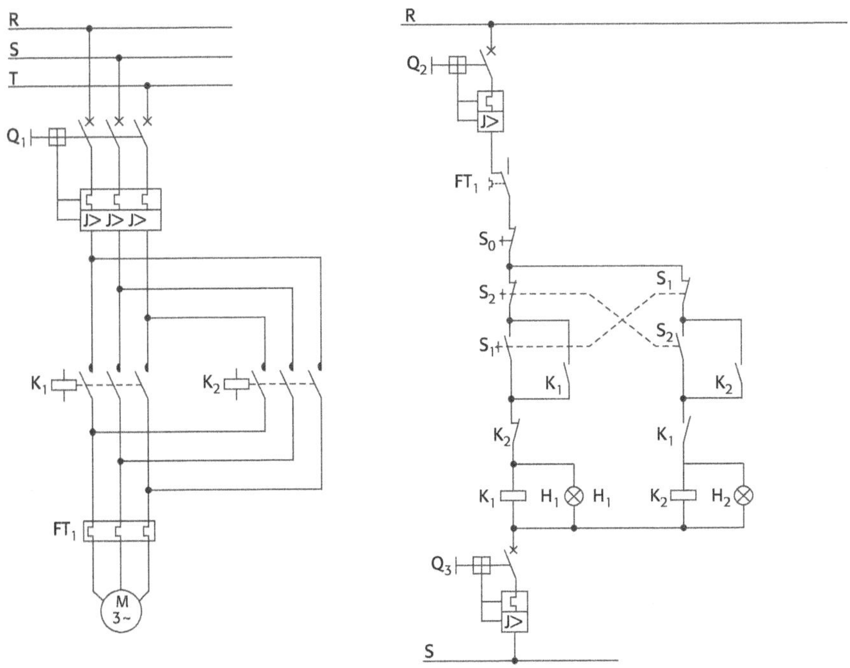

Figura 11.70 Diagramas de comando e de força para uma chave de partida reversora.

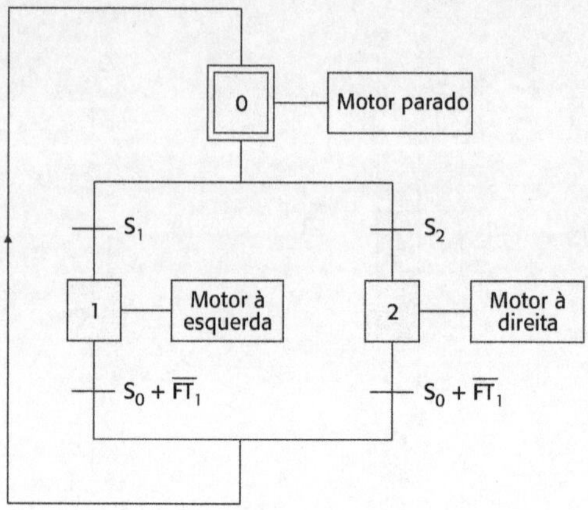

Figura 11.71 Grafcet para chave de partida reversora.

11.8.3 CHAVE DE PARTIDA ESTRELA-TRIÂNGULO

A partida estrela-triângulo é muito utilizada para a partida de motores trifásicos e para a modelagem com Grafcet é mostrada a seguir.

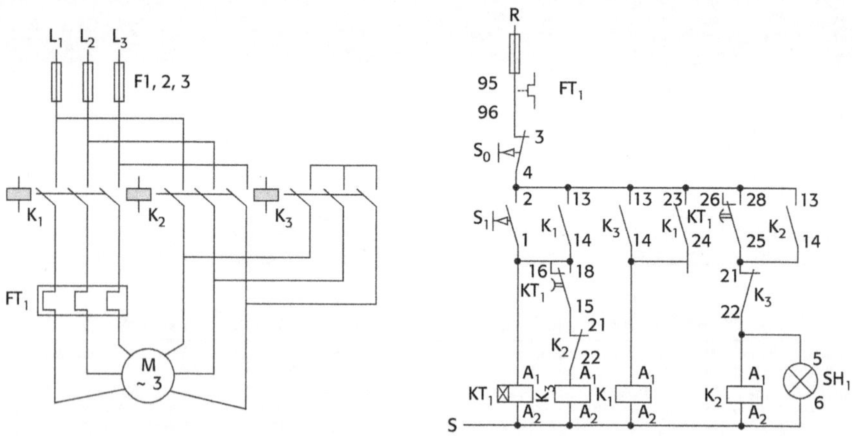

Figura 11.72 Diagramas de comando e de força para uma chave de partida estrela-triângulo.

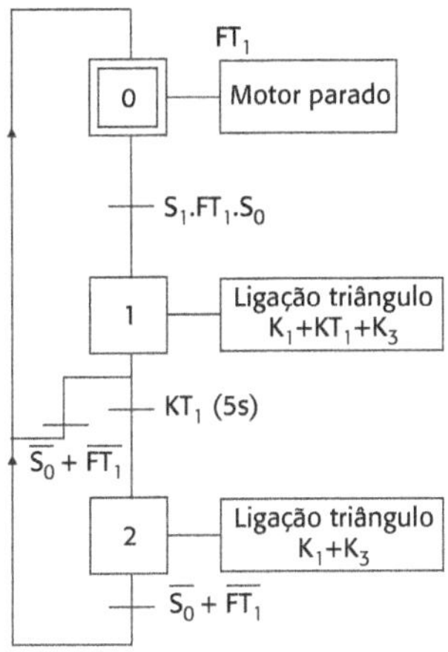

Figura 11.73 Grafcet para chave de partida estrela-triângulo.

ATIVIDADES DE FIXAÇÃO

1. Um grupo motobomba leva água a um depósito a partir de tanques de reserva. O grupo deve começar ou parar automaticamente em função dos níveis de água do depósito (S_2: nível mínimo, S_1: nível máximo). Quando o nível estiver abaixo do sensor de nível mínimo (S_2), deve-se ligar a motobomba, e quando atingir o nível máximo (S_1), é preciso desligar o grupo motobomba. Modele e implemente esse processo por meio de um Grafcet e da linguagem SFC.

   Considerar os sensores S_1 e S_2 como normalmente abertos (NA).

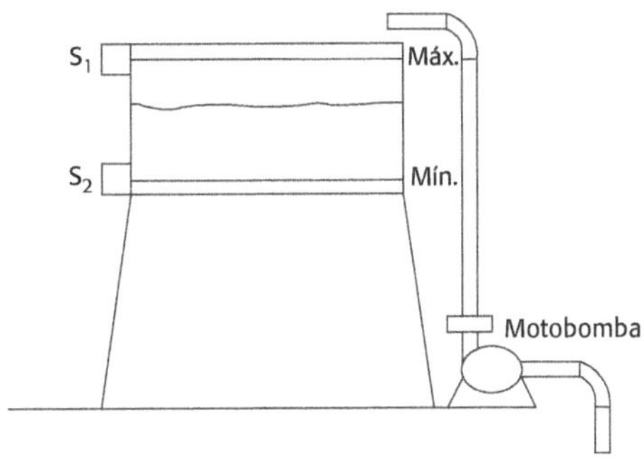

Figura 11.74 Grupo motobomba.

2. Projete e implemente o Grafcet para o processo de furação descrito a seguir:

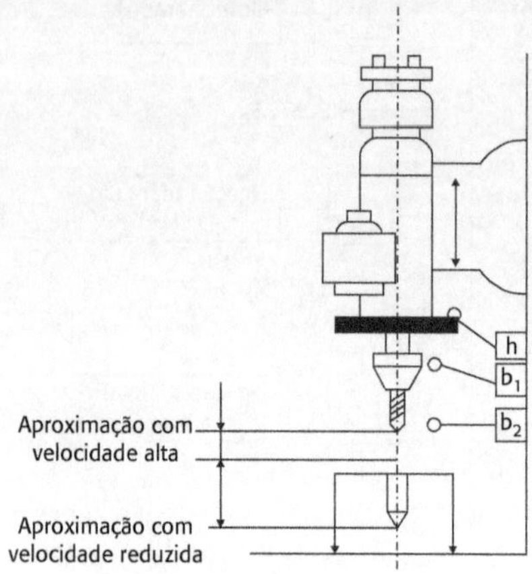

Figura 11.75 Processo de furação.

O processo de furação ocorre da seguinte maneira:

- Primeiro se pressiona um botão de partida (PTD) do sistema para acionar a furadeira, sendo necessário que a peça encontre-se na posição de repouso e a furadeira na posição inicial indicada pela chave fim de curso h.
- O motor do giro da broca é ligado. O cabeçote da furadeira começa a descer em alta velocidade até chegar à chave fim de curso b_1, quando reduz a velocidade e continua descendo até furar a peça. Quando a furação da peça é finalizada, a furadeira encosta na chave fim de curso b_2, quando começa a subir em velocidade alta até encontrar a chave fim de curso h.
- Para a seleção de velocidades existem duas saídas, sendo alta e baixa, ou seja, para descer em velocidade baixa, deve-se acionar a saída "motor desce" e a saída "velocidade baixa". Este mesmo procedimento deve ser feito para velocidade alta. Existem também duas saídas que determinam a direção do cabeçote da furadeira (cabeçote sobe e cabeçote desce).

3. Uma instalação de mistura é composta de dois silos que contêm dois produtos, A e B, que são pesados em um recipiente C. Um misturador M permite obter a homogeneização da mistura formada por esses produtos por meio da rotação de uma hélice.

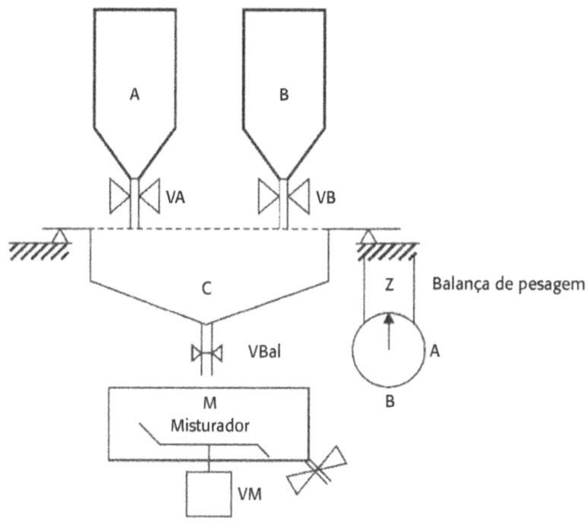

Figura 11.76 Processo de mistura.

O ciclo de funcionamento do processo é o seguinte:

a) O processo inicia por um operador por meio de um botão de partida PTD.

b) O produto A primeiro é pesado dentro da balança (recipiente C) pela abertura da válvula VA que se encontra abaixo do silo. Quando o peso determinado for atingido, a balança envia um sinal de saída A = 1.

c) Na sequência, o produto B é pesado dentro da balança (recipiente C) e quando o peso determinado for atingido, a balança envia um sinal de saída B = 1. Após isso, o produto pela força da gravidade vai até o misturador M pela abertura da válvula VBal por três segundos.

d) Os produtos são misturados durante 20 segundos.

e) Após esse tempo, esvazia-se o misturador pela abertura da válvula VM por dez segundos.

4. A Figura 11.77 mostra um misturador usado para fazer cores personalizadas de tinta.

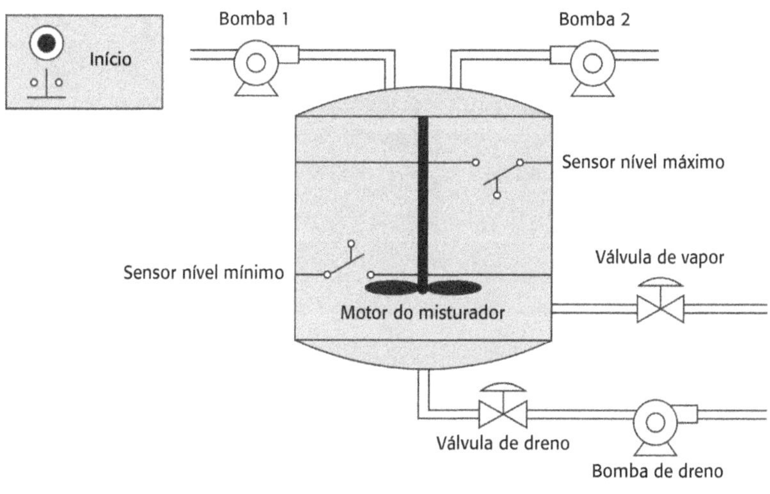

Figura 11.77 Misturador de tintas.

Ele possui dois encanamentos que entram no topo do tanque, fornecendo dois ingredientes diferentes, e um único encanamento no fundo do tanque para transportar a tinta misturada finalizada. Nessa aplicação você vai coordenar a operação de preenchimento, monitorar o nível do tanque e controlar o misturador e o período de aquecimento. As etapas de funcionamento do processo estão descritas a seguir:

1º Ao pressionar o botão Início, o processo começa, enchendo o tanque com o ingrediente 1 (Bomba 1) até atingir o sensor de nível mínimo.

2º O tanque com o ingrediente 2 (Bomba 2) é inserido no tanque até atingir o sensor de nível máximo.

3º Comece a misturar os ingredientes ligando o motor do misturador e abra a válvula de vapor para iniciar o período de aquecimento; durante dez segundos.

4º Esvazie o tanque da mistura por meio da válvula de dreno e da bomba de dreno.

5º. Após sete segundos de detectar que a coluna de mistura está abaixo do nível mínimo, desligue a válvula de drenagem e a bomba.

6º. Para repetir o ciclo, deve-se pressionar o botão Início.

5. Para a realização do processo de eletrólise, temos os seguintes equipamentos:

- dois motores reversíveis, sendo um para o movimento vertical da grua (Motor 1) e o outro para o movimento horizontal (Motor 2);
- seis chaves fim de curso (F_2, F_3, F_4, F_5, F_6, F_7);
- um botão para o início do ciclo (Início).

Considerar as chaves de fim de curso como normalmente abertas (NA).

Descrição do processo:

O sistema constitui-se de três banhos:

- um para desengraxamento das peças;
- outro para limpeza das peças;
- banho eletrolítico.

Uma grua introduz a gaiola portadora das peças a serem tratadas em cada um dos banhos, iniciando pelo desengraxamento e, na sequência, pela limpeza e banho eletrolítico. Neste último, a grua deve permanecer um tempo determinado para conseguir a uniformidade na superfície das peças a serem tratadas.

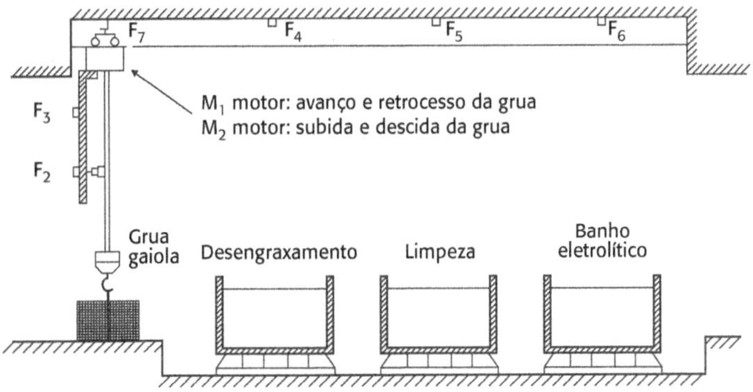

Figura 11.78 Processo de eletrólise.

O ciclo se inicia ao pressionar o botão de início de ciclo e a primeira ação a ser tomada é subir a grua até chegar ao banho de desengraxamento, onde deve descer e ficar por cinco segundos. Transcorrido esse tempo, a grua deve subir novamente, ficando 15 segundos na limpeza e um minuto no banho eletrolítico. Ao chegar a esse ponto, a grua inicia o movimento de retrocesso até chegar à chave fim de curso F_7, onde deve descer até ativar a chave fim de curso F_2. Um novo ciclo pode ser iniciado se pressionar o botão de início de ciclo.

6. Máquina de transferência de peças:

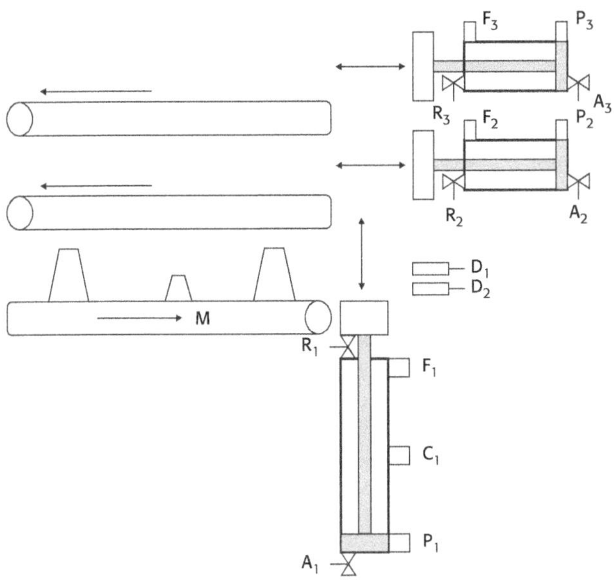

Figura 11.79 Processo de transferência de peças.

No esquema anterior, por meio da esteira inferior M chegam peças de dois tamanhos. Quando uma peça está posicionada sobre a superfície de elevação, os detectores ópticos D_1 e D_2 são ativados caso a peça seja grande; caso contrário, somente o D_2 é ativado. Nesse momento é preciso parar a esteira, subir o cilindro até a posição C_1 (se a peça for pequena) ou até a posição F_1 (se a peça for grande).

Em seguida, é preciso mover o cilindro horizontal correspondente até F_2 (ou F_3) e voltar os dois cilindros às suas posições iniciais. Os sinais A_1, A_2 e A_3 avançam os cilindros, e os sinais R_1, R_2 e R_3 os fazem retroceder. Se os dois sinais estiverem desativados, o cilindro fica parado. As esteiras superiores estão sempre em marcha (são controladas por outro processador). Existe também um botão de início para começar o processo de transporte. Para reiniciar o processo, deve-se pressionar novamente o botão Início. Faça o Grafcet que resolva o problema e sua programação em CLP utilizando a linguagem SFC.

7. Processo de envase.

Para a realização deste problema, temos:

- dois cilindros de dupla ação (E) e (D). Cada cilindro terá uma entrada para avançar e outra para retornar. Assim, para os cilindros E e D temos as entradas AE, RE e AD, RD para avançar e retornar o cilindro, respectivamente. Se os dois sinais estiverem desativados, o cilindro fica parado;
- depósitos com as suas respectivas eletroválvulas;
- esteiras transportadoras (esteiras 1 e 2);
- uma plataforma móvel impulsionada pelo cilindro D;
- recipientes A e B;
- dois sensores de posição (S_1 e S_2) que indicarão a posição que ocupam os recipientes A e B na plataforma móvel; esses detectores ocuparão posições fixas debaixo da plataforma;
- uma chave fim de curso (CFC);
- um botão de partida.

Os dois recipientes devem ser envasados da seguinte maneira:

- Recipiente A: 15 segundos de líquido A.
- Recipiente B: 10 segundos de líquido B mais 10 segundos de líquido A.
- O sistema será composto de uma esteira transportadora que vai levar em série os dois recipientes A e B. O primeiro recipiente a chegar à plataforma será o B, e na sequência transportado o A.

O cilindro E vai encarregar-se de evacuar os recipientes e colocá-los na esteira de evacuação. A esteira 1 é responsável pela chegada dos produtos e a esteira 2 pela retirada dos produtos.

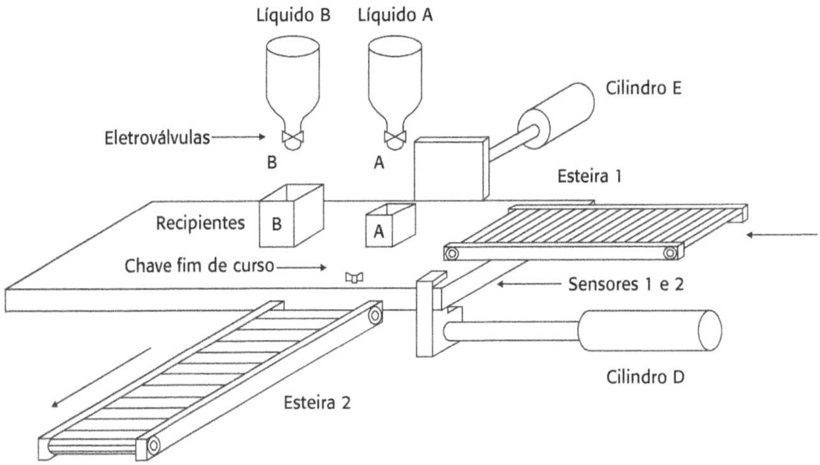

Figura 11.80 Processo de envase.

O processo terá início com a ativação do botão de Partida. Devem ser realizadas as seguintes etapas:

- A primeira ação a ser realizada é a ativação da esteira 1, que ficará ativa até que o recipiente B esteja sobre a plataforma, sendo a detecção correta feita pelo sensor 1.
- Após esse procedimento é feita a dosagem do líquido A no recipiente B. Depois de realizada a dosagem, o cilindro D encarrega-se de enviar o recipiente B para baixo do reservatório do líquido B, no qual o sensor 2 detecta a presença do reservatório. Na sequência, a esteira 1 é ligada para enviar o recipiente A para baixo do reservatório A, para que se efetue a dosagem. Nesse instante, são feitas as dosagens nos recipientes A e B simultaneamente.
- Após a dosagem ser concluída, o recipiente A é retirado da plataforma móvel pelo cilindro E até o recipiente chegar à chave de fim de curso (CFC), acionando a esteira 2 por cinco segundos para transportar o recipiente.
- Para retirar o reservatório B, o cilindro D retorna à posição original e o cilindro E é encarregado de enviar o recipiente B para ser retirado através da esteira 2.
- O processo deve ser reiniciado quando o botão de partida for pressionado.

8. Considere o problema da injeção de peças plásticas, como descrito na Figura 11.81.

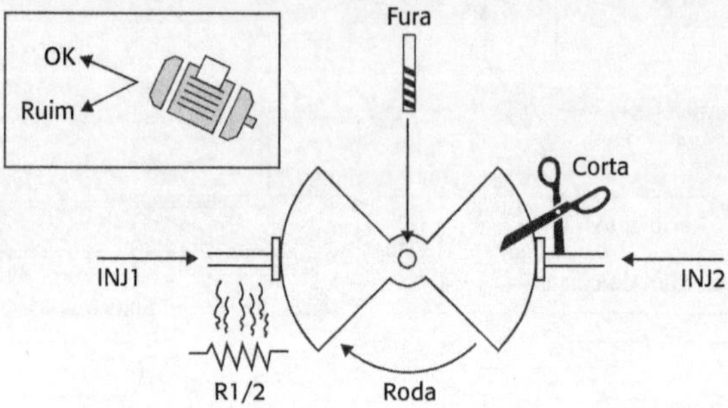

Figura 11.81 Sistema de injeção de peças plásticas.

O começo do processo de injeção de peças, faz-se pelo acionamento da chave INÍCIO. Cinco segundos após a chave ser pressionada, ocorre a injeção simultânea de produto em dois canais, por meio da abertura de válvulas INJ1e INJ2. Essas válvulas devem ser fechadas quando forem acionadas as chaves fim de curso, fim1 e fim2, e estas estiverem ativadas. Na sequência, devem ser ligadas as resistências R1e R2 por 10 segundos cada uma, para o aquecimento do produto.

A próxima etapa a ser realizada é o corte das rebarbas. Para tanto, deve ser ativado o sistema de corte (CORTA) e o sistema de giro (RODA) por 15 segundos para retirada de rebarbas. Ao mesmo tempo em que ocorre esse processo, é feito o furo central na peça por meio do acionamento de uma furadeira (FURA) até atingir o fim de curso fim furo.

Para verificar a qualidade do produto acabado, um sistema de visão classifica a peça como ruim ou boa por meio duas saídas digitais (OK e RUIM). Caso a peça seja boa, o processo é repetido. Caso seja ruim, deve ser acesa uma lâmpada (LAMPADA PÇ RUIM) e o operador deve retirar a peça e pressionar um botão (BT_PEÇA RUIM). Esse ciclo precisa ser repetido automaticamente até que sejam contadas 4 peças boas. Para reiniciar, o processo é só pressionar a chave INÍCIO.

Estabeleça o GRAFCET Nível 1 e o Nível 2 (linguagem SFC) e implemente utilizando o software ZelioLogic.

12

CONVERSÃO GRAFCET/LADDER

O Grafcet é uma forma muito poderosa de especificar o comportamento de um sistema sequencial que evolui com o tempo. Muitos fabricantes, como Siemens, Allen-Bradley, Schneider Electric e Moeller, entre outros, já disponibilizam uma ferramenta gráfica para programação em Grafcet de seus CLPs. No entanto, elas não estão disponíveis para os CLPs mais antigos ou para os de pequeno porte. Para estes, é possível implementar um programa, modelado em Grafcet, utilizando somente listas de instruções ou linguagem Ladder.

O objetivo deste capítulo é apresentar um método simples utilizando uma das linguagens clássicas, como a Ladder, que permita sintetizar de forma lógica, rápida e eficiente um sistema sequencial modelado em Grafcet. Existem diversos algoritmos de conversão de Grafcet em Ladder. O método que explicaremos possui as seguintes características:

- muito simples;
- confiável;
- utiliza instruções básicas disponíveis em qualquer CLP;
- pode ser utilizado como modelo para documentação do sistema, uma vez que é um método formal sistematizado;
- possibilita o trabalho em equipe de desenvolvimento, pois é padronizado;
- fácil manutenção (desde que documentado).

12.1 IMPLEMENTAÇÃO DO ALGORITMO DE CONTROLE A PARTIR DO GRAFCET

No método proposto, deve-se associar um bit de memória auxiliar interna a cada transição e um bit a cada etapa. Para as transições, o bit estará em nível lógico 1 se a transição estiver habilitada (ou seja, vai ser transposta) e em nível 0, caso contrário. Para as etapas, o bit fica em nível lógico 1 se a etapa está ativa e em nível 0 se está inativa. As equações lógicas modificam esses bits de acordo com as mudanças das variáveis de entrada e as distintas etapas evoluem, seguindo todas as regras do Grafcet.

O algoritmo é executado em um laço infinito, de forma que monitora continuamente as entradas e faz as atualizações das etapas e das saídas de acordo com a lógica programada.

12.2 MÉTODO

Antes de começar a modelar o sistema, é fundamental ter compreendido exatamente como o processo funciona.

Quadro 12.1 Sequência de procedimentos para cada projeto

1. Criação do Grafcet nível 1, também conhecido como Grafcet descritivo ou comportamental. Comece a escrever as etapas de operação em sequência e forneça a cada uma delas uma identificação. Nesse nível não estamos interessados em detalhes de implementação, como o nome ou endereço da saída no CLP. O objetivo é descrever o funcionamento lógico do sistema em linguagem textual de maneira bastante clara.
2. Criação das tabelas de associações. Associa-se um bit de memória auxiliar interna a cada transição e um bit a cada etapa.
3. Criação do Grafcet nível 2, também conhecido como Grafcet tecnológico ou de implementação. Nesse nível, devem ser fornecidos os detalhes da implementação, como, por exemplo, o nome e o endereço da saída do CLP.
4. Criação do programa em Ladder a partir das equações das transições, etapas e ações.

O programa deve conter as seguintes seções:

1. **Ativação da etapa inicial:** mediante o bit de início de varredura (first scan). Esse bloco será executado uma única vez.
2. **Detecção de bordas:** no instante em que as entradas mudaram de desligadas para ligadas e das etapas com ações impulsionais.
3. **Equações das transições:** em que o cálculo das transições baseia-se no estado atual e nas receptividades.
4. **Desativação/ativação das etapas:** anteriores/posteriores às transições disparadas.
5. **Ativação das ações associadas às etapas.**

Atenção!

Para o funcionamento correto do método é imprescindível que as seções descritas anteriormente sejam implementadas **exatamente nesta ordem: transições, etapas e ações.**

12.3 ETAPAS

Um Grafcet é composto por etapas e, em dado momento, cada uma delas pode estar ativa ou inativa.

Vamos representar cada uma das etapas por uma variável lógica booleana. Assim, se a etapa estiver ativa, ela estará em nível lógico 1; caso contrário, nível 0.

Consideremos o trecho de um Grafcet como o da Figura 12.1, composto por três etapas subsequentes: 10, 15 e 20. Vamos criar três variáveis lógicas para representar o estado de cada uma dessas etapas: X_{10}, X_{15} e X_{20}.

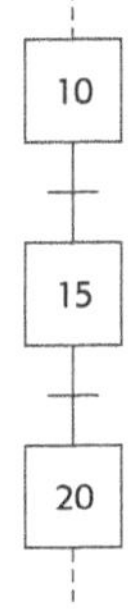

Figura 12.1 Sequência simples de etapas.

Se a etapa X_i estiver ativa, sendo i = 10 ou 15 ou 20, então $X_i = 1$.

Cada etapa corresponde a um bit de memória auxiliar do CLP. Por exemplo, para o caso dos CLPs da Allen-Bradley (RSLogix 500), isso poderia ser mapeado como:

B3.0/0 = X_{10}

B3.0/1 = X_{15}

B3.0/2 = X_{20}

Para o Zelio Soft, o mesmo mapeamento poderia ser:

M1 = X_{10}

M2 = X_{15}

M3 = X_{20}

Para o Siemens S7-200, o mapeamento poderia ser:

M0.1 = X_{10}

M0.2 = X_{15}

M0.3 = X_{20}

12.3.1 ETAPA INICIAL

Todo Grafcet deve ter uma etapa inicial, ou seja, aquela que fica ativa quando o sistema for ligado.

Na maioria dos CLPs, existe um bit com a finalidade específica de indicar o instante do primeiro ciclo de varredura. Por exemplo, para os controladores Siemens S7-200, o bit é SM0.1, cujo nome é "first scan"; para os controladores Micrologix (Allen-Bradley), o bit é S1:15, cujo nome é "first pass".

Esses bits funcionam da seguinte maneira no Siemens S7-200:

- SM0.1 = 1 somente durante o primeiro ciclo de varredura.

Para os CLPs da linha Micrologix (AB):

- S:1/15 = 1 somente durante o primeiro ciclo de varredura.

Caso o CLP não disponha de tal facilidade, pode-se implementá-la, como mostra o diagrama da Figura 12.2.

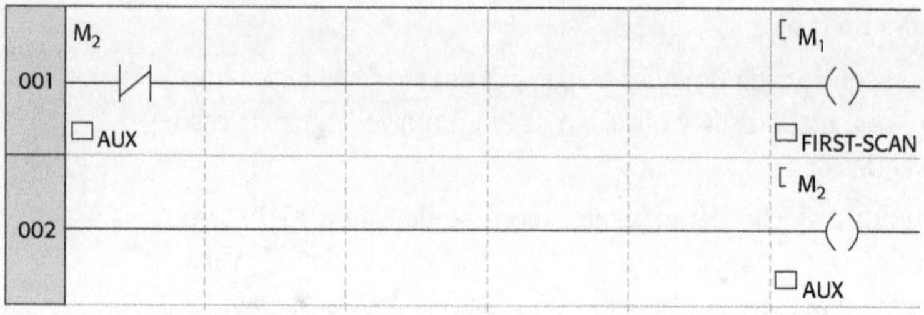

Figura 12.2 Implementação do circuito com função de "first scan".

Seu funcionamento é o seguinte: inicialmente, tanto a bobina auxiliar M_2 quanto a M_1 estão desativadas, ou seja, em nível 0. No primeiro ciclo de varredura, o contato normalmente fechado de M_2 permite que a bobina auxiliar M_1 seja ativada. Ao final do primeiro ciclo, tanto M_1 quanto M_2 estão ativadas.

Ao iniciar o segundo ciclo, o contato da bobina auxiliar M_2 fica aberto e desliga a bobina M_1, e a bobina auxiliar M_2 permanece ativada enquanto o CLP estiver ligado. Ou seja, somente no primeiro ciclo de varredura o contato M_1 está ativado, o qual pode ser utilizado como bit sinalizador de *first scan*.

Lembre-se de que as linhas devem estar no início do programa.

O primeiro passo é colocar '1' na etapa inicial e '0' nas demais.

Por exemplo, para o diagrama mostrado na Figura 12.1, suponha que a etapa inicial é 5. Então:

$X_5 = 1, X_{10} = 0, X_{15} = 0, X_{20} = 0$

12.3.2 TRANSIÇÕES

Para que uma transição ocorra, duas condições devem ser satisfeitas:

- todas as etapas imediatamente precedentes da transição devem estar ativadas;
- a receptividade a que está associada deve ter nível lógico 1 (os eventos associados ocorreram).

Assim, devemos associar um bit a cada uma das transições, que precisa ter o seguinte comportamento:

- $T_j = 1$: a transição está habilitada (será transposta).
- $T_j = 0$: a transição está desabilitada.

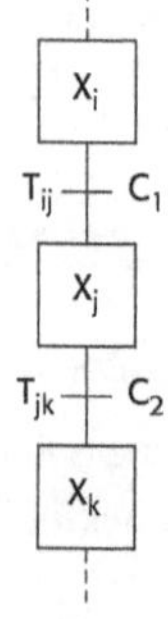

Figura 12.3 Transições.

Se a variável de transição é habilitada, a etapa anterior (ou anteriores) é desativada e a posterior (ou posteriores), ativada.

$T_{ij} = X_i \bullet C_1$

Em que T_{ij} é a transição entre as etapas X_i e X_j.

$T_{jk} = X_j \bullet C_2$

Sendo T_{jk} a transição entre as etapas X_j e X_k.

12.3.3 CASO GERAL

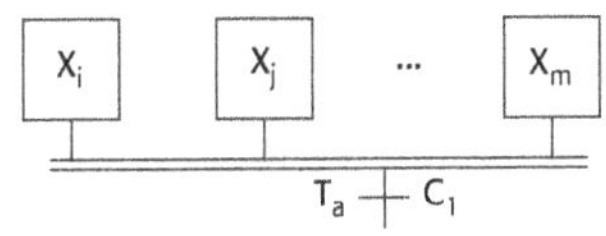

Figura 12.4 Caso geral.

Genericamente, seja T_a a transição associada ao diagrama da Figura 12.4 e C_1 a condição de receptividade. Então:

$T_a = X_i \bullet X_j \bullet ... \bullet X_m \bullet C_1$

$$T_a = \left(\prod_{k=1}^{m} X_k \right) C_1$$

Atenção!

Como regra geral: quando uma transição é transposta, deve desativar a etapa anterior (ou anteriores) e ativar a etapa posterior (ou posteriores).

A equação das transições para ativação/desativação de uma etapa tem de levar em conta todas as etapas anteriores e posteriores à transição.

EXEMPLO

SEQUÊNCIA SIMPLES

A seguir, é apresentado um Grafcet com sequência simples e sua respectiva conversão para Ladder.

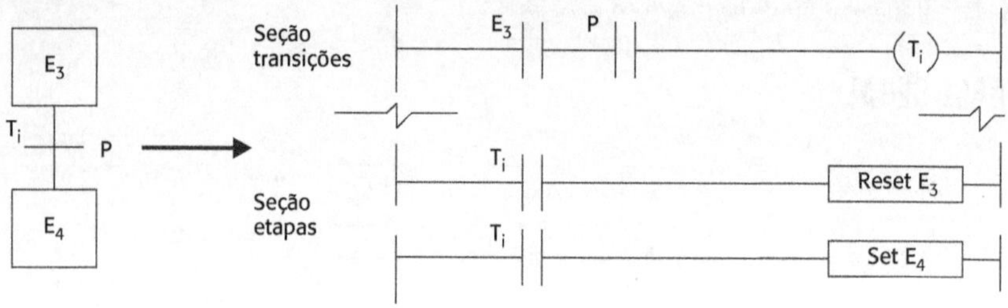

Figura 12.5 Sequência simples.

A Figura 12.5 ilustra uma sequência simples, em que a transição T_i da etapa E_3 para a etapa E_4 é dada por:

$T_i = E_3 \bullet P$

Ou seja, a transição da etapa E_3 para a E_4, chamada de T_i, ocorre se a etapa E_3 estiver ativa e acontecer o evento P. Quando T_i for habilitada (vai para nível lógico 1), a transição provoca a transposição da etapa E_3. Então, deve-se desativar a etapa anterior à T_i (E_3) e ativar a etapa posterior a ela (E_4). Isso pode ser feito utilizando as instruções reset e set, respectivamente. A implementação em linguagem de contatos (Ladder) foi mostrada também na Figura 12.5.

DIVERGÊNCIA E (AND) SIMPLES

A seguir, é apresentado um Grafcet com divergência E simples e sua respectiva conversão para Ladder.

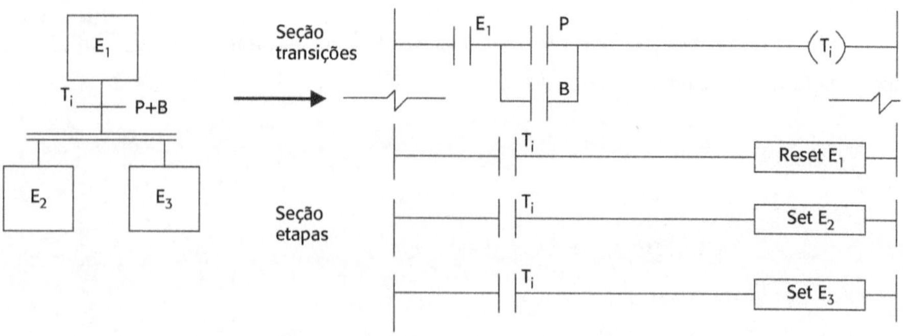

Figura 12.6 Divergência E simples.

Para o caso ilustrado na Figura 12.6, deve ser observado que se T_i for habilitada (ou seja, provocar a transposição da etapa E_1), a etapa E_1 deve ser desativada e ativadas simultaneamente as etapas E_2 e E_3.

DIVERGÊNCIA E CONVERGÊNCIA E (AND)

O próximo exemplo mostra um Grafcet com divergência e convergência E e sua respectiva conversão para Ladder.

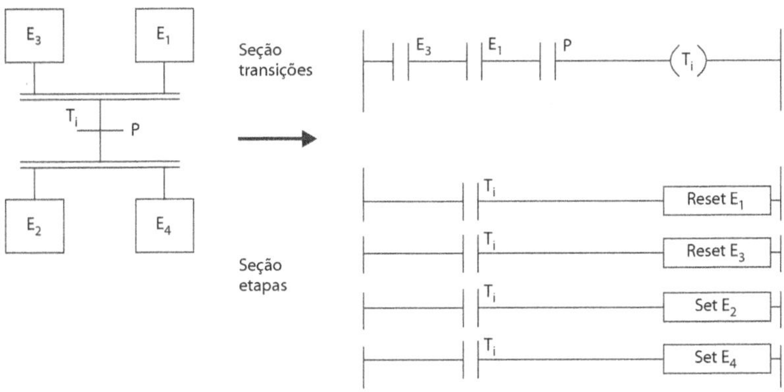

Figura 12.7 Paralelismo duplo.

No caso mostrado na Figura 12.7, para que T_i seja habilitada, devem estar simultaneamente ativas as etapas E_1 e E_3 e ocorrer o evento P. Quando T_i for habilitada, deve provocar a desativação das etapas E_1 e E_3 e, ao mesmo tempo, ativar as etapas E_2 e E_4.

DIVERGÊNCIA OU (OR)

Veja o exemplo de um Grafcet com divergência OU e sua respectiva conversão para Ladder.

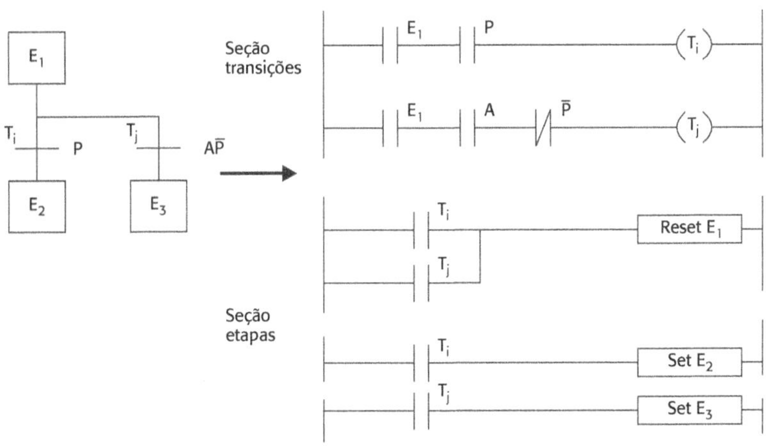

Figura 12.8 Divergência OU simples.

Observando a Figura 12.8, notamos que, se não colocássemos a condição $\overline{P}$, existiria um problema em potencial. Se os eventos A e P ocorressem simultaneamente com a etapa E_1 ativa, tanto T_i quanto T_j ocorreriam, causando um não determinismo. Para evitar isso, em uma divergência OU devemos colocar uma condição de exclusividade nas transições de maneira que apenas uma delas possa ocorrer. Neste caso, se A e P ocorrerem simultaneamente, somente a transição T_i será habilitada. Então, como regra geral, nas divergências OU é preciso adicionar prioridades às transições de forma que sejam mutuamente exclusivas.

Com relação às etapas, deve-se considerar que, embora alguns CLPs permitam a repetição de uma mesma bobina, como boa técnica de programação é conveniente que a bobina apareça apenas em um lugar para ligamento quando utilizar a instrução set e em apenas um lugar também para o desligamento, quando utilizar a instrução reset.

Para o caso anterior, verifica-se a seguinte lógica:

- Caso T_i seja transposta, é preciso fazer o reset da etapa 1 e o set da etapa 2.
- Caso T_j seja transposta, deve-se fazer o reset da etapa 1 e o set da etapa 3.

Nos dois casos existe em comum o reset da etapa 1, ou seja, ele deve ser feito tanto na ocorrência da transição T_i quanto na da transição T_j. Assim, temos um OU lógico – T_i OU T_j devem fazer o reset de E_1. A implementação dessa lógica pode ser verificada na terceira linha de programa ilustrada na Figura 12.8.

CONVERGÊNCIA OU (OR)

A seguir, é apresentado um Grafcet com convergência OU e sua respectiva conversão para Ladder.

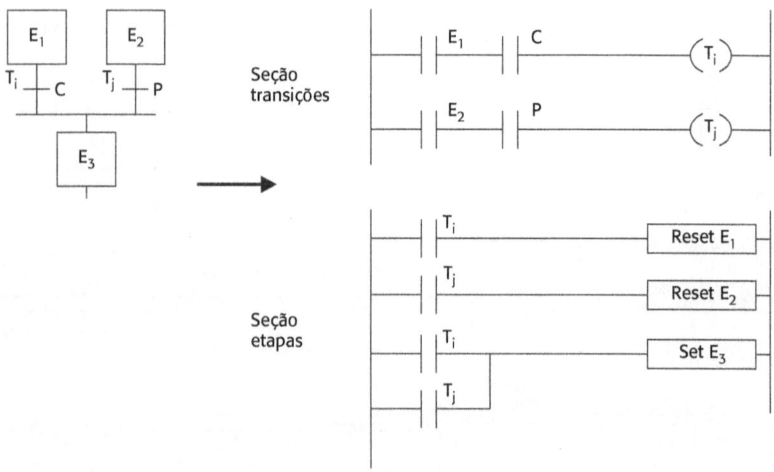

Figura 12.9 Convergência OU.

Para o caso da Figura 12.9, verifica-se a seguinte lógica:

- Caso T_i seja transposta, deve-se fazer o reset da etapa 1 e o set da etapa 3.
- Caso T_j seja transposta, é preciso fazer o reset da etapa 2 e o set da etapa 3.

Nos dois casos existe em comum o set da etapa 3, ou seja, ele deve ser feito tanto na ocorrência da transição T_i quanto na da transição T_j. Assim, temos um OU lógico – T_i OU T_j devem fazer o set de E_3. A implementação dessa lógica pode ser verificada na linha de programa 5 da Figura 12.9.

12.4 AÇÕES

O cálculo das ações é o passo final. As ações são equacionadas com base no novo estado das etapas.

Normalmente, as ações estão associadas às saídas, mas também podem incidir sobre variáveis internas, como incremento de contadores e inicialização de temporizadores, por exemplo.

Como existem vários tipos de ação, diversas formulações podem ser feitas e combinadas. A seguir, serão fornecidas as principais.

12.4.1 AÇÃO NORMAL

Uma ação normal é realizada quando pelo menos uma das etapas a que está associada está ativa. A Figura 12.10 mostra um exemplo de ação normal.

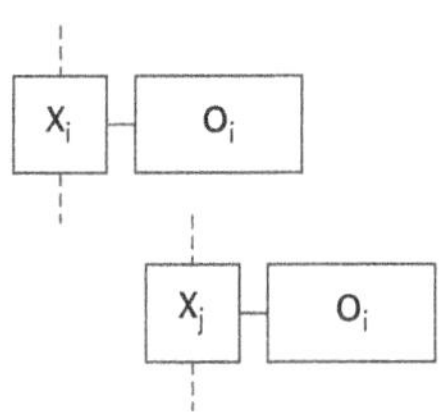

Figura 12.10 Ação normal.

Pelo exemplo fornecido na Figura 12.10, verificamos que a ação O_i é executada quando estão ativas as etapas X_i ou X_j ou ambas. Então, podemos expressar a equação lógica para a ação O_i como:

$$O_i = X_i + X_j$$

12.4.2 AÇÕES CONDICIONAIS

As ações condicionais são semelhantes às normais, com exceção de que somente são realizadas se a etapa está ativa e uma (ou mais) condição for satisfeita. A Figura 12.11 mostra um exemplo de ação condicionada, em que a ação O_i será executada diretamente se estiverem ativas as etapas X_i ou X_j. No entanto, se a etapa ativa for X_k é necessário que a condição C_c também seja satisfeita para que a ação O_i seja executada.

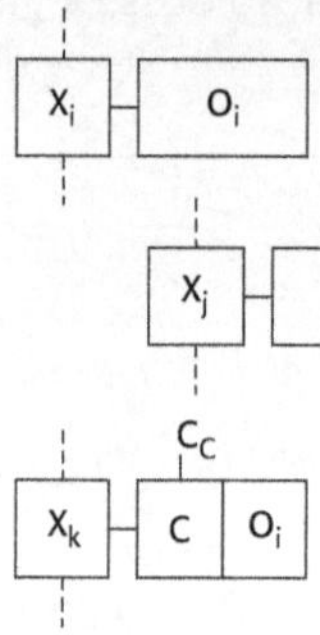

Figura 12.11 Ações condicionais.

Para o exemplo ilustrado na Figura 12.11, a equação da ação O_i será:

$$O_i = X_i + X_j + X_k \cdot C_c$$

12.4.3 AÇÕES MEMORIZADAS

A Figura 12.12 ilustra um exemplo de ação memorizada. Nesse tipo de ação, basta que X_i ou X_j seja acionada por um único ciclo de varredura para que a ação fique ativada permanentemente, assim permanecendo enquanto não for ativada nenhuma das etapas X_k ou X_l.

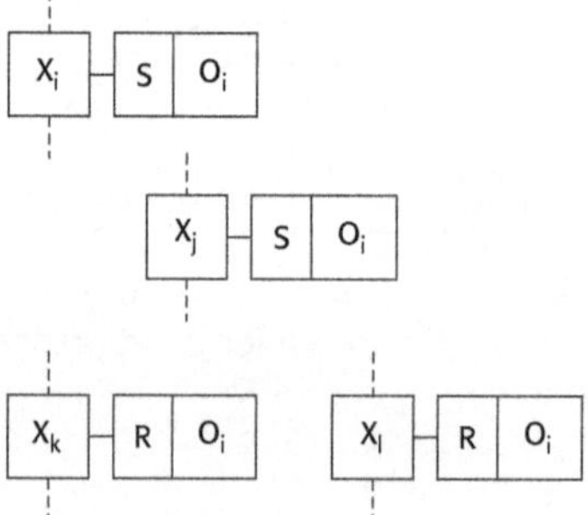

Figura 12.12 Ações memorizadas.

As equações correspondentes a este exemplo são:

$$S(O_i) = X_i + X_j$$

$$R(O_i) = X_k + X_l$$

12.4.4 AÇÕES QUE ENVOLVEM TEMPORIZADORES

As temporizações estão associadas às etapas, como se observa na Figura 12.13.

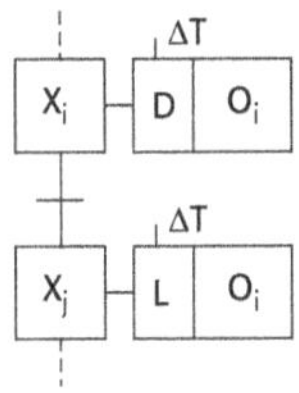

Figura 12.13 Ações que envolvem temporizadores.

Iniciar uma temporização é uma ação tipicamente interna. Se quisermos ativar uma temporização T_m quando uma etapa X_k é atingida, faz-se:

$$T_m = X_k$$

em que T_m indica o temporizador utilizado.

O valor da temporização é indicado de formas distintas, dependendo do CLP utilizado.

Assume-se que existe uma variável binária Z_k que mostra que a temporização atual foi finalizada.

12.4.5 AÇÕES COM RETARDO PARA INICIAR

A Figura 12.14 exibe uma ação com retardo para iniciar. Ao ficar ativa a etapa X_k, a ação O_i só é executada após transcorrido um tempo ΔT. No entanto, se estiverem ativas as etapas X_i ou X_j, a ação é executada imediatamente (ações normais).

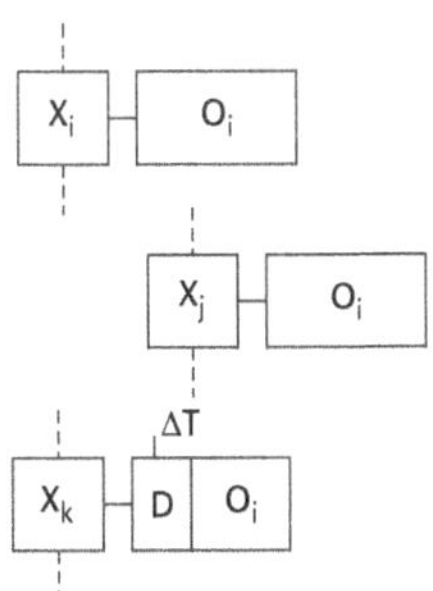

Figura 12.14 Ações com retardo para ligar.

Para o exemplo apresentado na Figura 12.14, as equações correspondentes são:

$$T_m = X_k$$

$$O_i = X_i + X_j + X_k \cdot Z_c$$

12.4.6 AÇÕES LIMITADAS NO TEMPO

Ações limitadas no tempo são aquelas que ocorrem somente durante um intervalo de tempo prefixado ΔT. Para o exemplo da Figura 12.15, quando a etapa X_k ficar ativa, a ação O_i será executada imediatamente. No entanto, mesmo que a etapa X_k permaneça ativa indefinidamente, a ação O_i só fica ativa por um determinado tempo ΔT. Após decorrido esse tempo, ela é desativada automaticamente.

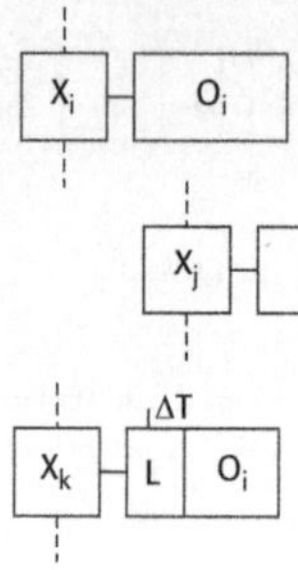

Figura 12.15 Ações limitadas.

Para o exemplo da Figura 12.15, as equações são:

$$T_m = X_k$$

$$O_i = X_i + X_j + X_k \bullet \overline{Z}$$

12.4.7 AÇÕES IMPULSIONAIS

Ações impulsionais são as que ocorrem por um único ciclo de varredura. Para o exemplo da Figura 12.16, mesmo que X_k fique ativa indefinidamente, a ação O_i só ficará em atividade por um único ciclo de varredura após a etapa X_k ter se tornado ativa.

Para o exemplo da Figura 12.16, as equações correspondentes são:

$$W = \uparrow X_k$$

$$O_i = W$$

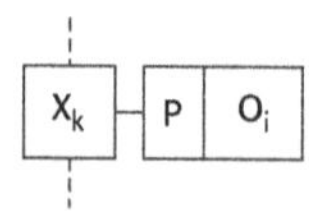

Figura 12.16 Ação impulsional.

Atenção!

Para a maioria dos CLPs a ação impulsional de contagem é automática, ou seja, o próprio contador detecta apenas a borda de subida quando a etapa é ativada. Portanto, não há necessidade de fazer uma ação impulsional adicional para tratamento dos contadores.

Para a implementação dos exemplos que seguem, vamos utilizar um CLP que obedece às recomendações da norma IEC 61131-3. Assim, as memórias auxiliares internas começam com a letra M e serão numeradas progressivamente, iniciando em um (M1, M2, ...). As saídas começam com a letra Q e são numeradas em ordem crescente (Q1, Q2, ...). As entradas começam com a letra I e obedecem à mesma regra dos demais (I1,I2, ...).

EXEMPLO 1

SEQUÊNCIA SIMPLES

Uma furadeira de bancada vertical deve ser automatizada. O princípio de funcionamento é o seguinte: inicialmente, se o cabeçote da furadeira estiver na posição mais alta (h) e o botão de partida (P) for pressionado, deve-se ligar o motor da broca e descer em velocidade alta até encontrar o sensor de posição intermediária (b1). A partir desse ponto, deve continuar descendo com velocidade reduzida até encontrar o sensor de posição mais baixa (b2). Atingido este segundo sensor, deve subir em velocidade alta até encontrar o sensor de posição mais alta (h), quando deve desligar os motores de subida e da broca. Considere duas saídas para controlar a velocidade (alta e baixa) e duas saídas para controlar o sentido de deslocamento (sobe e desce).

A Figura 12.17 apresenta o sistema de furadeira vertical.

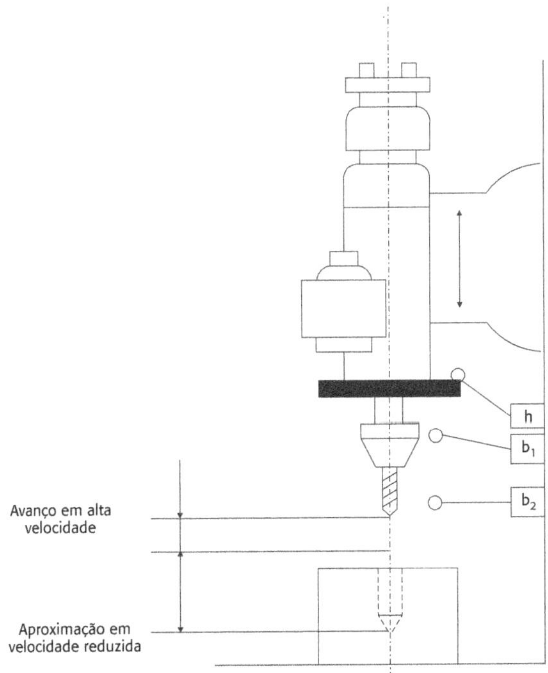

Figura 12.17 Furadeira de bancada automática.

1º passo: criação do Grafcet nível 1

O Grafcet em nível descritivo (comportamental) pode ser visto na Figura 12.18.

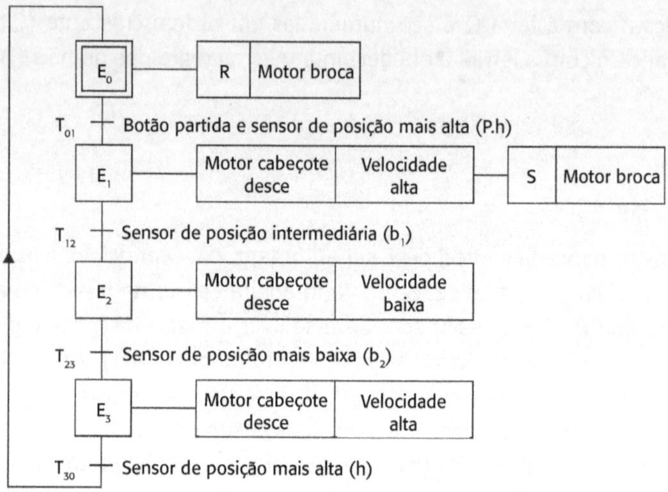

Figura 12.18 Grafcet nível 1 (descritivo ou comportamental).

2º passo: criação das tabelas de associação

Primeiro vamos definir os elementos constituintes do sistema. Para tanto, serão criadas quatro tabelas:

- uma para as receptividades (entradas);
- uma para as transições;
- uma para as etapas;
- uma para as ações (saídas) associadas às etapas.

A cada elemento de entrada ou saída do sistema devemos associar um endereço físico correspondente no CLP. A cada uma das etapas atribua um bit de memória auxiliar do CLP. O mesmo deve ser feito a cada uma das transições.

A primeira tabela a ser criada é a de receptividades, que corresponde aos elementos que podem provocar transposição de etapas. Eles podem ser elementos de entrada, como botões e sensores, ou ainda contadores e temporizadores. Especificamente para este caso, as receptividades correspondem exatamente às entradas: botão de partida, sensores de posição mais alta (h), posição intermediária (b_1), posição mais baixa (b_2) e first scan (fs). Essa associação pode ser visualizada no Quadro 12.2.

Quadro 12.2 Receptividades (entradas)

Nível comportamental	Nível tecnológico	Descrição
P	I1	Botão de partida
h	I2	Sensor da posição mais alta
b_1	I3	Sensor da posição intermediária
b_2	I4	Sensor da posição mais baixa
fs	M1	First scan

A próxima tabela a ser criada é a das transições.

Quadro 12.3 Transições

Nível comportamental	Nível tecnológico	Descrição
T_{01}	M7	Transição entre as etapas 0 e 1
T_{12}	M8	Transição entre as etapas 1 e 2
T_{23}	M9	Transição entre as etapas 2 e 3
T_{30}	MA	Transição entre as etapas 3 e 0

Quadro 12.4 Etapas

Nível comportamental	Nível tecnológico	Descrição
E_0	M3	Etapa 0
E_1	M4	Etapa 1
E_2	M5	Etapa 2
E_3	M6	Etapa 3

Quadro 12.5 Ações (saídas)

Nível comportamental	Nível tecnológico	Descrição
Motor cabeçote desce	Q1	Motor cabeçote desce
Velocidade alta	Q2	Velocidade alta
Velocidade baixa	Q3	Velocidade baixa
Motor cabeçote sobe	Q4	Motor cabeçote sobe
Motor broca	Q5	Motor da broca

3º passo: criação do Grafcet nível 2

Agora, já podemos reescrever o Grafcet considerando os detalhes da implementação. A Figura 12.19 mostra o Grafcet em nível 2 (tecnológico).

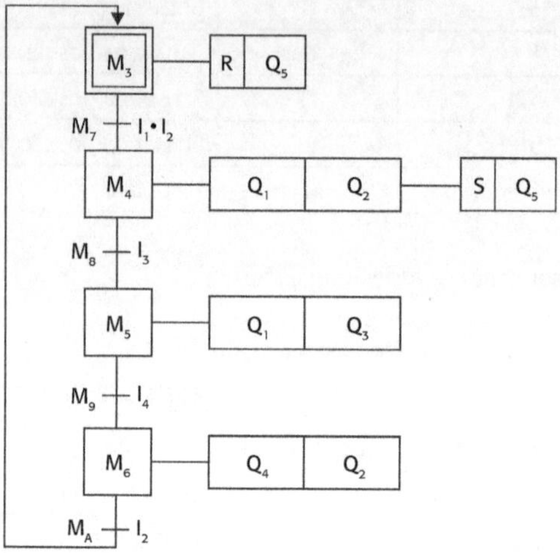

Figura 12.19 Grafcet nível 2 (tecnológico ou de implementação).

4º passo: criação do programa em Ladder

O programa deve conter as seguintes seções:

1. **Ativação da etapa inicial:** mediante o bit de início de varredura (first scan). Esse bloco só será executado uma vez.
2. **Detecção de bordas:** (neste caso especificamente não temos ações impulsionais).
3. **Transições:** o cálculo das transições com base no estado atual e nas receptividades.
4. **Etapas:** desativação/ativação das etapas anteriores/posteriores às transições disparadas.
5. **Ações:** ativação das ações associadas às etapas.

No Quadro 12.6 encontram-se as equações de implementação no nível comportamental e seu equivalente, nível tecnológico.

Quadro 12.6 Equações das transições

Nível comportamental	Nível tecnológico
$T_{01} = E_0 \cdot P \cdot h$	M7 = M3 • I1 • I2
$T_{12} = E_1 \cdot b_1$	M8 = M4 • I3
$T_{23} = E_2 \cdot b_2$	M9 = M5 • I4
$T_{30} = E_3 \cdot h$	MA = M6 • I2

A implementação dos passos 4.1 a 4.3 pode ser verificada na Figura 12.20.

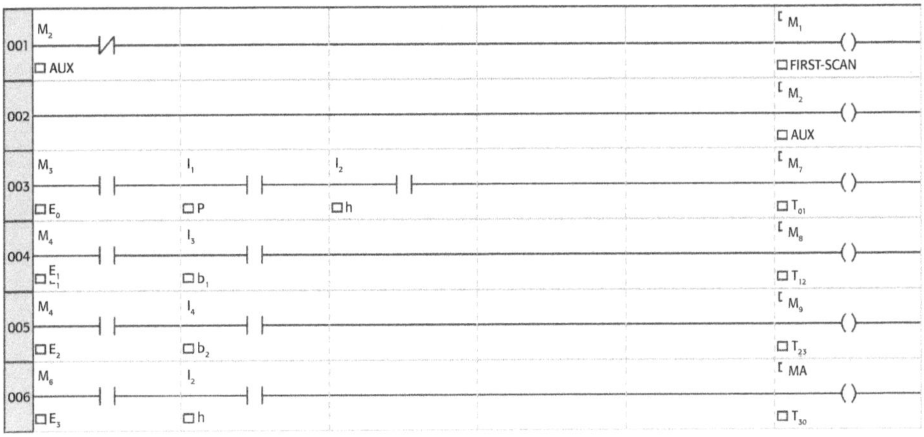

Figura 12.20 Implementação das equações de transições (mais first scan).

O passo 4.4 consiste em implementar as equações para as etapas. Para isso, acompanhe a sequência:

1. Set(E0)
2. Reset(E0)
3. Set(E1)
4. Reset(E1)
5. Set(E2)
6. Reset(E2)
7. Set(E3)
8. Reset(E3)

Ou seja, determinamos, sequencialmente, as transições que ligam ou desligam as etapas.

12.5.2 SET(E0)

Neste caso, vamos checar todas as transições que ativam a etapa 0. Podemos verificar por inspeção que ela é ativada por dois elementos: first scan OU T_{30}. A implementação equivalente é vista na Figura 12.21.

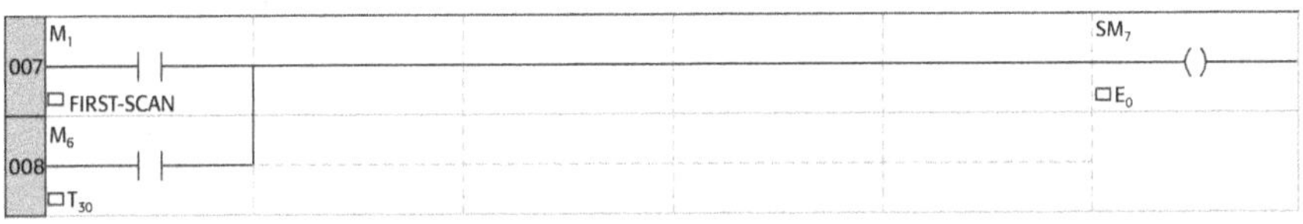

Figura 12.21 Implementação da função lógica: Set-E0 = first scan OU T_{30}.

Seguindo a mesma lógica, conferimos que:

- a ocorrência da transição T_{01} desativa a etapa E_0 ao mesmo tempo em que ativa a etapa E_1;
- a ocorrência da transição T_{12} desativa a etapa E_1 ao mesmo tempo em que ativa a etapa E_2;
- a ocorrência da transição T_{23} desativa a etapa E_2 ao mesmo tempo em que ativa a etapa E_3;
- a ocorrência da transição T_{30} desativa a etapa E_3 ao mesmo tempo em que ativa a etapa E_0. A ativação da etapa 0 já foi implementada anteriormente na Figura 12.21, agora a Figura 12.22 exibe essa sequência de operações.

Figura 12.22 Implementação da seção de etapas.

No último passo do exemplo 1 (4.5) implementam-se as equações para as ações.

Quadro 12.7 Tabela de relacionamento entre nível comportamental e tecnológico para as ações

Nível comportamental	Nível tecnológico
Desce = $E_1 + E_2$	Q1 = M4 + M5
Sobe = E_3	Q4 = M6
Veloc. baixa = E_2	Q3 = M5
Veloc. alta = $E_1 + E_3$	Q2 = M4 + M6
Set motor broca = E_1	SQ5 = M4
Reset motor broca = E_0	RQ5 = M3

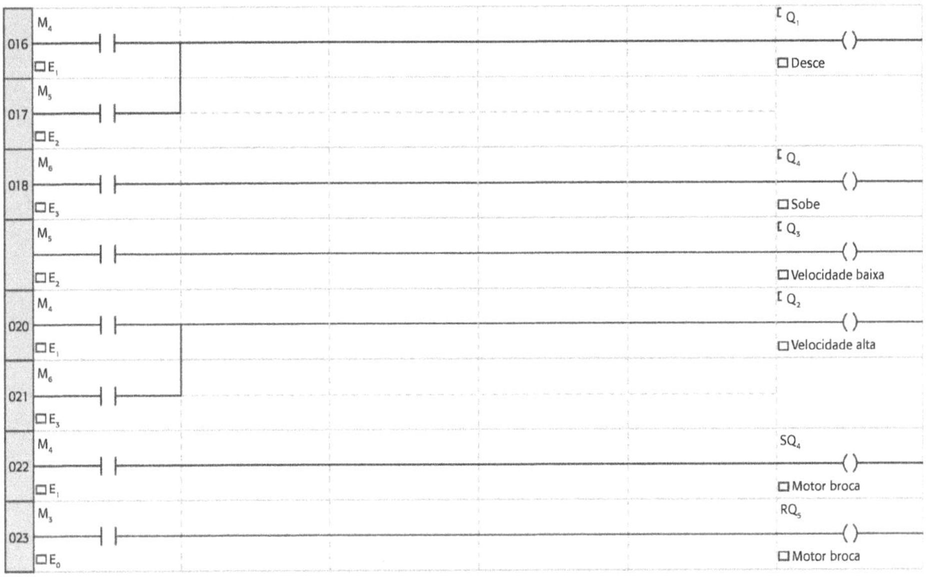

Figura 12.23 Implementação das ações associadas às etapas.

EXEMPLO 2

SEQUÊNCIAS COM CONVERGÊNCIA E DIVERGÊNCIA "OU"

Considere o sistema mostrado na Figura 12.24, que é composto por um cilindro de dupla ação com três sensores: S (posição inicial), C (centro) e D (direita) e também por dois botões de contato momentâneo, LC e LD.

Seu funcionamento é o seguinte: ao pressionar o botão LC, o cilindro desloca-se até encontrar o sensor C, quando, então, retorna à posição inicial (S).

Se o botão LD for pressionado depois de um segundo, o cilindro deve se deslocar até encontrar o sensor D e retornar para a posição inicial (S). Se forem pressionados simultaneamente os botões LC e LD, a prioridade é o botão LC.

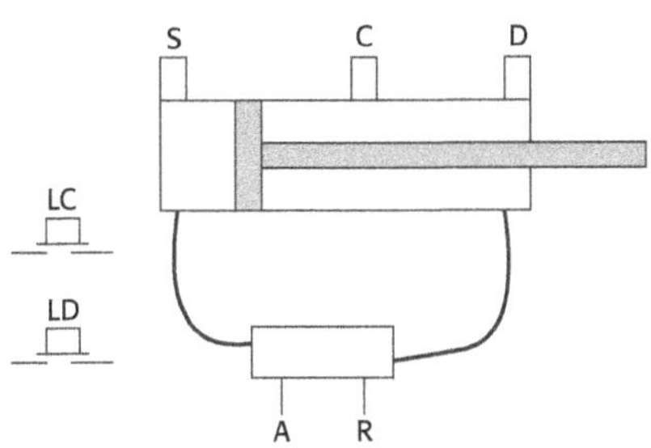

Figura 12.24 Cilindro de dupla ação.

1º passo: criação do Grafcet nível 1

Uma possível solução para o problema é dada na Figura 12.25.

Solução

Vamos implementar o Grafcet no Zelio Soft.

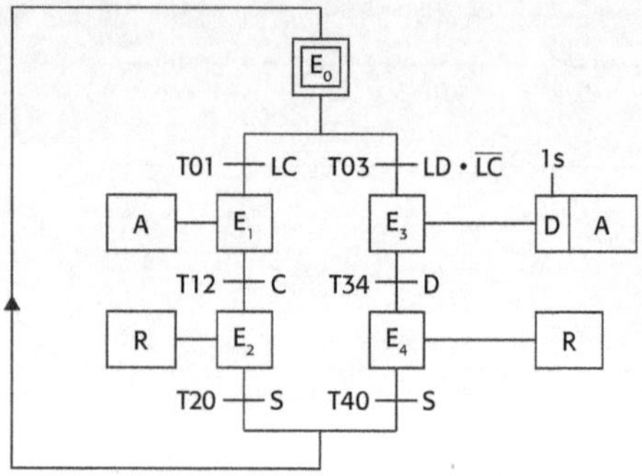

Figura 12.25 Grafcet nível 1.

2º passo: criação das tabelas de associação

O segundo passo é criar uma tabela que relacione as variáveis do nível comportamental com as variáveis do nível tecnológico.

Quadro 12.8 Relacionamento entre nível comportamental e tecnológico para as entradas

Nível comportamental	Nível tecnológico	Descrição
LC	I1	Botão vai até a posição central
LD	I2	Botão vai até a posição à direita
S	I3	Sensor da posição inicial
C	I4	Sensor da posição central
D	I5	Sensor da posição à direita

Como descrito anteriormente, cada transição corresponde a um bit de memória auxiliar. Assim, uma possível tabela de associação é mostrada no Quadro 12.9.

Quadro 12.9 Relacionamento entre nível comportamental e tecnológico para as transições

Nível comportamental	Nível tecnológico	Descrição
T01	M3	Transição entre as etapas 0 e 1
T03	M4	Transição entre as etapas 0 e 3
T12	M5	Transição entre as etapas 1 e 2
T34	M6	Transição entre as etapas 3 e 4
T20	M7	Transição entre as etapas 2 e 0
T40	M8	Transição entre as etapas 4 e 0

Da mesma forma, cada etapa corresponde a um bit de memória auxiliar. No caso do Zelio Soft, uma possível tabela de associação é apresentada no Quadro 12.10.

Quadro 12.10 Relacionamento entre nível comportamental e tecnológico para as etapas

Nível comportamental	Nível tecnológico	Descrição
E_0	M9	Etapa 0
E_1	MA	Etapa 1
E_2	MC	Etapa 2
E_3	MB	Etapa 3
E_4	MD	Etapa 4

Quadro 12.11 Relacionamento entre nível comportamental e tecnológico para as ações

Nível comportamental	Nível tecnológico	Descrição
A	Q1	Liga eletroválvula para avançar
R	Q2	Liga eletroválvula para recuar

3º passo: criação do Grafcet nível 2

Agora, vamos redesenhar o diagrama do Grafcet de nível tecnológico:

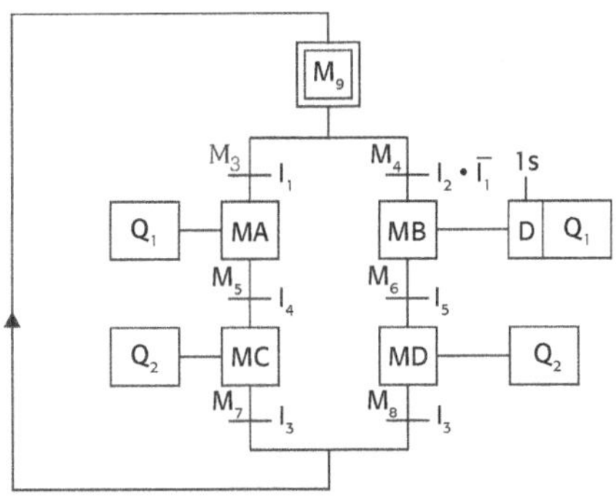

Figura 12.26 Grafcet nível 2 (tecnológico).

4º passo: criação do programa Ladder

1. Ativação da etapa inicial:

O primeiro passo consiste em criar uma rotina que detecte o primeiro ciclo de varredura do sistema (first scan). Uma possível solução é apresentada na Figura 12.27.

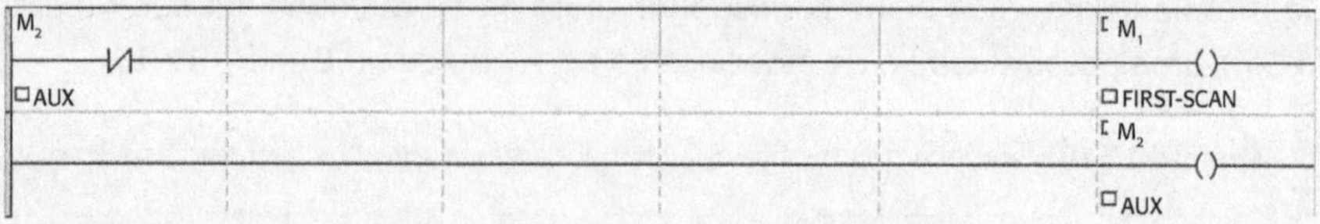

Figura 12.27 Implementação do first scan.

2. Transições:

O cálculo das transições baseia-se no estado atual e nas receptividades.

O segundo passo é implementar as equações para as transições.

Nos níveis comportamental e tecnológico, as equações são as demonstradas no Quadro 12.12.

Quadro 12.12 Equações para os níveis comportamental e tecnológico

Nível comportamental	Nível tecnológico
$T_{01} = E_0 \bullet LC$	$M3 = M9 \bullet I1$
$T_{03} = E_0 \bullet D \bullet \overline{LC}$	$M4 = M9 \bullet I2 \bullet \overline{I1}$
$T_{12} = E_1 \bullet C$	$M5 = MA \bullet I4$
$T_{34} = E_3 \bullet D$	$M6 = MB \bullet I5$
$T_{20} = E_2 \bullet S$	$M7 = MC \bullet I3$
$T_{40} = E_4 \bullet S$	$M8 = MD \bullet I3$

Cuja implementação pode ser verificada na Figura 12.28.

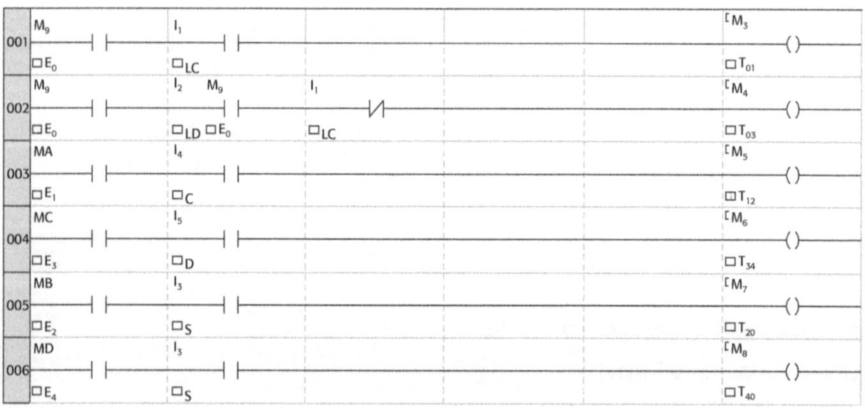

Figura 12.28 Implementação da equação das transições.

3. Etapas – desativação/ativação das etapas anteriores/posteriores às transições disparadas:

O próximo passo é implementar as equações para as etapas. Para isso, acompanhe a sequência:

1. Set(E0)
2. Reset(E0)
3. Set(E1)
4. Reset(E1)
5. Set(E2)
6. Reset(E2)
7. Set(E3)
8. Reset(E3)
9. Set(E4)
10. Reset(E4)

Ou seja, determinamos sequencialmente as transições que ligam ou desligam as etapas.

- **Set(E0)**

Neste caso, vamos avaliar todas as transições que ativam a etapa 0. Podemos verificar por inspeção que ela é ativada por três caminhos: first scan OU T_{20} OU T_{40}. A implementação equivalente é vista na Figura 12.29.

Figura 12.29 Implementação da função lógica: Set-E0 = first scan OU T_{20} OU T_{40}.

- **Reset(E0)**

Vamos determinar quais transições desativam a etapa 0. Verificamos que isso ocorre tanto na transição da etapa 0 para a 1 (T01) quanto na transição da etapa 0 para a 3 (T03).

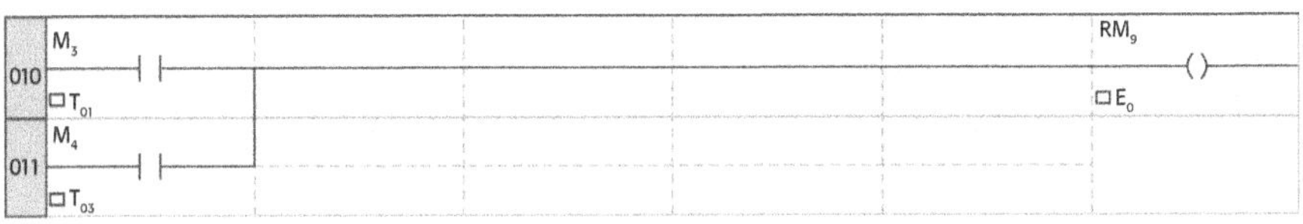

Figura 12.30 Implementação Reset E0.

As Figuras 12.31 a 12.36 ilustram os demais passos de ativação e desativação das etapas.

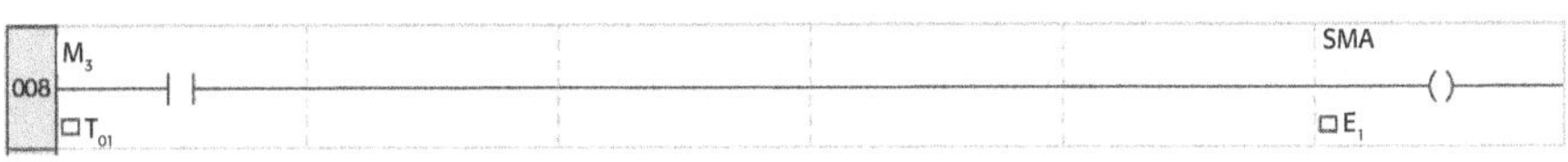

Figura 12.31 Set (E1).

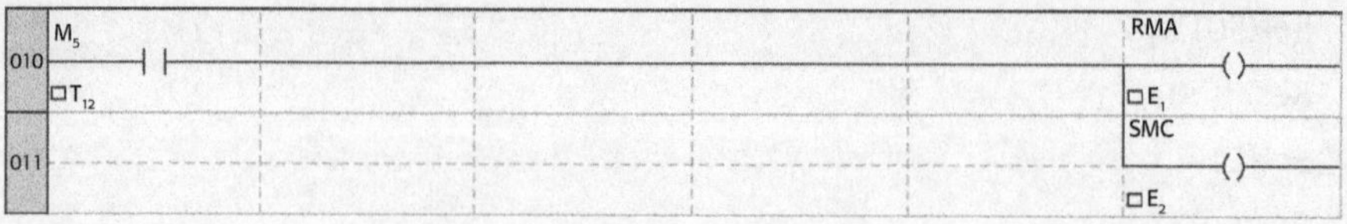

Figura 12.32 Reset (E1) e Set (E2).

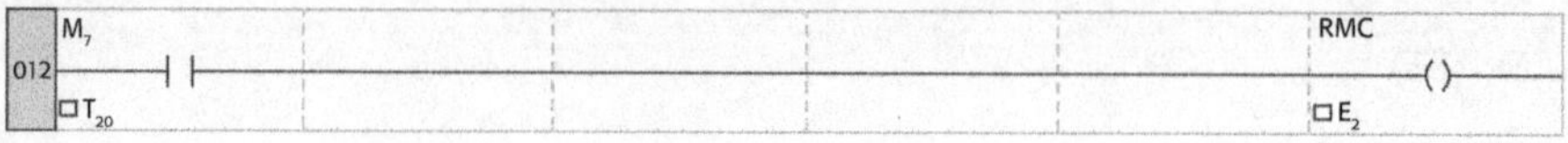

Figura 12.33 Reset (E2).

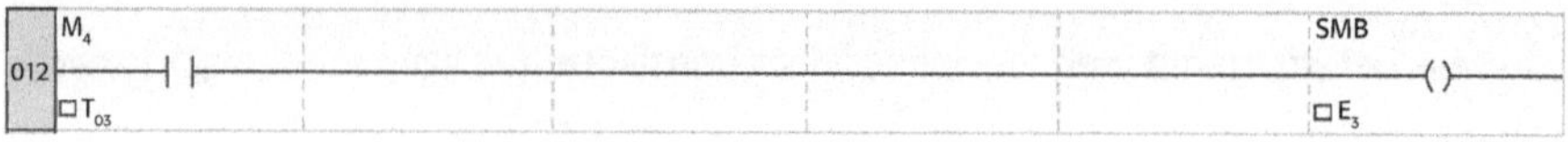

Figura 12.34 Set (E3).

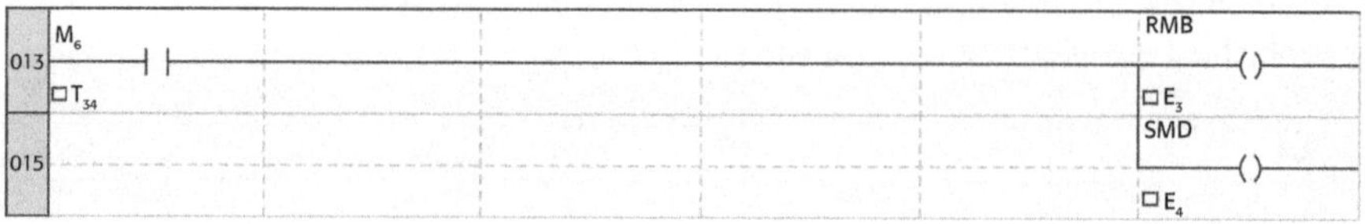

Figura 12.35 Reset (E3) e Set (E4).

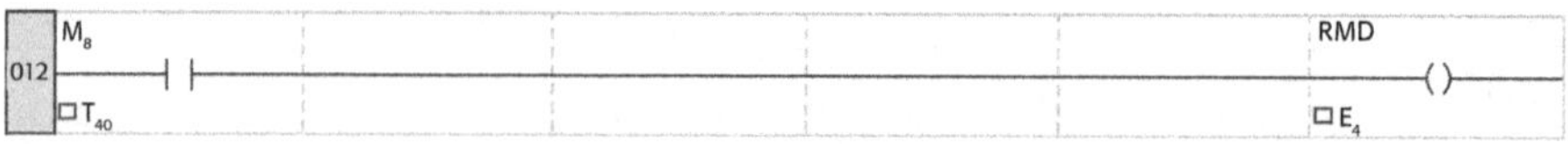

Figura 12.36 Reset (E4).

4. Ações

A Figura 12.37 mostra a ativação das ações associadas às etapas.

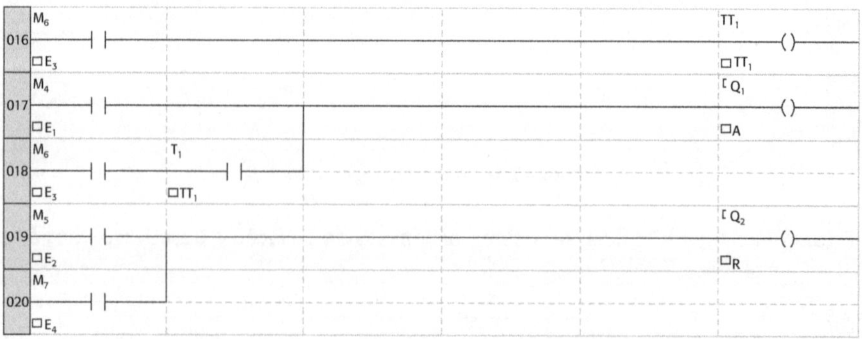

Figura 12.37 Codificação das ações associadas às etapas.

EXEMPLO 3

SEQUÊNCIAS COM CONVERGÊNCIA E DIVERGÊNCIA "E"

Considere o seguinte sistema, constituído pelos carros C_1 e C_2.

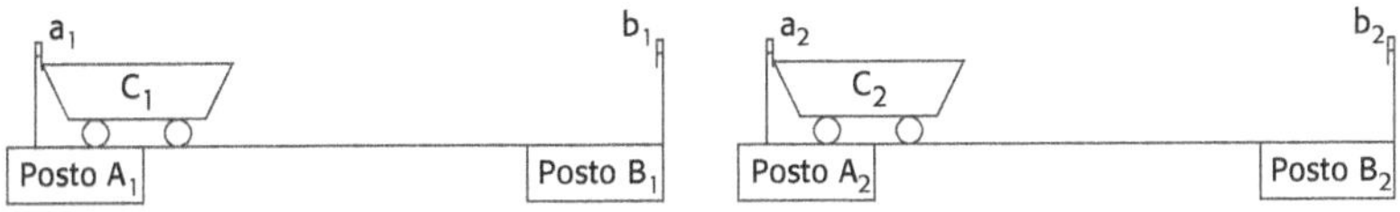

Figura 12.38 Carros com partida simultânea.

Quando o operador der ordem de partida (botão p), se os carros C_1 e C_2 encontrarem-se simultaneamente em suas posições de repouso (postos a_1 e a_2), devem se deslocar nos sentidos direito (D) para esquerdo (E), entre os postos a_1 e b_1 para C_1 e a_2 e b_2 para C_2. Os dois carros efetuam o movimento a-b-a.

1º passo: criação do Grafcet nível 1

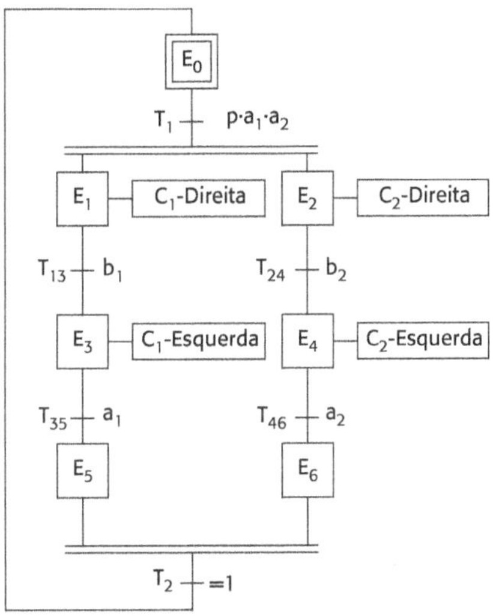

Figura 12.39 Grafcet nível 1 (descritivo).

2º passo: criação das tabelas de associação

Quadro 12.13 Receptividades (entradas)

Nível comportamental	Nível tecnológico	Descrição
P	I1	Botão de partida
a_1	I2	Sensor de posição a_1
a_2	I3	Sensor de posição a_2
b_1	I4	Sensor de posição b_1
b_2	I5	Sensor de posição b_2
fs	M1	First scan

A próxima tabela a ser criada é a das transições.

Quadro 12.14 Transições

Nível comportamental	Nível tecnológico	Descrição
T_1	M3	Transição inicial
T_{13}	M4	Transição entre as etapas 1 e 3
T_{24}	M5	Transição entre as etapas 2 e 4
T_{35}	M6	Transição entre as etapas 3 e 5
T_{46}	M7	Transição entre as etapas 4 e 6
T_2	M8	Transição para a etapa inicial

Quadro 12.15 Etapas

Nível comportamental	Nível tecnológico	Descrição
E_0	M9	Etapa 0
E_1	MA	Etapa 1
E_2	MB	Etapa 2
E_3	MC	Etapa 3
E_4	MD	Etapa 4
E_5	ME	Etapa 5
E_6	MF	Etapa 6

Quadro 12.16 Ações (saídas)

Nível comportamental	Nível tecnológico	Descrição
C_1-Direita	Q_1	Motor carro para direita C_1
C_1-Esquerda	Q_2	Motor carro para esquerda C_1
C_2-Direita	Q_3	Motor carro para direita C_2
C_2-Esquerda	Q_4	Motor carro para esquerda C_2

3º passo: criação do Grafcet nível 2

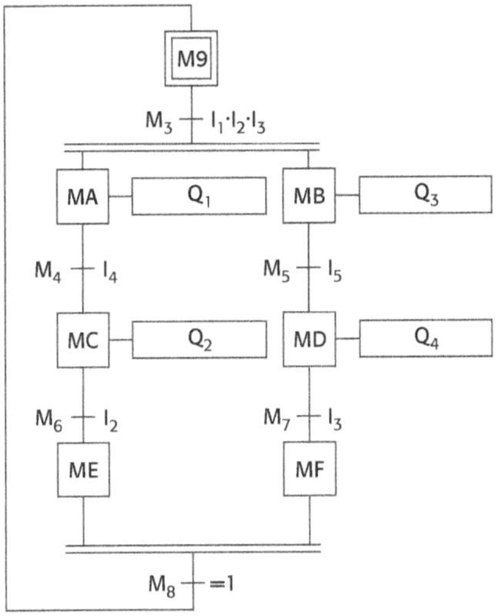

Figura 12.40 Grafcet nível 2 (tecnológico).

4º passo: criação do programa Ladder

1. Ativação da etapa inicial: mediante o bit de início de varredura (first scan). Esse bloco só será executado uma vez.

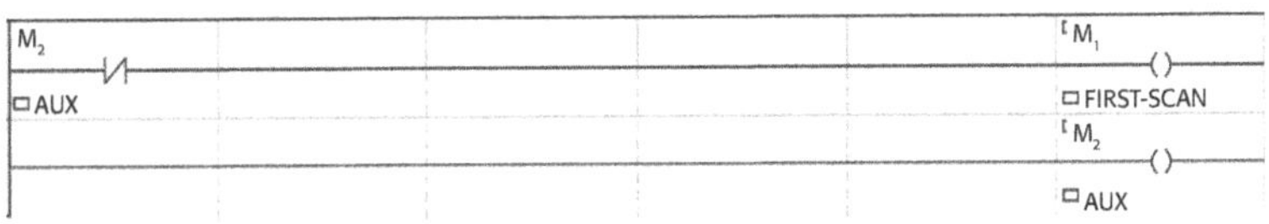

Figura 12.41 Implementação do first scan.

2. Detecção de bordas: (não existem ações impulsionais neste exemplo).

3. Transições: o cálculo das transições baseia-se no estado atual e nas receptividades.

Quadro 12.17 Equações para as transições

Nível comportamental	Nível tecnológico
$T_1 = E_0 \cdot p \cdot a1 \cdot a2$	M3 = M9 • I1 • I2 • I3
$T_{13} = E1 \cdot b1$	M4 = MA • I4
$T_{24} = E_2 \cdot b2$	M5 = MB • I5
$T_{35} = E_3 \cdot a1$	M6 = MC • I2
$T_{46} = E_4 \cdot a2$	M7 = MD • I3
$T_2 = E_5 \cdot E6$	M8 = ME • MF

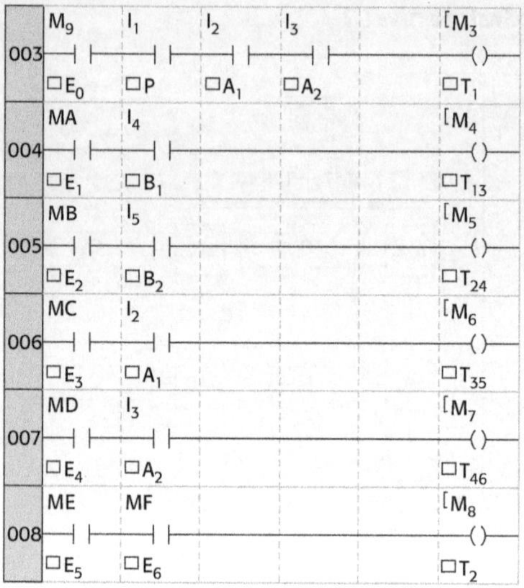

Figura 12.42 Implementação das transições.

4. Etapas: desativação/ativação das etapas anteriores/posteriores às transições disparadas.

Quadro 12.18 Ativação e desativação das etapas

Etapas		Transições	
Nível 1	**Nível 2**	**Nível 1**	**Nível 2**
Set E0	Set M9	First scan + T_2	M1 + M8
Reset E0	Reset M9	T_1	M3
Set E1	Set MA	T_1	M3
Reset E1	Reset MA	T_{13}	M4
Set E2	Set MB	T_1	M3
Reset E2	Reset MB	T_{24}	M5
Set E3	Set MC	T_{13}	M4
Reset E3	Reset MC	T_{35}	M6
Set E4	Set MD	T_{24}	M5
Reset E4	Reset MD	T_{46}	M7
Set E5	Set ME	T_{35}	M6
Reset E5	Reset ME	T_2	M8
Set E6	Set MF	T_{46}	M7
Reset E6	Reset MF	T_2	M8

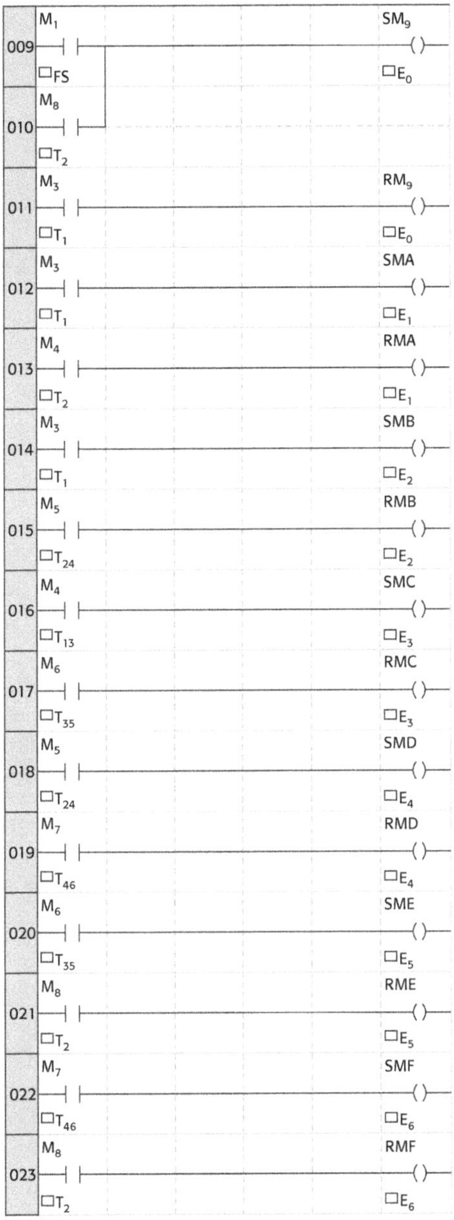

Figura 12.43 Implementação das etapas.

5. Ações: ativação das ações associadas às etapas.

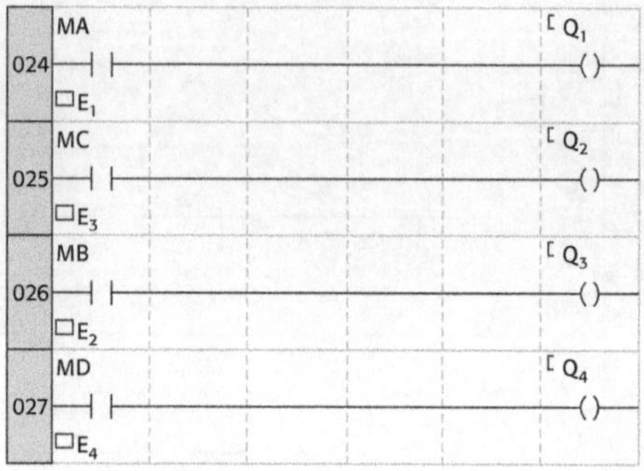

Figura 12.44 Implementação das ações.

ATIVIDADES DE FIXAÇÃO

1. Modele em Grafcet o exercício 1 do Capítulo 10 e converta em linguagem Ladder.
2. Modele em Grafcet o exercício 2 do Capítulo 10 e converta em linguagem Ladder.
3. Modele em Grafcet o exercício 3 do Capítulo 10 e converta em linguagem Ladder.
4. Um dispositivo efetua a transferência de peças em duas plataformas diferentes, como mostra a Figura 12.45. Quando uma peça chega diante do sensor óptico (S_1), ele a identifica e um posicionador 1, que está situado perpendicularmente, transfere-a para a plataforma 2. Depois que o posicionador 1 recua, o posicionador 2 é acionado e transfere a peça para a plataforma 2. Quando terminar de recuar, um novo ciclo se inicia.

   Os sensores SP1R, SP2R, SP1A e SP2A indicam as posições de recuo e avanço dos posicionadores 1 e 2.

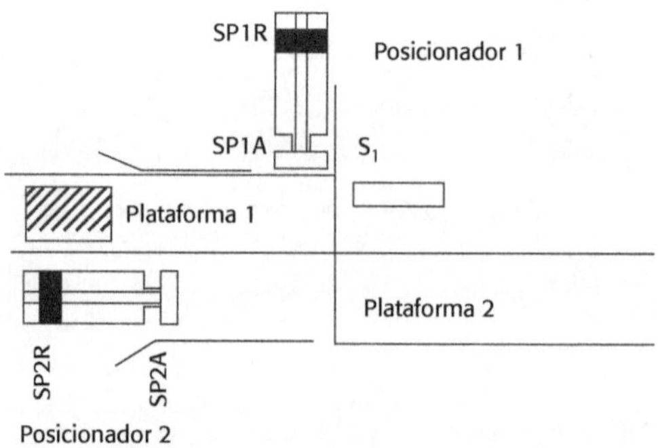

Figura 12.45 Transferência de peças.

5. Um homogeneizador industrial ilustrado na figura 12.46 realiza as seguintes operações:

- Quando a chave início é pressionada, a válvula V_1 abre e a matéria-prima, em forma líquida, começa a encher o tanque.
- Quando o líquido atinge o sensor de nível alto SNA, fecha-se a válvula V_1 e inicia-se o processo de homogeneização, acionando o motor do misturador (MIST1) por dez segundos.
- Após transcorrido esse tempo, abre-se a válvula de saída V_2 até que o nível do tanque esteja abaixo do sensor de nível baixo SNB.
- Esse ciclo deve ser repetido três vezes, devendo a operação ser reiniciada quando for pressionado novamente o botão liga.

> **Atenção!**
> **Os sensores ficam em nível 1 quando detectam a presença de líquido.**

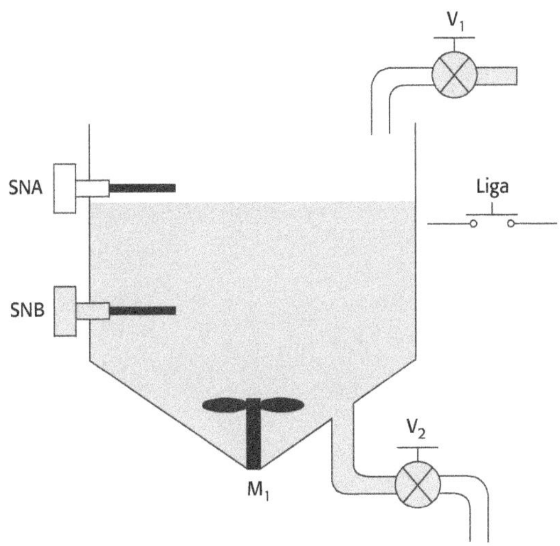

Figura 12.46 Misturador industrial.

Desenvolva a modelagem desse sistema por meio do Grafcet e implemente em linguagem Ladder.

6. A parte elétrica da máquina seguinte é constituída de dois motores (MA, MB), um botão de pressão (m), dois sensores de fim de curso (a, b) e dois sensores SPA e SPR que indicam se o pistão V está recuado ou avançado (Figura 12.47). O motor MB está diretamente acoplado à broca. MA é um motor com dois sentidos de rotação e destina-se a movimentar verticalmente a broca. O movimento ascendente da coluna é obtido ativando MAa. Quando se liga MAd, a coluna desce.

O funcionamento é o seguinte: a peça a ser furada é colocada no posto de carga. Logo que o operador aciona o botão de pressão m, o pistão V é ativado, deslocando a peça para a posição de furação. Assim, deve-se realizar a operação de furação da peça, com um movimento descendente da broca até atingir o fim de curso b, de onde a furadeira deve retornar ao seu estado inicial de repouso e desligar a broca e, na sequência, retirar a peça por meio do recuo do pistão V. Desenvolva a modelagem desse sistema por meio do Grafcet e implemente em linguagem Ladder.

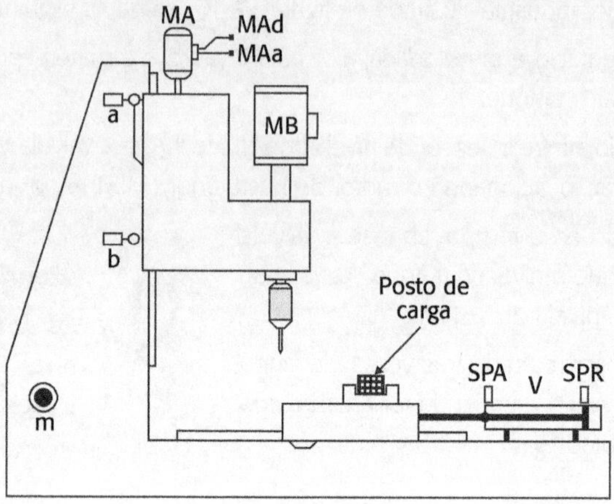

Figura 12.47

7. Um processo industrial de aquecimento é mostrado na Figura 12.48.

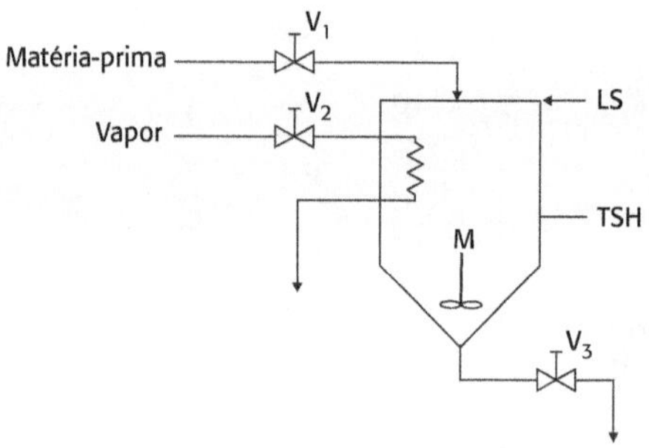

Entradas:

Botoeira liga: I_1

Botoeira desliga: I_2

LS - Sensor de nível: I_3

TSH - Sensor de temperatura I_4

Saídas:

V_1 - Válvula de entrada: Q_1

M - Motor do agitador: Q_4

V_2 - Válvula de vapor: Q_2

V_3 - Válvula de saída: Q_3

Figura 12.48 Processo industrial de aquecimento.

É preciso:

a) encher o tanque com matéria-prima até certo nível;

b) após o nível ser atingido, aquecer o conteúdo do tanque até uma temperatura com uso de vapor ao mesmo tempo em que agita o conteúdo;

c) dar vazão à matéria aquecida.

A operação descrita anteriormente é executada nesta sequência:

a) pressionando o botão de liga (do tipo NA), inicia-se o processo;

b) abrir a válvula "V_1" para que a matéria-prima chegue ao tanque;

c) fechar "V_1" quando a matéria-prima atingir certo nível marcado pelo indicador "LS";

d) abrir a válvula "V_2" para aquecimento com passagem de vapor pelo tubo e ligar o motor "M", fazendo girar o homogeneizador para agitar a matéria;

e) quando a temperatura atingir um certo valor, o termostato "TSH" fecha seu contato e deve interromper a passagem de vapor, fechando "V_2", e parar a agitação, desligando o motor "M";

f) dar vazão à matéria aquecida, ligando a válvula V_3 por dez segundos;

g) o ciclo é reiniciado automaticamente, a menos que se pressione o botão desliga, quando então o processo é encerrado.

h) Desenvolva a modelagem desse sistema por meio do Grafcet e implemente em linguagem Ladder.

8. Com base no processo mostrado na Figura 12.49, elabore e implemente o diagrama correspondente em Grafcet e faça a conversão em linguagem Ladder.

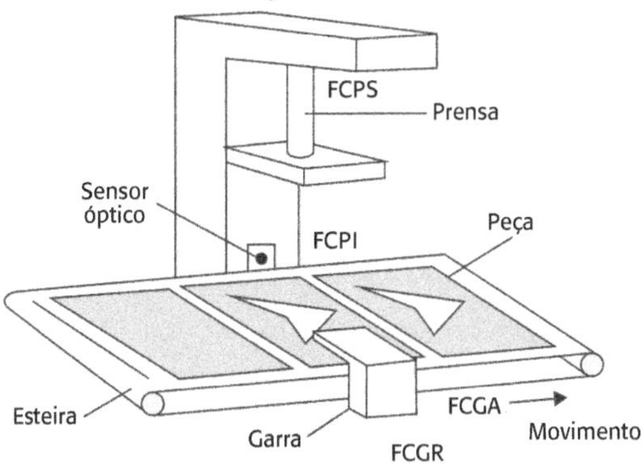

Figura 12.49 Estamparia.

Operação:

a) Inicialmente a máquina está inativa.

b) Para que o processo tenha início, o operador deve pressionar um botão LIGA (contato momentâneo).

c) A esteira se move até que uma peça seja detectada por um sensor óptico, quando, então, para.

d) Uma garra avança em direção à peça para prensá-la (existe um sensor fim de curso FCGA que indica que a garra já avançou o suficiente).

e) A prensa abaixa e estampa a peça por cinco segundos (existem dois sensores fim de curso, sendo um para a posição superior (FCPS) e outro para a inferior (FCPI) respectivamente).

f) A garra movimenta-se no sentido para fora da esteira, soltando a peça (existe um sensor fim de curso FCGR, que indica que a garra já voltou ao estado inicial).

g) A esteira volta a movimentar-se e repete o processo até que sejam contadas cinco peças, quando, então, o processo termina e é preciso pressionar o botão liga novamente para iniciar um novo ciclo.

9. Para o processo de queima de um gás (Figura 12.50), a próxima sequência deve ser realizada:

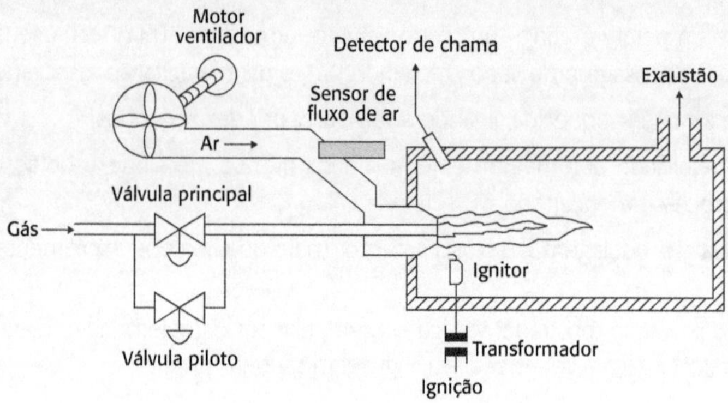

Figura 12.50 Queimador de gás.

a) Pressionar o botão liga e, se não existir uma chama acesa, a sequência terá início.

b) Energizar o motor do ventilador de ar. Depois que o fluxo de ar for estabelecido (indicação do sensor de fluxo), deve-se esperar 20 segundos.

c) Abrir a válvula piloto do gás e iniciar a ignição. Aguardar dois segundos, parar o ignitor e fechar a válvula piloto.

d) Se existir chama (verificada pelo detector de chama), abrir a válvula principal de gás que continuará ligada enquanto o botão desliga não for pressionado.

e) Se não existir chama ou ela se apagar durante o funcionamento, deve-se fechar a válvula principal de gás e acionar um alarme de "falta de chama" que permanecerá ligado enquanto um botão rearme não for pressionado.

f) Depois de pressionado o botão desliga ou o botão reinício, o motor do ventilador deve continuar funcionando por mais 30 segundos para eliminar algum gás remanescente de queima incompleta.

g) Desenvolva a modelagem desse sistema por meio do Grafcet e implemente em linguagem Ladder.

10. Considere o sistema de dosagem de rações apresentado na Figura 12.51.

O sistema é constituído por duas etapas de dosagem: dosagem macro e dosagem micro.

A etapa de dosagem macro é responsável pela dosagem da maior quantidade dos ingredientes de cada porção da ração. A dosagem macro deve ser feita simultaneamente por duas balanças BM1 e BM2. Cada balança contém dois silos com produtos A, B, C e D e 3 saídas digitais correspondentes ao peso de cada um dos silos (PA, PB, PC e PD). Após ser feita a dosagem dos ingredientes, as válvulas de saída das balanças (VBM1 e VBM2) devem ser abertas por 10 segundos para o esvaziamento das mesmas e envio dos produtos ao moinho. Para a etapa de moagem, existe um sensor de nível alto no moinho (NAM) que representa que o mesmo está cheio de produto e pode iniciar a moagem através do motor MM que deve ser ligado por 50 segundos. Transcorrido esse tempo, deve ser aberta a válvula do moinho VM por 20 segundos para o escoamento do produto até o misturador.

Ao mesmo tempo em que ocorre a etapa de moagem, são adicionadas as vitaminas por meio de dois silos V1, V2 e uma balança de dosagem BV e duas saídas digitais correspondentes ao peso de cada um dos silos (PV1 e PV2). Após a pesagem dos produtos, deve ser aberta a válvula VBV por 5 segundos para que o produto chegue ao misturador.

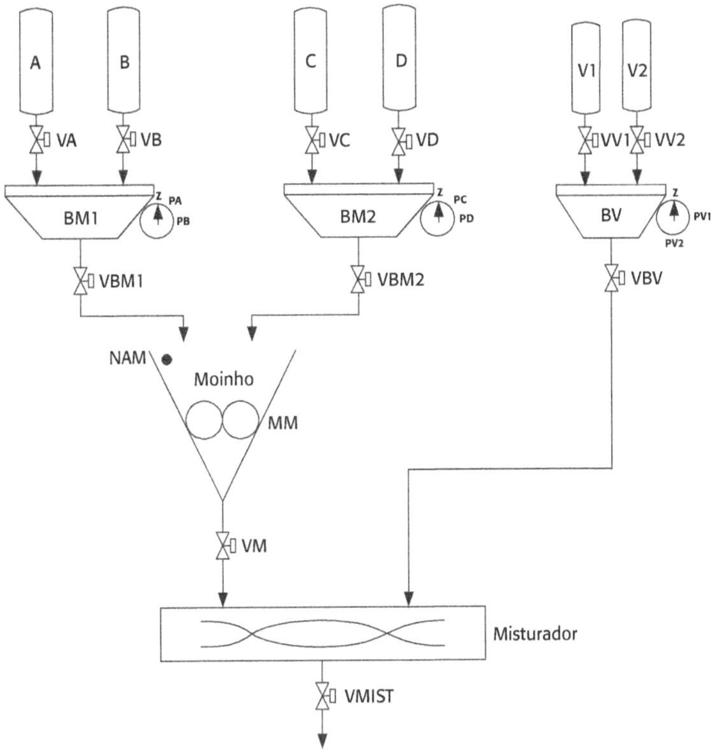

Figura 12.51 Sistema de Dosagem de Rações.

O misturador somente deve ser ligado quando a moagem e a dosagem de vitaminas forem finalizadas. O misturador deverá ficar ligado por 45 segundos, sendo o produto descarregado pela abertura da válvula VMist por 20 segundos. Esse processo deve ser repetido 3 vezes, sendo iniciado um novo ciclo quando o operador pressionar o botão Início.

Elaborar o Grafcet Nível 1 e efetuar a conversão de Grafcet para Ladder.

11. Considere um sistema composto de três tanques, como se descrevem na Figura 12.52. Após ser pressionado um botão liga, abrem-se simultaneamente as válvulas do produto (VL1 e VL2) dos tanques 1 e 2 superiores, até que os sensores de nível alto NS1 e NS2 correspondentes sejam ativados. Na sequência é feito o aquecimento e mistura dos componentes por meio dos aquecedores 1 e 2 e agitadores 1 e 2, respectivamente. Os ingredientes devem ser misturados e aquecidos até a temperatura limitada para cada silo, T1 e T2, detectada por um sensor instalado nos silos seja atingida. Quando ambos os ingredientes atingirem as suas temperaturas de misturas devem ser abertas as válvulas de descarga VD1 e VD2 até os tanques serem esvaziados (sensores de nível baixo dos silos NB1 e NB2). Após a descarga dos silos, é preciso agitar os produtos por 10 segundos no tanque 3. Depois de transcorrido esse tempo deve ser aberta

a válvula de descarga do tanque 3 (VD3) até o esvaziamento (sensor NB3). Considerar os sensores de nível e temperatura como normalmente abertos (NA).

Elaborar o Grafcet nível 1 e converter para Ladder.

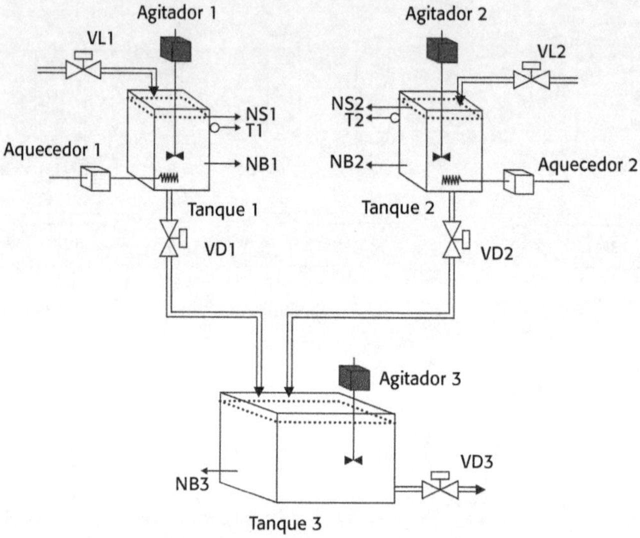

Figura 12.52 Sistema de tanques agitados.

UTILIZAÇÃO DO SOFTWARE ZELIO SOFT 2

APÊNDICE A

Para melhorar o aprendizado dos conteúdos abordados no livro, foi utilizado o software de edição de diagramas Zelio Soft 2, da Schneider Electric. Ele foi escolhido em razão da facilidade de uso, idioma disponível em português (Portugal), por ser gratuito, conter as principais linguagens de programação utilizadas no livro (Ladder, SFC e blocos) e possuir simulador.

Atenção!
O software pode ser obtido em <http://www.schneider-electric.com.br>. Para fazer o download, é necessário um cadastro na página e efetuar login.

Entrar no item **Downloads → Produtos e serviços**, selecione a categoria **Módulo lógico programável – Zelio Logic** e, depois, **Assunto: Módulo Lógico Programável –Software Zelio Logic V5.3**.

Após a instalação, inicie o software Zelio Soft 2, como ilustra a Figura A.1.

Figura A.1 Iniciar o software Zelio Soft 2.

Após abrir o software, aparecerá a tela da Figura A.2. Deve-se, então, clicar no ícone Criar um novo programa. Na tela seguinte, é feita a escolha do módulo a ser usado. Os aspectos que diferem os módulos são: tipo de fonte de alimentação (CC ou CA), número de entradas e saídas, tipos de entrada (analógicas ou digitais), display, entre outros.

Para o estudo recomenda-se utilizar o módulo indicado na Figura A.3.

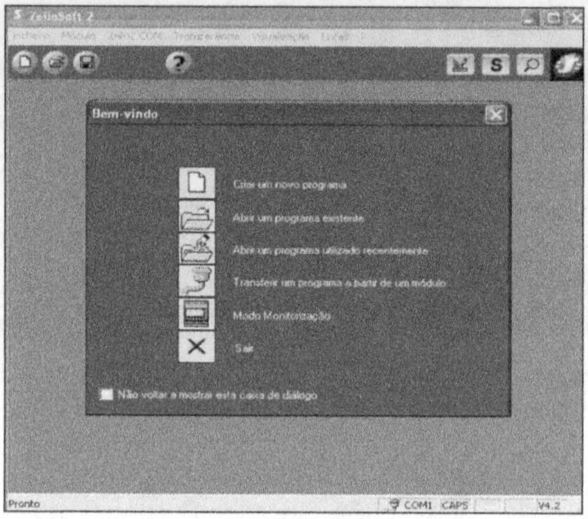

Figura A.2 Criação de um programa no software Zelio Soft 2.

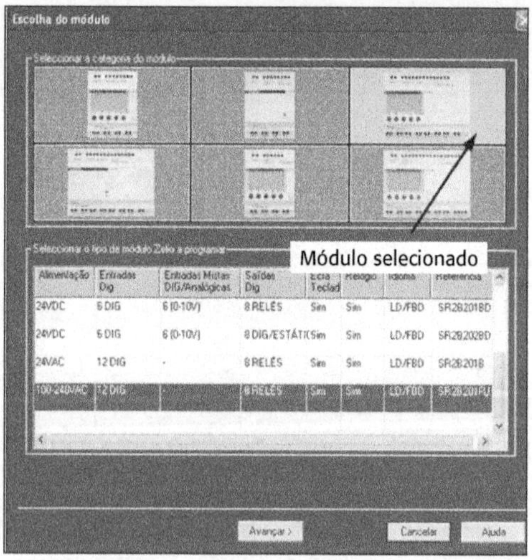

Figura A.3 Escolha do módulo Zelio Logic.

A janela a seguir permite utilizar expansões de entradas e saídas. Para efeito de estudo, vamos trabalhar sem expansões, como ilustra a Figura A.4. Na próxima janela, é escolhida a linguagem de programação. É possível trabalhar com dois tipos de linguagem: Ladder ou FBD (blocos), como vemos na Figura A.5.

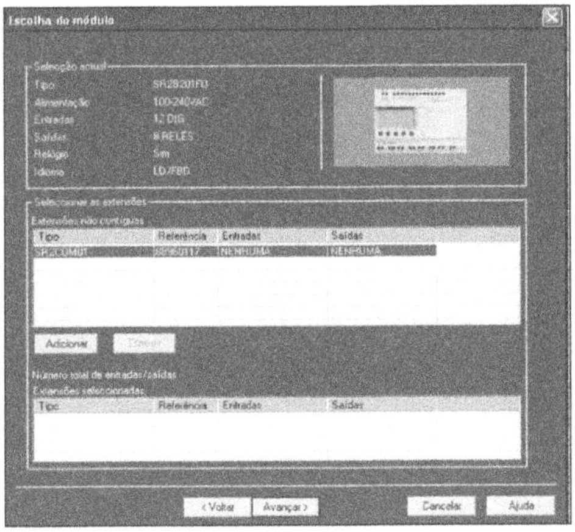

Figura A.4 Expansões possíveis para o módulo Zelio Logic.

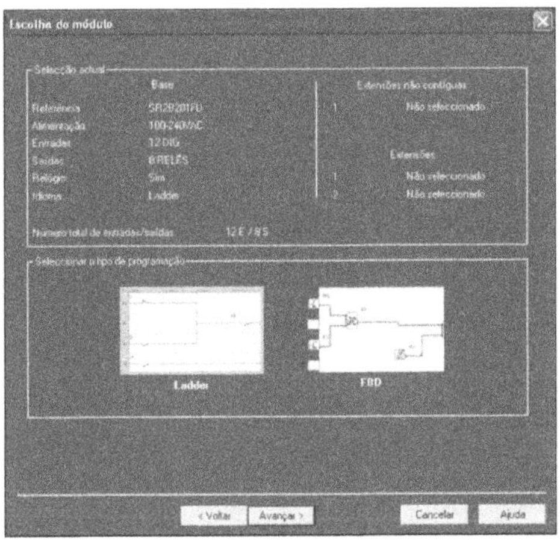

Figura A.5 Escolha da linguagem de programação no software Zelio Soft.

Atenção!

A linguagem SFC está na mesma área da linguagem de blocos (FBD) no Zelio Soft.

A.1 UTILIZAÇÃO DA LINGUAGEM LADDER

A partir da tela da Figura A.5, seleciona-se, pelo ícone, a linguagem de programação Ladder.

O módulo lógico possui diversas funções, sendo as mais utilizadas: entradas, memórias internas, saídas, temporizadores e contadores, conforme mostra a Figura A.6.

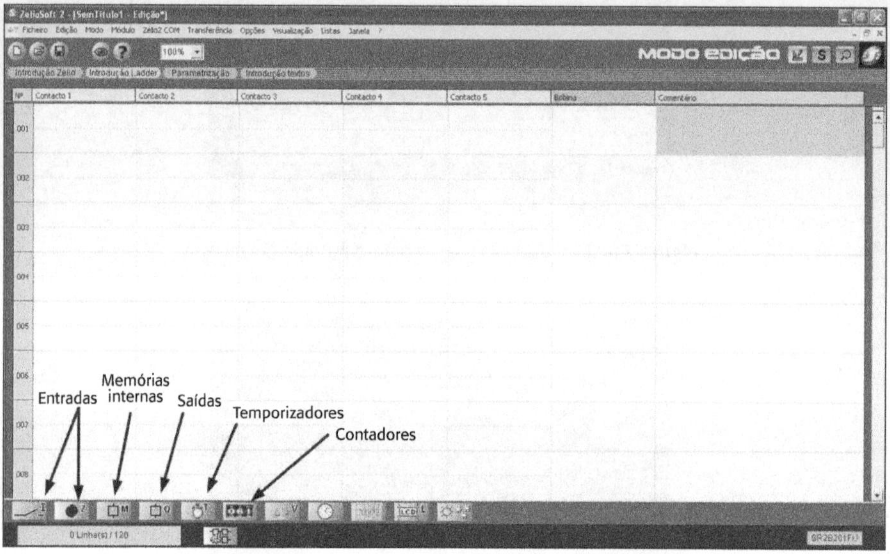

Figura A.6 Programação Ladder para o software Zelio Logic.

Para entendermos melhor o funcionamento do software, vamos mostrar o exemplo da simulação do circuito chave liga/desliga com contato selo. Para implementar, deve ser feito o endereçamento de entradas digitais (Figura A.7).

Procedimento similar deve ser feito com a saída (Q). O Zelio Logic possui diversos tipos de bobinas. Escolha a bobina do tipo contator, como indica a Figura A.8.

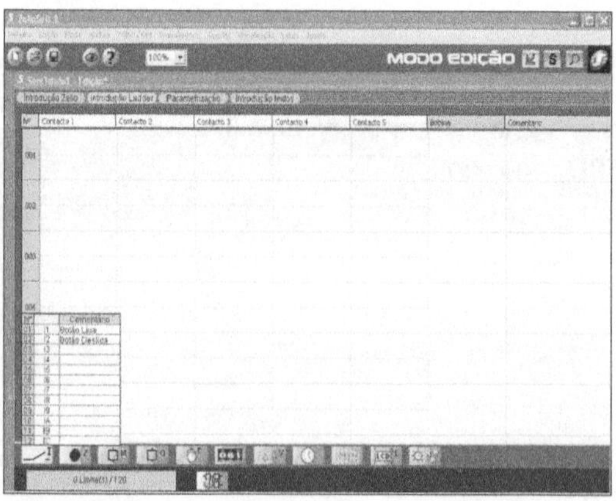

Figura A.7 Endereçamento de entradas digitais.

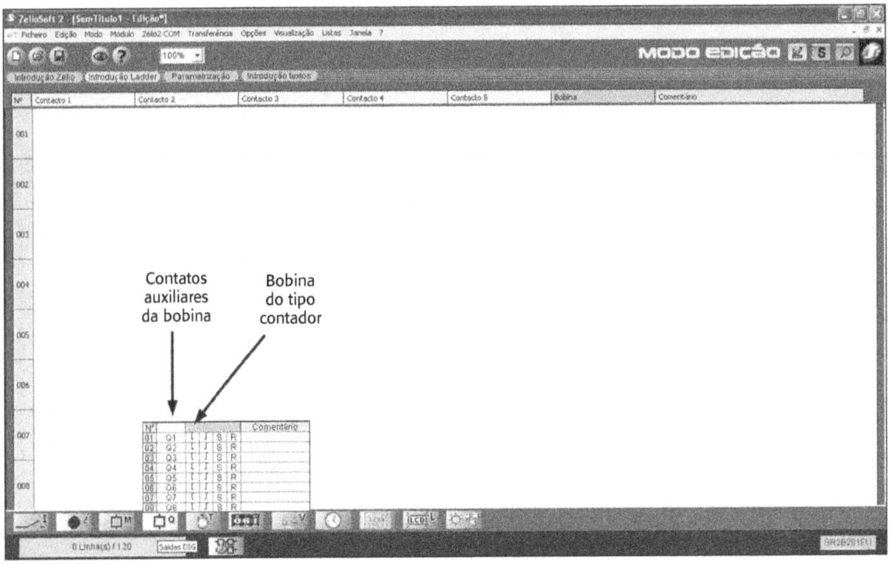

Figura A.8 Endereçamento de saída no software Zelio Soft.

Após ser feito o endereçamento, inicia-se a montagem do diagrama Ladder, arrastando os elementos para o software. O resultado encontra-se na Figura A.9.

Uma característica muito importante é a possibilidade de simulação do software antes da implementação, que é fundamental para verificação de erros antes de sua aplicação em uma automação de processos.

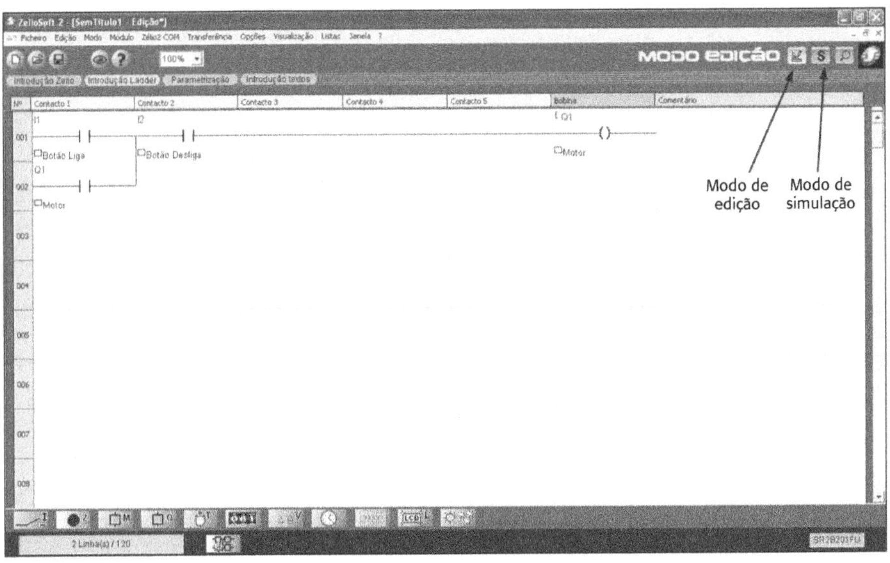

Figura A.9 Programa final no software Zelio Logic.

Para efetuar a simulação, deve-se clicar no ícone relativo à simulação no canto superior direito, mostrado na Figura A.10. Em seguida, o programa entra no ambiente de simulação, no qual podemos comprovar se o software elaborado está correto.

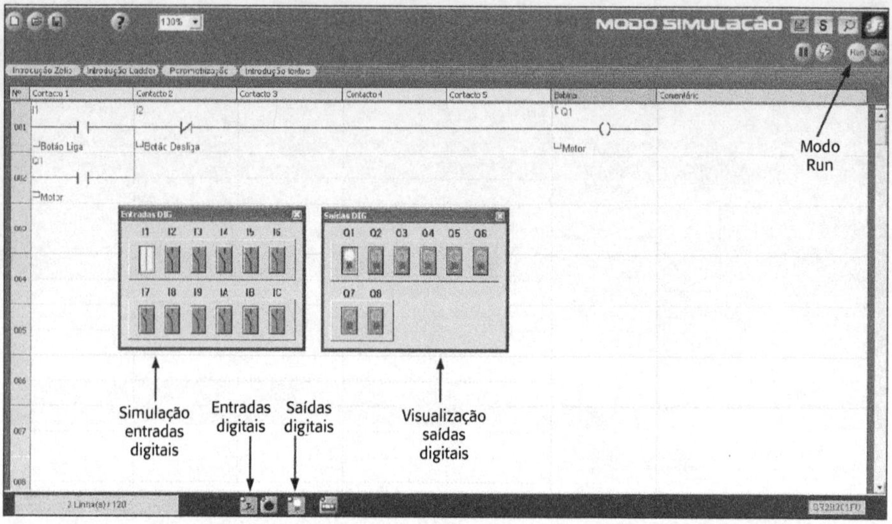

Figura A.10 Simulação do software no Zelio Logic.

Para iniciar a simulação, devemos primeiramente colocar o software em modo Run, pressionando o ícone no canto superior direito. Para simular entradas digitais e verificar o status das saídas digitais, devemos clicar nos respectivos ícones na barra de ferramentas na parte inferior da tela. Assim, para simular as entradas digitais, basta clicar na respectiva entrada e verificar o comportamento na saída, conforme mostra a Figura A.10.

Um item importante a ser verificado é a mudança das cores a partir do momento em que uma saída é acionada ou uma entrada é simulada.

A.2 TEMPORIZADORES E CONTADORES

Uma das funções mais utilizadas em CLPs inclui temporizadores e contadores. Na Figura A.11, temos a representação de um temporizador no Zelio Soft 2. A função temporizador é constituída em:

- **Contatos auxiliares:** podem ser NA ou NF, que serão comutados após transcorrido determinado tempo de acordo com o temporizador utilizado.

- **Temporizador:** deve ser colocado na coluna de bobinas do software. Com um duplo-clique, pode-se escolher o tempo de contagem, bem como o temporizador a ser utilizado.
- **Reset:** serve para zerar o temporizador e deve ser colocado na coluna destinada às bobinas. Quando esse item receber um pulso, o temporizador vai zerar o tempo acumulado.

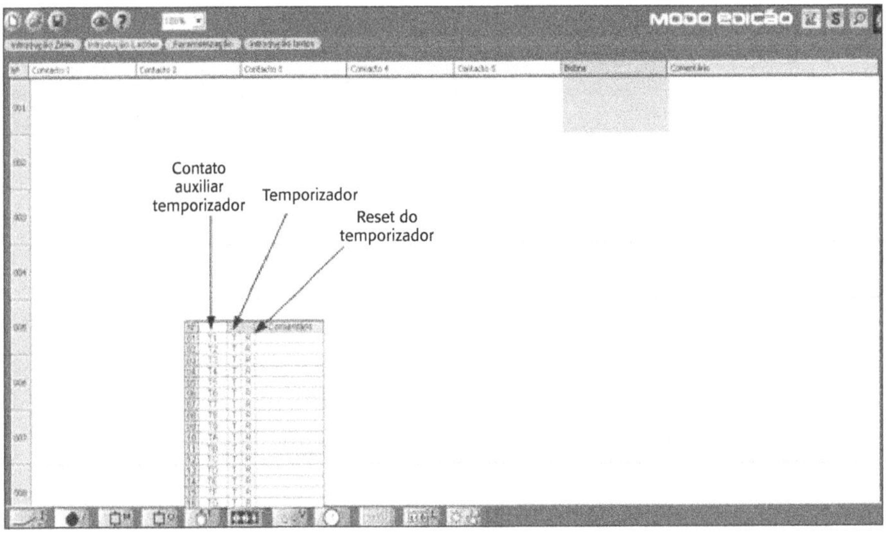

Figura A.11 Elementos constituintes do temporizador no Zelio Soft.

A função contador é constituída dos seguintes itens:

- **Contatos auxiliares:** podem ser NA ou NF, que serão comutados após a contagem atingir determinado valor parametrizado (preset).
- **Contador:** deve ser colocado na coluna de bobinas do software. Com um duplo-clique, pode-se escolher o número de contagem e parametrizar o contador.
- **Reset:** serve para zerar o contador e deve ser colocado na coluna destinada às bobinas. Quando esse item receber um pulso, o contador vai zerar o tempo acumulado.
- **Decrementa contagem:** decrementa a contagem, ou seja, quando essa bobina é energizada, faz a contagem no sentido decrescente. Esse item também deve ser colocado na coluna destinada às bobinas.

A Figura A.12 mostra as partes constituintes dos contadores.

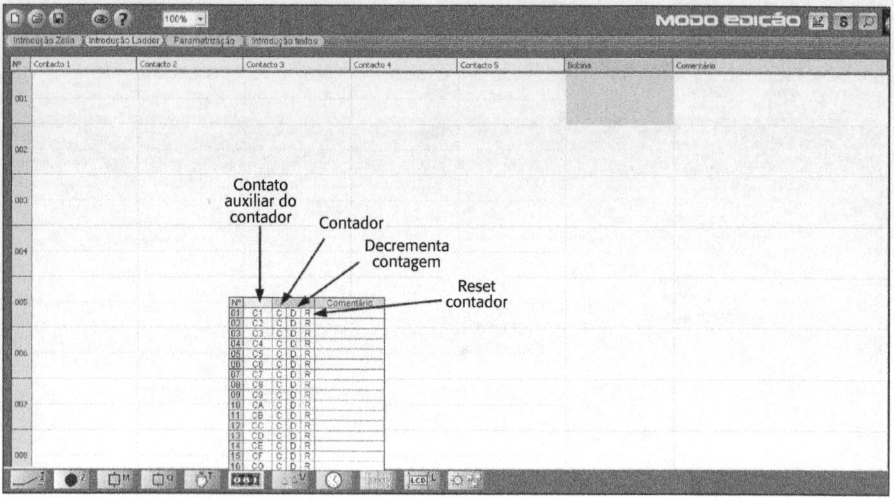

Figura A.12 Elementos constituintes do contador no Zelio Soft.

A.3 DIAGRAMA DE BLOCOS (FBD)

Também pode ser escolhido o modo de programação em diagrama de blocos (FBD) ao iniciar um novo programa. Essa interface é exibida na Figura A.13. No canto inferior direito da interface estão os elementos que podem ser utilizados na construção do software:

- **Entradas (IN):** nesse item estão os tipos de entrada, que serão colocados em sua respectiva área do editor.
- **Blocos de função (FBD):** estão alocados os blocos que podem ser utilizados para o desenvolvimento do software, como contadores, temporizadores, comparadores, entre outros.
- **SFC:** nesse item estão os elementos que podem ser utilizados para a elaboração de um software, empregando a linguagem SFC.
- **Portas lógicas (Logic):** estão colocadas as portas lógicas (AND, OR, NOT etc.).
- **Saídas (OUT):** aqui estão os tipos de saída, que serão colocados em sua respectiva área no editor.

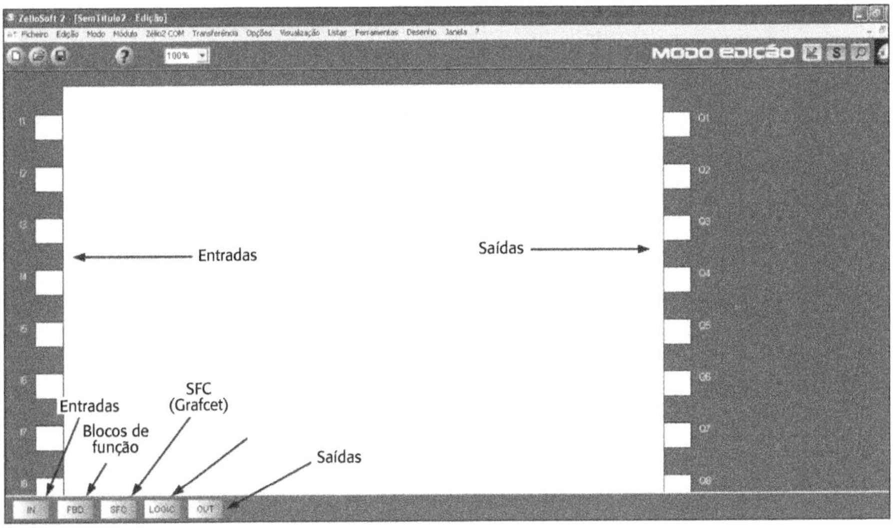

Figura A.13 Tela de edição de diagramas de bloco no Zelio Soft.

APÊNDICE B

SISTEMAS DE NUMERAÇÃO

A representação da informação consiste sempre em uma materialização física capaz de, temporária ou permanentemente, registrar a informação pretendida.

Enquanto os humanos podem reconhecer informações por meio de imagens, letras, gestos ou sinais luminosos, por exemplo, os computadores processam e armazenam as informações apenas em dois estados. Os valores convencionais para esses estados são:

- 1 = ON = VERDADEIRO;
- 0 = OFF = FALSO.

À informação contida em uma variável que só pode assumir dois estados dá-se o nome de BIT (abreviatura de BInary digiT), unidade elementar de informação utilizada pelos computadores.

A representação de informação pode ser vista como um agrupamento de bits.

Ao agrupamento de oito bits dá-se o nome de BYTE. Cada byte pode representar 256 informações diferentes (2^8).

Ao agrupamento de 16 bits dá-se o nome de palavra, também conhecida por WORD, seu nome original na língua inglesa. O tamanho da palavra pode variar conforme o processador utilizado. Pode ser de 16, 32 ou 64 bits. Para os CLPs, padroniza-se o tamanho de uma palavra de 16 bits. Nesse caso, uma palavra pode representar 65536 informações diferentes (2^{16}). Também podem ser utilizadas palavras duplas (double word) de 32 bits.

No sistema posicional de numeração, cada dígito tem associados dois valores, sendo seu valor intrínseco, ou seja, o valor do dígito, e o seu peso correspondente, dependendo da posição que ocupa no conjunto de dígitos, como ilustra a Figura B.1.

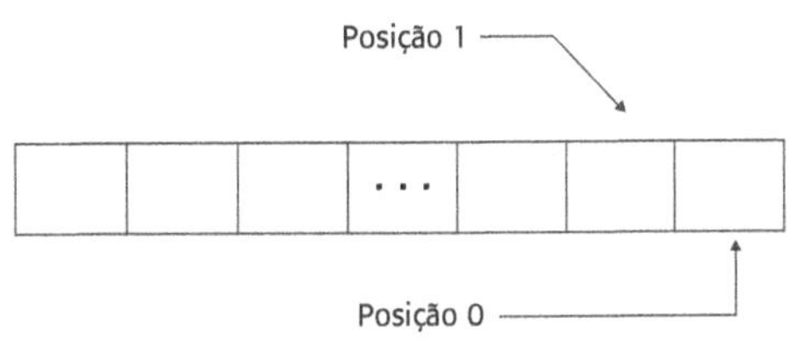

Figura B.1 Sistema posicional.

Para o cálculo desse peso, consideram-se os seguintes parâmetros:

- **Base:** número máximo de símbolos que podem ser utilizados para codificar a informação. Um sistema de base n admite n símbolos diferentes: 0, 1, 2, ..., n −1. Por exemplo, o sistema decimal admite dez dígitos diferentes (de 0 a 9).
- **Peso:** representação da posição relativa do símbolo no conjunto das posições, variando a partir da primeira posição da direita (a menos significativa), aumentando uma unidade por cada posição sucessivamente mais à esquerda.

B.1 SISTEMA DECIMAL

A codificação de números no sistema decimal utiliza combinações de dez dígitos, compreendidos entre 0 e 9. Por essa razão, o peso de cada dígito dentro da palavra é dado em função de potências de 10. A decomposição de um número decimal é possível, multiplicando o valor intrínseco de cada posição pelo seu peso e somando os produtos obtidos. Isso é ilustrado na Figura B.2.

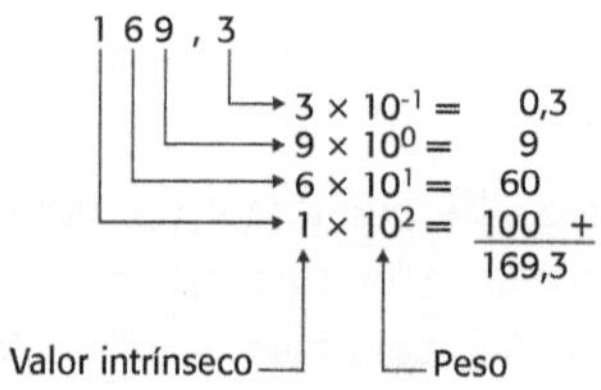

Figura B.2 Sistema decimal.

B.2 SISTEMA BINÁRIO

Utiliza apenas dois dígitos para codificar a informação: 0 e 1. Esse sistema é utilizado internamente nos sistemas computacionais para o processamento das informações.

A representação de qualquer número no sistema binário é composta de uma sequência de bits, em que o peso de cada dígito é dado em função de potências de 2 (2^n), uma vez que o sistema binário só admite dois dígitos. A Figura B.3 mostra um exemplo do número 1101 (em binário) decomposto para encontrar seu valor equivalente no sistema decimal (no caso, 13).

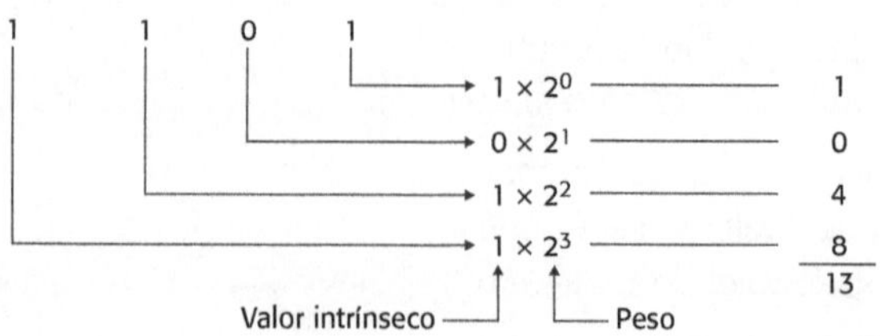

Figura B.3 Sistema binário.

B.3 SISTEMA HEXADECIMAL

Admite 16 dígitos, os algarismos de 0 a 9 mais as letras de A a F. Os dígitos de A a F correspondem aos números decimais de 10 a 15, respectivamente. Em uma palavra do sistema hexadecimal, o peso de cada dígito é função de potências de 16.

Esse sistema de numeração é bastante utilizado, pois é preciso lembrar-se de que uma palavra é composta por 16 bits. Além disso, sua utilização na codificação de dígitos binários (dispostos em grupos de 4) torna simples a interpretação e a leitura da informação. A Figura B.4 mostra um exemplo de decomposição do número 1B30 (em hexadecimal) no seu valor correspondente em decimal (nesse caso, 6920).

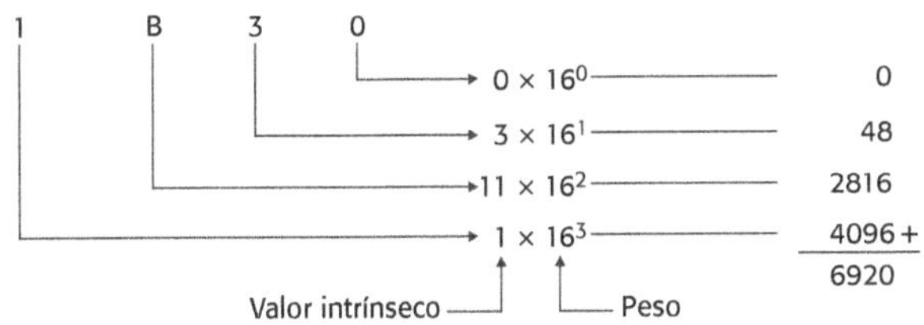

Figura B.4 Sistema hexadecimal.

A Tabela B.1 apresenta a codificação de informação utilizando os sistemas de numeração decimal, hexadecimal e binário.

Tabela B.1 Sistemas de numeração decimal, hexadecimal e binário

Decimal	Hexadecimal	Binário
0	0	0000
1	1	0001
2	2	0010
3	3	0011
...		
8	8	1000
9	9	1001
10	A	1010
11	B	1011
...		
14	E	1110
15	F	1111

B.4 CONVERSÃO DE BASES

Em razão da existência e da utilização de vários sistemas de numeração, são necessários métodos ou regras que tornem possível a conversão de números de uma base em outra qualquer.

B.4.1 CONVERSÃO DE DECIMAL EM OUTRA BASE

Para efetuar a conversão do sistema decimal em um sistema diferente, utiliza-se o método das divisões sucessivas, o qual consiste em dividir, sucessivamente, o número decimal pela base de conversão (2 no sistema binário e 16 no sistema hexadecimal). Os restos das divisões, mais o último quociente, são utilizados para formar o dígito equivalente na outra base.

EXEMPLO

Converter o valor decimal 28 na base binária. A solução está na Figura B.5.

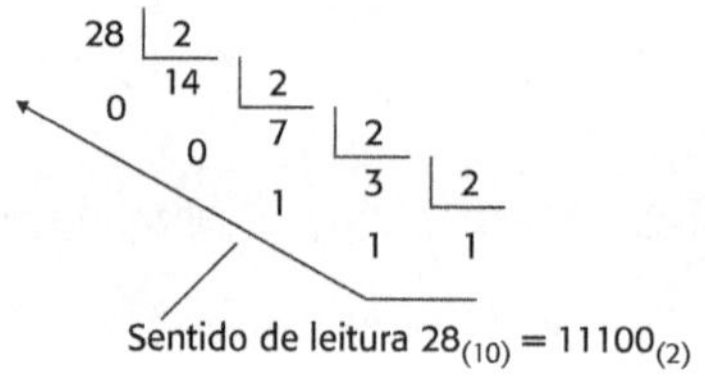

Figura B.5 Conversão de decimal em binário.

B.4.2 CONVERSÃO DE OUTRA BASE EM DECIMAL

Para converter qualquer base em decimal, basta utilizar o método das multiplicações sucessivas, ou seja, multiplicar o valor intrínseco de cada posição pelo seu peso e somar todos os produtos obtidos.

Dado um número qualquer, em uma base qualquer:

$a^n\ a^{n-1}\ a^{n-2} \ldots a^1\ a^0\ a^{-1}\ a^{-2} \ldots$

É possível determinar o valor decimal desse número, aplicando a seguinte expressão:

$$a_n \times b^n + a_{n-1} \times b^{n-1} + L + a_1 \times b^1 + a_0 \times b^0 + a_{-1} \times b^{-1} + a_{-2} \times b^{-2} + K$$

sendo b a base a que o número pertence.

EXEMPLO 1

Qual é o valor equivalente, em decimal, do número $1101_{(2)}$ (em que $_{(2)}$ significa sistema binário)?

Neste caso, a base é igual a 2 porque o número está no sistema binário.

Então, $1101_{(2)} = 1 \times 2^3 + 1 \times 2^2 + 0 \times 2^1 + 1 \times 2^0 = 8 + 4 + 0 + 1 = 13_{(10)}$.

EXEMPLO 2

Qual é o valor equivalente, em decimal, do número $1FF_{(16)}$?

Neste caso, como se trata do sistema hexadecimal, a base é 16.

Então, $1FF_{(16)} = 1 \times 16^2 + 15 \times 16^1 + 15 \times 16^0 = 256 + 240 + 15 = 511_{(10)}$.

B.5 SISTEMAS DE CODIFICAÇÃO AVANÇADOS

Os sistemas descritos anteriormente são os mais comuns na codificação de informação. Existem outros sistemas de codificação mais específicos que não utilizam o sistema posicional, mas também são de elevada importância na codificação da informação.

B.5.1 BINARY CODED DECIMAL

O Binary Coded Decimal (BCD) é uma codificação em que cada um dos dígitos decimais que compõem o número é codificado como número binário de 4 bits.

Por exemplo, os dígitos 3 e 9 são codificados em BCD por:

- 3 → 0011
- 9 → 1001

O número 39 é codificado em BCD por:

- 39 → 0011 1001

Na Tabela B.2, são ilustrados os códigos BCD de alguns números decimais.

Tabela B.2 Equivalência do código BCD de números decimais

Decimal	BCD
0	0000
1	0001
2	0010
3	0011
4	0100
5	0101
6	0110
7	0111
8	1000
9	1001
10	0001 0000
11	0001 0001
.....	

B.5.2 CÓDIGO GRAY

O código Gray é um tipo de codificação binária com a particularidade de a transição de um número para o próximo requerer a mudança de apenas um dígito. A Tabela B.3 exibe a obtenção desse código a partir de números decimais.

Sua aplicação típica ocorre em sistemas de codificação de posição (encoders) e na distribuição das células dos mapas de Karnaugh.

Tabela B.3 Equivalência de números decimais e código Gray

Decimal	Código Gray
0	0000
1	0001
2	0011
3	0010
4	0110
5	0111
6	0101
7	0100
8	1100
9	1101

GLOSSÁRIO

A

A/D: veja conversor analógico/digital.

Ação: instrução de saída associada a etapas de um Grafcet ou SFC.

Algoritmo: descrição do comportamento de um sistema por meio de uma sequência de instruções.

Analógico(a): sinal que possui característica de valores contínuos entre dois intervalos.

And: operação lógica entre duas ou mais variáveis, cujo resultado é verdadeiro somente se todas as variáveis de entrada também forem.

Aplicação: uso de rotinas com base em microprocessadores ou microcontroladores para uma tarefa específica.

ASCII: código binário utilizado para representar caracteres alfanuméricos, numéricos, pontuações e de controle.

Assíncrona: operação que ocorre sem sinal de sincronismo externo.

Atuador: dispositivo que tem a finalidade de acionar algum dispositivo elétrico, pneumático ou hidráulico.

B

Base de tempo: unidade de tempo gerada pelo sistema para instruções de temporização. Os valores típicos são 0,01 s, 0,1 s e 1,0 s.

Baud: unidade de medida relativa à velocidade de transmissão/recepção de dados. Usualmente, 1 baud = 1 bit/s.

BCD: Binary Coded to Decimal.

Biestável: também conhecido como Flip-Flop, tem por característica memorizar o último estado ativado de dois estados possíveis.

Binário: sistema de numeração que utiliza apenas dois dígitos: 0 e 1.

Bit: abreviação das palavras inglesas BInary DigiT. É a unidade básica de informação de um sistema binário.

Borda de descida: instante em que uma variável binária muda de 1 para 0.

Borda de subida: instante em que uma variável binária muda de 0 para 1.

Byte: grupo de 8 bits.

C

CA: corrente alternada.

CC: corrente contínua.

CI: circuito integrado.

Clock: palavra inglesa equivalente a relógio, em português. É um sinal utilizado como referência para sincronismo de unidades eletrônicas.

CLP: controlador lógico programável.

Coletor aberto: saída que pode fornecer um dos estados em nível lógico 0 e o outro flutuante.

Contador: elemento responsável por detectar e contar eventos ocorridos.

Contato NA: contato normalmente aberto, ou seja, em repouso não permite a passagem de energia.

Contato NF: contato normalmente fechado, ou seja, em repouso permite a passagem de energia.

Contato: elemento que permite ou não a passagem de energia.

Contator: elemento semelhante a um relé, utilizado tipicamente para acionamentos elétricos.

Conversor analógico/digital: dispositivo que transforma sinais analógicos em números binários que podem ser utilizados por sistemas microprocessados.

D

Debouncing: remoção de ruídos de um contato eletromecânico.

Decremento: diminuição de uma unidade do valor atual de um contador.

Digital: variável que admite apenas dois estados: 1 ou 0. O mesmo que binário.

Diodo (retificador): dispositivo eletrônico utilizado para converter corrente alternada em corrente contínua.

Display: mostra informações em uma tela.

E

E/S: entradas ou saídas. Equivalente a I/O (Input/Output) em língua inglesa.

Endereço: (1) A localização de uma posição na memória de um sistema computacional, em que determinada informação é armazenada. (2) O valor alfanumérico utilizado para identificar uma posição específica em que está ligado um elemento de E/S.

Entrada: designação para a informação enviada para processamento em um computador.

Estado sólido: nome genérico para designar circuitos integrados, transistores, diodos etc., sem a utilização de nenhum elemento eletromecânico.

Etapa: (1) Corresponde a um estado de determinado sistema discreto. (2) Um dos elementos básicos do Grafcet ou da linguagem SFC.

F

FBD (Function Block Diagram): linguagem gráfica representada por blocos funcionais.

FIFO (First Input First Output): o primeiro elemento armazenado em uma pilha será o primeiro a ser retirado.

Firmware: programa gravado na memória não volátil de um sistema microcontrolado/microprocessado responsável por controlar o funcionamento do equipamento.

Flip-Flop: veja biestável.

Fotoacoplador: dispositivo composto por um LED transmissor em um dos lados e por um receptor sensível à radiação luminosa no outro, que garante isolamento galvânico entre o receptor e o transmissor.

Fotodiodo: diodo normalmente polarizado reversamente, cuja condução é proporcional à radiação luminosa que recebe.

Fototransistor: transistor que conduz proporcionalmente a quantidade de radiação luminosa recebida.

G

Gibibyte: equivalente a 2^{30} bytes.

Gigabyte: equivalente a 10^6 unidades. 1 GB é igual a 1.000.000 bytes.

Grafcet: método gráfico de modelagem utilizado para descrever o comportamento lógico do sequenciamento gráfico de funções.

Gray (código de): código que tem como característica a variação de apenas um dígito binário entre dois elementos consecutivos. É normalmente utilizado em codificadores (encoders).

H

Hardware: conjunto de dispositivos físicos interdependentes que compõem um equipamento.

I

I/O (Input/Output): veja E/S.

IEC (International Electrotechnical Commission): Comissão Eletrotécnica Internacional.

IEEE (Institute of Electrical and Electronic Engineers): Instituto de Engenheiros Eletricistas e Eletrônicos.

IHM: Interface Homem-Máquina.

IL (Instruction List): Lista de Instruções, em português. Uma das cinco linguagens de programação para CLPs especificadas pela norma IEC 61131-3.

Implementação: a fase do ciclo de vida de um software (programa computacional, documentação e dados) no contexto de um sistema de informação, que corresponde à elaboração e à preparação dos módulos necessários à sua execução.

Implementar: significa desenvolver as ações necessárias para concretizar um projeto.

Instrução: comando enviado a um sistema computacional para que este realize uma tarefa específica.

Interface: circuito eletrônico que permite a comunicação entre a CPU e os dispositivos periféricos.

Interface de entrada analógica: circuito de entrada que utiliza um conversor analógico/digital para converter um sinal contínuo, fornecido por um dispositivo analógico, em um valor digital que possa ser utilizado pelo processador.

Interface de saída analógica: circuito de saída que utiliza um conversor digital/analógico para converter os valores digitais produzidos pelo sistema computacional em um valor analógico reconhecido pelo dispositivo a ela conectado.

Intertravamento: lógica responsável por permitir ou não o acionamento de determinado dispositivo, dependendo do estado de outro.

K

Kibibyte: equivalente a 1.024 bytes. Seu símbolo é KiB (o K é maiúsculo).

Kilo: prefixo indicativo de 1.000 unidades. Seu símbolo é k (minúsculo).

Kilobyte: equivalente a 1.000 bytes. Seu símbolo é KB.

L

Ladder: veja linguagem Ladder.

LAN (Local Area Network): rede local.

LED: diodo emissor de luz.

Linguagem Assembly: também conhecida como linguagem de máquina. Linguagem de programação simbólica que pode ser utilizada para enviar instruções diretamente a um processador ou microcontrolador.

Linguagem de programação: conjunto de regras que define sintaticamente as instruções válidas.

Linguagem Ladder: linguagem com base em contatos elétricos e bobinas. É uma das linguagens gráficas especificadas na norma IEC 61131-3.

M

Mebibyte: equivalente a 20^{20} bytes $(2^{10})^2$. Seu símbolo é MiB.

Mega: prefixo equivalente a 10^6 unidades. Seu prefixo é M.

Megabyte: equivalente a 1 milhão de bytes. Seu símbolo é MB.

Memória de aplicação: uma das partes do sistema de memória responsável por armazenar um programa aplicativo e seus dados associados.

Memória: dispositivo eletrônico responsável pelo armazenamento de informações.

Microcontrolador: dispositivo eletrônico que inclui uma unidade de processamento, memórias, interfaces de comunicação e outras em um único circuito integrado.

Microprocessador: elemento com capacidade computacional para processar instruções aritméticas e funções lógicas.

Mnemônico: nome reservado de uma família de códigos operacionais que realizam tarefas semelhantes em um processador.

Módulo de entrada de termopar: módulo que amplifica, digitaliza e converte um sinal de entrada proveniente de um termopar em um sinal digital equivalente à temperatura lida.

Monoestável: é um circuito que tem dois estados, em que somente um deles é estável. O circuito pode ser colocado no estado instável por meio de um sinal de entrada por um determinado tempo.

N

NA: normalmente aberto.

Não volátil: memória que retém o seu conteúdo mesmo na ausência de alimentação externa.

NF: normalmente fechado.

NPN (sensor): (1) Também conhecido como sensor do tipo dreno (sink). Caracteriza-se por enviar um nível lógico 0 quando o sensor detecta algo. (2) Um dos tipos de transistor bipolar.

O

OFF: desligado.

Off-line: fora de operação.

ON: ligado.

On-line: em operação.

Output: palavra inglesa equivalente à saída.

P

Palavra (word): veja Word.

Planta: ambiente industrial, processo industrial que se deseja controlar.

PLC (Programmable Logic Controller): o mesmo que CLP.

PNP (sensor): (1) Também conhecido como sensor do tipo fonte (source). Caracteriza-se por enviar um nível lógico 1 quando o sensor detecta algo. (2) Um dos tipos de transistor bipolar.

Pressostato: dispositivo que abre ou fecha um contato elétrico ao ser atingida determinada pressão.

Programa aplicativo: conjunto de instruções que fornece controle, aquisição de dados e capacidade de geração de relatório para um processo específico.

Programação: codificação de instruções em uma determinada linguagem.

R

Rack: unidade física dotada de barramento de alimentação e comunicação onde são conectados os módulos de um CLP.

Range: faixa de valores possíveis para determinada variável.

Receptividade: condição lógica a ser satisfeita para que um processo transite entre etapas.

Redundância: existência de um ou mais circuitos iguais para realizar a mesma função. Normalmente, um deles é ativo e os outros são utilizados como unidades de reserva que assumem o controle em caso de falha do circuito principal.

Relé: dispositivo eletromecânico composto de uma ou mais bobinas e contatos elétricos que comutam quando sua bobina é energizada.

S

SCADA (Supervisory Control And Data Aquisition system): o mesmo que sistema supervisório.

Scan: leitura e execução de instruções de programa.

Sensor: dispositivo capaz de detectar alterações de uma variável física.

Setpoint: ponto de ajuste. Corresponde ao valor desejado de determinada variável física.

SFC (System Function Chart): sequenciamento gráfico de funções, uma das linguagens gráficas de programação especificadas pela norma IEC 61131-3. É derivada diretamente do Grafcet.

Sinal analógico: um sinal contínuo que varia suavemente dentro de uma faixa de valores.

Sink: dreno. Uma configuração elétrica que faz com que um dispositivo receba corrente quando está ativo.

Sintaxe: regras que governam a estrutura de uma linguagem.

Sistema: conjunto de partes combinadas entre si para realizarem alguma tarefa em particular.

Software: programa que controla o processamento de dados de um sistema.

Solenoide: elemento eletromagnético que converte corrente em movimento linear de um êmbolo.

Source: fonte, em português.. Uma configuração elétrica que fornece corrente quando o dispositivo está ativo.

ST (Structured Text): veja Texto Estruturado.

Subprograma: programa semi-independente que parte de um programa principal maior responsável por executar uma sequência de instruções predefinida quando chamada a partir do programa principal.

Sub-rotina: conjunto de instruções que executa uma tarefa específica, que pode ser chamada a partir de um programa principal.

T

Tabela verdade: tabela que mostra o estado de uma dada saída em função de todas as combinações possíveis das variáveis lógicas de entrada.

Tempo de varredura: tempo para que a CPU execute um ciclo completo de leitura.

Temporização (instruções de): comandos que permitem a um CLP executar funções de temporização do tipo retardo para ligar ou desligar uma determinada saída.

Termistor: transdutor de temperatura que exibe uma variação da sua resistência elétrica interna proporcional à variação da sua temperatura.

Termopar: junta bimetálica que fornece uma tensão elétrica proporcional à sua temperatura.

Termostato: elemento que abre ou fecha um contato elétrico ao atingir determinada temperatura.

Texto estruturado (ST): linguagem textual de alto nível, utilizada na programação de CLPs. É semelhante à linguagem Pascal, que permite técnicas de programação estruturada. Está entre as linguagens textuais definidas pela norma IEC 61131-3.

Transdutor: dispositivo utilizado para converter parâmetros físicos, como temperatura, pressão e peso, em sinais elétricos.

Transição: elemento responsável por controlar o progresso entre uma etapa e outra no diagrama Grafcet ou SFC.

Transistor: elemento de comutação eletrônico formado por pastilhas semicondutoras do tipo N ou P. Os bipolares podem ser NPN ou PNP.

Transmissor: transmite informações de sensores em determinada faixa de valores de tensão ou corrente.

TRIAC: dispositivo eletrônico semicondutor capaz de controlar a potência de cargas elétricas.

TTL (Transistor-Transistor Logic): uma família lógica de semicondutores caracterizada pela alta velocidade de comutação e dissipação média de potência, cujos elementos básicos são transistores bipolares com múltiplos emissores.

V

Variável: grandeza que assume determinado valor, em cada instante, de um conjunto possível de valores.

Vca: tensão em corrente alternada.

Vcc: tensão em corrente contínua.

Volátil: memória que perde seu conteúdo na ausência de alimentação externa.

W

Watch dog: cão de guarda, em português. Elemento responsável por supervisionar os programas em execução de forma a garantir que eles concluam suas tarefas dentro de um tempo máximo preestabelecido.

Word: trata-se do tamanho em bits das instruções básicas de um microprocessador ou microcontrolador.

X

XOR: OU-EXCLUSIVO.

MARCAS REGISTRADAS

Zelio Logic®, Modicon Quantum® e Zelio Soft® são marcas registradas da Schneider Electric Ltda.

MicroWin®, S7-200®, S7-300® e Step 7® são marcas registradas da Siemens.

Micrologix®, SLC 500® e RSLogix500® são marcas registradas da Allen-Bradley.

Série 90® é marca registrada da GE Fanuc.

IPC PS1® é marca registrada da Festo.

Marcas comerciais, nomes comerciais, nomes de produtos e logotipos de terceiros incluídos neste livro pertencem aos seus respectivos proprietários.

BIBLIOGRAFIA

ALLEN-BRADLEY. **Micrologix 1000 programmable controllers**. User manual, s. l, 2006.

BABB, M. IEC 1131-3: a standard programming resource for PLCs. **Control Engineering**, mar. 1996, p. 45-49.

BLANCHARD, M. **Comprendre, maîtriser et appliquer le Grafcet**. Toulouse: Cepadues, 1979.

BOLTON, W. **Programmable logic controllers**. Oxford: Elsevier-Newnes, 2006.

BRYAN, L. A. **Programmable controllers**: theory and implementation. 2. ed. Atlanta: An Industrial Text, 1997.

COMISSÃO ELECTROTÉCNICA INTERNACIONAL (CEI/IEC). Programmable controllers: Part 3: programming languages. **International Standard IEC 1131-3**, 1993.

DAVID, R.; ALLA H. **Du Grafcet aux réseaux de Petri**. Paris: Hermes, 1989.

DAVID, R. Grafcet: a powerful tool for specification of logic controllers. **IEEE Transactions on Control Systems Technology**, v. 3, n. 3, set. 1995.

FESTO DIDACTIC. **Programmable logic controllers basic level TP301**: textbook. Berlin: Denkendorf, 2002.

FRANCHI, C. M. **Acionamentos elétricos**. 5. ed. São Paulo: Érica, 2014.

GE FANUC. **Series 90-30/20/micro programmable controllers**. Reference manual, 1998.

HACKWORTH, J. R.; HACKWORTH JR., F. D. **Programmable logic controllers**: programming methods and applications. 2003. Disponível em: <https://www.nfiautomation.org/FREE_Download/Technical%20Documents/PLC/%28eBook%29%20%20PLC%20Programming%20Methods.pdf>. Acesso em: 30 jan. 2020.

JACK, H. **Automating manufacturing systems with PLCs**. v. 7.0. Morrisville: Lulu Press, 2010.

JOHN, K. H.; TIEGELKAMP, M. **IEC 61131-3**: programming industrial automation systems. Berlin: Springer-Verlag, 2001.

KUPHALDT, T. R. **Lessons in electric circuits**. v. IV, 4. ed. Disponível em: <https://www.ibiblio.org/kuphaldt/electricCircuits>. Acesso em: 12 fev. 2020.

LAMPÉRIÈRE-COUFFIN, S. *et al.* Formal validation of PLC programs: a survey. **European Control Conference** (ECC'99), 1999.

LECOCQ, H. **Programmable logic controllers handbook of manufacturing automation and integration**, Ch VII. 11, p. 805-821, 1989.

LEWIS, R. Programming industrial control systems using IEC 1131-3. **Control Engineering Series 50**, p. 28, 1998.

MELSEC FX Family Programmable Logic Controllers Beginner's Manual. Disponível em: <http://suport.siriustrading.ro/03.Training/01.PLC/02.FX/1.Manuale/FX1S,FX1N,FX2N,FX3G,FX3U%20-%20Beginner%27s%20Manual%20166388-C%20(07.09).pdf>. Acesso em: 12 fev. 2020.

MINTCHELL, G. **PCs power programming tools, control engineering**. jan./fev. 1999, p. 48-55.

PARR, E. A. **Programmable controllers an engineer's guide**. 3. ed. Oxford: Newnes, 2003.

PLC Open. Disponível em: <http://www.plcopen.org>. Acesso em: 30 jan. 2020.

ROCKWELL AUTOMATION. **Fundamental of sensing**. USA: nov. 1999.

SCNHEIDER ELETRIC. **Zelio Logic Programming Guide**. Disponível em: <https://www.se.com/ww/en/download/document/EIO0000002612/>. Acesso em: 12 fev. 2020.

______. **Zelio Logic Start up**. Disponível em: <http://www.schneider-electric.fi/Downloads/PDF/Zelio/Zelio Soft start up guide EN.pdf>.

SIEMENS. **El S7-200 en una hora**. Berlin: Siemens, 1999.

______. **Ladder Logic (LAD) for S7-300 and S7-400**: programming reference manual. Berlin: Siemens, 1998.

______. **Microsistema SIMATIC S7-200**: el S7-200 en dos horas. Berlin: Siemens, 2000.

______. **S7-200 Programmable Controller System Manual**. Berlin: Siemens, 2005.

______. **S7-200 Starter Kit**. Berlin: Siemens, 1999.

______. **STEP2000**: basics of PLCs. Berlin: Siemens, 2000.

SILVA, F. B. S. **Curso de controladores lógicos programáveis**. Rio de Janeiro: LEE-UERJ, 1998.